煤炭高等教育“十四五”规划教材
国家一流专业建设资助项目

高等矿物加工学

主　编　李　振　高志勇
副主编　高淑玲　李　琳　王纪镇
王利军　马英强　程　敢

中国矿业大学出版社
·徐州·

内容简介

本书系统介绍了矿物粉碎、分级与分选等方面的基础理论与知识，详细阐述了矿物分选设备、分选工艺、分选药剂等作用过程，并对近几十年矿物加工工程领域新理论、新工艺和新技术的研究进展进行了系统总结和介绍。内容包括矿物颗粒的基本物理化学特性及其研究进展、矿物颗粒的解离粉碎与分级、高等矿物加工的流体力学基础、高等矿物加工中的物理分选、高等矿物加工中的浮选化学机制、矿物的化学加工、矿物的造粒成型、矿物的微生物处理、矿物的粉体制备与表面改性、煤岩组分分选、矿物加工测试技术及新进展等。

本书突出了一体化教学的特色，实现了理论知识和技能训练的有机结合。本书可作为高等院校相关专业本科生、研究生和教师的参考书，也可供从事选矿研究的科技人员、生产企业的管理和技术人员以及一线的技术革新人员、生产工人参考。

图书在版编目(CIP)数据

高等矿物加工学 / 李振，高志勇主编. —徐州 ：中国矿业大学出版社，2023.12

ISBN 978-7-5646-5964-6

Ⅰ. ①高… Ⅱ. ①李… ②高… Ⅲ. ①选矿—理论 Ⅳ. ①TD91

中国国家版本馆 CIP 数据核字(2023)第 182633 号

书　　名　高等矿物加工学
主　　编　李　振　高志勇
责任编辑　褚建萍
出版发行　中国矿业大学出版社有限责任公司
（江苏省徐州市解放南路　邮编 221008）
营销热线　(0516)83885370　83884103
出版服务　(0516)83995789　83884920
网　　址　http://www.cumtp.com　**E-mail**:cumtpvip@cumtp.com
印　　刷　江苏淮阴新华印务有限公司
开　　本　787 mm×1092 mm　1/16　**印张** 20.5　**字数** 525 千字
版次印次　2023 年 12 月第 1 版　2023 年 12 月第 1 次印刷
定　　价　48.00 元
（图书出现印装质量问题，本社负责调换）

前　言

碳达峰、碳中和是我国实现绿色可持续发展的重大战略目标。能源绿色低碳转型意味着能源系统从燃料密集型向材料密集型转变，矿产资源将在全球能源转型过程中发挥至关重要的作用。随着新能源产业的快速发展，对重要矿产资源的需求将呈现爆发式增长，这将带动相应矿产资源的消费和需求大幅增长。因此，矿业也将迎来前所未有的发展机遇。与此同时，矿业也面临着产品成本增高、矿石品位下降、产能提升不确定性增加、环境社会约束大、投资风险高等诸多挑战与困难。因此，矿业必须走高质量发展之路，高标准推动绿色低碳转型和绿色矿山建设。推进资源总量管理、科学配置、全面节约、循环利用，全面提高资源的利用率，实现绿色低碳技术创新成果转化和技术创新，就要抓住资源利用这个源头。

矿物加工是实现资源综合利用的重要科学技术。大自然赋予的矿物资源是有限的，合理开发与利用这些宝贵的矿物资源是矿物加工学科的一个重要任务。要充分利用天然矿物资源，实现矿物资源的综合利用，在开采利用目的矿物的同时能够回收伴生矿物，使各种矿物“各司其职”，做到物尽其用。因而，矿物加工对于矿产资源的合理利用具有不可替代的作用，矿物加工是国民经济建设和社会发展中重要的基础学科。

随着天然矿物资源的不断开发利用，天然矿物资源量逐步减少，而随着人口增长和社会发展，对资源的需求又不断增大，必须寻找开发利用新的资源。非传统矿物资源、二次资源、非矿物资源必将成为未来人类社会发展的重要资源。对这些资源的加工利用，不仅可以满足人类社会发展对资源日益增长的需求，还可减少环境污染，促使国民经济持续快速、健康发展。这既是高等矿物加工学研究的方向，也是我国矿物资源面临的挑战。由此可见，高等矿物加工不仅在当今社会发展方面作出了重要的贡献，而且必将在未来的国民经济建设、资源综合利用、地球环境保护等方面扮演不可替代的重要角色。

本书共分 12 章，第 1 章为高等矿物加工学概述，第 2 章论述了矿物颗粒的基本物理化学特性及其研究进展，第 3 章介绍了矿物颗粒的解离粉碎与分级，第 4 章论述了高等矿物加工的流体力学基础，第 5 章论述了高等矿物加工中的物理分选，第 6 章论述了高等矿物加工中的浮选化学机制，第 7 章介绍了矿物的化学加工，第 8 章介绍了矿物的造粒成型，第 9 章介绍了矿物的微生物处理，第 10 章介绍了矿物的粉体制备与表面改性，第 11 章介绍了煤岩组分分选，第 12 章介绍了矿物加工测试技术及新进展。

本书由西安科技大学、中南大学、东北大学、中国矿业大学、福州大学、山东科技大学、江西理工大学和河南理工大学共同撰写。本书第 1 章、第 11 章由西安科技大学李振和朱张磊共同撰写;第 2 章和第 12 章由中南大学卢东方、郑仁基、徐世红、谢磊、王艳红、高志勇共同撰写;第 3 章由山东科技大学李琳撰写;第 4 章由中国矿业大学王利军撰写;第 5 章由东北大学高淑玲和江西理工大学孟令国共同撰写;第 6 章由西安科技大学李振和王纪镇共同撰写;第 7 章和第 10 章由西安科技大学赵伟撰写;第 8 章由山西大学程敢和河南理工大学邓小伟、路阳共同撰写;第 9 章由福州大学马英强撰写。李振和朱张磊负责全书统一校阅和定稿。

由于编者水平有限,书中不妥之处在所难免,敬请读者批评指正。

编　者

2023 年 4 月

目　录

第 1 章　高等矿物加工学概述

高等矿物加工学是由传统的选矿学、矿物加工学发展演变形成的新的学科体系。本章主要从形成背景、研究对象、学科体系以及其社会意义这四个方面对高等矿物加工学进行简要的介绍。

1.1　高等矿物加工学的形成

在给出资源加工学的明确定义和内涵之前，对选矿、矿物加工学科的形成和发展进行简要介绍。

1.1.1　选矿学的形成

选矿学是借助物理和化学性质的差异将不同矿物分离、富集的一门应用技术学科，其目的是为下一步的冶炼、化工等行业提供合格的原料。例如，通过磨矿、分选等将铁矿中的石英等脉石矿物分离出来，将低品位的原矿富集为高品位的人造富矿，为钢铁冶炼做准备。国外所用选矿词汇多为“ore dressing”或“mineral dressing”。

选矿学在其形成的早期经历了漫长的矿物资源利用探索期。这个时期科学技术的发展非常缓慢，社会生产力也十分有限。人类主要依靠手工作业的方式从天然矿石中获取所需的矿产资源，使用了一些原始的选矿方法，例如淘金、人工溜槽、洗矿槽、手工拣选以及用鹅毛蘸油刮去水面上的金粉等。我国明末的科学家宋应星在他的著作《天工开物》中描述了对铁砂和锡砂进行水力淘洗和选别的方法(图 1-1)。中国古代人民初步掌握了一些原始的选矿方法，可以用“澄、淘、飞、跌”四个字来概括，这些方法为后来选矿工业技术的形成奠定了基础。这种缓慢的发展一直延续到 19 世纪中期。

到了 19 世纪中期，第二次工业革命对矿物原料的需求高速增长，加之 18 世纪产业机械化的推动作用，“选矿”工业技术得到了快速发展。许多近代的选矿工艺和设备应运而生，包括颚式破碎机、球磨机、机械分级机以及重选、电磁选的设备和工艺，还有浮选药剂、工艺与设备等。这些技术和设备的出现为矿石的处理和分离提供了更高效、更精确的方法。

但在 19 世纪，选矿本身不是一门独立的学科，而是采矿大学科体系中的一个组成部分。在 1900 年前后，冶金从大矿业中分离出来，发展成为一门独立的学科。此后，选矿或为冶金学科的组成部分，或仍为采矿学科的组成部分。直到 20 世纪 30 年代以后，选矿才开始逐步发展成为相对独立的一门工程学科。20 世纪 20 年代至 60 年代，选矿技术的发展依托于选矿厂的工艺技术，处于高速发展期，最终形成三大板块：选矿方法(主要有重选、电磁选、浮选)、辅助过程(例如粉碎、脱水、干燥等)、选矿过程检测及控制。由于这三大板块的建立，使用选矿技术可以处理大部分天然矿物。因其实用性强，选矿技术得到了广泛应用。同时选矿技术的理论知识也在逐渐发展，主要是三大选矿方法(重选、电磁选、浮选)的理论基础。

图 1-1 《天工开物》一书中的插图:淘洗铁砂和南丹水锡

这一时期,关于重选理论的主要研究成果有:① 奥地利人 Rittinger 提出了“等降现象”,Monroe 等进一步提出了“干涉沉降”。② 苏联学者施马茨柯夫提出了跳汰是在上升水流中“按悬浮体的相对密度分层”的学说。③ 德国学者 Mayer 从床层位能降的角度解释了分层过程。④ 英国学者 Bagnold 观察到剪切运动下层流斜面流中多层粒群的松散分层现象。

这一时期,关于浮选理论的主要研究成果有:① 美国的 Taggart 及苏联的 Plaksins 等先后提出了捕收剂的“化学反应假说”或“溶度积假说”。② 美国的 Gaudin、苏联的 Bogdanov 及澳大利亚的 Wark 等较多地研究了矿物的润湿性与可浮性的关系、浮选剂的吸附作用机理、浮选的活化等。③ 美国的 Fuerstenau 等系统地研究了矿物表面电性与可浮性的关系。到 20 世纪 60 年代前后,浮选的三大基本理论(润湿理论、吸附理论及双电层理论)已初步形成。

这一时期,人们认识到可用永久磁铁选别磁铁矿石,将电磁铁用作磁选机的磁场并有了各种工业生产的电磁选矿机后,电磁选矿理论也已初步确立。

该时期形成的选矿学学科方向有:① 碎磨,借助机械力作用减小矿石粒度,其一可促进有用矿物与脉石矿物的解离,其二可以为选别工艺提供合适的入料粒度。② 重选,借助密度差异在一定的介质(水、空气)中实现不同矿物的分离。③ 电磁选,借助磁性差异实现不同矿物的分离。④ 浮选,借助表面物理化学性质的差异实现不同矿物的分离。

1.1.2 矿物加工学的形成

矿物加工学是在选矿学的基础上发展起来的,使用物理、化学的方法对天然矿物资源进行加工(包括分离、富集、提纯、提取、深加工等)以获取有用物质的科学技术。其目的已不单纯是为其他行业提供合格原料,还可以利用其直接得到金属、矿物材料等。

20 世纪 60 年代以来,世界经济快速发展,工业技术得到迅猛发展,一方面矿物资源被持续开采利用，高品位、易选矿产资源逐渐枯竭，矿产资源整体上逐渐体现出“贫、细、杂”的特点；另一方面矿山、冶炼厂排出的废水、固体废弃物对环境的污染和治理问题日益受到重视，传统的选矿技术不仅不能有效解决低品位、难选矿中矿物的分离问题，而且面临着资源综合利用和环境治理的窘境。在发展与机遇面前，选矿技术逐步突破传统的机械加工方法，应用化学方法以及生物工程与机械选矿技术的结合对金属以及非金属矿物资源进行加工，使得选矿学科得到进一步深入的发展。由于相邻学科（比如电化学、量子力学、表面及胶体化学、紊流力学、生物工程、冶金学、材料科学与工程及计算机科学与技术）的发展及在选矿领域的应用，形成了新的多学科方向和多途径的矿物加工利用的新技术。因此，这门学科已经不单单是选矿可以概括的，故国外从 20 世纪 60 年代开始就逐步用“mineral processing”来代替“ore dressing”。我国于 20 世纪 90 年代也将原来的“选矿”改名为“矿物加工工程”，矿物加工学的学科体系也初步形成。

矿物加工学的主要学科方向有：① 浮选化学，涉及浮选电化学、浮选溶液化学和浮选表面及胶体化学等方面的研究。② 复合物理场矿物加工，研究在重力场、电磁力场或复合物理场（重力、磁力）中矿物颗粒的分级和分选条件的确定。③ 新型高效矿物加工用药剂的设计。④ 矿物资源的生化提取，利用生物浸出、化学浸出、溶剂萃取、离子交换等处理复杂贫细矿物资源，如低品位铜矿、铀矿、金矿的提取，煤脱硫等。⑤ 直接还原与矿物原料造块，主要从事矿物原料造块与精加工方面的科学研究。⑥ 复杂贫细矿物资源综合利用，如大型复杂贫细矿工艺技术和基础理论的研发。⑦ 矿物精加工与矿物材料，如超纯辉钼矿、超细锆英砂高岭土、超细金红石等的加工。⑧ 矿物加工过程计算机技术，利用计算机技术进行矿物加工过程的模拟仿真、优化、预测和设计等工作。

1.1.3　高等矿物加工学的形成

虽然经过多年的发展，矿物加工学形成了比较完整的学科体系，开发了许多新的矿物加工技术，但随着可利用资源总量的变化、现有技术的局限性以及可持续发展的要求，矿物加工科技的发展已经开始向其他新的方向转变。

(1) 复杂贫细矿物资源的综合利用。随着矿物资源消耗逐年增加、易选矿物资源不断减少，复杂贫细、大型多金属矿床开采利用日益增多。针对金属品种及伴生稀有、贵金属品种多、品位低、难处理的复杂贫细多金属矿，须统筹能耗、综合利用率、环境保护等方面的平衡。

(2) 废石及尾矿的加工利用。在已选金属矿中，回收的有色（黑色）金属矿物约占矿石质量的 10%（30%），大量的伴生矿物被遗弃在废石或尾矿中；选煤过程中产生的煤矸石主要包含 Al_2O_3、SiO_2 等成分，这些成分使其成为极好的建筑原料。然而，目前这些煤矸石主要以堆存的方式进行处置。为了更好地利用这些废石或尾矿中包含的有价金属和非金属矿物，迫切需要开发能够对其进行再次分选的加工利用技术。

(3) 矿物精细化、高值化技术。传统的矿物加工以提供精矿及粗粒级矿产品为主，产品的附加值低，不能满足电子、宇航、兵器、高技术陶瓷、冶金、化工等不同行业所需的矿物材料的性能要求。例如，传统的选矿方法难以满足新型煤基材料（如石墨烯、电容炭、锂电池负极材料）制备过程中对超低灰分的要求。因而采用现代矿物加工技术对金属/非金属矿物进行高纯化、超细化、表面改性等精加工势在必行。

(4) 洁净煤技术。煤中灰分和硫分较高会导致燃烧效率低下,并且可能引起环境污染问题。燃烧前的净化加工技术,特别是煤炭分选过程中的脱矸脱硫及深加工技术一直是矿物加工领域面临的重要问题。

(5) 二次资源的再生利用技术。随着一次资源的逐渐减少,开发二次资源的再生利用技术成为矿物加工领域的重要课题。例如,在煤气化过程中产生的气化灰渣,其主要成分包括二氧化硅、氧化铝、氧化钙等无机物和残留的碳。对于这种气化灰渣,需要开发规模化、高值化和资源化利用的技术。

(6) 海洋资源的加工和转化。① 砂矿加工:海洋中存在着各种砂矿资源,如砂金、砂铂、金刚石、砂锡、砂铁矿等,以及共生复合型砂矿,如钛铁石、锆石、金红石和独居石等。这些砂矿资源可以通过重选、浮选、磁选等选矿技术进行提取和分离,从而获得有价值的金属和矿物。② 自然矿物加工:海洋中还存在着通过化学、生物和热液作用等方式生成的自然矿物资源,如磷灰石、重晶石、海底锰结核以及以锌、铜为主的海底多金属热液矿。这些自然矿物可以通过浸出、熔炼、提纯等技术进行加工和提取,用于制备合金、化肥、电池材料等。③ 海底固结岩中的矿产加工:海洋中的海底固结岩中也蕴藏着重要的矿产资源,包括海底油气资源、硫矿和煤等。这些资源可以通过海洋钻探、采样和提取技术进行开发和加工,用于能源生产和工业用途。

(7) 深空资源的加工和转化。月球以及其他小行星上也蕴藏着极其丰富的矿产资源,其中月球表面 10 m 厚的砂土铁储量就高达数百亿吨。通过开发和利用深空资源,人类可以实现太空自给自足,支持长期太空探索和未来的太空居住计划。同时,这也为人类提供了开拓新的矿产资源的机会,缓解地球上资源的压力。

(8) 非矿物资源的加工和转化。非矿物资源的加工和转化涉及城市垃圾、秸秆、废纸、废塑料、地沟油、油污土壤、石油开采产生的油污水、内陆湖泊中的金属盐、重金属污泥等的处理和利用。针对这些资源,需要开发新的加工和转化技术,以实现资源的有效利用和环境的保护。

(9) 矿物加工智能优化技术。发展大数据、云计算和新一代人工智能与矿物加工的融合技术,实现矿物加工过程智能优化制造。

所谓高等矿物加工学,是对基础(传统)矿物加工学的补充与延伸。对高等矿物加工学准确的理解应为资源的深加工、利用以及再生。在研究对象上,高等矿物加工学不仅局限于基础矿物加工学的研究对象,更侧重于各类复杂贫细矿物资源、非传统矿物资源、二次资源、非矿物资源的加工利用,以及对矿物资源的深度加工、提纯、提取。在加工手段(技术)上,高等矿物加工学更注重加工方法的灵活性、综合性和科学性。在涉及的学科领域上,高等矿物加工学更注重冶金工程、化学工程、无机材料工程、环境工程、生物工程甚至是计算机科学与技术等多学科的交叉、融合、渗透与借鉴。在理念上,高等矿物加工学特别重视整个矿物加工过程中的经济效益和环境效益,追求加工过程的"高效益、低能耗、无污染"。

1.2 高等矿物加工学的研究对象

矿物加工最初处理的是金属矿石,接着扩展到煤炭和非金属资源。随后,高等矿物加工的范围又扩大到二次资源、海洋资源、深空资源和非矿物资源等。随着加工对象的变化,矿物加工技术也在不断发展。例如，对于煤炭的加工利用，除用于燃料和炼焦外，煤炭的深加工正受到越来越多的重视。对于灰分低、储量较少的无烟煤而言，仅仅燃烧显得浪费。因此，许多科技工作者致力于对无烟煤进行进一步的深加工，生产活性炭、类石墨产品和电极材料等。这对于无烟煤资源的利用和发展具有重要意义。

高等矿物加工学是根据物理、化学原理，通过分离、富集、纯化、提取、改性等技术对矿物资源、非传统矿物资源、二次资源及非矿物资源进行加工，获得其中有用物质的科学技术。其研究对象涉及以下几个方面：

(1) 矿物资源。包括金属矿物、非金属矿物、煤炭等。

(2) 非传统矿物资源。包括：① 海洋矿产。锰结核(图 1-2)、钴结壳、海水中金属、海底热液矿床。② 盐湖与湖泊中的金属盐、重金属污泥。③ 深空资源。

图 1-2　海洋锰结核

(3) 二次资源。包括：① 工业固体废弃物。如冶金废渣、尾矿、煤矸石(图 1-3)等。② 废旧电器，如电视机、冰箱、音响等。③ 废旧金属制品，如电缆、电线、易拉罐等。④ 废旧汽车。

图 1-3　煤矸石

(4) 非矿物资源，如城市垃圾、秸秆、废纸、废塑料、地沟油、油污水、油污土壤等。

在加工处理矿物资源的基础上，非传统矿物资源、二次资源及非矿物资源将是高等矿物加工学的重点研究对象。随着富矿资源的枯竭，贫细杂型矿产资源逐渐成为矿物加工的主要研究对象，但是这些矿产资源往往具有金属及伴生矿物种类多、品位低、颗粒细小且相互嵌布的特点，使得分选变得困难。目前国内矿山的综合处理能力低，选矿方法单一，能耗高，并且受经济效益的影响较大，因此，迫切需要开发新的综合利用技术来处理难选的多金属矿石，提高矿物的综合利用率，并为选矿厂增加经济效益。

此外，城市固体废弃物、冶金废水和废渣以及工业废弃物的处理和再生利用也是重要课题。由于一次资源的减少以及对环境的关注度不断提高，许多城市生活垃圾如废旧电池、废纸、废塑料袋等都进行分类和再加工利用，以减少对一次资源的消耗。随着高等矿物加工技术的不断发展和完善，高等矿物加工学所面临的处理对象也在不断扩大。

1.3 高等矿物加工学的学科体系

由于高等矿物加工学处理对象的多样性与复杂性，其加工技术与方法更加灵活多样，因此高等矿物加工学涉及更广泛的学科领域，如矿物学、物理学、表面及胶体化学、化学与化学工程学、电化学、量子化学、力学、生物工程学、冶金工程学、材料科学与工程及计算机科学与技术等多学科，形成了多学科方向。

1.3.1 高等矿物加工学的学科方向

高等矿物加工学在矿物加工学学科方向的基础上，不仅对学科方向进行了延伸，而且增加了两个新的学科方向。

(1) 浮选化学。包括浮选电化学、浮选溶液化学和界面化学与细粒浮选。

① 浮选电化学。主要针对硫化矿物，根据电化学原理，探讨硫化矿-浮选药剂界面电化学反应与选择性捕收机制，获得硫化矿电化学浮选电位控制技术，通过电化学调控，实现多金属硫化矿分离。

② 浮选溶液化学。主要针对非硫化矿物，根据矿物与浮选药剂相互作用的溶液平衡及矿物浮选分离溶液化学控制技术，创立了浮选溶液化学计算预测理论，预测非硫化矿物浮选分离条件与浮选机理。

③ 界面化学与细粒浮选。根据表面及胶体化学原理，研究颗粒间相互作用，讨论细粒矿物选择性凝聚、分散与浮选分离性，预测粗粒与微细粒矿物、气泡与矿物颗粒之间碰撞-黏附的动力学行为；建立微细粒矿物选择性聚集、分散的界面力及流体动力学控制理论体系。

(2) 复合力场物理与化学选矿理论及技术。根据矿物在重力场、电磁力场作用下的选矿机制，结合化学选矿的理论，开发高效复合力场物理与化学选矿设备和工艺，研究选矿数学模型与专家系统，开发工艺过程控制技术。

(3) 高效浮选药剂分子组装设计与研发。根据量子化学、有机化学、表面化学研究浮选药剂结构与性能关系及其与矿物的相互作用，进行高效浮选药剂分子组装设计，并合成高效捕收剂和抑制剂，创立了浮选药剂分子组装设计理论。

(4) 矿物资源的生化提取。借助矿物学、化学以及生物学的交叉，用生物浸出、化学浸出、溶剂萃取、离子交换等处理复杂贫细矿物资源，如低品位铜矿、铀矿、金矿的提取，煤脱硫等。研究细菌-矿物、矿物-矿物、细菌-浸出液-矿物-气相等多相界面作用机制，揭示细菌-矿物-浸出液各种复杂界面电子传递与传质作用规律，强化了细菌与矿物表面的吸附作用。

(5) 矿物原料造块和金属化短流程。主要从事矿物冶金原料造块与精加工、低品位复杂矿产资源综合利用、矿物原料金属化短流程与深加工、钢铁冶金过程人工智能与自动控制等方面的研究。

(6) 复杂贫细矿物资源综合利用。开发选冶联合（锌渣直接还原-磁选-电积-萃取-电积）和多种选矿方法（重选、浮选、化学选矿）联合工艺，完善大型复杂难选矿产资源选冶联合新理论与技术，研究资源综合利用效益。

(7) 矿物精加工与矿物材料。建立“资源-材料一体化”的矿物材料学科体系，形成矿物材料制备的共性技术，制备矿物基复合导电粉末、硅酸盐矿物基功能材料，合成新型电源材料，提高纳米材料的分散和稳定性能，强化材料计算及性能设计。

(8) 选矿过程优化与智能控制。通过计算机科学与技术，可以对矿物加工过程进行数值模拟、过程仿真、过程设计、过程控制辅助设计、技术经济决策和信息管理等方面的优化和智能化控制。这包括利用大数据、云计算和新一代人工智能技术与矿物加工相结合，实现矿物加工过程的智能优化制造。

(9) 二次资源加工利用。开展废弃金属材料、废弃电子电器、废弃塑料、废弃纸张等二次资源的粉碎与解离，在复合电场、磁场中的分选机理和新技术，二次资源物料表面性质及浮选分离机制的研究，回收各类有价物质。

(10) 矿物加工设备。一方面，针对不断改进的矿物分选工艺，加速对新型设备的研制，比如磁力水力旋流器；另一方面，针对矿物处理量增加的需求，开发大型选矿设备，比如大型浮选机。

1.3.2　高等矿物加工学的学科体系

1. 涉及的学科领域

高等矿物加工学包括六大学科领域，即矿物加工、矿物材料加工、二次资源加工、金属提取加工、选矿机械研发、选矿过程优化与智能控制。

(1) 矿物加工是根据物理和化学原理对天然矿物资源进行处理，以实现分离、富集有用矿物的过程。

(2) 矿物材料加工是根据物理和化学原理，对天然及非传统矿物资源进行分离、纯化、改性、复合等加工，以制备具有特定功能的矿物材料。

(3) 二次资源加工是根据物理和化学原理，对二次资源进行处理，以分离和回收各种有用物质。

(4) 金属提取加工是根据物理和化学原理，对各种资源进行化学溶出、生物提取、离子交换、溶剂萃取等加工，以获取有价金属。

(5) 选矿机械研发的目标是根据矿物加工的大型化、高效化和智能化原则，改进选矿设备，以满足提高矿物分选精度和处理量的需求。

(6) 选矿过程优化与智能控制是利用数值模拟、过程仿真、过程设计以及大数据和人工智能技术，实现选矿过程参数的最优化和分选效果的最佳化。

2. 学科基础及与相邻学科的关系

如图 1-4 所示，高等矿物加工过程中物料的破碎、分离、富集、纯化、提取、超细、改性、复合等过程，涉及采矿工程、地质工程、计算机科学、机械工程、生物工程、化学工程、环境工程、提取冶金、材料科学与工程等多学科领域，体现不同的学科基础，形成不同的研究方向。

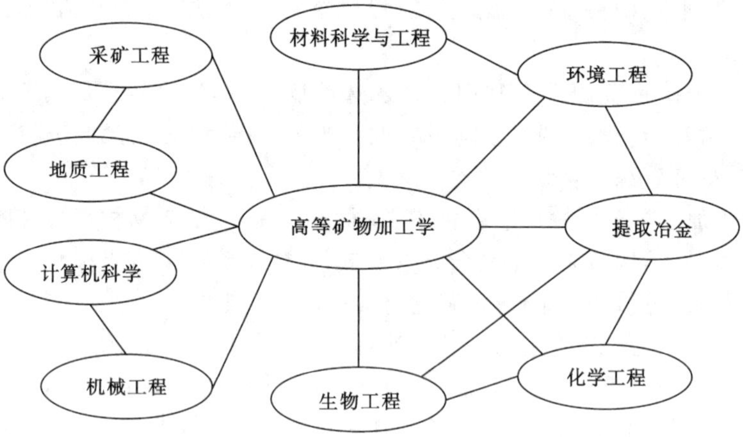

图 1-4　高等矿物加工学学科基础及与相邻学科的关系

(1) 工艺矿物学。研究矿石的物质成分、矿物组成、结构和构造，分析矿物的物理、化学性质及其在选矿过程的行为，为选矿工艺方案制定和选矿过程优化提供矿物学依据。涉及地质工程、化学工程、物理学等学科领域。

(2) 碎磨处理。对矿石进行破碎和磨矿处理，兼顾选择性解离以及矿物的超细加工，如炼焦中煤的选择性解离、超细高岭土的制备。涉及机械工程、物理学、材料科学与工程等学科领域。

(3) 重力场、流体力场中的分离。根据不同物料的密度、粒度及形状差异，分离、富集不同物料。如黑钨矿与石英的分离、聚氯乙烯和聚乙烯的分离、城市垃圾中重质物料与轻质物料的分离等。涉及流体力学、物理学等学科领域。

(4) 电磁分离。根据磁性或导电性的差异，分离不同的物料。如炭粉与废纸的分离、带电塑料与不带电塑料的分离、铜线与铝线的分离等。涉及物理学、电磁学等学科领域。

(5) 表面化学分选。包含浮选电化学、浮选溶液化学、浮选剂分子设计、浮选表面化学等交叉学科研究。如硫化矿及非硫化矿的浮选、废纸及废塑料的浮选、废水中的离子浮选等。涉及无机化学、有机化学、表面化学、电化学、物理化学等几乎整个化学工程学科领域。

(6) 生物提取。主要从低品位矿物资源、难选难冶矿物资源、海洋矿物资源及非传统矿物资源中提取有价金属。如金矿的生物堆浸、海洋锰结核的处理等。涉及采矿工程、冶金工程、化学工程等学科领域。

(7) 化学分离。包括溶剂萃取、离子交换、膜分离、化学浸出等，处理复杂矿物资源、海洋矿物资源、工业废水等，涉及化学工程、冶金工程等学科领域。

(8) 化学合成。包括矿物材料、矿物复合材料、矿物-聚合物复合材料等的化学合成，涉及化学工程、材料科学与工程等学科领域。

(9) 表面改性。通过表面化学反应、选择性溶解、溶蚀、刻蚀、涂层等对矿物表面进行化学处理，制备功能矿物材料等，涉及化学工程、材料科学与工程等学科领域。

(10) 聚集与分散。包括细颗粒的聚集与分散，矿物胶体体系的稳定与分散，溶剂萃取，球团、型煤、水煤浆的制备等，涉及表面化学、颗粒学等学科领域。

(11) 资源加工过程计算机技术。研究资源加工过程的数学模型、仿真(图1-5)、优化与自动控制，涉及计算机科学与技术、自动控制等学科领域。

图1-5　格子型球磨机计算机虚拟仿真试验

(12) 选矿设备大型化、高端化。包括突破大型设备的结构设计瓶颈、改善生产制造工艺、优化设备材质等，涉及机械工程、材料科学与工程、矿物加工工程等学科领域。

(13) 选矿智能化。包含过程仪表智能化、选矿装备智能化、过程控制智能化、运维管控智能化等，涉及计算机科学与技术、人工智能、自动控制等学科领域。

1.4　高等矿物加工在国民经济建设中的地位与作用

碳达峰、碳中和是我国实现绿色可持续发展的重大战略目标。能源绿色低碳转型意味着能源系统从燃料密集型向材料密集型转变。在全球能源转型过程中，矿产资源将发挥至关重要的作用。随着新能源产业的快速发展，对重要矿产资源的需求将呈现爆发式增长，这将带动相应矿产资源的消费和需求大幅增长。因此，矿业将迎来前所未有的发展机遇。与此同时，矿业也面临着产品成本增高、矿石品位下降、产能提升不确定性增加、环境社会约束大、投资风险高等诸多挑战与困难。因此，矿业必须走高质量发展之路，高标准推动绿色低碳转型和绿色矿山建设。推进资源总量管理、科学配置、全面节约、循环利用，全面提高资源的利用率，实现绿色低碳技术创新成果转化和技术创新，就要抓住资源利用这个源头。

矿物加工是实现资源综合利用的重要科学技术。大自然赋予的矿物资源是有限的，合理开发与利用这些宝贵的矿物资源是矿物加工学科的一个重要任务。要充分利用天然矿物资源，实现矿物资源的综合利用，在开采利用目的矿物的同时能够回收伴生矿物，使各种矿物"各司其职"，做到物尽其用。因而，矿物加工对于矿产资源的合理利用具有不可替代的作用，矿物加工是国民经济建设和社会发展中重要的基础学科。

我国的高品质资源逐渐减少，而复杂、低品位及共伴生矿产资源具有蕴藏量大、矿物种类多等特点，具备巨大的综合利用潜力。此外，国家现代化的推进导致大量矿产资源流向城市，废旧电子垃圾和工业固体废弃物等非常规资源中蕴藏着丰富的有价矿产。高效综合利用复杂的一次矿产资源和二次资源对于资源保障和社会可持续发展至关重要。通过加工利用这些资源，不仅可以满足人类社会对资源需求的增加，还可以减少环境污染，推动国民经济的持续快速和健康发展。这既是高等矿物加工学研究的方向，也是我国矿物资源面临的挑战。

由此可见，高等矿物加工不仅在当今社会发展方面作出了重要的贡献，而且必将在未来的国民经济建设、资源综合利用、地球环境保护等方面扮演不可替代的重要角色。

思　考　题

1. 高等矿物加工学的含义是什么?
2. 高等矿物加工学与矿物加工学的联系和区别是什么?
3. 高等矿物加工学的研究对象是什么?
4. 高等矿物加工学的学科体系是什么?
5. 浅谈学习高等矿物加工学的意义。

第 2 章　矿物的基本物理化学特性及其研究进展

2.1　矿物的工艺矿物学特征

2.1.1　工艺矿物学的基本概念

工艺矿物学是矿物学的一个分支，它是一门以研究矿物处理和矿物原料加工过程为主要内容的学科。在选矿方面，工艺矿物学主要研究矿石的物质成分、矿物组成以及矿石的结构、构造、物理和化学性质。此外，工艺矿物学还关注矿物在选矿过程中的行为。通过对这些方面的研究，工艺矿物学为阐释选矿机理、制定选矿工艺方案和实现选矿过程优化提供了矿物学依据。

1. 工艺矿物学的作用

目前，我国的工艺矿物学研究大部分都是为配合选矿工艺研究而开展的，具体来说，主要表现在以下两个方面。

(1) 指导作用：通过对原矿的工艺矿物学研究，了解原矿的矿物组成、粒度及含量等，确定该矿是否具有可选性以及理论的选矿指标，或者是通过查清选矿流程产品的物质组成情况，为达到更好的选矿指标奠定基础。

(2) 辅助作用：通过工艺矿物学研究，可以得到一些难选矿石难选的原因，或者分析最终产品选矿指标不达标的原因，从而"对症下药"。在实际工作中，部分工作者在对原矿进行化学分析得到相应的品位之后，就进行选矿试验，结果最终的选矿产品总是达不到标准，不是品位低就是回收率低，后来经过工艺矿物学研究得知，其粒度甚小或者原矿中的有用组分并非存在于常规的金属矿物中，而在非金属矿物中。因此，从这方面来说，通过工艺矿物学研究，可以考察选矿流程的缺陷或存在的问题，对选矿工艺流程具有一个反证或验证的作用。

2. 工艺矿物学的研究内容

作为一门独立的学科，工艺矿物学的研究内容是广泛而深刻的。同时随着矿产资源综合利用程度的不断深化和工业技术水平的提高，工艺矿物学的研究领域将会继续延伸和拓宽。但是，从学科的历史发展，可以预见今后一个时期内其研究领域主要有以下 10 个方面。

(1) 原料与产物中的矿物组成分析

这是工艺矿物学的一项基础性工作，其主要任务是：查清原料与产物中的所有矿物种(亚种)属；判明各主要矿物成分的变化规律；考察伴生矿物的特征；确定各组分的含量。矿物组分既是生产工艺运行质量的重要体现，又是制造加工时参与物理、化学作用的直接对象。因而在一项具体的工艺矿物学研究中，对它的考察，是关系到整个研究工作成功与否的关键，也是难度最高的一项工作。

(2) 原料与产物中的矿物粒度分析

矿石分选时,矿物特别是有用矿物的粒度大小,既是确定磨矿细度和破碎方法的关键因素,又对流程方案的选择有影响。例如当从金矿石中提取含金矿物(大多数为银金矿)时,如含金矿物是0.25～5.0 mm以上的粗粒,宜采用重选的跳汰机予以回收;对于10～74 μm的金矿物则多用浮选机回收;当粒度在5～10 μm以下时,氰化法是最有效的方式。

(3) 原料与产物中的元素赋存状态分析

所谓赋存状态,是指元素在原料或产物中的存在形式及其在各组成物相中的分配比例。一种元素可以有多种不同的存在形式,而加工工艺通常是随矿物物相的不同而改变的。如有一热液型稀土矿床,所含稀土元素在氟碳酸盐、氟化物、磷酸盐和硅酸盐中均有存在。然而以上各矿物不仅稀土含量不同,选别性质也不一样。为了建立一个适宜的分选方案,并对可能回收的稀土元素量做出预测,在工艺流程设计之前,对矿石中稀土元素的赋存状态及其有关问题,都必须予以查清,否则必将会使今后的生产难以高效运行。

(4) 矿物在工艺加工过程中的性状分析

选矿工艺中,矿石受到破碎磨矿作用时,原来相互紧密聚集的各种矿物分裂成小体积的碎粒,部分矿物解离为单体(即一个独立的破碎颗粒中仅含有一种矿物)。矿物由共生改变为单体即为矿物的一种性状。

(5) 矿物工艺性质改变的可能性和机理分析

按分选要求使矿物工艺性质朝预定方向做某种程度的改变,浮选早已普遍采用这一做法。矿浆里添加捕收剂后,矿物表面的疏水性增强,矿粒就易被气泡捕收。相反,使用抑制剂,矿物表面将被亲水性的薄膜所包围,从而阻止了捕收剂与矿物表面的作用。然而,由于缺少对矿物与药剂作用机理的深入研究,工艺中这一成功的做法,大多仍旧停留在经验性积累和机械模仿上。至于用其他手段对工艺性质做更大范围的变动,这方面的研究就更少。

(6) 判明尾矿和废渣综合利用的可能性

废渣包括各种冶金炉渣、燃煤锅炉渣、火电站的煤灰渣等。这些废渣不仅堵塞场地、河流、交通,而且还污染空气。因此,工业上一直在寻求对它们的综合利用。其中一种方式是将其用来制作水泥。为了生产出高质量水泥,就要求对废渣的工艺矿物学性质了解清楚。

(7) 矿物的工艺性质与元素组成和结构的关系分析

不仅在不同矿区,即使是同一矿区的同一种矿物也往往呈现出不同的工艺性质。自然界没有完全一样的矿物。由于组成元素的不同,晶体结构的差别,矿物的物理、化学性质在基本一致的前提下,呈现出程度不同的波动。一般来讲,随着杂质元素的增多、晶体结构对称性的下降、均一性的破坏,矿物浮选时与药剂的作用就越活跃。因此,为了具体准确地指导矿物分选,工艺矿物学就必须深入矿物内部组成和微观结构中,查明它们与矿物分选性质间的因果关系,编制“矿物成分与工艺性质”“矿物结构有序度与工艺性质”之类的图解,用以指导和预测矿物分选工作。

(8) 查明矿石的工艺类型空间分布规律,编制矿物工艺图-工艺地质填图

这是工艺矿物学中涉及相邻学科最多、工程最为庞大的一项工作。其目的是为矿山采掘、选矿厂生产的合理高效运行提供依据。

(9) 研究工业固体原料加工前的表生变化

露出地表和构造断裂带附近的矿床,由于风化作用,其矿石常有一系列物理的、化学的

改变。风化作用形成的表生产物，无论是开采、分选，还是冶炼都和原生矿石有着明显差别。因此，工艺矿物学必须在查明表生变化性质的基础上，准确圈定表生产物边界，并对其经济技术价值、储量和处理工艺进行单独的评价和研究。

（10）分析矿物工艺性质的生成条件

矿物是地壳上地质作用的产物，具有的各种工艺性质都与自身成矿作用有关。黑钨矿的地质成矿条件主要有两类：交代作用生成的黑钨矿赋存于云英岩化的花岗岩体内；充填作用生成的黑钨矿多在高温热液石英脉内。两者的铁、锰相对含量彼此各异，成矿温度越高，MnO 含量越低，FeO 含量越高。

总之，如果掌握了成矿作用与工艺性质之间的内在联系，那么就可以从成因矿物学的高度论述和预测矿石的工艺性质。在工艺矿物学里，建立起一个重要的分支理论体系，以推动学科的不断完善与发展。

2.1.2　工艺矿物学的最新进展

1. 工艺矿物学的发展概况

工艺矿物学的出现是在工业社会初期，甚至更早。1830 年光学显微镜问世，人们即借此进行岩矿鉴定，为早期的选矿工艺提供了某些矿石性质资料。20 世纪初，通过对低品位铁、锰矿石的矿物组成、粒度性质和选矿产品进行显微镜分析，为选矿过程提供了半定量和定量数据。20 世纪 40 年代后，随着实际资料的极大丰富，相邻基础学科与测试技术的进步，特别是概率论、数理统计和体视学的引进，光学显微镜、X 射线衍射、电子显微镜、电子（离子）探针的应用，学者们从理论体系、基础知识、研究方法、基本内容等方面进行系统总结和论述。70 年代以后，随着现代科学技术的迅猛发展，近代物理、化学的晶体场理论、配位场理论、分子轨道理论、能带理论以及各种谱学手段、微束测试技术、电子计算机计算技术等被引入矿石物质组成研究领域，使矿物的化学成分、矿物组成、矿物嵌布粒度、矿物理化性质及矿物解离等测试技术得到新的发展，从而能够为矿产资源的综合利用和选冶工艺提供深入系统的矿物学资料。1974 年苏联学者 А. И. 金兹堡和 И. Т. 亚历山大罗娃所著《工艺矿物学——新的矿物学分支》一文的发表，标志着工艺矿物学已成为一门独立而成熟的新兴边缘学科。

我国早在 20 世纪 50 年代就开始这方面的研究工作。选矿、冶金、建材等相关部门都有专门从事工艺矿物学研究的人员和设备。1979 年，中国金属学会选矿学术委员会成立隶属于它的工艺矿物学学组，并在 1980 年举行首届全国工艺矿物学学术会议。1981 年首次出版的《工艺矿物学论文集》为从事这方面研究的学者提供了交流、学习、总结“工艺矿物学”学术流动窗口。1991 年，冶金工业出版社出版的《选矿手册》中，专门介绍了工艺矿物学。21 世纪初期，随着我国矿业复苏，科研机构、高等院校和企业开始引进国际先进检测设备，建设了一批现代化的工艺矿物学研究实验室，使我国工艺矿物学研究得到迅速提升，达到世界一流水平。2017 年 9 月在湖南长沙、2019 年 7 月在湖北武汉、2023 年 4 月在北京召开的三届“中国矿物加工大会”专门设立工艺矿物学分会场，为从事工艺矿物学研究的学者提供了更为专业的交流和学习平台，促进了学科发展建设。

2. 工艺矿物学测试手段

到目前为止，所发现的天然矿物有 3 300 多种，另外还有数量众多的人造矿物，这些矿物均有其独特的化学组成、晶体结构、一定的形态和物理性质，是组成岩石、矿石及工艺产品的基础。为了充分利用和研究这些物质，我们必须对矿物有很好的认识和了解。从简单的肉眼鉴定到现代化的仪器分析，工艺矿物学有很多的测试手段。

(1) 偏光显微镜

在可见光中，矿物可分为透明、半透明和不透明三大类，非金属矿物绝大部分为透明矿物。在鉴定和研究透明矿物的工作中，应用最广泛的方法就是晶体光学法，也就是偏光显微镜研究方法。它是将样品磨成 0.003 mm 厚的薄片，在偏光显微镜下，观察矿物的各种光学性质，从而达到鉴定矿物、研究样品结构构造及工艺加工特征的目的。

(2) 反光显微镜

对于不透明和透明度低的矿物，不宜制成薄片在透射光下进行鉴定，而需要制成光片在反光显微镜下鉴定。反光显微镜也称矿相显微镜，主要用于金属矿物的研究。

(3) X 射线衍射分析

X 射线衍射分析(X-ray diffraction，XRD)是测量矿石中物相组成和晶体结构的基本方法。自从 1912 年德国物理学家劳厄利用晶体做衍射光栅成功地观察到了 X 射线的衍射现象以来，各国学者对各种晶体的 X 射线衍射图谱做了大量研究，积累了丰富的资料。现在 X 射线衍射法在矿物鉴定和研究方面得到了广泛的应用。

(4) 透射电子显微镜

透射电子显微镜(transmission electron microscope，TEM)，简称透射电镜，是利用电子束透过试样进行成像和衍射的一类电镜。它具有放大倍数大、分辨能力强的优点，高性能的透射电镜放大倍数可达 100 万倍，分辨率可达 0.1～0.2 nm。透射电镜特别适合对微细矿物及隐晶质矿物和超细粉体的形貌及结构进行分析，它解决了偏光显微镜(或称透光显微镜)分辨率低的问题，又克服了 X 射线衍射仪不能直接观察矿物形貌的困难，它是观察岩矿及其他物质材料微观世界不可缺少的工具。

(5) 扫描电子显微镜

扫描电子显微镜(scanning electron microscope，SEM)，简称扫描电镜，是观察矿物显微结构最常用的设备。由于它制样方便，放大倍数高，分辨率好，可以观察到在矿相显微镜(或反光显微镜)下难以分辨的超细矿物。尽管它的发展相对比较晚，但目前应用非常普遍。扫描电镜主要是通过二次电子和背散射电子来成像的。二次电子像非常适合于表面矿物形貌的观察，立体感强；背散射电子像既可以用来观察矿物表面形貌，也可以用来分析矿物成分差异。目前使用的大多数扫描电镜还配有用来作微区成分分析的电子探针和表面微区成分分析的俄歇电子能谱仪。

(6) 电子探针微区分析

电子探针微区分析(electron probe microanalysis，EPMA 或 EPA)是试样非破坏性微区化学元素定性定量分析方法。电子探针是电子光学技术和 X 射线光谱技术相结合的产物，用细聚焦电子束入射样品表面，激发出样品元素的特征 X 射线，分析特征 X 射线的波长(或能量)可知元素种类，分析特征 X 射线的强度可知元素的含量。它可以使矿物中元素的定性和定量分析的空间分辨率达到微米级水平。

(7) 俄歇电子能谱分析

俄歇电子能谱分析(auger electron spectroscopy，AES)是常用于样品表面微区成分分析、样品纵剖面的成分及元素结合状态分析的有效工具。在矿物加工过程中，矿物要经过碎矿、磨矿及药剂处理等工序，跟矿物原始性质相比，其表面的组成成分及电价可能会发生一系列变化，为了分析矿物加工过程中矿物表面性状的改变，采用俄歇电子能谱仪来进行分析就很方便。俄歇电子能谱仪探测的深度仅 1 nm，它比电子探针所探测的深度要小 1 000 倍，所以俄歇电子能谱仪特别适合做表面微区分析。俄歇电子能谱仪常与扫描电镜或光电子能谱仪配套使用。

(8) 热分析方法

热分析方法是根据矿物在加热过程中所发生的热效应或重量变化等特征来研究和鉴定矿物的一种方法。目前应用较广的方法有差热分析法、热重分析法、微分热重分析法、热膨胀法、差示扫描热量分析法和逸出气体分析法等。

3. 工艺矿物学参数自动监测系统

自动化矿物学分析监测系统的特点是集成了基于扫描电子显微镜(SEM)和能量色散谱仪(EDS)的批量自动化测量技术。常用系统包括扫描电镜矿物定量评价(quantitative evaluation of mineralogy by scanning electron microscopy，QEMSCAN)、矿物解离度分析仪(mineral liberation analyzer，MLA)等。

(1) QEMSCAN 系统

QEMSCAN 系统使用少量背散射电子图亮度识别颗粒边界，利用能量色散 X 射线元素光谱数据与现有矿物元素光谱数据库进行对比分析，从而实现样品形状和物相的识别映射。矿物的自动识别由其软件中的 SIP(species identification protocol)模块完成，软件拥有一个矿物能谱成分数据库，能实现矿物物相的快速分析。QEMCSCAN 系统可自动测定解离度、矿物嵌布粒度、矿物相对含量等工艺矿物学参数，同时研究者可编程修改 SIP 模块获取感兴趣的参数。

(2) 矿物解离度分析仪

矿物解离度分析仪是配有能量色散谱仪(EDS)和计算机软件的扫描电子显微镜(SEM)。矿物解离度分析仪测量基于背散射电子图像亮度确定晶界和位置，随后通过每个颗粒的 X 射线光谱与参考光谱库对比来完成分类。配套软件可自动进行显微镜操作和自动矿物学数据采集。矿物解离度分析仪是目前世界上最先进的工艺矿物学参数自动定量分析测试系统，由于能快速、准确地测定矿物解离度、矿物组成及含量、元素赋存状态、产品磨矿粒度分布等工艺矿物学数据，可以实现对选矿厂工艺流程合理性的快速评估，为企业改进生产工艺、提高资源回收率提供技术依据。

2.2　矿物的物理特性

2.2.1　密度

物质密度：单位体积的物质质量叫作密度，用 ρ 表示，其单位为 kg/m^3 和 g/cm^3。

矿石真密度：矿石是矿物加工的主要对象，是多种有用矿物和脉石矿物的混合体。单位体积矿石的质量叫作矿石的真密度，其单位为 kg/m^3。

矿石堆密度：堆积的矿石存在空隙，一定粒度组成的矿石自然堆积时，其单位体积的质量称为矿石的堆密度，单位为 kg/m^3。

相对密度是指矿物的密度与在标准大气压和 3.98 ℃下的纯水密度(999.972 kg/m^3)的比值。相对密度是一个无量纲的量,通常随着温度和压力的变化而变化。

矿物之间的密度或相对密度差异是决定它们是否可以通过重选分离的主要因素。常见矿物的密度见表 2-1。例如,湖北省宜昌磷矿中的磷块岩条带主要由磷灰石组成,其密度为 2 950 kg/m^3,而白云岩条带主要由白云石组成,其密度为 2 850 kg/m^3。通过使用密度约为 2 900 kg/m^3 的重介质悬浮液进行重选分离,可以获得符合要求的磷灰石精矿。

表 2-1　一些矿物的密度、比磁化率和电导率

矿物	化学式	密度/(kg/m^3)	比磁化率 $\chi/(10^{-7}\ m^3/kg)$	电导率/(S/cm)
强磁性矿物				
磁铁矿	Fe_3O_4	4 900～5 200	6 300～12 000	10^6～10^{-5}
磁赤铁矿	γ-Fe_2O_3	4 800～5 300	5 000～6 000	
钛磁铁矿	$Fe(Fe^{3+}、Ti)_2O_4$		3 000～4 000	
磁黄铁矿	$Fe_{1-x}S(x=0\sim0.2)$	4 650～4 850	63～670	10^2～10^6
弱磁性矿物				
假象赤铁矿	Fe_2O_3		70～90	
赤铁矿	Fe_2O_3	4 800～5 300	20～30	10^{-1}～10^{-7}
褐铁矿	$Fe_2O_3 \cdot nH_2O$	3 400～4 400	2～3	
菱铁矿	Fe_2CO_3	3 800～3 900	6～7	10^1～10^{-5}
黄铜矿	$CuFeS_2$	4 100～4 300	17	
钛铁矿	$(Mg,Fe)TiO_2$	4 500～5 500	14～34	10^4～10^2
水锰矿	$MnO_2 \cdot Mn(OH)_2$	4 200～4 400	6.3	
软锰矿	MnO_2	4 700～4 800	4	10^4～10^{-2}
黑钨矿	$(Fe\ Mn)WO_4$	7 100～7 500	8～12	10^{-2}
白云石	$CaMg(CO_3)_2$	2 800～2 900	3.4	10^{-5}～10^{-10}
斑铜矿	Cu_5FeS_4	4 900～5 400	18	10^3～1
非磁性矿物				
石英	SiO_2	2 650	−0.025	10^{-13}～10^{-16}
长石	$(Na,K,Ca)[AlSiO_3O_8]$	2 700～2 800	0.630	10^{-8}～10^{-14}
金红石	TiO_2	4 100～5 200	0.250	10^4～10^1
磷灰石	$Ca_5(PO_4)_3(F,OH,Cl)$	3 200	0.126	10^{-12}～10^{-14}
黄铁矿	FeS_2	4 950～5 100	0.126	10^4～10^{-1}
闪锌矿	ZnS	3 500～4 200	0.126	
辉钼矿	MoS_2	4 700～5 000	0.126	10^{-1}～10^{-5}
方铅矿	PbS	3 900～4 100	0.022	10^4～1
锡石	SnO_2	6 800～7 100		10^2～10^{-8}

表 2-1(续)

矿物	化学式	密度/(kg/m^3)	比磁化率 χ/(10^{-7} m^3/kg)	电导率/(S/cm)
毒砂	FeAsS	5 900～6 200	0.082	10～1
萤石	CaF_2	3 000～3 250	0.060	10^{-13}～10^{-17}
滑石	$H_2Mg_3(SiO_3)_4$	2 500～2 800	0.082	
正长石	$KAlSi_3O_8$	2 500～2 600	0.027	

2.2.2　磁性质

磁性是物质的基本属性之一。从电磁学原理可知，任何物质的磁性都是带电粒子运动的结果，原子是组成宏观物质的基本单元，原子由原子核和电子组成，电子运动使原子具有磁性，因此，原子磁性是物质磁性的基础。

原子磁性由原子磁矩表示，原子的磁矩来源于原子核和电子的磁矩。原子核的磁矩很小，仅为电子磁矩的千分之一，一般可忽略不计。电子绕原子核的环形运动所产生的磁矩称为轨道磁矩。此外，每个电子还要自旋，由自旋产生的磁矩称为自旋磁矩。二者的矢量和就是原子的总磁矩。

1. 磁化现象与物质磁化率

所谓磁化现象是指物质在磁场中显示出磁性的现象。物质的磁化程度可用磁化强度表示，磁化强度为单位体积物质的磁矩，可用下式表示：

$$M=\frac{m}{V} \tag{2-1}$$

式中　m——磁化物质的磁矩，是物质中所有原子磁矩的矢量和，A·m^2；

V——物质体积，m^3；

M——磁化强度，A/m。

磁化强度与外磁场强度成比例增加，故又可表示为

$$M=\kappa H \tag{2-2}$$

式中　H——外磁场强度，A/m；

κ——物质体积磁化率，无量纲，可用以表示物质磁性。

合并式(2-1)和式(2-2)可得

$$\kappa=\frac{M}{H}=\frac{m}{V\cdot H} \tag{2-3}$$

上式表明，物质体积磁化率为物质磁化时单位体积和单位磁场强度具有的磁矩。

物质的磁性又可用比磁化率表示，即

$$\chi=\frac{\kappa}{\rho}=\frac{m}{\rho VH} \tag{2-4}$$

式中　ρ——物质密度，kg/m^3；

χ——比磁化率，m^3/kg，是物质磁化时，单位质量和单位磁场强度的磁矩，又称为质量磁化率。

与比磁化率相对应的一个物理量是比磁化强度，即

$$\sigma=\frac{M}{\rho}=\chi H \tag{2-5}$$

式中 σ——比磁化强度，$A\cdot m^2/kg$。

量度物质磁化程度的另一个重要物理量是磁感应强度，它与磁场强度的关系可用下式表示

$$B=\mu H=\mu_0\mu_r H \tag{2-6}$$

式中 B——磁感应强度，T；

μ——物质磁导率；

μ_0——真空磁导率，等于 $4\pi\times10^{-7}$（$T\cdot m/A$）；

μ_r——相对磁导率，无量纲，$\mu_r=\mu/\mu_0=1+\kappa$。

不同物质的 μ_r 不同，例如水的 $\mu_r=1.000\ 08$，铁的 $\mu_r=18\ 000$。

所以，磁感应强度又可表示为

$$B=\mu_0(H+M)=\mu_0 H+\mu_0\kappa H \tag{2-7}$$

在磁学测量中，给定 H，可用磁力天平等仪器测定比磁化率 χ，并计算 κ、σ、M 和 B 等物理量，也可用冲击检流计直接测量磁感应强度 B。根据给定的 H 值和测得的其他物理量，可以绘制 $B=f_1(H)$ 或 $M=f_2(H)$ 和 $\chi=f_3(H)$ 曲线，以便判别各种物质的磁性。

磁性参数在 SI 单位制和 CGS 单位制中可以进行换算。所有物理量的定义在不同单位制下保持不变，只是数值的表达方式有所不同。因此，同一磁性材料的性能数值，可在两种单位制中互相转换。例如，磁矩在 SI 单位制中的单位为 $A\cdot m^2$，在 CGS 单位制中的单位为 emu(electric magnetic unit)。由于 CGS 单位制中电流的单位为 10 A、面积的单位为 cm^2，故

$$1\ emu=10\ A\cdot 1\ cm^2=10\ A\cdot 10^{-4}\ m^2=10^{-3}\ A\cdot m^2 \tag{2-8}$$

同理，在 CGS 单位制中，磁化强度的定义仍是单位体积的磁矩（矢量和），但其单位的名称叫高斯(G)，故

$$1\ G=\frac{1\ emu}{1\ cm^3}=\frac{10^{-3}\ A\cdot m^2}{10^{-6} m^3}=10^3\ A/m \tag{2-9}$$

其他磁性参数都可照上法类推。为便于换算，表 2-2 列出各磁性参数（不是全部）的换算关系，由 CGS 单位到 SI 单位的变换，需将 CGS 的量值乘第 2 列的数值。

表 2-2 磁性参数在两种单位制中的换算

CGS 制中的名称和符号、单位		换算因子	SI 制中的名称和符号、单位	
磁感应强度(磁通密度)B	高斯(G)	$\times10^{-4}$	磁感应强度(磁通密度)B	特[斯拉](T)
磁场强度 H	奥斯特(Oe)	$\times10^3/4\pi$	磁场强度 H	安/米(A/m)
磁化强度 M	高斯(G)	$\times10^3$	磁化强度 M	安/米(A/m)
磁化强度 M	高斯(G)	$\times4\pi\times10^{-4}$	磁极化强度 J	特[斯拉](T)
比磁化强度 σ	emu/g	$\times1$	比磁化强度 σ	$A\cdot m^2/kg$
最大磁能积$(B\cdot H)_{max}$	兆高奥(MGOe)	$\times10^2/4\pi$	最大磁能积$(B\cdot H)_{max}$	千焦/米^3(kJ/m^3)
磁矩 μ	emu	$\times10^{-3}$	磁矩 μ	安·米^2($A\cdot m^2$)

表 2-2(续)

CGS 制中的名称和符号、单位		换算因子	SI 制中的名称和符号、单位	
磁各向异性常数 K	尔格/厘米^3(erg/cm^3)[①]	$\times 10^{-1}$	磁各向异性常数 K	焦[耳]/米^3(J/m^3)
磁矩 μ	emu	$\times 4\pi \times 10^{-10}$	磁偶极矩 p	韦[伯]·米(Wb·m)
退磁因子 N		$\times 1/4\pi$	退磁因子 N	
磁通量 Φ	麦克斯韦(Mx)	$\times 10^{-8}$	磁通量 Φ	韦[伯](Wb)
磁极(荷)强度 q_m	emu	$\times 4\pi \times 10^{-8}$	磁极(荷)强度 q_m	韦[伯](Wb)
磁导率 μ		$\times 4\pi \times 10^{-7}$	磁导率 μ	H/m
比磁化率 χ	emu/(g·Oe)	$\times 4\pi \times 10^{-3}$	比磁化率 χ	m^3/kg
磁致伸缩常数 λ		$\times 1$	磁致伸缩常数 λ	
能量(密度)E	尔格/厘米^3(erg/cm^3)	$\times 10^{-1}$	能量(密度)E	焦[耳]/米^3(J/m^3)
磁(性)常数(真空磁导率)μ_0		$\times 4\pi \times 10^{-7}$	磁(性)常数(真空磁导率)μ_0	韦/(安·米)[Wb/(A·m)]

注:① 1 erg$=10^{-7}$ J。

2. 物质磁性的分类及特点

固体物质的磁性可分为五类:逆磁性、顺磁性、反铁磁性、铁磁性和亚铁磁性(图 2-1)。

固体物质的磁性分类
- 原子的固有磁矩为 0——逆磁性(感生磁矩)
- 原子的固有磁矩不为 0
  - 弱磁性
    - 顺磁性(磁矩无序排列)
    - 反铁磁性
  - 强磁性
    - 铁磁性
    - 亚铁磁性

    (磁矩有序排列)

图 2-1　固体物质的磁性分类

与此相应,物质按磁性类别可分为逆磁体、顺磁体、铁磁体、反铁磁体和亚铁磁体。在磁场中,其原子磁矩的排列方式、磁化强度与磁场强度的关系表现出极大的差别,见表 2-3。

表 2-3　物质磁性分类及特点

类　别	逆磁体	顺磁体	铁磁体	反铁磁体	亚铁磁体
磁矩排列	原子磁矩$=0$				
磁化强度 M 与外磁场强度 H 的关系	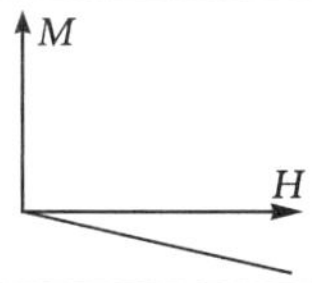	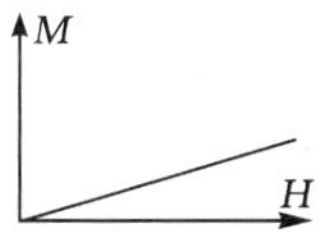	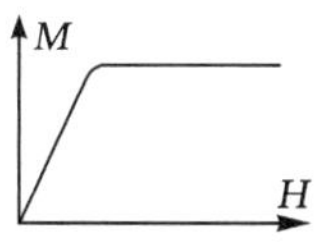		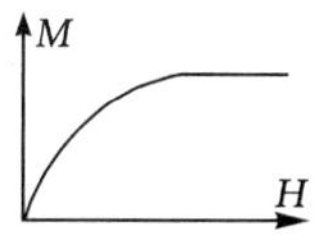
磁性强弱	逆磁性	弱磁性	强磁性	弱磁性	强磁性

(1) 逆磁体

这类物质的原子中的电子轨道磁矩和自旋磁矩互相抵消,即原子磁矩为零。当将这类物质放进磁场时,每个电子都产生一个附加磁矩,附加磁矩的方向与外磁场方向相反,因而显示逆磁性。

逆磁体的磁化率为负值,也是一个与温度无关的很小的常数值。由于逆磁性来源于原子中电子的感应附加磁矩，故任何物质都有逆磁现象。但非逆磁体的原子磁矩不为零，其附加磁矩只有轨道磁矩的百万分之几，因此不显逆磁性。

(2) 顺磁体

这类物质具有原子磁矩或分子磁矩，即具有本征磁矩。无外磁场作用时，单个原子磁矩的取向与其余原子磁矩的取向无关，各个原子磁矩的取向无序，并处于剧烈的热振动状态，物质总磁矩为零，因而对外不显磁性。在外磁场作用下，原子磁矩有向外磁场取向的趋势，外磁场越强，向外磁场方向取向的概率越大，物质总磁矩越大。但由于磁场远不能克服热振动分子磁矩取向的破坏作用，所以这种物质磁化时，对外显顺磁性。

(3) 反铁磁体

铂、钯、锰、铬等反铁磁体的磁化率随温度的变化规律如图 2-2(c)所示。低于临界温度时，与顺磁体和铁磁体都不同，反铁磁体的磁化率随温度的提高而增加；只是在临界温度以后，才与顺磁体相同，其磁化率随温度的提高而减少；在临界温度，其磁化率有最大值。临界温度称为奈耳点，用 T_N表示。换言之，当温度低于奈耳点时，呈反铁磁性，当温度高于奈耳点时，呈顺磁性。反铁磁体有小的正磁化率，其比磁化率为 $10^{-10} \sim 10^{-9}\ m^3/kg$ 数量级。

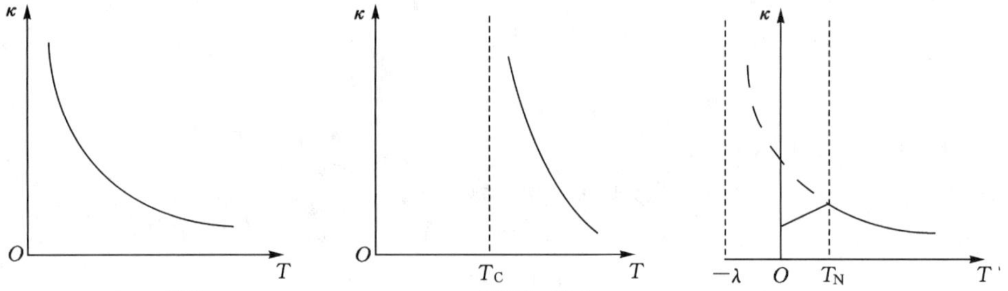

$\kappa=\mu_0 C/T$ (a) 顺磁体 $\kappa=\mu_0 C/(T-T_C)$ (b) 铁磁体和铁氧体 $\kappa=\mu_0 C/(T+\lambda)$ (c) 反铁磁体

图 2-2 顺磁体、铁磁体、铁氧体、反铁磁体的典型磁化率与温度的关系

(4) 铁磁体

铁、钴、镍和某些稀土元素(如钇、镝、钬)等的磁性通称为铁磁体，这类物质称为铁磁体。鉴于铁磁性在磁选领域起着非常重要的作用，以下分几个问题对铁磁体的性质、磁畴结构和磁化原理做比较详细的介绍。

① 铁磁效应

铁磁体的磁性概括起来为：磁化时，磁感应强度(或磁化强度)随磁场强度的提高急剧增加，容易磁化到饱和状态；退磁时，有磁滞效应，撤销外磁场后有剩磁；外磁场按正弦波形变化时，磁感应强度按磁滞回线变化。具体的磁特性常用特性线的形式来表示，其中最常用的是 $B=f(H)$曲线。材料的磁特性，除了与给定的测量参数(如磁化强度、温度、有无机械应力等)有关外，还与磁化过程有关。实际应用时，为了得到 $B=f(H)$曲线，材料(试样)必须预先进行脱磁，以使样品的原始状态处于材料的磁化强度 $M=0$ 以及没有磁畴磁化从优取向的退磁状态。典型铁磁体的磁特性曲线如图 2-3 所示，由起始磁化曲线和磁滞回线组成。起始磁化曲线是磁化场强 H 单调地增加时所得到的曲线，即 OS 段，可以分为陡峭段和平坦段两部分。陡峭段对应于易磁化区，而平坦段对应于难磁化区。从坐标原点 O 到 $B=f(H)$曲线

上任何一点 A 的直线的斜率($\tan\alpha$)代表该磁化状态下的磁导率 $\mu_0\mu_r=B_A/H_A$。磁滞回线是当磁化场强 H 在正负两个方向上往复变化时，材料的磁化过程经历一个循环过程。经历起始磁化曲线 OS 后，H 由 $H_S\to O$ 时，则 B 由 $B_S\to B_r$，称为剩余感应强度，这种退磁不可逆现象称为磁滞。当磁场强度 H 按反向由 $O\to -H_c$时，则 B 由 $B_r\to O$，即剩磁被退掉，H_c称为矫顽力，H_c 的大小表明退磁的难易程度；之后 H 由 $-H_c\to -H_S$时，则 B 由 $O\to -B_S$，在反向达到磁饱和；最后，H 由 $-H_S\to O\to H_S$时，则 B 由 $-B_S\to -B_r\to B_S$，即回到最初的磁饱和状态，形成封闭的磁滞回线。

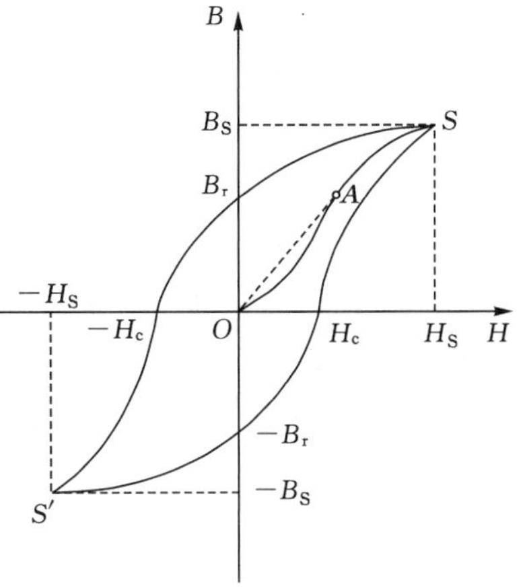

图 2-3　典型铁磁体的磁特性曲线

② 磁畴结构

前已述及，铁磁体原子中的轨道磁矩对原子磁矩没有贡献，原子磁矩只来源于电子的自旋。进一步研究证明，铁磁体相邻原子之间存在一种来源于静电作用很强的直接交换作用，这种作用使相邻原子中电子的自旋磁矩平行取向，并处于最低的能量状态，即最稳定的状态。即使无外磁场作用，相邻的原子磁矩也能在一定范围内按同一方向排列，达到饱和磁化，这叫作自发磁化。

磁畴的自发磁化方向不是任意的，而是决定于磁晶的各向异性。磁晶各向异性是指铁磁体晶体的最易磁化轴和最难磁化轴，因此磁畴的自发磁化方向是各个可能的最易磁化方向之一，磁畴从最易磁化方向转到其他方向需要外磁场做功。

③ 磁化过程

在磁化磁场的作用下，铁磁体的磁化包括两个过程：畴壁的移动和磁畴的转动。未磁化前，铁磁体的磁畴如图 2-4(a)所示，不显示磁性。畴壁的移动是由于磁矩方向同磁场方向比较接近的磁畴逐渐扩大，磁矩方向同磁场方向相差较远的磁畴逐渐缩小而产生的，如图 2-4(b)所示。磁畴的转动是指磁矩在外磁场作用下，整体逐渐转向磁场方向，如图 2-4(c)所示。一般而言，畴壁的移动所需的能量较小，磁畴的转动所需的能量则比较大。

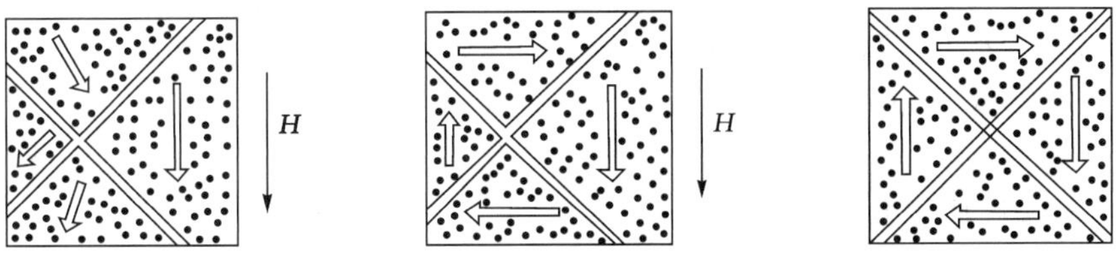

(a) 未磁化　(b) 磁畴移动　(c) 磁畴转动

图 2-4　铁磁体的磁化过程

图 2-5 所示为铁磁体的比磁化率和比磁化强度与外磁场的关系图，图中 $\chi=f(H)$曲线之所以存在峰值，是因为比磁化率 χ 是体积磁化率 κ 和密度的比值，已知 $\kappa=M/H$，M 是物质的磁化强度，H 为磁化磁场的强度。随着外加磁场强度 H 增大，首先发生畴壁的移动，然后是磁矩转动，因为磁畴是沿外磁场取向排列的，故在不大的磁化磁场强度 H 下即可达到磁饱和，也就是达到峰值。磁化磁场强度 H 再继续增大，磁畴已排列整齐，不再增加，即 M

不变，H 越增大，M/H 的值就越小，这就是达到峰值后 χ 不断降低的原因。图 2-5 中 $\sigma=f(H)$ 曲线的 0～1，对应于外磁场不高时的畴壁位移，这一过程较易实现，此时畴壁的位移为可逆位移，即磁场强度减到零时，磁化强度可沿 0～1 曲线回降到零。1～2 段畴壁位移是不连续的、跳跃式的、不可逆的。畴壁位移的不可逆性，是由于磁晶中的杂质和晶格缺陷阻碍畴壁的移动，这种阻力相当于一种摩擦力，当畴壁越过这些障碍后，退磁时，它又妨碍畴壁回到原来的位置，因而产生磁滞现象。外磁场再增加到曲线的 2～3 段，此时磁畴发生大规模转动，磁畴逐渐转到与外磁场方向一致的方向，当所有磁畴都转到外磁场方向时，磁化即达到饱和状态。磁畴转动所需的外磁场强度较高，因此，在较高磁场中磁化以磁畴转动为主。

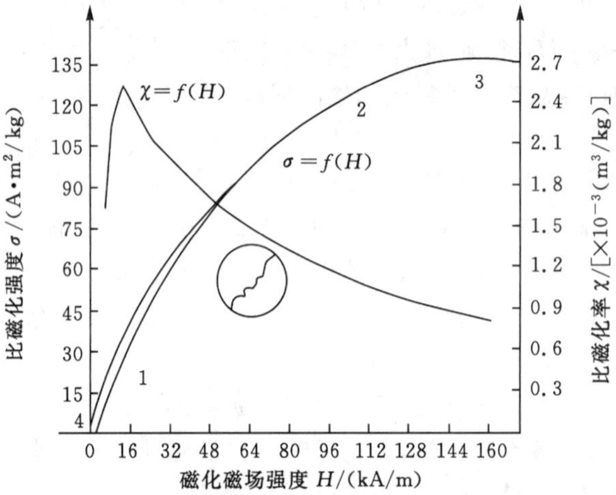

图 2-5　铁磁体的比磁化率和比磁化强度与外磁场的关系

(5) 亚铁磁体

亚铁磁体也有两种次晶格，但其邻近原子（或离子）磁矩的排列方向相反，大小不等，具有未被抵消的磁矩和相当大的自发磁化强度，因而具有很强的磁性，且与铁磁体的磁性十分相似，这种磁性被称为亚铁磁性，又称未被抵消的铁磁性。磁铁矿（Fe_3O_4）是众所周知的亚铁磁体。以后又发现 Fe_3O_4 中的二价铁离子 Fe^{2+} 被 Mn^{2+}、Co^{2+}、Ni^{2+}、Cu^{2+}、Sr^{2+}、Ba^{2+}、Zn^{2+}、Cd^{2+} 等二价离子取代的物质也具有亚铁磁性，这些材料被称为铁淦氧磁体，简称铁氧体，例如，锶铁氧体（$SrO \cdot 6Fe_2O_3$）。

3. 矿物的磁性

(1) 矿物按磁性分类

根据磁性，按比磁化率大小把所有矿物分成强磁性矿物、弱磁性矿物和非磁性矿物。

强磁性矿物：这类矿物的比磁化率 $\chi>3.8\times10^{-5}$ m³/kg[或 CGSM 制中 $\chi>3\times10^{-3}$ emu/(g·Oe)]，在磁场强度 H_0 达 120 kA/m（约 1 500 Oe）的弱磁场磁选机中可以回收。这类矿物大多属于亚铁磁性物质，主要包括磁铁矿、磁赤铁矿（γ-赤铁矿）、钛磁铁矿、磁黄铁矿和锌铁尖晶石等。

弱磁性矿物：这类矿物的比磁化率 χ 为 $7.5\times10^{-6}\sim1.26\times10^{-7}$ m³/kg[或 CGSM 制中 $\chi=6\times10^{-4}\sim10\times10^{-6}$ emu/(g·Oe)]，在磁场强度 H_0 为 800～1 600 kA/m（10 000～20 000 Oe）的强磁场磁选机中可以回收。这类矿物在自然界中分布最多，大都属于顺磁性

物质，也有属于反铁磁性物质。例如大部分铁锰矿物，包括赤铁矿、镜铁矿、褐铁矿、菱铁矿、水锰矿、硬锰矿、软锰矿等；一些含钛、铬、钨矿物，包括钛铁矿、金红石、铬铁矿、黑钨矿等；部分造岩矿物，包括黑云母、角闪石、绿泥石、绿帘石、蛇纹石、橄榄石、石榴石、电气石、辉石等。

非磁性矿物：这类矿物的比磁化率 $\chi < 1.26 \times 10^{-7}$ m^3/kg[或 CGSM 制中 $\chi < 10 \times 10^{-6}$ emu/(g・Oe)]，在目前的技术条件下，不能用磁选法回收。这类矿物在自然界中分布很多，有些属于顺磁性物质，有些属于逆磁性物质（方铅矿、金、辉锑矿和自然硫等）。例如部分金属矿物，包括方铅矿、闪锌矿、辉铜矿、辉锑矿、红砷镍矿、白钨矿、锡石、金等；大部分非金属矿物，包括自然硫、石墨、金刚石、石膏、萤石、刚玉、高岭土、煤等；大部分造岩矿物，包括石英、长石、方解石等。

应当指出，矿物的磁性受很多因素影响，不同产地不同矿床的矿物，因其生成过程的条件不同、杂质含量不同、结晶构造不同，其磁性存在差异。另外弱磁性矿物及其贫连生体、非磁性矿物的界限规定不是极其严格的。对于一个具体的矿物，其磁性大小应通过矿物磁性测定才能准确得出。

在磁选过程中，颗粒粒度对弱磁性矿物的比磁化率影响很大。不均匀的颗粒粒度会导致磁选效率低和无法有效分选的问题。因此，为实现微细粒弱磁性矿物的精细分离，一方面需要高磁场力设备，如高梯度磁选机和超导磁选机；另一方面要避免脉石或者贫连生体夹杂，需要将重力场、磁场、流场等复合物理场耦合设计及优化。

各种常见矿物的比磁化率列于表 2-1 中。

(2) 强磁性矿物的磁性

磁铁矿、磁赤铁矿、钛磁铁矿、磁黄铁矿等强磁性矿物具有类似的磁性。其中，磁铁矿是典型的强磁性矿物，也是目前磁选所处理的主要矿物。

磁铁矿属于亚铁磁性物质，是典型的铁氧体。铁氧体的晶体结构主要有三种：尖晶石型、磁铅石型和石榴石型。尖晶石型铁氧体的化学分子式为 XFe_2O_4，其中，X 代表二价金属离子，常见的有 Fe^{2+}、Co^{2+}、Mg^{2+}、Zn^{2+}、Cd^{2+}、Mn^{2+} 等。磁铁矿的分子式为 Fe_3O_4，属于尖晶石型铁氧体。

2.3　矿物的表面物理化学特性

在进行矿物的分选之前，常需要对其进行破碎和细磨，以使目标矿物形成单体矿粒，从而为高效分选创造条件。在碎磨过程中，具有特定晶体结构和原子配位方式的矿物会沿着特定的方向解理和断裂，形成解理面和断裂面，这些面统称为矿物的常见暴露面。这些常见暴露面的表面能、表面电性和表面粗糙度等物理化学性质会影响矿物与药剂或溶液的相互作用，从而对分选效果产生影响。因此，矿物表面的物理化学性质一直是矿物加工学研究的重点和热点。

2.3.1　矿物的晶体结构与价键类型

1. 矿物的价键类型

矿物内部结构按化学键类型可分为以下四大类。

(1) 离子键或离子晶格

属于此类的矿物有萤石(CaF_2)、方解石($CaCO_3$)、白铅矿($PbCO_3$)、铅矾($PbSO_4$)、白钨

矿($CaWO_4$)、孔雀石[$CuCO_3 \cdot Cu(OH)_2$]、锆英石($ZrSiO_4$)和岩盐($NaCl$)等。

(2) 共价键或共价晶格

典型的例子是金刚石,一般是共价键带有弱的极性键,如石英(SiO_2)、金红石(TiO_2)、锡石(SnO_2)等。

(3) 分子键或分子晶格

菱形硫中的硫分子与硫分子间是靠分子间力联系的,但每个硫分子由 8 个硫原子组成,硫原子与硫原子间是共价键。石墨、辉钼矿的层状结构中层与层之间也是分子键。

(4) 金属键或金属晶格

自然金属如自然铜、自然金等属此类。

至于自然界常见的硫化矿如方铅矿、黄铁矿等具有半导体性,是介于离子键、共价键、金属键之间的过渡的包含多种键能的晶体。

2. 价键特性与解离

破碎过程中,矿物会沿着其脆弱面断裂。对于纯离子晶格的矿物,常常沿着离子界面断裂。例如,岩盐($NaCl$)可能的断裂面如图 2-6(a)虚线所示。对于较为复杂的离子晶格,以萤石(CaF_2)为例,它的结晶层面有两种类型:一种类型是 Ca^{2+} 和 F^- 相互排列,而另一种类型是 F^- 并列排列。在前一种层面中,Ca^{2+} 和 F^- 之间存在较强的化学亲和力,而在后一种层面中,F^- 之间存在电性相斥,因此后一种层面相对较脆弱,容易沿着该层面断裂,如图 2-6(b)虚线所示。

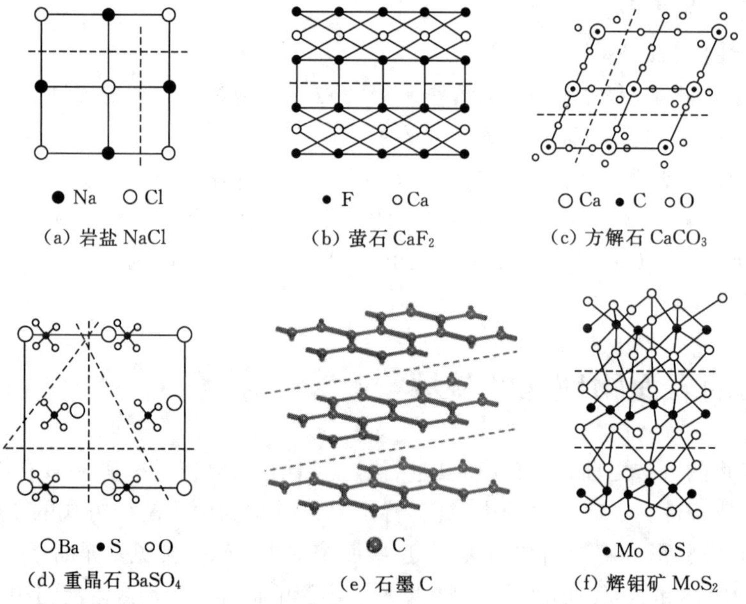

图 2-6 典型矿物晶格及可能断裂面

对于含有基团的离子结晶,以方解石($CaCO_3$)含有 CO_3^{2-} 和重晶石($BaSO_4$)含有 SO_4^{2-} 为例,其解理面的规律如下:

(1) 络阴离子基团内部的强共价键不发生断裂,也就是说,一般不会使方解石中的 CO_3^{2-} 中的 C—O 键拆开,其他如磷灰石中的 PO_4^{3-} 中的 P—O 键,重晶石中的 SO_4^{2-} 中的 S—O 键、白钨矿中的 WO_4^{2-} 的 W—O 键也不会断开;但也有例外,如硅酸盐矿物中的 SiO_4^{2-} 中的

Si—O 键离子性和共价性接近，一般会断开。

(2) 一般沿阴阳离子共存的电性中和的晶面层间断裂，如图 2-6(c)所示，方解石(104)面上 CO_3^{2-} 与 Ca^{2+} 的数目为 1∶1，沿着这类电性中和的晶面层间容易断开；也有可能沿阴阳离子交界层断裂，如方解石(001)面，但是一般较难发生。

(3) 当晶格中各层间的距离不同时，常沿化学键强度较弱或距离较大的层间断裂。一般而言，层间的化学键能越弱，越容易沿此层间断裂。层间距越大，越容易沿此层间断裂。典型的如图 2-6(d)所示的重晶石，它有三处可能的断裂面。

3. 矿物表面价键特性

矿物受到破碎作用时，一般会暴露出新的表面，矿物表面极性和表面润湿性与矿物晶体结构、组成成分、晶体内部的价键特性相互关联，见表 2-4。

表 2-4　常见矿物按表面性质分类

类型	Ⅰ	Ⅱ	Ⅲ	Ⅳ	Ⅴ	Ⅵ
表面性质	分子键，非极性表面，润湿性小	共价键，部分金属键和离子键，润湿性较小	离子键，极性表面，润湿性较大	多种键型，极性表面，润湿性大	氧化易溶，极性表面，润湿性大	表面极易溶解
所包含的主要矿物	硫	黄铜矿	萤石	赤铁矿	孔雀石	硼砂
	石墨	辉铜矿	白钨矿	针铁矿	蓝铜矿	岩盐
	煤	铜蓝	磷灰石	磁铁矿	赤铜矿	钾盐
	滑石	斑铜矿	方解石	褐铁矿	硅孔雀石	
	辉钼矿	黝铜矿	白云石	软锰矿	白铅矿	
	金	斜方硫砷铜矿	重晶石	菱锰矿	铜矾	
	银	砷黝铜矿	菱镁石	黑钨矿	钼铅矿	
	铂	方铅矿		钛铁矿	菱锌矿	
		闪锌矿		钽铁矿	异极矿	
		黄铁矿		铌铁矿		
		磁黄铁矿		金红石		
		砷黄铁矿		锆英石		
		镍黄铁矿		绿柱石		
		针硫镍矿		锡石		
		砷镍矿		锂辉石		
		硫化钴矿		石英		
		辉砷钴矿		电气石		
		雄黄		蓝晶石		
		雌黄		高岭土		
		毒砂		铝土矿		
		辉锑矿		刚玉		
		辉铋矿				
		辰砂				

一般来说，矿物内部结构与表面键性有如下关系：

(1) 由离子键构成离子键晶体的矿物，沿离子键较弱的离子层间断裂，其表面断裂的是离子键，表面活性主要由断裂键数量决定。一般断裂键多的，表面活性高。这类矿物表面有较强的偶极作用或静电力，因而亲水，天然可浮性小。

(2) 由共价键构成共价键晶体的矿物，沿共价键较弱的层面断裂，其表面是强的不饱和断裂键，具有较高的表面能和极强的反应性，因而表面不稳定，容易发生表面重构或与溶解氧、溶液水分子作用。硫化矿晶体重构后形成多硫化物，具有一定天然可浮性，但表面被氧化后则导致亲水，可浮性差(如黄铜矿、辉铋矿等)。氧化矿表面容易被水分子或氧作用发生羟基化和氧化。因此，天然不可浮或可浮性差(如赤铁矿、针铁矿等)。

(3) 由分子键构成分子键晶体的矿物，沿较弱的分子键层面断裂，其表面是弱的分子键。这类矿物表面对水分子引力弱，具有天然可浮性(如石墨、辉钼矿、煤、滑石等)。

(4) 具有离子晶格和共价晶格矿物的表面具有较高的极性，接触角小，划分为极性矿物。分子键构成的矿物接触角都在60°～90°之间，划分为非极性矿物(表2-4)。

4. 表面断裂键能密度

矿物在外力作用下通常沿一定晶面方向破裂产生新表面，新表面上的原子，由于原来在晶体中与之配位的原子缺失，存在断裂键或悬挂键，使得新表面处于高能态，具有了表面弛豫、润湿性、电性、吸附性等反应特性。可见，表面断裂键是矿物表面最初始的性质，其性状决定矿物表面反应性，最终决定矿物的表面化学行为和浮选特性。表面断裂键能密度是矿物某表面上单位面积所有种类断裂键的离解能之和，可用以下公式计算：

$$S_c = \sum_{i=1}^{n}(D_{bi} \times E_{di}) \tag{2-10}$$

式中 S_c——表面断裂键能密度；

E_{di}——某类断裂键 i(同类化学键)的离解能；

n——断裂键种类；

D_{bi}——某矿物表面上断裂键 i 的密度，其计算式如下：

$$D_{bi} = \frac{N_{bi}}{A} \tag{2-11}$$

式中，N_{bi}表示某矿物表面单位晶胞范围内断裂键 i 的数量；A 表示该矿物表面单位晶胞的面积，可通过 $A=U\times V\times \sin\theta$ 计算；其中，U、V 为晶胞边长，nm；θ 为晶面夹角，(°)。

对于只有一种类型断裂键的矿物晶体，表面断裂键密度 D_b可用以下公式计算：

$$D_b = \frac{N_b}{A} \tag{2-12}$$

一般情况下，矿物破裂产生的新表面单位面积上断裂键的数量和强度决定了该表面断裂难易度和表面位点反应性。新表面单位晶胞面积上断裂键数量越多，化学键强度越强，断裂越难，断裂后形成的表面上位点的反应性越强。

可见，D_b 可直接用于判断表面反应性的大小。对于只有一种断裂键的矿物晶体，表面断裂键密度与表面能成正比。但是直接实验测定矿物表面能比较困难，而模拟计算过程复杂且耗时久。因此通过简单计算表面断裂键密度的方法，可以快速判断不同矿物表面反应性的大小顺序。

萤石最小和最大表面断裂键密度分别为 $D_b(111)=0.1548$ Å^{-2}和 $D_b(310)=0.2543$ Å^{-2}，因此{111}晶面 D_b 最小，最容易断裂，{310}晶面 D_b 最大，最难断裂。萤石不同晶面的断裂键密度计算方法及结果如表 2-5 所示。

表 2-5　萤石不同晶面断裂键密度计算方法及结果

晶面	单位晶胞面积计算	A/Å①2	N_b	D_b/(Å^{-2})	d②/Å
{310}	$A=5.463\times8.638\times\sin 90°$	47.19	12	0.254 3	0.864
{100}	$A=3.863\times3.863\times\sin 90°$	14.92	4	0.268 1	1.366
{110}	$A=3.863\times5.463\times\sin 90°$	21.10	4	0.189 6	1.931
{111}	$A=3.863\times3.863\times\sin 120°$	12.92	2	0.154 8	3.154

注：① 1 Å=0.1 nm；
② d 为两相邻离子层之间的层间距。

2.3.2　表面能

1. 表面能与表面张力

破碎磨矿暴露的矿物表面是决定矿物可浮性的基础。矿物表面与内部的主要区别是：矿物内部离子、原子或分子相互结合，键能得到平衡；而表面层的离子、原子或分子，朝向内部的一面，与内层有平衡饱和键能，而朝向外面的是空间，这方面的键能没有得到补偿，使表面质点比体内质点具有额外的势能，称为表面能，热力学上称为表面自由能。

固体晶体的表面能和表面自由能往往难以通过实验直接测量，但可以通过经验和第一性原理方法进行计算。在某些情况下，表面能和表面自由能可以互换使用。一般而言，矿物晶体的表面能越高，表面的反应性就越强，表面结构的稳定性就越低，因此容易发生表面弛豫和界面化学反应，以降低表面能。

2. 表面能的计算

(1) 共价晶体的表面能

共价晶体表面能的估算最为简单。因为共价键是靠两个互相接近的原子共享电子对，并且是电子对贡献电子形成的，其距离比离子键短得多。因此，不必考虑长程力的相互作用。最典型的例子是金刚石表面能的估算。

温度为 0 K 时金刚石表面能 E_s 等于把 1 cm^2 面积上全部共价键打断所需的能量 E_I 的一半，即

$$E=\frac{1}{2}E_I \tag{2-13}$$

金刚石的晶胞如图 2-7 所示，其键能为 376.2 kJ/mol。对于金刚石{100}解理面，1 cm^2 面积上的原子数为：

$$\left(1+4\times\frac{1}{4}\right)/(3.56\times10^{-8})^2=1.59\times10^{15}$$

为形成{100}解理面，每个原子必断两个键，因此，打断 1 cm^2{100}解理面全部共价键所需能量 E_I^{100} 为：

$$E_I^{100}=\frac{376.2\times10^{10}\times1.59\times10^{15}\times2}{6.023\times10^{23}}$$

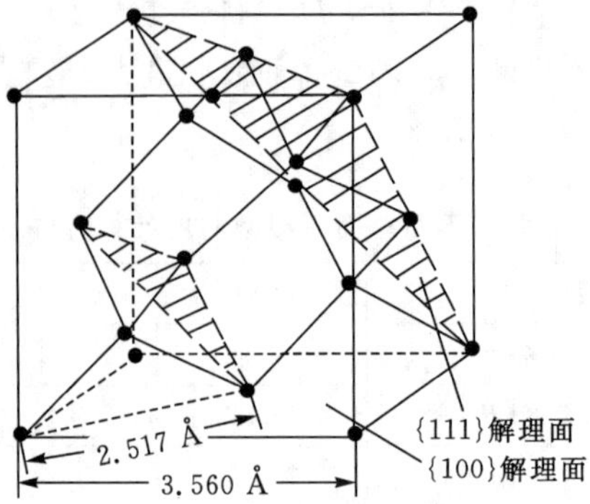

图 2-7　金刚石晶体的单位晶胞

$$=19\ 863\ \mathrm{erg/cm^2}=19.863\ \mathrm{J/m^2}\ (1\ \mathrm{erg}=10^{-7}\mathrm{J})$$

$$E_{\mathrm{s}}^{100}=\frac{1}{2}E_{\mathrm{l}}^{100}=9.93\ \mathrm{J/m^2}$$

{111}解理面(图 2-7)1 $\mathrm{cm^2}$面积上的原子数为

$$\frac{3\times\frac{1}{6}+3\times\frac{1}{2}}{(3.56\sqrt{2}\times10^{-8})^2\times\frac{\sqrt{3}}{2}\times\frac{1}{2}}=1.82\times10^{15}$$

有 1.82×10^{15}个键,若取键能为 376.2 kJ/mol,则有:

$$E_{\mathrm{l}}^{111}=\frac{376.2\times10^{10}\times1.82\times10^{15}}{6.023\times10^{23}}=11\ 368\ \mathrm{erg/cm^2}=11.37\ \mathrm{J/m^2}$$

$$E_{\mathrm{s}}^{111}=\frac{1}{2}E_{\mathrm{l}}^{111}=5.69\ \mathrm{J/m^2}$$

(2) 离子晶体的表面能

离子键是荷正电和荷负电的离子间形成的键,其作用距离长,属长程力,而且不定向。

离子晶体是离子主要通过库仑力结合在一起的。类似岩盐,0 K 时离子晶体的表面能是表面附近分子的过剩势能。因此,计算其表面能时,也是按表面上净的相互作用能来计算的。比较流行的是 Huggins 和 Mayer 提出的势函数模型:

$$E_{ij}(r)=-Z_iZ_je^2/r-C_{ij}/r^6-d_{ij}/r^8+bb_ib_{je}^{-r/p} \tag{2-14}$$

式中,右边第一项是离子 i、j 之间的库仑力(引力);第二、三项是偶极子相互作用引起的范德瓦耳斯力(引力);第四项是电子斥力。第一项对表面势能起主要作用,第二项占 20%~30%。几种离子晶体不同晶面表面能的估算值见表 2-6。

表 2-6　几种离子晶体不同晶面表面能　　单位:$\mathrm{J/m^2}$

晶　体		LiF	LiCl	NaF	NaCl	NaBr	NaI	KCl	RbCl
表面能	{100}	142	107	216	158	138	118	141	138
	{111}	568	340	555	354	304	252	298	277

(3) 第一性原理计算矿物晶面表面能

矿物晶面表面能除采用经验方法估计外,还可采用第一性原理方法进行计算。第一性原理方法采用基本物理常数推演物质性质，具有简单直接的优点，但其计算量大，需要高性能计算机才能完成。按照表面能的定义，只需构建单胞和稳定的表面结构并运用第一性原理计算软件分别计算两者能量，即可计算表面能。

第一性原理计算矿物晶面表面能的基本步骤：① 构建并优化晶体单胞；② 构建具有对称底面与顶面的晶体晶面模型；③ 添加真空层隔绝顶面与底面的相互作用；④ 使用第一性原理计算软件分别计算单胞和弛豫晶面的能量；⑤ 运用下式计算晶面表面能 E_{surf}。

$$E_{surf}=\left[E_{slab}-\left(\frac{N_{slab}}{N_{bulk}}\right)E_{bulk}\right]/(2A) \tag{2-15}$$

式中　E_{slab}——计算得到的晶面模型的总能量，eV；

E_{bulk}——计算得到的晶胞模型的总能量，eV；

N_{slab}——晶面中的原胞个数；

N_{bulk}——晶体中的原胞个数；

A——晶面面积(表 2-5)。

表 2-7 是使用基于密度泛函理论(density functional theory)的量子化学程序 CASTEP 计算所得的白钨矿不同晶面的表面能。由表 2-7 可见，表面能与表面断裂键密度 D_b 定性一致。

表 2-7　第一性原理计算白钨矿不同晶面的表面能与表面断裂键密度

晶面	E_{slab}/eV	结构	E_{surf}/(J/m^2)	D_b/(Å^{-2})
{001}	−14 068.093 7	$Ca_3W_3O_{12}$	0.421 8	0.145 5
{112}	−28 135.969 0	$Ca_6W_6O_{24}$	0.493 9	0.158 8
{111}	−37 512.507 5	$Ca_8W_8O_{32}$	0.533 7	0.180 3
{110}	−14 060.276 4	$Ca_3W_3O_{12}$	0.608 6	0.189 7

注：白钨矿单位晶胞($Ca_2W_2O_8$)E_{bulk}为−9 379.725 3 eV。

2.3.3　表面电性

矿物在水溶液中受到水的偶极作用和溶质的影响，会在表面带上电荷。如果表面带有正电荷，则表面带正电；反之，如果表面带有负电荷，则表面带负电。矿物表面的电荷和电性直接影响其与浮选药剂和其他矿物颗粒之间的相互作用。例如，石英表面带负电，通常可以使用阳离子表面活性剂(如十二胺)进行浮选捕收。此外，通过改变矿物表面的电性，还可以调控矿物颗粒之间的团聚和分散。矿物表面电性的形成原因主要可以归纳为以下三个方面。

1. 优先解离(或溶解)

离子型矿物在水中由于表面正负离子的表面结合能和受水偶极作用力(水化)的差异而导致非等量的离子向水中转移，从而使矿物表面带电。

表面离子的水化自由能 ΔG_h 可以通过离子的表面结合能 ΔU_s 和气态离子的水化自由能 ΔF_h 进行计算。即对于阳离子 M^+，有

$$\Delta G_h(M^+)=\Delta U_s(M^+)+\Delta F_h(M^+) \tag{2-16}$$

对于阴离子 X^-，则

$$\Delta G_h(X^-)=\Delta U_s(X^-)+\Delta F_h(X^-) \tag{2-17}$$

根据 $\Delta G_h(M^+)$ 和 $\Delta G_h(X^-)$ 何者负值较大，相应离子的水化程度就较高，该离子将优先进入水溶液。于是表面就会残留另一种离子，从而使表面获得电荷。

例如萤石(CaF_2)。已知：$\Delta U_s(Ca^{2+})=6\ 117\ kJ/mol$，$\Delta F_h(Ca^{2+})=-1\ 515\ kJ/mol$，$\Delta U_s(F^-)=2\ 537\ kJ/mol$，$\Delta F_h(F^-)=-460\ kJ/mol$，则

$$\Delta G_h(Ca^{2+})=-1\ 515+6\ 117=4\ 602\ (kJ/mol) \tag{2-18}$$

$$\Delta G_h(F^-)=-460+2\ 537=2\ 077\ (kJ/mol) \tag{2-19}$$

即表面氟离子(F^-)的水化自由能比表面钙离子(Ca^{2+})的水化自由能小，优先水化并转入溶液，使萤石表面荷正电(图 2-8)。

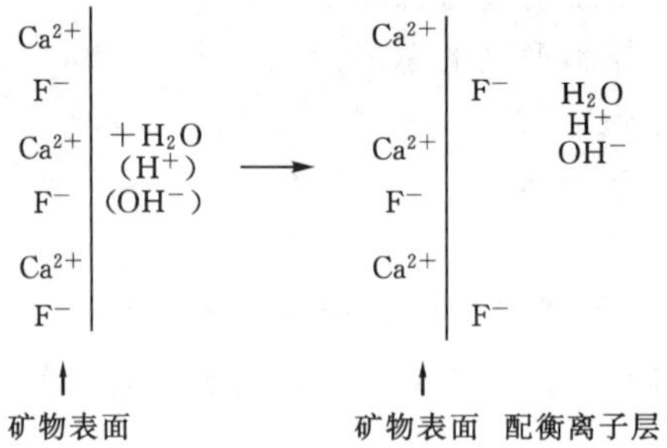

图 2-8　萤石表面溶解模型

其他的例子有，重晶石($BaSO_4$)的负离子优先转入水中，表面正离子过剩而荷正电；白钨矿($CaWO_4$)的正离子优先转入水中，表面负离子过剩而荷负电。

2. 吸附和电离

对于难溶的氧化矿物，表面因吸附 H^+ 或 OH^- 而形成酸类化合物，然后部分电离而使表面荷电，或形成羟基化表面，吸附或解离 H^+ 而荷电。以石英(SiO_2)在水中为例，其过程可示意如下：

石英破裂(图 2-9)：

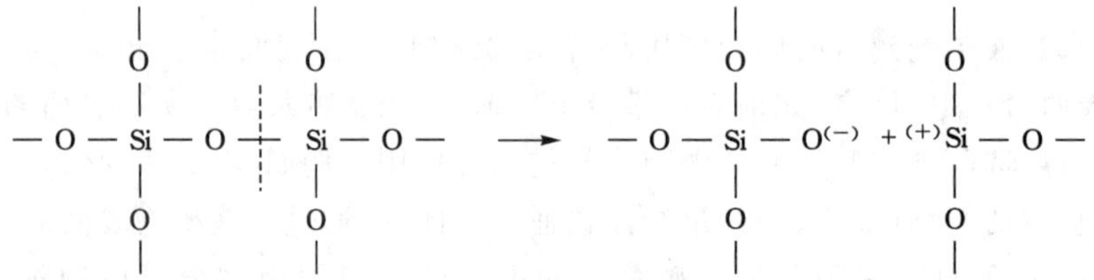

图 2-9　石英荷电行为

H^+ 和 OH^- 吸附：

$$(Si-O)^- + H_2O + Si^+ \longrightarrow (Si-OH) + (HO-Si) \tag{2-20}$$

电离：

$$Si-OH \longrightarrow SiO^- + H^+ \tag{2-21}$$

其他难溶氧化物，例如锡石(SnO_2)、金红石(TiO_2)也有类似情况。通常，石英、锡石、金红石在水中表面荷负电。

3. 晶格取代

黏土、云母等硅酸盐矿物由铝氧八面体和硅氧四面体的层状晶格构成。在铝氧八面体层片中，当 Al^{3+} 被低价的 Mg^{2+} 或 Ca^{2+} 取代，或在硅氧四面体层片中，Si^{4+} 被 Al^{3+} 置换时，会导致晶格带负电。为了维持电中性，矿物表面会吸附某些正离子，如碱金属离子(如 Na^{+} 或 K^{+})。当矿物置于水中时，这些碱金属阳离子会因水化而从表面进入溶液，因此矿物表面会带负电荷。

此外，同一种矿物的不同表面(晶面)可能具有不同的电性。例如，白钨矿的三个常见暴露晶面{001}、{112}和{101}在不同 pH 值的溶液中具有不同的电位(图 2-10)。这主要是由三个晶面上氧活性位点的密度不同所造成的。

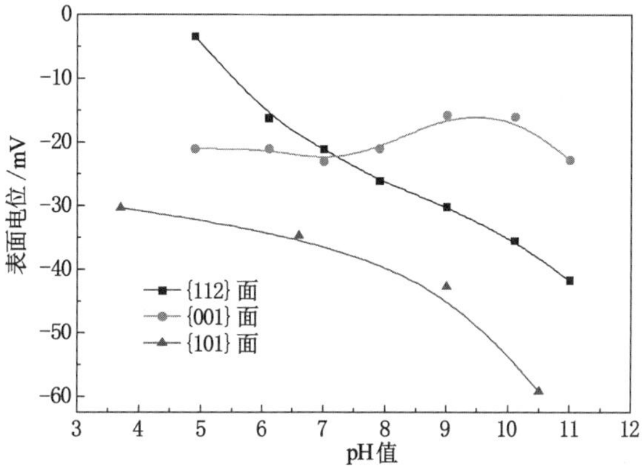

图 2-10　白钨矿{001}、{101}和{112}晶面在不同 pH 值溶液中的表面电位

(KCl 溶液浓度为 1×10^{-3} mol/L)

2.3.4　表面粗糙度

1. 表面粗糙度的来源

表面粗糙度，又称表面光洁度，在工程学上一般是指加工表面具有的较小间距和微小峰谷的不平度。其两波峰或两波谷之间的距离(波距)很小(在 1 mm 以下)，用肉眼是难以区别的，因此它属于微观几何形状误差。表面粗糙度越小，则表面越光滑。

在矿物加工过程中，矿物颗粒的表面粗糙度主要源于矿物解理内禀属性以及破碎、磨矿过程等外来因素。针对具有极完全解理或完全解理性质的矿物而言，受力后极易沿解理面分裂成薄片，解理面平整光滑，例如云母、方铅矿、萤石等；而针对极不完全或不完全解理的矿物而言，受力后极少或很难沿解理面分裂，仅断续见到不明显的解理面，且解理面不平滑，导致表面粗糙，例如橄榄石、黄铜矿、石英等。

除了矿物解理性质外，不同的破碎和磨矿工艺同样影响着矿物颗粒的表面粗糙度。矿物在破碎过程会受到外力瞬间的压碎、劈碎、折碎和冲击等作用，矿物颗粒在粒度减小的同时伴随着新鲜表面的暴露，除了矿物解理面外，表面能较小的矿物晶面也将随之暴露，共同组成矿物颗粒表面。一般而言，矿物颗粒在破碎过程中，由于受力作用的复杂性、随机性和不确定性，破碎后形状会变得不规则，棱角面居多，表面较为粗糙。

为使矿物颗粒的粒度进一步减小，以达到后续分选作业粒度要求，经过破碎处理后的矿物颗粒仍需要进行磨矿作业。常规的磨矿作业是在连续转动的磨机筒体内完成的。筒体中装有研磨介质(如钢球、棒、异形球棒、大块矿石或砾石等),研磨介质在筒体旋转过程中被带动产生复杂的冲击、研磨和剪切作用,给入筒体内的矿石在研磨介质作用下被磨碎,从而达到减小粒度的目的。相比于破碎作业,矿物颗粒在磨矿过程中受到“研磨作用”比例越大,经过磨矿作业后矿物颗粒的表面粗糙度往往越低,例如经过棒磨作业所获得矿物颗粒的表面粗糙度往往比球磨作业所获得矿物颗粒低。同样,不同的磨矿工艺也会影响着矿物表面粗糙度,已有研究表明,湿磨产生的矿物颗粒比干磨产生的矿物颗粒具有更光滑的洁净表面。此外,不同磨矿介质以及磨矿方式同样也会影响矿物颗粒的表面粗糙度,进而影响矿物表面物理化学性质及后续分选效果。

2. 表面粗糙度的表示及测量

(1) 表面粗糙度的表示

表面粗糙度有多种表示方法,其中最常见的表示方法有轮廓算术平均偏差(Ra)、轮廓最大高度(Ry)以及微观不平度十点高度(Rz)。

① 轮廓算术平均偏差(Ra)

在表面轮廓曲线上截取长度 l,以该长度内中心线为 x 轴,截取长度内所有曲线部分面积之和除以测定长度 l 所得之值,即为 Ra(图 2-11)。

$$Ra = \frac{1}{l}\int_0^l f(x)\mathrm{d}x \tag{2-22}$$

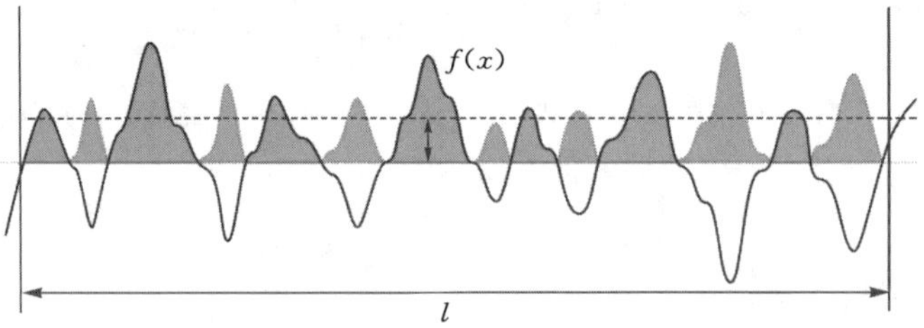

图 2-11　Ra 计算示意图

② 轮廓最大高度(Ry)

在表面轮廓曲线上截取长度 l,在该长度内轮廓曲线的最大轮廓峰高(Rp)和最大轮廓谷深(Rv)之间的距离,即为 Ry(图 2-12)。

$$Ry = Rp + Rv \tag{2-23}$$

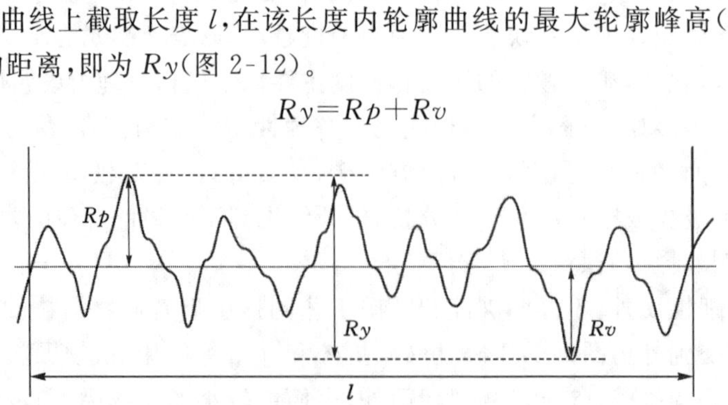

图 2-12　Ry 计算示意图

③ 微观不平度十点高度(Rz)

在表面轮廓曲线上截取长度 l，在该长度内最大的轮廓峰高的平均值与五个最大的轮廓谷深的平均值之和，即为 Rz（图 2-13）。这种表示方式在现行的国标 GB/T 3505—2009 中已被取消。

$$Rz = \frac{1}{5}\left(\sum_{i=1}^{5} y_{pi} + \sum_{i=1}^{5} y_{vi}\right) \tag{2-24}$$

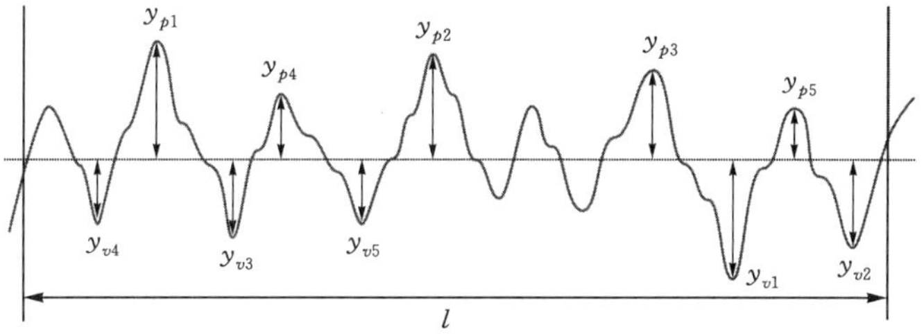

图 2-13　Rz 计算示意图

（2）表面粗糙度的测量

目前样品的表面粗糙度主要由表面粗糙度测量仪进行检测，根据测量方式不同可分为接触式测量和非接触式测量。

① 接触式测量：主要有比较法、印模法和触针法。

a. 比较法：将表面粗糙度比较样块根据视觉和触觉与被测表面比较，判断被测表面粗糙度相当于哪一数值。比较样块是一套具有平面或圆柱表面的金属块，表面经磨、车、镗、铣、刨等切削加工以及电铸或其他铸造工艺等加工而具有不同的表面粗糙度。该方法虽然简便，但会受到主观因素影响，常不能得出准确的表面粗糙度数值。

b. 印模法：在实际测量中，常会遇到深孔、盲孔、凹槽或内螺纹等既不能使用仪器直接测量，也不能使用样块比较的表面，这时常用印模法。印模法是利用一些无流动性和弹性的塑性材料（如石蜡等）贴合在被测表面上，将被测表面的轮廓复制成模，通过测量印模来评定被测表面的粗糙度。

c. 触针法：利用针尖曲率半径为 2 μm 左右的金刚石触针沿被测表面缓慢滑行，金刚石触针的上下位移量由电学式长度传感器转换为电信号，经放大、滤波、计算后由显示仪表指示出表面粗糙度数值，也可用记录器记录被测截面轮廓曲线。触针法测量效率高，但适用范围有限，用于测量 Ra 为 0.025～6.3 μm 的表面粗糙度。

② 非接触式测量：常用光切法、干涉法（实时全息法、散斑法）、像散测定法、光外差法、原子力显微镜（AFM）法等。

a. 光切法：利用光切原理来测量表面粗糙度的方法。在实验室中用光切显微镜或者双管显微镜就可实现测量，它的测量准确度较高，适用于测量 Rz 和 Ry 为 0.8～100 μm 的表面粗糙度。但需要人工取点，测量效率低，不适用于粗糙度较大表面及不规则表面的测量。

b. 干涉法：是利用光学干涉原理测量表面粗糙度的一种方法。通过找出干涉条纹、相邻干涉带距离和干涉带的弯曲高度，就可测出微观不平度的实际高度。这种方法调整仪器比较麻烦，不太方便，其准确度和光切显微镜差不多。实时全息法和散斑法均属于干涉法。

c. 光外差法：可利用相干显微镜实现测量，其基本原理是基于两束光的相干。

d. 原子力显微镜（AFM）法：主要利用 AFM 微探针的针尖尖端原子与被测样品表面原

子间产生极微弱的原子排斥力，从而获得样品表面形貌的三维信息和表面粗糙度特征。该法分辨率可达 0.1 nm，在二维层状矿物当中应用较为广泛。

随着电子技术、计算机技术和精密加工技术的发展，表面粗糙度的测量技术也随之发展。将高精度光学传感器、扫描电子显微镜（SEM）、近场扫描光学显微镜（SNOM）、光子扫描隧道显微镜（PSTM）等技术应用于表面粗糙度的测量将是一个很有希望的方向。此外，超高精表面的高精度测量、三维表面粗糙度测量及在线实时测量也将是表面粗糙度测量发展的主要方向。

2.3.5 表面润湿性

1. 接触角与杨氏方程

为了判断矿物表面的润湿性大小，常用接触角 θ 来度量，如图 2-14 所示。在一浸于水中的矿物表面上附着一个气泡，当达平衡时气泡在矿物表面形成一定的接触周边，称为三相润湿周边。在任意二相界面都存在着表面张力，以 γ_{SL}，γ_{LG}，γ_{SG} 分别代表固-水、水-气、固-气三个界面上的表面张力。通过三相平衡接触点，固-水与水-气两个界面所包之角（包含水相）称为接触角，以 θ 表示。一般而言，在不同的矿物表面，其接触角的大小通常是不同的。如果矿物表面形成的接触角（θ 角）很小，则称其为亲水性表面，反之称之为疏水性表面。接触角的大小可以反映矿物表面的润湿性。较大的接触角表示矿物表面具有较强的疏水性，而较小的接触角则表示矿物表面具有较强的亲水性。

矿物表面接触角大小是三相界面性质的一个综合效应。如图 2-14 所示，当达到平衡时（润湿周边不动），作用于润湿周边上的三个界面上的表面张力在水平方向的分力必为零。于是其平衡状态（杨氏）方程为：

$$\gamma_{SG}=\gamma_{SL}+\gamma_{LG}\cos\theta \tag{2-25}$$

式中 γ_{SG}、γ_{SL} 和 γ_{LG}——固-气、固-液和液-气三个界面上的表面张力。

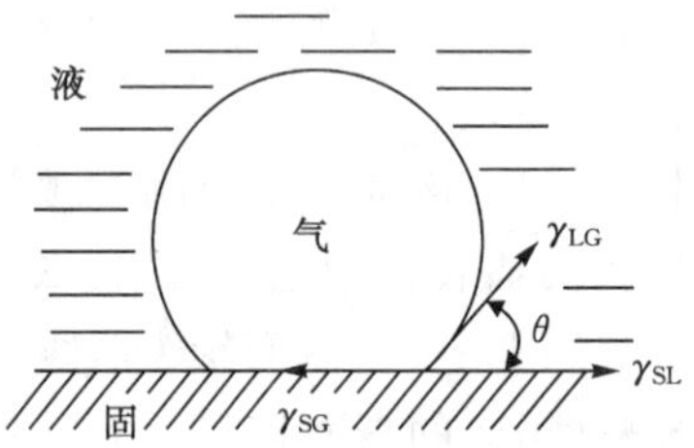

图 2-14 气泡在水中与矿物表面相接触的平衡关系

式（2-25）表明了平衡接触角与三个相界面之间表面张力的关系，平衡接触角是三个相界面上表面张力的函数。接触角的大小不仅与待测矿物表面位点的种类、含量、反应性等化学性质有关，也与矿物表面的粗糙度、形貌等物理性质有关。此外，接触角的大小还受矿物样品的产地、所含杂质及制备方法等因素的影响。例如，不同产地、含有不同金属杂质的萤石样品，其颜色不同，接触角的大小也存在一定差异。

2. 接触角的测定

实际固体表面是非理想的，致使接触角的测量往往很难重复。但经过精心制备和处理过的表面，有可能得到较重复的数据。常用的接触角测定方法都是针对气-液-固体系接触角的测定而设计的。其中有些方法只需略加修改，亦可适用于液-液-固体系接触角的测定。

（1）躺滴法和气泡法

躺滴法是测定液体在矿物晶体表面接触角的方法，如图 2-15(a)(b)所示。该测量仪配备了自动或手动成滴系统、高性能 CCD 视频照相机和根据液滴在矿物表面形状计算相应接触角的软件，测量精度为±2°。如果液滴很小(体积小于 5 μL)，重力作用引起液滴的变形可以忽略，这时的躺滴可认为是球形的一部分，如图 2-15(c)所示，接触角可通过长度的测量按下式计算：

$$\tan\frac{\theta}{2}=\frac{2h}{d} \tag{2-26}$$

式中　h——液滴高度；

　　　d——滴底的直径。

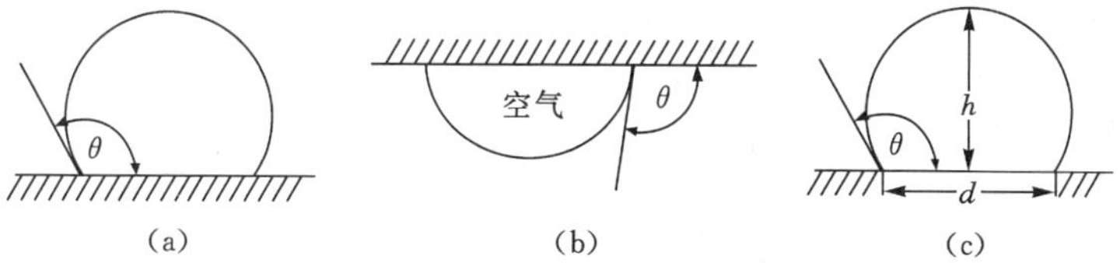

图 2-15　躺滴法和气泡法

对每个矿物表面样品，需进行 5 次左右接触角测定，然后取其平均值。每次测量完成后，使用粒度为 0.05 μm 的抛光液对样品表面进行打磨抛光，然后用大量蒸馏水清洗，重新获得新鲜的样品表面，以便进行下一次测量。

如果采用躺滴法测量药剂作用后矿物表面的接触角，首先将样品置于一个装有特定浓度浮选药剂溶液的烧杯中，同时将烧杯放在恒温磁力搅拌器上进行搅拌，以确保药剂充分分散且浓度均匀，利于其在矿物表面的吸附。反应 20 min 后，取出样品并使用蒸馏水将样品表面残留的溶液冲洗干净。然后将样品放入真空干燥箱中，在 50 ℃的温度下进行干燥，干燥时间为 15 min。干燥完成后，将样品取出并放置于接触角测量仪的样品台上，开始测量。

实际固体表面几乎都是非理想的，或大或小总是出现接触角滞后现象。因此须同时测定前进角(θ_a)和后退角(θ_r)。对于躺滴法，可用增减液滴体积的办法来测定，增加液滴体积时测出的是前进角，如图 2-16(a)所示，减少液滴体积时测出的为后退角，如图 2-16(b)所示。为了避免增减液滴体积时可能引起液滴振动或变形，在测定时可将改变液滴体积的毛细管尖端插入液滴中，尖端插入液滴不影响接触角的数值。

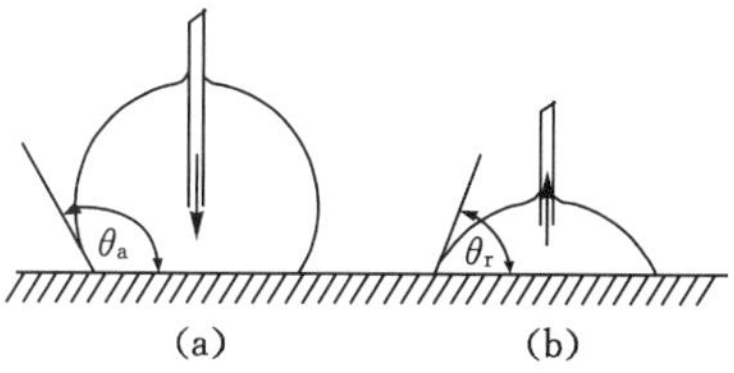

图 2-16　前进角和后退角的测定方法

（2）分子模拟方法

传统的接触角测定方法主要是基于杨氏方程演化发展而来的，除此之外，随着理论计算学科的发展和计算机技术的进步，利用分子模拟手段也能实现接触角的测定。目前常用于接触角测定的分子模拟方法主要是分子动力学模拟法，该方法是通过求解牛顿运动方程，描绘出实体相点的运动轨迹，从中筛选出能量的极值点以及与其相应的分子构象，从而计算平衡和非平衡性质。

如图 2-17 所示，通过模拟水分子在萤石(111)晶面和萤石(110)晶面的吸附形态可以发现，水分子在萤石(111)晶面上具有一定角度，而在萤石(110)晶面是完全平铺展开的，表明萤石(111)晶面的疏水性比萤石(110)晶面强，这与实际试验结果相吻合。需要指出的是，分子动力学模拟法严格受力场和模型控制，因此合理选择力场和矿物研究表面能够大幅度提高模拟准确度和可信度。此外，由于模型和体系的简化，通过分子模拟计算获得的接触角并不能直接等同于实际测定值，分析其相对大小更有价值。

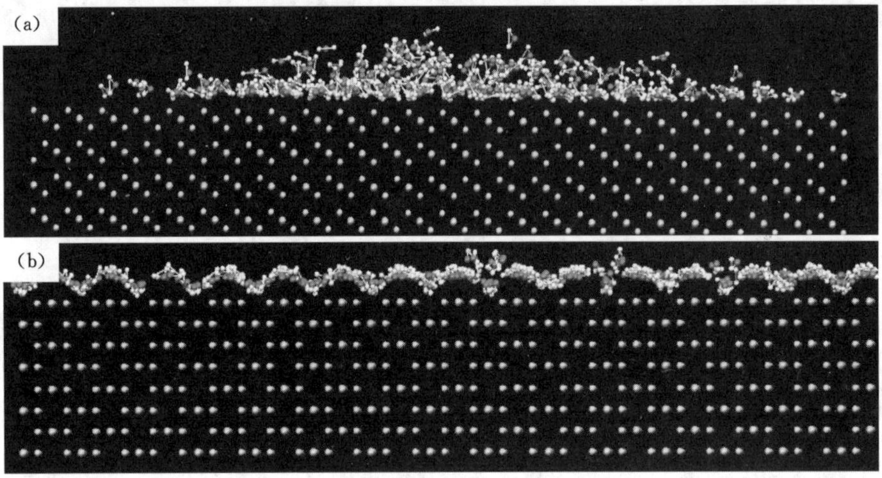

图 2-17　水分子在萤石(111)晶面(a)和萤石(110)晶面(b)上的吸附形态模拟

思　考　题

1. 简述工艺矿物学在选矿工艺研究中的作用及其研究内容。
2. 简述工艺矿物学中至少三种测试技术的工作原理及作用。
3. 矿物的物理特性主要包括哪些？简述其在矿物加工中的作用。
4. 矿物颗粒的粒径和粒度有何不同？矿物颗粒的粒径如何进行计算？
5. 简述表面积和比表面积的含义和计算方法。
6. 简述强磁性矿物和弱磁性矿物具体包含的矿物及磁性特点。
7. 矿物的电性质有哪些？简述其含义。
8. 简述矿物的价键特性及解理规律。
9. 简述矿物表面键能与天然可浮性的关系。
10. 简述表面能的计算公式及物理意义。
11. 矿物在电场中的带电方法有哪些？
12. 矿物表面带电现象是如何起源的？

13. 表面粗糙度测量方法有哪些？
14. 简述润湿现象。
15. 简述润湿方程及其物理意义。
16. 接触角的测量方法有哪些？分别应该注意什么？
17. 如何通过接触角鉴别颗粒表面的润湿性？

第3章　矿物的解离粉碎与分级

3.1　矿物的解离

3.1.1　矿物解离的基本概念

矿石分选的目的是高效地富集并回收其中的有用矿物。因此，必须经由破碎、磨矿使所含矿物（特别是有用矿物和脉石矿物）相互解离。块体矿石碎、磨成粉末状颗粒产品，其中的颗粒有的仅含有一种（或在分选作业中可同时回收的几种）矿物，有的则是有用矿物与脉石矿物共存。前者称为已从矿石中解离出的单体（颗粒），后者称为矿物的连生体（颗粒），产物中某种矿物的单体含量（q_m）与该矿物总含量（q_m+q_1）比值的百分数，称为所求矿物的单体解离度，即

$$\bar{L}_0=\frac{q_m}{q_m+q_1}\times 100\% \tag{3-1}$$

式中　$\bar{L}_0$——矿石碎、磨产品中某种矿物的单体解离度；

q_m——矿石碎、磨产品中某种矿物的单体含量；

q_1——矿石碎、磨产品中某种矿物在其自身连生体中的含量。

矿物的单体解离度受矿石中有用矿物的嵌布粒度、嵌布均匀性、连生矿物的嵌镶关系等的影响，其中，有用矿物的嵌布粒度对其影响最大。

1. 矿物的嵌布粒度

根据粒度分析的目的不同，矿物粒度分为晶体粒度和嵌布粒度两大类。晶体粒度又称结晶粒度，是指同种矿物单个结晶颗粒（单晶粒）的大小，主要用于矿物和矿石的成因和矿石结构的研究；嵌布粒度又称工艺粒度，分为颗粒粒度和复矿物粒度两种。

矿石中有用矿物的嵌布粒度大多不相等，有粗、中、细之分。根据矿石中有用矿物粒度的粗细情况及有用矿物粒度的粗、细程度对有用矿物嵌布粒级进行划分，表3-1列出了一种6级分级方案（引自国家矿产储量管理局矿产综合勘查综合评价专题研究组编《矿产综合勘查与评价》）。

表3-1　有用矿物嵌布粒级的划分

粒级名称	粒级范围/mm	可选性	粒级名称	粒级范围/mm	可选性
粗粒	+2	易选粒级	微粒	−0.075+0.045	易选粒级
中粒	−2+1	易选粒级	显微粒	−0.045+0.010	难选粒级
细粒	−1+0.075	易选粒级	超显微粒	−0.010	难选粒级

2. 矿物的嵌布均匀性

矿物的嵌布均匀性是指矿石中有用矿物在空间分布的均匀程度，大致分为两种情况。

(1) 均匀嵌布

均匀嵌布是指有用矿物呈细粒状，均匀分布在矿石的各个部位。因此，往往要求把全部矿石磨至有用矿物解离出来后，才能进行分选。

(2) 不均匀嵌布

不均匀嵌布是指矿石中有用矿物呈局部富集产出。因此，势必存在大量不含有用矿物的脉石块，若粗碎后先剔除大量脉石块，再进行细磨和分选，则是合理的选矿流程。

3. 矿物的连生体类型

连生体是粉碎颗粒中远比单体复杂的一种矿物存在状态。对它的研究一般包括连生体的矿物组成（两相、三相或多相）、各组成矿物的含量比、各类连生体的粒度范围及粒级含量、各组成矿物的相对粒度大小、连生体中组成矿物的共生形式等。其中，连生体中组成矿物的共生形式由于不易量化和对分选作业的显著影响而成为研究的重要内容。

高登（Gaudin，1939）基于连生体的分选性质和组成矿物解离的难易程度，将含有两种矿物的连生体分为Ⅰ、Ⅱ、Ⅲ、Ⅳ等4种不同的类型（图3-1）。按4种类型在组成矿物共生形式上各自具有的形貌特征，通常将其分别称为毗邻型、细脉型、壳层型和包裹型。

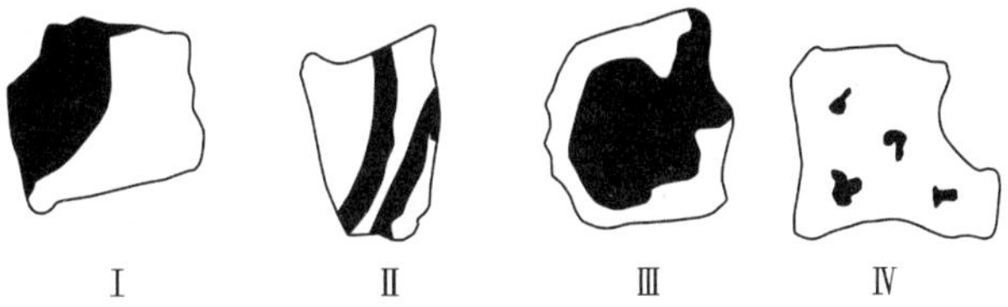

Ⅰ—毗邻型；Ⅱ—细脉型；Ⅲ—壳层型；Ⅳ—包裹型。

图3-1　高登分类的连生体类型

毗邻型和细脉型是较常见的矿物连生类型。毗邻型连生体的组成矿物连生边界平直、舒缓，边界线呈线性弯曲状，一般只有当矿物结晶粒度远远超出粉碎粒度时，才会形成这种连生类型。而细脉型连生体中，一种矿物（常为有用矿物）呈脉状贯穿于含量较高的另一种矿物（多为脉石矿物）中，只有当粉碎颗粒粒度明显小于脉状矿物的脉宽时，该脉状矿物才有可能从连生体中解离出来。壳层型连生体是指含量较低的矿物以厚薄不一的似壳层状环绕在主体矿物周边，多数情况下，中间的主体矿物只能局部地被外壳层所覆盖。包裹型连生体是指一种矿物（多为有用矿物）以微包体形式嵌镶于另一种（载体）矿物中，包体粒径一般在5 μm以下、含量不到总量的1/20。它是尾矿中金属流失的重要原因。

4. 矿物的解离方式

矿石组成矿物在外力作用下演变为单体的过程，称为矿物解离。不同矿物间的结合力未遭破坏，导致颗粒粒度下降的破裂面常穿过界面的现象叫作随机破碎解离。发生随机破碎解离时，子颗粒具有与母颗粒相似的特征。除随机破碎解离外，矿物还有以下几种解离方式。

(1) 选择性破碎解离

由于矿物相的脆性不同，脆性物质破碎快，因此，含脆性矿物多的颗粒破碎速率快。

(2) 差异性破碎解离

这种解离发生在破碎函数依赖母颗粒的组成情况下，也就是说，对于单个破碎，子颗粒的尺寸分布受母颗粒矿物组成影响。

(3) 优先破碎解离

某矿物相内产生的裂缝比其他矿物相多，破碎时该矿物相先于其他矿物相破碎。优先破碎最明显的表现为粒群中不同粒径范围内颗粒的平均品位不同。这种现象很容易注意到，因为比较容易发现和测定。

(4) 相界破碎解离

裂缝沿着矿物边界而不是在矿物相内传播和扩展，相界破碎破坏了新生颗粒的相界区域，可通过图像分析进行测定。

(5) 脱离解离

矿物松散地键合在母体矿物颗粒上，在破碎过程中矿物从母体颗粒中脱落，产生解离度很高甚至完全解离的矿物颗粒。

相界破碎解离和脱离解离由于只需耗费不多的能量即可实现矿物解离，所以是期望的理想解离方式。然而，实际碎、磨过程中的矿物解离往往是两种方式并存，并以随机破碎解离为主。只有相邻不同矿物的物理性质相差悬殊，且界面结合强度远小于界面两边矿物自身强度时，矿物才有可能在外力作用下优先从界面分离。而这类矿石自然界并不多见。如果矿物与脉石边界很弱，就可获得高的解离度。

3.1.2 矿物解离数学模型

矿物解离模型的基本功能，是在矿石破碎磨矿前，对不同磨矿细度下的矿物解离作出预测，从而对矿物分选起到降低能耗、节约生产用料、减少泥化、提高有用矿物回收指标的作用。同时，通过对预测结果与实际资料的对比，还可加深对矿物解离现象的本质认识。常用的经典模型主要有高登模型、威格尔模型和钦模型。

1. 高登模型

高登建立模型时，假定矿石破碎前的有用矿物是呈等大的正方形矿粒彼此相互平行、均匀地嵌布在脉石矿物基体中的。矿粒的粒度(正方体边长)为 D_{cr}，颗粒数为 N_{cr}。矿石破碎时，碎裂面平行于正方形矿粒表面。破碎颗粒同样也是大小相同的正方体，颗粒粒度为 D_b，$D_{cr}>D_b$。破碎产物中的有用矿物单体来自矿粒的中间部位，它是边长为$(D_{cr}-D_b)$的正方体。由此，有用矿物的单体解离度 $L_{(D_b)}$ 可表示为：

$$L_{(D_b)}=\frac{N_{cr}(D_{cr}-D_b)^3}{N_{cr}D_{cr}^3}=\left(1-\frac{D_b}{D_{cr}}\right)^3 \tag{3-2}$$

令 $D_{cr}/D_b=\phi_D$，则式(3-2)可改写为：

$$L_{(D_b)}=\begin{cases}(\phi_D-1)^3/\phi_D^3 & (\phi_D>1)\\ 0 & (\phi_D\ll 1)\end{cases} \tag{3-3}$$

式(3-3)即为高登的矿物解离数学模型。式中分子代表有用矿物单体的颗粒量；分母代表矿石中的有用矿物总量。高登用此模型预测由随机破碎导致的随机破碎解离，并引申出以下4点结论：

(1) 只有当粉碎颗粒小于矿粒颗粒时(即 $\phi_D>1$)，有用矿物才有可能发生单体解离；

(2) 当矿粒粒度一定时，磨矿细度越细，解离度越高；

(3) 在一定的磨矿细度下(D_b固定)，解离度随着有用矿物粒度的上升而提高；

(4) 当 $\phi_D=10$ 时，$L_{(D_b)}=-72.9\%$。这意味着，只有磨矿粒度远小于矿粒粒度，有用矿物才产生明显的单体解离。

高登模型考虑到了矿石的结构和破碎磨矿的作用，触及了矿物解离的主要影响因素，因而成为后来学者思考解离问题的出发点，其建模思想在此后别的解离模型中都有所体现。

然而，高登模型的缺陷也是显而易见的。它把矿石的结构和受外力时的破裂过于简化。实际上矿物颗粒和粉碎颗粒很少是呈现标准的正方形，它们的粒度也并非某个单值，而是一种分布；此外模型还完全忽视了脱离解离的存在。故高登模型未能在生产和试验分析中得到应用。

2. 威格尔模型

威格尔和李(1967)建立随机模型的假设前提是：

① 两种矿物的晶体颗粒都是正方形的六面体，且结晶粒度均为 D_{cr}；

② 矿物颗粒在矿石中以彼此平行的方式排列聚集；

③ 两种颗粒在矿石中随机分布；

④ 在破碎磨矿中，随着产品粒度的减小，矿石被分割成粒度为 D_b 的等粒状正方形颗粒。

(1) 粒度比大于1时的单体和连生体概率

粒度同为 D_{cr} 的两种矿物组成的矿石，当受外力作用破碎成粒度为 D_b 的小立方形颗粒时，产品有粒度比 $\phi_D=\dfrac{D_{cr}}{D_b}$。那么每个矿物结晶颗粒可分割成 ϕ_D^3 个小立方形颗粒。在这些颗粒中平均有 $(\phi_D-1)^3$ 个颗粒破碎前是完全处于某种单一矿物中，其余的颗粒则应是围绕该矿物边界排列。前者即为矿物单体，后一类颗粒中，单体、连生体均有可能存在。

为方便理解问题，可以分析一下当 $D_{cr}=2$ 时，两种矿物在 n 个相邻晶体颗粒中的各种可能排列方式。由于已经假设两种矿物晶粒是随机排列的，故每种配置或排列的概率可由二项式定律求得。如果定义 ϕ_V 为两种矿物的体积比，则某种排列出现的概率可表达成一个 ϕ_V 的函数。

由于每种排列方式都有自己相应的单体和连生体数，将这些数和排列方式的概率结合起来，然后将同类颗粒(单体或连生体)加起来，即可得：

$$F_{g(m)}=\frac{(\phi_D-1)^3}{\phi_D^3}\left(\frac{\phi_V}{\phi_V+1}\right)+\frac{3(\phi_D-1)^2}{\phi_D^3}\left(\frac{\phi_V}{\phi_V+1}\right)^2+\frac{3(\phi_D-1)}{\phi_D^3}\left(\frac{\phi_V}{\phi_V+1}\right)^4+\frac{1}{\phi_D^3}\left(\frac{\phi_V}{\phi_V+1}\right)^8 \tag{3-4}$$

$$F_{P(m)}=\frac{(\phi_D-1)^3}{\phi_D^3}\left(\frac{\phi_V}{\phi_V+1}\right)+\frac{3(\phi_D-1)^2}{\phi_D^3}\left(\frac{\phi_V}{\phi_V+1}\right)^2+\frac{3(\phi_D-1)}{\phi_D^3}\left(\frac{\phi_V}{\phi_V+1}\right)^4+\frac{1}{\phi_D^3}\left(\frac{\phi_V}{\phi_V+1}\right)^8 \tag{3-5}$$

式中 $F_{P(m)}$——有用矿物单体出现的概率；

$F_{g(m)}$——脉石矿物单体出现的概率。

方程式等号右边各项分别为1个、2个、4个、8个单晶颗(碎)粒组成的矿物单体概率。

含有两种矿物的连生体出现的概率 $F_{(l)}$ 为：

$$F_{(l)}=1-[F_{P(m)}+F_{g(m)}]=\frac{3(\phi_D-1)^2}{\phi_D^3}\left[\frac{(\phi_V+1)^2-(\phi_V^2+1)}{(\phi_V+1)^2}\right]+\frac{3(\phi_D-1)}{\phi_D^3}\left[\frac{(\phi_V+1)^4-(\phi_V^4+1)}{(\phi_V+1)^4}\right]+\frac{1}{\phi_D^3}\left[\frac{(\phi_V+1)^8-(\phi_V^8+1)}{(\phi_V+1)^8}\right] \tag{3-6}$$

上述各方程式中 ϕ_V 可以任意变化。当 ϕ_V 增大时，脉石矿物单体出现的概率随之增高，此时有用矿物单体出现的概率则随之下降。

(2) 粒度比小于 1 时的单体和连生体概率

当磨矿产品粒度 D_b 大于晶体粒度 D_{cr}($\phi_D<1$)时，一个单体的矿物颗粒必定是由同一矿物的若干个晶粒所组成。现设由 N_{cr} 个晶粒组成的单体的概率为 $f_{(m)}$。并将它与单晶体的二项式概率结合起来，则可分别得到下列方程式：

$$F_{g(m)}=[1-f_{(m)}]^3\left(\frac{1}{\varphi_V+1}\right)^{(N_{cr}+1)^3}+3f_{(m)}[1-f_{(m)}]^2\left(\frac{1}{\varphi_V+1}\right)^{(N_{cr}+2)(N_{cr}+1)^2}+3[1-f_{(m)}]f_{(m)}^2\left(\frac{1}{\varphi_V+1}\right)^{(N_{cr}+2)^2(N_{cr}+1)}+f_{(m)}^3\left(\frac{1}{\varphi_V+1}\right)^{(N_{cr}+2)^3} \tag{3-7}$$

$$F_{P(m)}=[1-f_{(m)}]^3\left(\frac{1}{\varphi_V+1}\right)^{(N_{cr}+1)^3}+3f_{(m)}[1-f_{(m)}]^2\left(\frac{1}{\varphi_V+1}\right)^{(N_{cr}+2)(N_{cr}+1)^2}+3[1-f_{(m)}]f_{(m)}^2\left(\frac{1}{\varphi_V+1}\right)^{(N_{cr}+2)^2(N_{cr}+1)}+f_{(m)}^3\left(\frac{1}{\varphi_V+1}\right)^{(N_{cr}+2)^3} \tag{3-8}$$

$$F_{(j)}=1-[F_{g(m)}+F_{P(m)}] \tag{3-9}$$

式中　N_{cr}——$\frac{1}{\varphi_D}$中的最高整数值；

$f_{(m)}$——$\frac{1}{\varphi_D}$中余下的分数部分，即$\frac{1}{\varphi_D}=N_{cr}+f_{(m)}$。

式(3-7)和式(3-8)中的各项假设：第一项表示单体颗粒的三维方向均由($N_{cr}+1$)个单晶体填充时的概率；一个单体颗粒三维中有两个方向是由($N_{cr}+1$)个单晶粒填充，一个方向由($N_{cr}+2$)个单晶粒填充，它所出现的概率即为方程式的第二项；第三项是指一个方向由($N_{cr}+1$)个单晶粒填充，另两个方向均由($N_{cr}+2$)个单晶粒填充时的单体概率；最后一项表示三个方向均由($N_{cr}+2$)个单晶粒填充时的概率。

可以证明，当$\frac{1}{\varphi_D}<1$(即 $\varphi_D>1$)时，由于 $N_{cr}=0$，$f_m=\frac{1}{\varphi_D}$，式(3-7)和式(3-8)将分别演变成式(3-4)和式(3-5)。故可以认为式(3-7)～式(3-9)是适合于任何 ϕ_D、ϕ_V 值的通式。

(3) 破碎过程中的矿物解离模型

一个二元矿物体系的矿石在破碎磨矿过程中，随着产品粒度的下降，有 3 种类型的颗粒受到破碎，即两种矿物的单体和两者共存的连生体。单体矿物继续破碎，仍然是矿物单体；连生体的破碎则要产生细粒级的两种矿物单体和它们的连生体。尽管新生连生体和原有连生体在矿物的组成状况上不会相同，但产品粒度的减小导致颗粒的变动趋向是不可能的。

粒度为 $D_{(i)}$ 的连生体，破碎粒度为 $D_{(i+1)}$ 的颗粒时(其中既有单体也有连生体)，连生体的比例可用方向数 θ 来表征。

$$F_{g(m)i}=F_{g(m)i-1}+\theta_{g(i,i-1)}F_{l(i-1)} \tag{3-10}$$

$$F_{P(m)i}=F_{P(m)i-1}+\theta_{P(i,i-1)}F_{g(i-1)} \tag{3-11}$$

$$F_{l(i)}=\theta_{l(i,i-1)}F_{l(i-1)} \tag{3-12}$$

$$\theta_{g(i,i-1)}=\frac{F_{g(m)i}-F_{g(m)i-1}}{F_{l(i-1)}} \tag{3-13}$$

$$\theta_{P(i,i-1)}=\frac{F_{P(m)i}-F_{P(m)i-1}}{F_{g(i-1)}} \tag{3-14}$$

$$\theta_{l(i,i-1)}=1-\theta_{g(i,i-1)}-\theta_{P(i,i-1)} \tag{3-15}$$

式中　$F_{g(m)i}$——粒度 i 时脉石矿物单体出现的概率；

$F_{P(m)i}$——粒度 i 时有用矿物单体出现的概率；

$F_{l(i)}$——粒度 i 时连生体出现的概率；

$\theta_{P(i,i-1)}$——$D_{(i)}$ 连生体颗粒破碎成 $D_{(i+1)}$ 颗粒时的有用矿物方向数；

$\theta_{g(i,i-1)}$——$D_{(i)}$ 连生体颗粒破碎成 $D_{(i+1)}$ 颗粒时的脉石方向数。

由以上各式可以看出，方向系数值的大小取决于原矿中有用体积分数 V_P、矿石中矿物结晶粒度 D_{cr} 和磨矿产品粒度 D_b。

因此，如果能准确查明矿石中矿物的嵌布特征以及在破碎磨矿时矿石破碎颗粒大小，据此即可对矿物的单体解离状况作出判断。

3. 钦模型

钦模型中，矿石组成矿物的含量与粒度以及破碎颗粒的大小，仍然是制约矿物解离的关键因素。由于模型运算需要的原始数据来自光（薄）片的镜下测量结果，加之对概率统计相关理论的成功运用，所以在推导模型时，他只做了与实际偏离不大的两点假设：① 矿石在碎、磨作业中破裂时，完全是随机的。无论是矿物的界面，还是其中的某种矿物均不具有优先破裂的倾向。② 光（薄）片镜下测量到的各类线段分数应等于其相应的体积分数，即 $L_L=V_V$。

矿石碎、磨产物筛分粒度为 D 的粒级中，有用矿物 P 的单体解离度为：

$$L_{P(D)}=1-\frac{1}{\bar{l}_P}\int_0^{l_{max}}[1-T(l/D)][1-T_P(l)]dl \tag{3-16}$$

式中　$\bar{l}_P$——矿物 P 的平均截距长度；

l_{max}——粉碎颗粒筛析 D 粒级中的最大横向截距；

$T(l/D)$——粒级 D 中破碎颗粒的线性截距分布函数；

$T_P(l)$——矿物 P 的线性截距长度分布函数。

钦的解离模型表明，只要在光（薄）片上测量出足够多矿物和颗粒的线性截距长度，将 $T(l/D)$ 和 $T_P(l)$ 两个分布函数确定下来，即可顺利地求解矿物的粒级解离度。

分布函数 $T(l/D)$、$T_P(l)$ 除根据实测资料获取外，还有不少理论试验研究给出的关系方程式。钦建议采用的是安德伍德（Underwood，1970）依据球形粒子推导出的关系式：

$$T_p(l)=1-\exp(-l/\bar{l}_P) \tag{3-17}$$

$$T(l/D)=l^2/D^2 \tag{3-18}$$

将式(3-17)和式(3-18)代入式(3-16)，并设定 $l_{max}=D$，那么有用矿物的粒级解离度可化解为：

$$L_P(D)=2\bar{l}_P/D^2[\bar{l}_P-(\bar{l}_P+D)\exp(-D/\bar{l}_P)] \tag{3-19}$$

此外，芬内生（Finlayson，1980）和芬奇（Finch，1984）还各自提出了自己的 $T(l/D)$ 方程式：

$$T(l/D)=1-\left(1-\frac{l}{\sqrt{2}\,l_{\max}}\right)\exp\left(-\frac{\varphi_k^2 l}{\sqrt{2}\,l_{\max}}\right) \tag{3-20}$$

式中　φ_k——产物筛分所用套筛的筛比。

采用泰勒筛制时，$\varphi_k=\sqrt{2}$。

$$T(l/D)=1-\exp(-\mu l/D) \tag{3-21}$$

式中　μ——经验常数，其取值区间为 $\mu=2\pm0.4$。

将式(3-19)和式(3-20)代入式(3-21)，同样使 $l_{\max}=D$，则

$$L_P(D)=1-D/(2\bar{l}_P+D)\{1-\exp[-(2\bar{l}_P+D)/\bar{l}_P]\} \tag{3-22}$$

式(3-21)和式(3-22)表明，只要在光(薄)片中测量到有用矿物的平均截距长度 $\bar{l}_P$，即可对它的粒级(D)解离度作出预测。

3.1.3　矿物单体解离度的测定

矿物单体解离度的测定，按采用的测试技术不同，可分为矿物分离测量法和矿物显微图像测量法。

1. 矿物分离测量法

矿物分离测量法，是利用产物中矿物间性质(密度、磁性、可浮性等)上的差别，将产物按其组分含量的不同分为二系列组分含量级别的方法。具有密度差异的矿物组分，常用的分析手段是重液和重介质浮沉分离，有时也采用上升水流管或磁流体静力分离技术；若产物中矿物组分磁性差异明显，则采用磁力分离技术；而对于某些特定产物，也可采用浮游或浸出技术进行分析。

矿物分离测量法通常比较简单、易行，但由于对颗粒的矿物解离只能提供一个模糊的、近似的结论，因而使用的普遍性较差。

2. 矿物显微图像测量法

矿物显微图像测量法是目前矿物单体解离度测定普遍采用的方法。它是将产物制作成可供放大后观测的样品，通过对其放大图像相关参数的测量，了解矿物的解离状况。按照所用测试仪器的不同，矿物显微图像测量法又分为显微镜测定法和图像分析仪测定法。

(1) 显微镜测定法

显微镜测定法是最具实用价值的解离度测量方法。为了便于显微镜下观察和测量，通常需要对颗粒样品进行分级，并分别制备砂光片观测。按照测定方法分为面测法、线测法和点测法 3 种。

① 面测法

采用带方格网的目镜进行测量，此时在显微镜下所观察到的矿物颗粒上就叠置了方格网。测量时，通常按照一定的间距移动载物台，将整个矿片表面全部测完，分类统计不同类型颗粒(单体颗粒、不同类型连生体颗粒)的面积，并将测量结果记录在记录表中(表 3-2)；最后将各视域测量结果进行累计，计算出不同类型待测矿物颗粒在该矿片中的体积含量。

表 3-2　矿物解离度测定记录表(样品名称____;粒级____)

颗粒种类	单体颗粒数	连生体颗粒数		
		1/4	2/4	3/4
网格数	n_0	n_1	n_2	n_3
折算待测矿物网格数	$N_0=n_0$	$N_1=n_1\times 1/4$	$N_2=n_2\times 2/4$	$N_3=n_3\times 3/4$
单体解离度/%	$L=100N_0/\sum N_i$			

② 线测法

线测法的测量方法与面测法相似,所不同的是面测法是通过矿物表面所占网格数来测定面积大小,而线测法则是通过目镜上的直线测微尺来测定不同矿物所占线段截距长度的大小。采用带直线测微尺的目镜,测定时在矿片表面的矿物颗粒上就会叠置两个直线测微尺。测量时,按一定方向和间距,通过机械台左右移动矿片,统计测微尺在不同类型矿物颗粒表面的线段截距长度。线测法数据的统计和计算方法与面测法相同(表 3-2),只是将网格数更换成线段长度即可。

③ 点测法

点测法和面测法、线测法也很相似,所不同的是测量时利用带测微网的目镜,以测微网格的交点在矿片上矿物颗粒表面分布的多少来测量不同类型矿物颗粒的含量。测量时,首先在目镜筒中装入测微网,将视域中不同类型矿物颗粒表面分布的交点数分别统计下来。点测法数据的统计和计算方法也与面测法相同(表 3-2),只是将网格数更换成点数即可。

点测法对于粗细不均匀嵌布或细粒嵌布的矿石样品的测定误差较大,在矿物解离度测定中普遍使用面测法或线测法。

(2) 图像分析仪测定法

随着自动化矿物定量分析系统的不断壮大,矿物参数自动分析系统(mineral liberation analyser,MLA)进入人们的视野。它是目前世界上最先进的工艺矿物自动定量分析系统。它由一台带有一到两个先进能谱分析仪(EDS)的扫描电镜(SEM)及一个软件包组成(图 3-2)。其设计思路为利用背散射电子图像区分不同物相,灵活利用能谱分析快速而不失全面准确地鉴定矿物,充分利用现代图像分析技术获取工艺矿物学参数。它具有充分利用背散射电

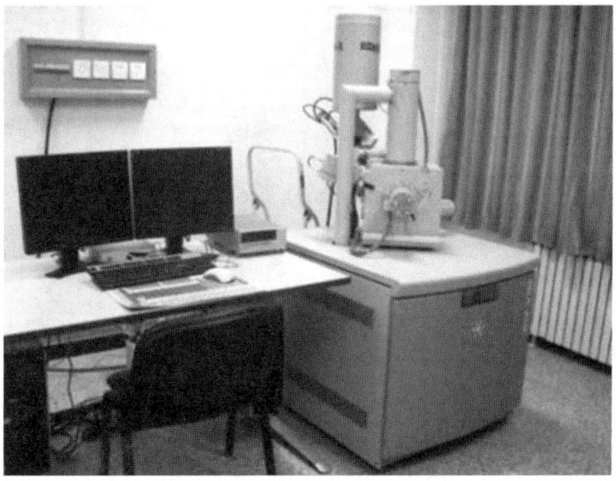

图 3-2　MLA 系统组成

子图像、广泛借鉴现代图像分析技术、能谱分析模式灵活多变、更注重从工艺矿物学思路设计软件、针对测试样品建立标准矿物序列、分析测试与数据处理分开等特点。这充分保障了MLA极高的测量效率，使矿物的自动识别准确性更高并具有避免某些技术错误如虚假矿物边缘相出现的能力。MLA可以针对不同矿区的矿样建立不同的标样库，使分析结果更具有针对性与准确性；同时拥有多种测量模式，针对不同需求有特定的适用范围，可以针对用户的不同要求，给出合适的测量模式。

3.2 矿物颗粒的粉碎

3.2.1 粉碎能耗理论

粉碎能耗理论一直在不断发展，也是长期争论的焦点。关于粉碎能耗，已有许多理论和假设，著名的能耗三大学说是面积学说、体积学说和裂缝学说。

1. 面积学说

面积学说是雷廷格(P. R. Rittinger)于1867年提出的。这一学说认为，物料破碎过程中消耗的能量与这一过程所产生的新表面积成正比。由于一定质量、粒度均匀的物料的表面积与其粒度成反比，因此面积学说的数学表达式为：

$$W_K = K_R\left(\frac{1}{d}-\frac{1}{D}\right) \tag{3-23}$$

式中 W_K——输入到破碎过程的能量；

K_R——常数；

d——给料的粒度；

D——破碎产物的粒度。

2. 体积学说

体积学说是吉尔皮切夫(В. Л. Кирпичев)和基克(F. Kick)分别于1874年和1885年提出的。这一学说认为，物料破碎过程中消耗的能量与颗粒的体积减小成正比，也就是说外力对物料所做的功主要用来使其中的颗粒发生变形，当变形超过极限时即发生破裂，而物体发生变形积蓄的能量与其体积成正比，因此破碎物料所消耗的功与颗粒的体积减小成正比，这一学说的数学表达式为：

$$W_K = K_K \lg\frac{D}{d} \tag{3-24}$$

式中 W_K——输入到破碎过程的能量；

K_K——常数；

d——给料的粒度；

D——破碎产物的粒度。

3. 裂缝学说

裂缝学说是邦德和王仁东于1950年共同提出的，又称粉碎第三理论。邦德认为，物料破碎过程中消耗的功与颗粒内新生成的裂缝长度成正比，在数值上等于产物所代表的功减去给料所代表的功。当物料中的颗粒形状相似时，单位体积物料的表面积与颗粒的粒度成反比，而单位体积物料内的裂缝长度与其表面积的一个边成正比，因此裂缝的长度与颗粒粒度的平方根成反比，所以裂缝学说的数学表达式为：

$$W_B = K_B \left(\frac{1}{\sqrt{d}} - \frac{1}{\sqrt{D}} \right) \tag{3-25}$$

式中　W_B——粉碎所需的能量；

K_B——比例系数；

d——产品平均粒度；

D——给料平均粒度。

一般认为，体积学说适用于粗碎，即产品粒度大于 50 mm 的破碎作业；裂缝学说适用于细碎和粗磨的粉碎作业（产品粒度为 0.5～50 mm）；面积学说适用于细磨作业（产品粒度为 0.5～0.074 mm）。但上述三种学说均不适用于产品粒度小于 10 μm 的超细粉碎作业的能耗计算。

将三种学说综合起来，可以说它们各代表破碎过程的一个阶段：弹性变形（体积学说）、开裂和裂缝扩展（裂缝学说）、断裂形成新表面（面积学说）。因此，它们既无矛盾，又互相补充。在低破碎比时，宜用体积学说；在中等破碎比时，宜用裂缝学说；在高破碎比时，宜用面积学说。物料粉碎过程的实质是：外力作用于物体，首先使之变形，到一定程度，物体即产生微裂缝。能量集中在原有和新生成的微裂缝周围并使之扩展，对于脆性物料，在裂缝开始扩展的瞬间即行破裂，因为这时能量已积蓄到可以造成破裂的程度。物料粉碎以后，外力所做的功一部分转化为表面能，其余则转化为热能损失。因此，粉碎物体所需的功包含形变能和表面能。

粉碎过程是很复杂的，建立这些学说时，有许多因素未考虑。如结晶缺陷，矿石的节理和裂缝，矿石的湿度、强度和不均匀性，矿块间的相互摩擦和挤压等，都会影响矿石的强度，从而影响到粉碎所需要的功。同时在粉碎时，还有一部分由于各种原因的损失功未考虑。因此，各学说在适用的范围内也只能得到近似的结果，还需用实践数据来进行校核。

3.2.2　粉碎能耗的测定

矿物粉碎的难易程度，称为易碎性（对破碎作业）或易磨性（对粉磨作业）。虽然强度和硬度能够反映物料本身对外力的抵抗能力，但仅能判断强度和硬度都大的物料较难粉碎，硬度大而强度不大的物料比硬度小而强度大的物料易于粉碎。实践表明，不仅同一台粉碎机械粉碎不同的物料，其粉碎能力不同，而且同一种物料对不同的粉碎机械，其粉碎能力也可能不同。这表明，物料的强度和硬度对施力方式不同的粉碎机械所产生的抗破碎阻力效果是不同的。

因此，粉碎的难易程度不仅与物料的硬度、脆性、韧性和机械强度有关，而且与粉碎机械的原理及工艺流程等因素有关。此外，物料的尺寸也显著影响粉碎的难易程度，通常尺寸大的物料，其体内缺陷较多，缺陷数量随物料尺寸的减小而迅速减少，物料的碎裂易于在缺陷处形成并扩展。

为了表征物料粉碎难易程度的综合影响，可用易碎系数来反映物料的易碎性。某一物料的易碎系数 K_m 是指采用同一粉碎机械在相同物料尺寸变化条件下，粉碎标准物料的单位电耗 E_b 与粉碎干燥状态下某一物料的单位电耗 E 之比，即 $K_m = E_b / E$。物料的易碎系数越大，越容易粉碎。

物料的易碎性或易磨性可用一些特定的方法表示，最常用的是邦德冲击破碎功指数、邦德棒磨功指数、邦德球磨功指数。

1. 邦德冲击破碎功指数

邦德冲击破碎功指数包括低能冲击破碎功指数和高能冲击破碎功指数。

低能冲击破碎功指数的测定采用双摆锤冲击试验机，锤头质量为 13.61 kg，摆锤长度 L 为 711.2 mm，摆锤打击面为 50 mm×50 mm。测定时选取 20 块粒度 75～51 mm 代表性矿样，测定矿石密度和每块矿样被冲击的相对两侧面厚度及质量，然后放置在砧座上，摆锤以 5°的提升角度逐渐升高，然后释放，直至击碎物料为止。记下矿样粉碎时摆锤提升角度，用以下公式计算：

$$W_{ic}=2.59KC/S_g \tag{3-26}$$

式中 W_{ic}——低能冲击破碎功指数；

K——因次换算系数；

C——单位试件厚度的冲击破碎功，称为可碎性系数，$C=K_1K_2(1-\cos\varphi)/S$，其中 K_1 为仪器系数，K_2 为换算系数，φ 为摆锤最大摆角（物料破碎时的摆角），S 为试件厚度；

S_g——试料真密度。

1981 年美国阿利斯-卡尔默斯（Allis-Chalmers）公司研制成功使用高能冲击试验机（图 3-3）的高能冲击破碎功指数测定技术。它与低能冲击试验的不同之处是设置了冲击摆和回弹摆，用回弹摆吸收物料破碎后的多余能量，因此，一次高能冲击即可使物料破碎。

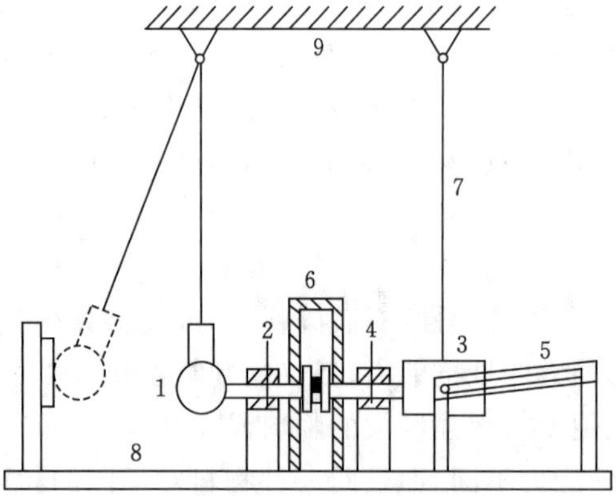

1—主冲击锤；2—主动滑杆；3—回摆锤；4—从动滑杆；5—刻度器；6—密封箱；7—吊索；8—底架；9—上架。

图 3-3 高能冲击试验机

高能冲击破碎功指数 W_i 的计算公式为：

$$W_i=\frac{W}{\left(\frac{10}{\sqrt{P_{80}}}-\frac{10}{\sqrt{F_{80}}}\right)} \tag{3-27}$$

式中 W——单位破碎能量；

F_{80}——原料中80%通过的粒度；

P_{80}——产品中80%通过的粒度。

低能冲击破碎功指数适用于计算物料粗碎的破碎能耗；高能冲击破碎功指数适用于计算物料中碎和细碎的能耗。

2. 邦德棒磨功指数

邦德棒磨功指数是用来确定棒磨测试样品的功率驱动或能量消耗的。将15 kg样品阶段破碎至100%过12.7 mm筛。已知体积的试样在标准邦德棒磨机中以指定转速进行研磨，产品过筛，添加新鲜给料取代筛下产品，重新进行研磨，过程重复至循环负荷达到100%。

邦德棒磨功指数的测定设备是邦德功指数棒磨机，规格为ϕ305 mm×610 mm，转速为46 r/min，内装6根钢棒，总质量33.38 kg。测定的矿样粒度为0～12.7 mm，测定产品粒度P_1(μm)由生产工艺要求的产品粒度确定，一般为10网目或14网目。

测定步骤为：

(1) 对测定矿样进行筛析，求出80%通过的粒度值F_{80}(μm)。

(2) 在功指数棒磨机中加入1 250 cm^{3}矿样，运转一定转数后将物料卸出，用筛孔尺寸为P_1的筛子筛出产品，计算邦德棒磨可磨性，即每转新生成的产品量G_{rp}(g/r)。

(3) 将筛上物料放回棒磨机，并用测定的矿样补足700 cm^3。根据上一循环的G_{rp}值和按100%循环负荷计的预期产品量确定转数并运转。重复上述步骤，直到最后2～3个循环达到平衡为止。

(4) 筛析平衡后的产品，求出80%通过的粒度值P_{80}(μm)。取最后2～3个循环的C_{rp}值的平均值作为最终C_{rp}值。邦德棒磨功指数W_{ir}(kW·h/t)由下式计算：

$$W_{ir}=\frac{6.836}{P_1^{0.23}G_{rp}^{0.625}\left(\frac{1}{\sqrt{P_{80}}}-\frac{1}{\sqrt{F_{80}}}\right)} \tag{3-28}$$

3. 邦德球磨功指数

邦德球磨功指数是用来确定球磨测试样品的功率驱动或能量消耗的。将10 kg样品阶段破碎至100%过3.35 mm筛。已知体积的试样在标准邦德球磨机中以指定转速进行研磨，产品过筛，筛分尺寸选择接近实际产品的粒度。添加新鲜给料取代筛下产品，重新进行研磨，过程重复至循环负荷达到250%。

邦德球磨功指数的测定设备是邦德功指数球磨机，规格为ϕ305 mm×305 mm，转速为70 r/min，内装285个、总质量20.125 kg的钢球。测定矿样粒度为0～3.35 mm(6网目)，测定产品粒度P_1(μm)的确定方法是：根据生产要求的80%通过的产品粒度P_{80}，取相应的最大产品粒度，如果该粒度不在标准筛孔尺寸范围，可取与之较接近的筛孔尺寸；如果与标准筛孔尺寸差距较大，则需选取与之最接近的较粗的筛孔尺寸。

测定步骤为：

(1) 对测定矿样进行筛析，求出80%通过的粒度值F_{80}(μm)。

(2) 在功指数球磨机中加入700 cm^{3}矿样，运转一定转数后将物料卸出，用筛孔尺寸为P_1(μm)的筛子筛出产品，计算邦德球磨可磨性，即每转新生成的产品量G_{bp}(g/r)。

(3) 将筛上物料放回球磨机，并用测定矿样补足700 cm^3，根据上一循环的G_{bp}值和按

250%循环负荷计的预期产品量确定转数并运转。重复上述步骤，直到最后 2～3 个循环达到平衡为止。

(4) 筛析平衡后的产品，求出 80%通过的粒度值 P_{80}(μm)。取最后 2～3 个循环的 G_{bp} 值的平均值作为最终 G_{bp} 值。邦德球磨功指数 W_{ib}(kW·h/t)由下式计算：

$$W_{ib}=\frac{4.906}{P_1^{0.23}G_{bp}^{0.82}\left(\frac{1}{\sqrt{P_{80}}}-\frac{1}{\sqrt{F_{80}}}\right)} \tag{3-29}$$

在邦德球磨功指数测定中，如果矿样中达到产品粒度的物料含量超过了预期产品量，则第一个测定循环的给料应先筛去细粒，用测定矿样补足筛去的部分，然后进行第一个循环的测定。另外，所有筛子的筛孔必须为方孔。

3.2.3 粉碎效果评价

1. 破碎作业评价的工艺指标

在选矿厂无论哪一种破碎作业都应该尽量满足以下两方面要求：① 破碎产品达到规定粒度；② 尽量避免过粉碎。

根据国家发展和改革委员会 2005 年发布的《选煤厂破碎设备工艺效果评定方法》(MT/T 2—2005)，应采用破碎效率为主要指标，细粒增量为辅助指标，综合评定破碎机的效果。

破碎效率按下式计算：

$$\eta_p=\frac{U_{-d}-F_{-d}}{F_{+d}}\times 100\% \tag{3-30}$$

式中 η_p——破碎效率(有效数字取到小数点后一位)，%；

F_{+d}——入料中大于要求破碎粒度 d 的含量，%；

F_{-d}——入料中小于要求破碎粒度 d 的含量，%；

U_{-d}——排料中小于要求破碎粒度 d 的含量，%。

细粒级增量按下式计算：

$$\Delta=U_{-f}-F_{-f} \tag{3-31}$$

式中 Δ——细粒级增量(有效数字取到小数点后一位)，%；

U_{-f}——排料中的细粒级含量，%；

F_{-f}——入料中的细粒级含量，%。

对于排料要求粒度大于等于 50 mm 的粗碎，细粒是指 13～0 mm，即 $f=13$ mm；对于排料要求粒度小于 50 mm 的中碎和细碎，则细粒是指 0.5～0 mm，即 $f=0.5$ mm。细粒上限为 13 mm 和 0.5 mm。

2. 磨矿作业评价的工艺指标

评价磨矿过程是为了分析磨矿过程，从而指导磨矿过程的改进。评价磨矿作业的指标包括数量指标和质量指标。

(1) 评价磨矿作业的数量指标

① 磨机处理量 Q

一台磨机在一定的给矿粒度及产品粒度下每 1 h 处理的矿量称为磨机处理量，或称磨机的台时矿量，单位为 t/(台·h)。该指标能快速直观地判明磨机工作的好坏，但必须指明给矿粒度及产品粒度。在同一个选矿厂规格相同的几台磨机的给矿粒度及产品粒度均相同，故能够由磨机处理量 Q 的大小直接判明各台磨机工作的好坏。但不同选矿厂，磨机的规格可能不同，给矿粒度与产品粒度也不尽相同，仅凭处理量 Q 的大小很难判别磨机工作的好坏。

② 磨机单位容积处理量 q_v

单位为 $t/(m^3 \cdot h)$，此指标消除了磨机容积的影响，比较科学，但仍具有和前面的指标一样的缺陷，即必须指明给矿粒度及产品粒度。

③ 磨机－200 网目利用系数 q_{-200}

此指标既消除了磨机容积的影响，也消除了给矿粒度及产品粒度的影响，以每 1 h 每 1 m^3 磨机容积新生成的－200 网目吨数来评价磨机工作效果，单位为－200 网目 $t/(m^3 \cdot h)$。此指标能比较科学地反映不同磨机在不同给矿粒度及产品粒度条件下工作效果的好坏，也称单位容积生产率。

(2) 评价磨矿作业的质量指标

磨矿是一个能耗很高的作业，磨矿作业的费用 60% 以上为能量消耗，所以评价磨机工作质量时，应该把能耗作为工作质量的评价指标。磨矿是一个改变粒度的作业，应该有一个反映粒度变化的指标。

① 磨矿效率

以 t(原矿)/(kW·h)或－200 网目 t/(kW·h)表示能量使用效率的高低。

② 磨矿技术效率 $E_{技}$

磨矿是要将矿料磨到某一个指定的粒度 x，粒度大于 x 的称粗粒级，粒度小于 x 的称细粒级；而且磨矿中还应指定某一个粒度 y 为过粉碎粒度，粒度小于 y 的称过粉碎粒级，粒度介于 x 与 y 之间的称合格粒级。磨矿中粒度划分及合格粒度分布的情况如图 3-4 所示。

在图 3-4 中，给矿中大于 x 的粗粒部分为待磨部分，若小于 x 的为 γ_1，小于 y 的过粉碎为 γ_2。经过磨矿后，小于 x 的变为 γ，小于 y 的过粉碎变为 γ_3。经磨矿后产生的细粒级量为 $\gamma-\gamma_1$，而这是由 $100-\gamma_1$ 磨矿来的，故按细粒级计的磨矿总效率是 $\frac{\gamma-\gamma_1}{100-\gamma_1}\times 100\%$。经磨矿后产生的过粉碎为 $\gamma_3-\gamma_2$，而这是由 $100-\gamma_2$ 磨来的，故过粉碎的效率是 $\frac{\gamma_3-\gamma_2}{100-\gamma_2}\times 100\%$。则合格粒级的磨矿技术效率应该是总的磨矿效率减去过粉碎效率：

$$
\begin{aligned}
E_{技} &= \left(\frac{\gamma-\gamma_1}{100-\gamma_1}-\frac{\gamma_3-\gamma_2}{100-\gamma_2}\right)\times 100\% \\
&= \left[\frac{\gamma-\gamma_1}{100-\gamma_1}-\frac{(\gamma_3-\gamma_2)\left(1-\frac{\gamma_1-\gamma_2}{100-\gamma_2}\right)}{100-\gamma_1}\right]\times 100\%
\end{aligned}
\tag{3-32}
$$

由式(3-32)可知，当不发生磨细作用时，$\gamma=\gamma_1$ 及 $\gamma_3=\gamma_2$，故 $E_{技}=0$。另一种情况是当全部磨到过粉碎时，$\gamma=100$ 及 $\gamma_3=100$，此时也有 $E_{技}=0$。可见，磨矿技术效率能够从技术上评价磨矿过程的好坏，$E_{技}$ 越高越好，$E_{技}$ 越低说明磨矿效果越糟糕。

③ 粒度均匀性

粒度较粗及较细的均不好选，应使较粗及较细的物料尽可能少。减少较粗及较细粒级

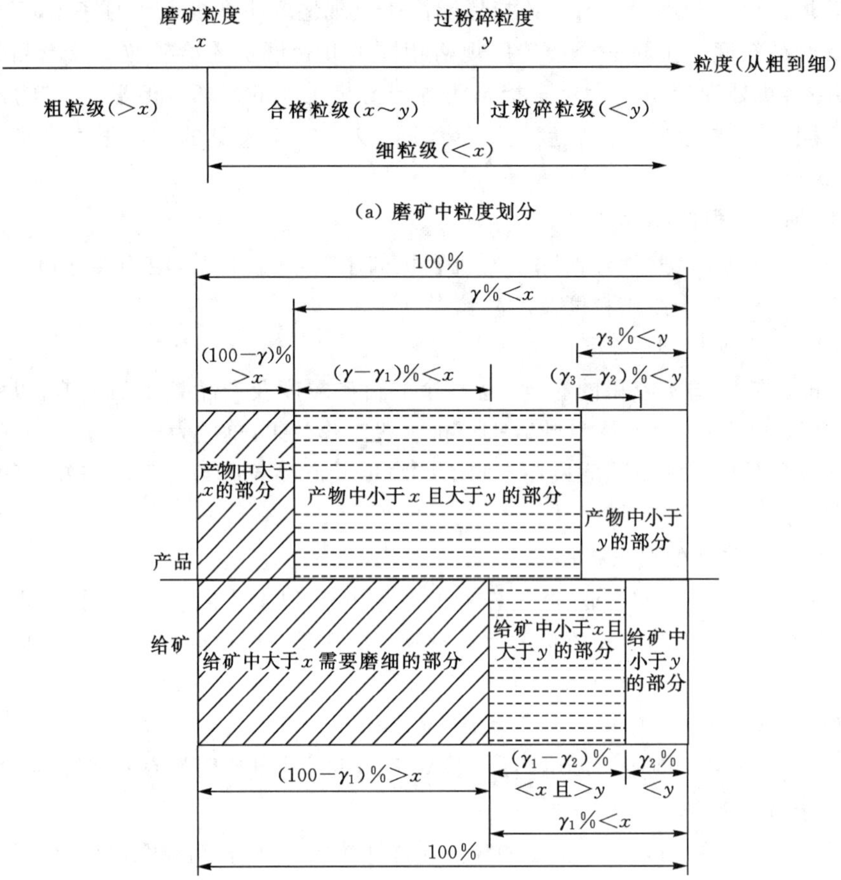

(b) 给矿及产品中各种粒度分布

图 3-4　磨机给矿和产品中的合格粒度分布

含量,增加中间易选级别含量,即要求磨矿产品粒度细而均匀,做到两头小中间大,类似正态分布。

④ 磨矿钢球单耗

在磨矿中,磨矿作业的费用约有40%消耗是钢铁消耗,其中绝大部分为钢球消耗,故应将钢球单耗列为考核选矿厂工作业绩的重要指标之一,单位为kg/t。

3.3　矿物颗粒的筛分与分级

3.3.1　筛分分级

筛分就是将颗粒大小不等的混合物料,通过单层或多层筛子分成若干个不同粒度级别的过程。筛分可分为干法和湿法两种,一般用干法,但对于潮湿物料,特别是潮湿并夹带泥质的物料进行干法筛分会很困难,这就需要在筛面上喷水,以将细粒级及泥质冲洗掉。

1. 筛分分级的原理

筛分过程分两个阶段:① 易于穿过筛孔的颗粒通过不能穿过筛孔的颗粒所组成的物料

层到达筛面；② 易于穿过筛孔的颗粒透过筛孔。要实现筛分的两个阶段，物料在筛面上应具有适当的运动，一方面使筛面上的物料层保持松散并产生析离（按粒度分层）；另一方面，物料和筛子的运动都应促使堵在筛孔上的颗粒脱离筛面，以利于颗粒透过筛孔。

实践表明，筛分时对物料粒度可以划分为四类。

易筛粒：$d<(3/4)L$（d 表示颗粒粒度，L 表示筛孔尺寸）；

难筛粒：$(3/4)L\leqslant d\leqslant L$；

阻碍粒：$d=(1\sim1.5)L$；

非阻碍粒：$d\geqslant1.5L$。

矿粒通过筛孔的可能性称为筛分概率，一般来说，矿粒通过筛孔的概率受到下列因素影响：① 筛孔大小；② 矿粒与筛孔的相对大小；③ 筛子的有效面积；④ 矿粒运动方向与筛面所成的角度；⑤ 矿料的含水量和含泥量。

由于筛分过程是许多复杂现象和因素的综合，因此筛分过程不易用数学形式来全面地描述，这里仅从颗粒尺寸与筛孔尺寸的关系进行讨论，在假定了某些理想条件（如颗粒是垂直地投入筛孔）的基础上而得到颗粒透筛的概率公式。

松散物料中粒度比筛孔小得多的颗粒，在筛分开始后，很快就会落到筛下产物中，而粒度与筛孔尺寸越接近的颗粒，透过筛孔所需的时间越长。所以，物料在筛分过程中透过筛孔的速度取决于颗粒直径与筛孔尺寸的比值。

单颗粒透过筛孔的概率研究如图 3-5 所示。假设有一个由无限细的筛丝制成的筛网，筛孔为正方形，每边长度为 L。如果一个直径为 d 的球形颗粒，在筛分时垂直地向筛孔下落，可以认为，颗粒与筛丝不相碰时，它就会毫无阻碍地透过筛孔。换言之，要使颗粒顺利地透过筛孔，在颗粒下落时，其中心应投在绘有虚线的面积 $(L-d)^2$ 内。

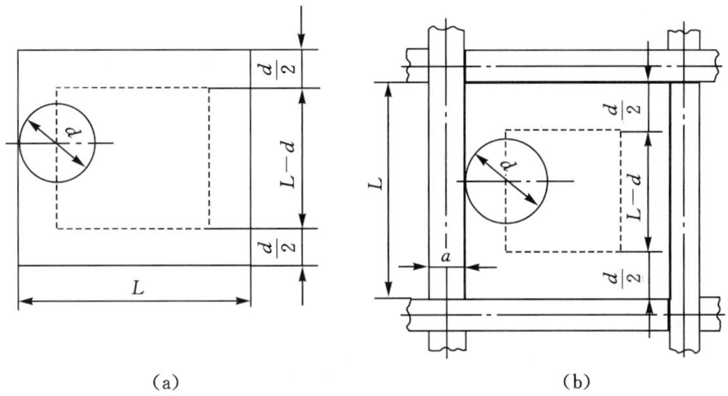

图 3-5　颗粒透过筛孔示意图

由此可见颗粒透过筛孔或者不透过筛孔都是一个随机现象。如果矿粒投到筛面上的次数有 n 次，其中有 m 次透过筛孔，那么颗粒透过筛孔的频率 f 就是：

$$f=\frac{m}{n} \tag{3-33}$$

当 n 很大时，频率总是稳定在某一个常数 p 附近，这个稳定值 p 就称为筛分概率。因此筛分概率可以客观地反映矿粒透筛可能性的大小。

$$p=\frac{m}{n} \tag{3-34}$$

既然概率是某事件出现的可能性的大小，它也就永远不会小于零，也不会大于1，而是在0与1之间，即 $0\leqslant p\leqslant 1$。

可以设想有利于颗粒透过筛孔的次数，与面积 $(L-d)^2$ 成正比，而颗粒投到筛孔上的次数与筛孔的面积 L^2 成正比。因此，颗粒透过筛孔的概率就决定于这两个面积的比值：

$$p=\frac{(L-d)^2}{L^2}=\left(1-\frac{d}{L}\right)^2 \tag{3-35}$$

颗粒被筛丝所阻碍，它不透过筛孔的概率之值便等于 $1-p$。当某事件发生的概率为 p 时，若使该事件以概率 p 出现需要重复 N 次，则 N 值与概率成反比，即

$$p=\frac{1}{N} \tag{3-36}$$

在这里所讨论的 N 值就是颗粒透过筛孔的概率为 p 时必须与颗粒相遇的筛孔数目。由此可见，筛孔数目越多，颗粒透过筛孔的概率越小，当 N 值无限增大时，p 便无限接近于零。取不同的 d/L 比值，计算出的 p 和 N 值见表3-3。

表3-3　颗粒透过筛孔的概率与颗粒及筛孔相对尺寸的关系

d/L	p	$N=1/p$	d/L	p	$N=1/p$
0.1	0.810	2	0.7	0.090	11
0.2	0.640	2	0.8	0.040	25
0.3	0.490	2	0.9	0.010	100
0.4	0.360	3	0.95	0.002 5	400
0.5	0.250	4	0.99	0.000 1	10 000
0.6	0.160	7	0.999	0.000 001	100 000

若考虑筛丝的尺寸[图3-5(b)]，与上面所讨论的原理一样，得到颗粒透过筛面的概率公式：

$$p=\frac{(L-d)^2}{(L+a)^2}=\frac{L^2}{(L+a)^2}\left(1-\frac{d}{L}\right)^2 \tag{3-37}$$

式中　a——筛丝直径；

L——方形筛孔的边长。

上式说明，筛孔尺寸越大，筛丝和颗粒直径越小，则颗粒透过筛孔的可能性越大。

2. 筛分效率

(1) 筛分效率

在使用筛子时，既要求它的处理能力大，又要求尽可能多地将小于筛孔的细粒物料透筛到筛下产物中去。因此，筛子有两个重要的工艺指标：一个是它的处理能力，另一个就是筛分效率。所谓筛分效率，就是通过筛分实际得到筛下物质量占入筛物料中所含的粒度小于筛孔尺寸的那部分物料的质量百分数。

$$\eta=\frac{C}{Q\cdot\frac{\alpha}{100}}\times 100\%=\frac{C}{Q\alpha}\times 10^4\% \tag{3-38}$$

式中　η——筛分效率；

C——筛下产品质量；

Q——入筛原物料质量；

α——入筛原物料中小于筛孔级别的含量，%。

式(3-38)是筛分效率的定义式，但实际生产中要测定 C 和 Q 是比较困难的，因此必须改用下面推导出的计算式来进行计算。

假定筛下产品中没有大于筛孔尺寸的颗粒，由此可以组成两个方程式：

原料质量应等于筛上和筛下产物质量之和，即

$$Q=C+T \tag{3-39}$$

原料中小于筛孔尺寸的粒级的质量，等于筛上产物与筛下产物中所含有的小于筛孔尺寸的物料的质量之和。

$$Q\alpha=100C+T\theta \tag{3-40}$$

式中　T——筛上产物质量；

θ——筛上产物中所含小于筛孔尺寸粒级的含量，%。

将式(3-39)代入式(3-40)得

$$C=\frac{(\alpha-\theta)Q}{100-\theta} \tag{3-41}$$

按照式(3-38)表示的筛分效率的定义，将式(3-41)代入式(3-38)得

$$\eta=\frac{C}{Q\alpha}\times10^4\%=\frac{\alpha-\theta}{\alpha(100-\theta)}\times10^4\% \tag{3-42}$$

必须指出，式(3-42)是指筛下产物中不含有大于筛孔尺寸的条件下得出的物料平衡方程式，公式中的 α、θ 必须用百分数的分子代入。由于实际生产中，筛网常常被磨破，或者由于颗粒形状的影响，部分大于筛孔尺寸的颗粒也会或多或少地透过筛孔进入筛下产物，如果考虑这种情况，筛分效率则应按下式计算：

$$\eta=\frac{\beta(\alpha-\theta)}{\alpha(\beta-\theta)}\times100\% \tag{3-43}$$

式中　β——筛下产物中所含小于筛孔级别的含量，%。

筛分效率的测定方法如下：在入筛的物料流中和筛上物料流中每隔 15～20 min 取一次样，应连续取样 2～4 h，将取得的平均试样在检查筛里筛分，检查筛的筛孔与生产上用的筛子的筛孔相同。分别求出原料和筛上产品中小于筛孔尺寸的级别的含量 α 和 θ，代入式(3-42)中可求出筛分效率。如果没有与所测定的筛子的筛孔尺寸相等的检查筛子时，可以用套筛进行筛分分析，将其结果绘成筛析曲线，然后由筛析曲线图中求出该级别的百分含量 α 和 θ。

(2) 级别筛分效率与总筛分效率

级别筛分效率就是筛下产品中某一级别颗粒的质量与入筛物料中同一级别的颗粒的质量之比，又称筛分量效率或部分筛分效率。级别筛分效率用 η' 表示。它的计算式与式(3-42)相同，只不过此时 α、β、θ 在公式中不是表示小于筛孔尺寸粒级的含量，而是表示要测定的那一级别的颗粒含量。

总筛分效率等于按筛下的粒级计算的筛分效率减去筛下产物中混入的大于规定粒级的筛分效率，又称筛分质效率。

设 Q、A、B 分别为入料量、筛下产物量和筛上产物量，α 为入料中小于筛孔级别的含量

(%),β 为筛下产物中小于规定粒级的细粒含量(%),θ 为筛上产物中小于筛孔尺寸粒级的含量(%)。则

$$Q\alpha = A\beta + B\theta = A\beta + (Q-A)\theta = A\beta + Q\theta - A\theta \tag{3-44}$$

$$\frac{A}{Q} = \frac{\alpha-\theta}{\beta-\theta} \tag{3-45}$$

已知筛下产物中,小于规定粒级物料的筛分效率为 η_1(%),则

$$\eta_1 = \frac{A\beta}{Q\alpha} \times 100\% \tag{3-46}$$

已知筛下产物中,大于规定粒级物料的筛分效率为 η_2(%),则

$$\eta_2 = \frac{A(100-\beta)}{Q(100-\alpha)} \times 100\% \tag{3-47}$$

总筛分效率 η_A(%)为

$$\begin{aligned}\eta_A = \eta_1 - \eta_2 &= \left[\frac{A\beta}{Q\alpha} - \frac{A(100-\beta)}{Q(100-\alpha)}\right] \times 100\% \\ &= \left\{\frac{A}{Q}\left[\frac{\beta(100-\alpha)-\alpha(100-\beta)}{\alpha(100-\alpha)}\right]\right\} \times 100\% \\ &= \frac{A}{Q}\left[\frac{100(\beta-\alpha)}{\alpha(100-\alpha)}\right] \times 100\%\end{aligned} \tag{3-48}$$

把式(3-45)代入式(3-48),则

$$\eta_A = \frac{\alpha-\theta}{\beta-\theta} \times \frac{100(\beta-\alpha)}{\alpha(100-\alpha)} \times 100\% = \frac{(\alpha-\theta)(\beta-\alpha)\times 100}{\alpha(\beta-\theta)(100-\alpha)} \times 100\% \tag{3-49}$$

级别筛分效率与总筛分效率有着密切的关系,细粒级别的级别筛分效率恒大于总筛分效率,且级别越细,级别筛分效率越高;"难筛颗粒"的级别筛分效率恒小于总筛分效率,且"难筛颗粒"尺寸越接近筛孔尺寸,则其级别筛分效率越低。

3. *筛分动力学*

筛分动力学主要研究筛分过程中筛分效率与筛分时间的关系。在筛分物料的筛分过程中,不论什么场合,都存在一种普遍规律,这种规律表现为:筛分开始时,在较短时间内,"易筛粒"很快透过筛孔,筛分效率增加很快,随后的一段时间内,筛上物料中的"难筛粒"比例增加,筛分效率降低;过了一定时间以后,"易筛粒"和"难筛粒"的比例达到平衡,筛分效率大致保持不变。

筛分不分级物料,筛分结果可以用几段直线组成的折线表示。这种情况表明,方程式的参数在不同的线段上有不同的数值。第一段直线的筛分效率为 40%~60%;第二段直线的筛分效率为 90%~95%;第三段直线相当于更高的筛分效率。对接近筛孔尺寸(0.75L~L)的窄级别物料进行筛分时,筛分效率在 5%~95% 的整个范围内,都可以用一条直线表示。

筛分时间与筛分效率之所以有上述关系,可以用下面的理论来解释。

令 W 为某一瞬间存在于筛面上的比筛孔小的矿粒的质量,$\frac{\mathrm{d}W}{\mathrm{d}t}$ 为比筛孔小的矿粒被筛去的速率(t 是筛分时间),因为每一瞬间的筛分速率可假设为与该瞬间留在筛面上的比筛孔小的矿粒的质量成正比,即

$$\frac{\mathrm{d}W}{\mathrm{d}t} = -kW \tag{3-50}$$

式中，k 为比例系数，负号表示 W 随时间的增加而减少，积分上式得

$$\ln W=-kt+C \tag{3-51}$$

设 W_0 是给矿中所含比筛孔小的矿粒的质量，当 $t=0$ 时，$W=W_0$，即

$$\ln W_0=C \tag{3-52}$$

因此

$$\ln W-\ln W_0=-kt \tag{3-53}$$

或

$$\frac{W}{W_0}=e^{-kt} \tag{3-54}$$

比值 $\frac{W}{W_0}$ 是筛下级别在筛上产物中的回收率，因此筛分效率 η 应当为

$$\eta=1-\frac{W}{W_0} \quad 或 \quad \eta=1-e^{-kt} \tag{3-55}$$

更符合实际的公式为

$$\eta=1-e^{-kt^n} \quad 或 \quad 1-\eta=e^{-kt^n} \tag{3-56}$$

将式(3-56)取两次对数，可得到

$$\lg\left(\lg\frac{1}{1-\eta}\right)=n\lg t+\lg(k\lg e) \tag{3-57}$$

若以纵坐标轴表示 $\lg\left(\lg\frac{1}{1-\eta}\right)$，横坐标轴表示 $\lg t$，用式(3-56)作出的图形是一条直线，直线的斜率为 n。

把式(3-56)改写为

$$\eta=1-\frac{1}{e^{kt^n}} \tag{3-58}$$

将 e^{kt^n} 分解为级数

$$e^{kt^n}=1+kt^n+\frac{(kt^n)^2}{2}+\cdots \tag{3-59}$$

取级数的前两项代入式(3-56)，得到

$$\eta=1-\frac{1}{1+kt^n}=\frac{kt^n}{1+kt^n} \tag{3-60}$$

式(3-60)是式(3-56)的近似式，如果令 $k=\frac{1}{a}$，则

$$\eta=\frac{t^n}{a+t^n} \tag{3-61}$$

所以式(3-60)与式(3-61)是相同的。

参数 k 和 n，既取决于被筛物料的性质，也决定于筛分的工作条件。如果设 $k=\frac{1}{t^n}$，则式(3-56)为 $\eta=1-\frac{1}{e}=1-\frac{1}{2.71}=63.1\%$，对式(3-60)，则有 $\eta=\frac{1}{2}=50\%$，因此称参数 k 为物料的可筛性指标。

设筛面长度为 L，因为 $t\propto L$，故式(3-60)可表示为

$$\eta=\frac{K'L^n}{1+K'L^n} \tag{3-62}$$

同样式(3-56)可表示为

$$1-\eta=e^{-K'L^n} \tag{3-63}$$

3.3.2 水力分级

水力分级是指在水介质中，不同粒度的矿粒按其沉降速度的不同，将宽级别粒群分成两个或多个粒度相近的窄粒级产物的过程。应指出的是，在水力分级过程中，相同粒度或粒度相近的矿粒，若其密度及形状上有差别，则其在水中的沉降速度会受到影响。所以水力分级不是严格依据粒度差别进行分选的过程，矿粒密度及形状上的差异影响矿粒按粒度分级的精确性，这是水力分级与筛分分级的主要区别。

实现水力分级的过程中，分级介质的运动形式大致有三种：一是介质的流动方向与矿粒沉降方向相反的垂直上升介质流；二是介质流动方向与矿粒沉降方向接近垂直的水平介质流；三是做旋转运动的介质流。

1. 水力分级效率

水力分级效率用来评定水力分级设备及操作的工艺效果，是指溢流产品中细粒(小于规定粒度的物料)的回收率与粗粒(大于规定粒度的物料)的混杂率之差。

由于分级是按颗粒的沉降速度差异实现的，因此颗粒的尺寸、形状、密度及沉降条件等对其分离的精确性均有影响。按沉降规律进行粒度分离的设备，计算其分级效率有许多标准，如量效率、质效率、总效率、修正效率、折算效率等。下面先介绍量效率、质效率和总效率的概念，至于修正效率和折算效率将在讨论水力旋流器数学模型时论述。

如图 3-6 所示，设分级给料、溢流、底流(或沉砂)的固体料量(t/h)分别为 Q_F、Q_P、$Q_{底}$，其中小于某粒度级别的产率分别为 α_{-x}、β_{-x}、θ_{-x}，则大于某级别的产率分别为 $\alpha_{+x}=100-\alpha_{-x}$；$\beta_{+x}=100-\beta_{-x}$；$\theta_{+x}=100-\theta_{-x}$。

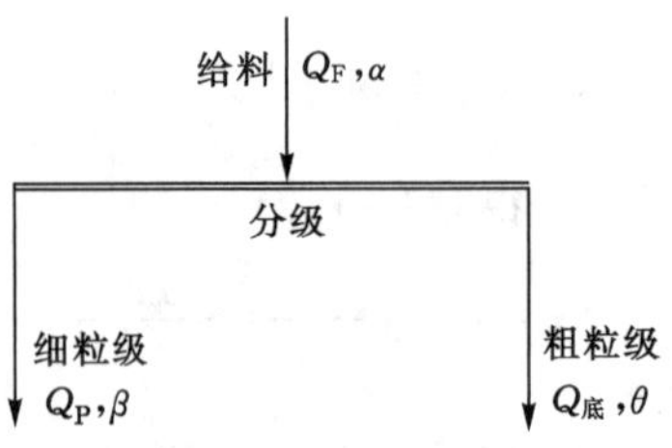

图 3-6 分级流程

(1) 分级量效率

分级的目的是在指定的粒度下，使细、粗颗粒分别进入溢流和底流(或沉砂)。因此可以考虑两个方面，即细级别进入溢流和粗级别进入底流的回收率，二者越高越好，此二指标可分别用其量效率来评价。

细级别在溢流的回收率，即细级别在溢流的量效率 E_{-x} 为

$$E_{-x}=\frac{Q_P\beta_{-x}}{Q_F\alpha_{-x}}=\frac{\beta_{-x}(\alpha_{-x}-\theta_{-x})}{\alpha_{-x}(\beta_{-x}-\theta_{-x})}\times 100\% \tag{3-64}$$

粗级别在底流中的回收率，即粗级别在底流中的量效率 E'_{+x} 为

$$E'_{+x}=\frac{Q_{底}\theta_{+x}}{Q_{F}\alpha_{+x}}=\frac{\theta_{+x}(\alpha_{+x}-\beta_{+x})}{\alpha_{+x}(\theta_{+x}-\beta_{+x})}\times 100\% \tag{3-65}$$

由式(3-64)很容易算出细颗粒在底流中的回收率 $E'_{-x}=100-E_{-x}$；由式(3-65)很容易算出粗颗粒在溢流中的回收率 $E_{+x}=100-E'_{+x}$。很显然，细颗粒在溢流中的回收率高、粗颗粒在溢流中的回收率低时，分级设备的作业效率才真实反映出来，这就需要用分级质效率来计算。

(2) 分级质效率

在分级过程中，理想的情况是分级溢流中不含粗颗粒，分级沉砂中不含细颗粒，但实际情况并非如此，而是粗颗粒中含有细颗粒，细颗粒中含有粗颗粒。因此，评价溢流或沉砂的质量时应采用分级质效率。

考虑了粗、细颗粒在分级产品中的混杂情况之后的分级效率，称为分级质效率。

溢流质效率 $E_{质\text{-}溢}$ 为

$$E_{质\text{-}溢}=E_{-x}-E_{+x}=E_{-x}-(100-E'_{+x})=E_{-x}+E'_{+x}-100 \tag{3-66}$$

底流质效率 $E_{质\text{-}底}$ 为

$$E_{质\text{-}底}=E'_{+x}-E'_{-x}=E'_{+x}-(100-E_{-x})=E_{-x}+E'_{+x}-100 \tag{3-67}$$

由上知 $E_{质\text{-}溢}=E_{质\text{-}底}$，故以 $E_{质}$ 表示分级质效率，$E_{-x}+E'_{+x}$ 称为分级总效率，以 $E_{总}$ 表示。所以

$$E_{质}=E_{-x}+E'_{+x}-100=E_{总}-100 \tag{3-68}$$

$$E_{总}=E_{-x}+E'_{+x} \tag{3-69}$$

因此，评价分级设备效率时，应采用以上 4 个效率指标进行综合评价，即 E_{-x}、E'_{+x}、$E_{质}$ 和 $E_{总}$。

2. 水力分级模型

水力旋流器结构简单、轻便灵活、占地面积小、分级效率高，广泛应用于各行各业的细粒物料的分级作业。以水力旋流器为代表讲述水力分级模型。

(1) 处理量模型

研究工作者普遍认为，水力旋流器的处理量主要与给料压力以及旋流器底流口、溢流口的直径有关，表达式为：

$$Q=KDd_0\sqrt{pg} \tag{3-70}$$

式中　Q——旋流器体积流量，m^3/h；

K——与 d/D 相关的常数；

d——旋流器入料口直径，cm；

D——旋流器直径，cm；

d_0——旋流器溢流口直径，cm；

g——重力加速度，m/s^2；

p——入料压力，kg/cm^3。

根据试验数据的拟合结果，有

$$K=\exp\left(4.8\frac{d}{D}-1\right) \tag{3-71}$$

因此，处理量公式为：

$$Q=Dd_0\sqrt{pg}\exp\left(4.8\frac{d}{D}-1\right) \tag{3-72}$$

由该式可知，水力旋流器体积流量与旋流器直径、溢流口直径的一次方成正比，与入料压力的 1/2 次方成正比，此外，还与入料口直径与旋流器直径的比值有关，当两者比值固定时，有

$$Q\propto Dd_0p^{\frac{1}{2}} \tag{3-73}$$

由于 d_0 与 D 存在比较适宜的比例关系，因此，当入料压力不变时，有

$$Q\propto D^2 \tag{3-74}$$

综上，可以得出两点结论：

① 当压力不变时，旋流器处理量与旋流器直径的平方成正比，即

$$\frac{Q_1}{Q_2}=\frac{D_1^2}{D_2^2} \tag{3-75}$$

② 当旋流器直径不变时，处理量与入料压力的 1/2 次方成正比，即

$$Q\propto p^{\frac{1}{2}} \tag{3-76}$$

也就是

$$\frac{Q_1}{Q_2}=\frac{p_1^{\frac{1}{2}}}{p_2^{\frac{1}{2}}} \tag{3-77}$$

由此可见，提高旋流器直径或者增大给料压力均能够提高旋流器处理量，但比较而言，前者提高处理量的效果更为明显。

(2) 分离粒度模型

水力旋流器的分离粒度常以 d_{50} 来表示。旋流器在分级过程中某一粒级 d_i 进入溢流和进入底流的概率一样，该粒级以 d_{50} 表示。

关于计算 d_{50} 的理论公式有很多，下面列举主要的几种。

① 根据矿浆在旋流器中回转半径 r_H（等于溢流口尺寸 d_c）处颗粒进入溢流及底流的机会相等，可导出下述公式

$$d_{50}=0.75\frac{d_F^2}{\varphi_x}\sqrt{\frac{\pi\mu}{Q_Vp(\delta-\rho)}} \tag{3-78}$$

式中 μ——矿浆黏度；

δ——固体密度；

ρ——介质密度；

Q_V——旋流器体积流量；

d_F——旋流器入料口直径；

p——入料压力；

φ_x——矿浆回转速度变换系数。

由于溢流管半径 $\frac{1}{2}d_c$ 处切向速度 v_{tc} 不易测知，而进料口速度 v_p 容易测知，故可认为

$$v_{tc}\propto v_p=\varphi_x v_p \tag{3-79}$$

或

$$\varphi_x = \frac{v_{tc}}{v_p} \tag{3-80}$$

回转速度变换系数有几种算法，常用下述算法：

$$\varphi_x = 6.6 \frac{F_F \alpha^{0.3}}{D d_c} \tag{3-81}$$

式中　F_F——进料口截面积，cm^2；

　　α——旋流器锥角，(°)。

②
$$d_{50} = 2.6 \sqrt{\frac{D d_c}{d_F p^{0.5} (\delta - \rho)}} \tag{3-82}$$

③
$$d_{50} = 0.9 \sqrt{\frac{d_c^2 D T_F}{d_F^2 p^{0.5} (\delta - \rho)}} \tag{3-83}$$

式中　T_F——给料固体浓度，%。

④ 长沙矿冶研究院提出的公式。其认为旋流器溢流中最大粒度为 d_{50} 的 1.5～2.0 倍，即

$$d_{max} = (1.5 \sim 2.0) d_{50} \tag{3-84}$$

以 d_{max} 来描述溢流粒度时，其计算式为

$$d_{max} = k \frac{d_c D^{0.5} T_F^n}{d_F^m p^{0.25} (\delta - \rho)^{0.5}} \tag{3-85}$$

常数 k、m、n 与 d_c 及 T_F 的取值有关，如表 3-4 所示。

表 3-4　k、m、n 与 d_c 及 T_F 的取值的关系

d_c	T_F	k	n	m
<100	<20	0.9～1.0	0.5	1.0
<110	20～25	1.2～1.6	0.5	1.0
150～300	40～60	0.9～1.0	0.5～0.75	1.0～0.5

由表 3-4 可知，T_F 增加，d_c 增大，k、n 取大值，m 取小值。

3.3.3　气力分级

气力分级通常是利用颗粒在气流中沉降速度差或轨迹不同来进行的。作用于颗粒的力有：浮力、重力、离心力、柯氏力、惯性力、静电力、磁力、摩擦阻力、对撞力、附着力等。气力分级过程可归纳为 4 个步骤：① 分散，将附着或凝聚在一起的颗粒团块分散成单个颗粒；② 分离，组合各种力的作用，使颗粒获得速度差，实现粗颗粒与细颗粒分离；③ 捕集，从气流中分离后捕集颗粒；④ 卸出，排出分级后的各粒度粉体。离心式分级机由于易于产生远强于重力场的离心力场，因而是迄今为止开发较多的一类超细分级机。

1. 临界分级粒径

在离心力场中，颗粒可获得比重力加速度大得多的离心加速度，故同样的颗粒在离心场中的沉降速度远大于在重力场中，从而较小的颗粒也能获得较大的沉降速度。

设颗粒在离心场中，回转半径为 r，角速度为 ω，液层厚度为 L，离心沉降时间为 t，颗粒直径为 d_p、密度为 ρ_p，流体密度为 ρ、黏度为 μ，则颗粒所受离心力 F_c 和流体层流阻力 F_r

分别为：

$$F_c=\frac{\pi d_p^3(\rho_p-\rho)(r\omega^2)}{6} \tag{3-86}$$

$$F_r=3\pi\mu d_p\frac{L}{t} \tag{3-87}$$

颗粒密度 ρ_p 大于流体密度 ρ，离心力 F_c 的方向向外，流体阻力 F_r 的方向指向中心轴，颗粒向外运动而离心沉降。当 $F_c=F_r$ 时，临界分级粒径 d_c 为：

$$d_c=\sqrt{\frac{18\mu L}{(\rho_p-\rho)r\omega^2 t}} \tag{3-88}$$

对于一定的离心设备，回转半径 r 为定值；对于一定的流体，密度 ρ、黏度 μ、液层厚度 L 为定值，所以，颗粒运动角速度 ω 足够大（离心机转速大）和离心沉降时间 t 足够长时，可获得足够小的分级粒径 d_c。

2. 速度分布

如图 3-7 所示，细粒出料管（即排气管）在转子的中央，转子和排气管垂直，而进气管切向进入分级机，形成涡旋流场。因此，旋涡方程为：

$$dH=\frac{u_t}{g}dr\left[\frac{du_t}{dr}+\frac{u_t}{r}\right] \tag{3-89}$$

式中 H——总压头；

u_t——旋转流的切向速度；

r——旋转点半径。

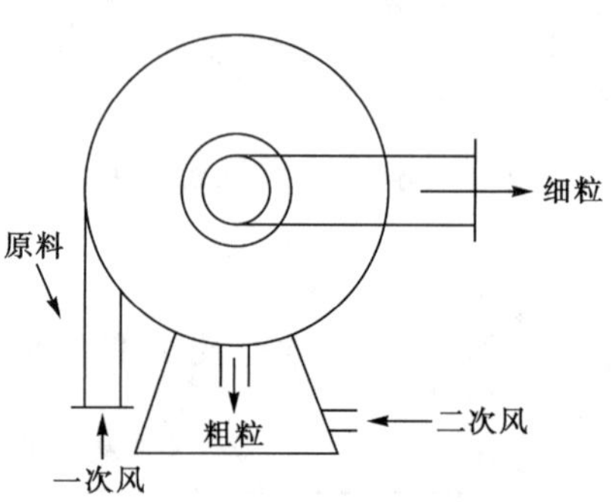

图 3-7 分级机结构图

式(3-89)中反映了旋涡运动能量的转化关系，在不同的条件下可分别得出不同的旋涡运动规律。对于分级机内气流平面旋转运动可用下式来表达：

$$u_t r^n=k \tag{3-90}$$

式中 k——常数。

当带有粉体的气流以一定的速度切向进入外筒后，受风机和转子的双重作用，形成旋转运行，由于受壳体及端盖的限制，气流在其间形成一股外旋流（它属于准自由涡），旋转过程中由于惯性力的作用，大部分颗粒被甩向壳壁失去能量沿壁滑下，经分级机下部出料口入粗粒仓。转子半径附近区域的内旋流属于强制涡，最后经过转子后带有细粒的气流进入排气管向外排出。

分级机内气流实际运动情况比较复杂，除了上述两种主要旋流外，还有短路气流、散乱涡流及排料口返卷气流。由于这些流动的存在，会将已下落的颗粒再次带动，增加了粉料的分散，提高了分级效率，但也会使分级粒径增大。

3. 压力分布

以 r_0 代表涡核的半径，u_0 代表涡核边界上的切向速度。旋涡外任意点上的压力可用能量方程来决定，当研究同一平面的运动时，能量方程可写成下列形式：

$$\frac{p}{\gamma}+\frac{u_t^2}{2g}=H=\text{常数} \tag{3-91}$$

式中 γ——流体容重；

p——压强。

在旋涡以外为准自由涡运动，其速度分布随着半径 r 的增加而减小；当 r 在无限远处时，其速度 $u_\infty=0$ 而压力等于旋涡外围流体的压力 p_∞，因此根据此条件决定常数 $H=\frac{p_\infty}{\gamma}$，代入式(3-91)中，得到：

$$\frac{p}{\gamma}=\frac{p_\infty}{\gamma}-\frac{u_t^2}{2g} \tag{3-92}$$

从式(3-92)可以看出，随着接近旋涡，速度 u_t 按双曲线规律增大，因此压力 p 下降，在涡核边界上，压力最小，该处速度为最大，等于 u_0，涡核边界上的压力可用下式来决定：

$$\frac{p}{\gamma}=\frac{p_\infty}{\gamma}-\frac{u_0^2}{2g} \tag{3-93}$$

在自由涡中应用能量方程式如下：

$$\frac{u_t^2}{2g}+Z=H-\frac{p}{\gamma}=H_0=\text{常数} \tag{3-94}$$

将自由涡的速度 $u_t=\frac{k}{r}$ 代入式(3-94)得

$$H_0-Z=\frac{k^2}{2gr^2} \tag{3-95}$$

将式(3-95)的坐标原点上移 H_0 时，得到：

$$-Z=\frac{k^2}{2gr^2} \quad \text{或} \quad -Zr^2=\frac{k^2}{2g} \tag{3-96}$$

式(3-96)为自由涡的等压面方程，其中的轴向距离 Z 和径向距离 r 均为变数，可见等压面为一双曲线。在强制涡中，应用能量方程式得到：

$$\mathrm{d}H=\frac{2\omega\cdot 2r\mathrm{d}r}{g} \tag{3-97}$$

积分后得：

$$H=\frac{\omega^2 r^2}{g}+c \tag{3-98}$$

根据边界条件，$r=0$ 时，$u=0$，所以 $H=0$，得 $c=0$。所以，

$$H=\frac{\omega^2 r^2}{g} \tag{3-99}$$

由式(3-99)可以看出，在强制涡运动中，同一水平面上流体总水头与旋转半径的平方成正比，自由面的形状是旋转的二次抛物面。总体来说，旋涡内的压力差与旋涡外的压力差相等，旋涡内的压力是按抛物线规律分布的，而旋涡外的压力是按双曲线规律分布的。

思　考　题

1. 什么是矿物单体解离度？
2. 简述面测法测定矿物解离度的过程。
3. 有用矿物解离度与分选指标有何关系？
4. 简述三种公认的破碎能耗学说的特点及应用价值。

5. 简述邦德球磨功指数测定方法。
6. 说明透筛概率的基本含义。
7. 简述水力分级量效率和水力分级质效率的特点以及区别。
8. 简述气力分级的临界分级粒径含义及推导过程。

第 4 章　高等矿物加工的流体力学基础

4.1　流体的基本物理性质

流体的运动规律不仅与外界条件有关，而且与其自身的物理性质有关。本章将介绍流体的定义和有关的主要物理性质。

4.1.1　流体的定义及连续介质假说

根据物质在外力作用下的特征，可将物质分为两类：流体和固体。流体是不能承受切应力，在切应力的作用下能够发生无限制变形（即流动）的物质，如空气、水；而在同等条件下，固体则产生有限的变形。流动性是流体的主要特征，如水能够沿任何微小倾斜的平面流动。

流体由大量的分子组成。从微观上看，流体分子间存在大量的间隙，每个分子都在无休止地不规则运动着，相互碰撞，交换动量、能量，因此流体的微观结构和运动无论在时间上还是空间上都充满着不均匀性、离散性、随机性。但是在通常情况下，一个很小的体积内流体的分子数量极多。例如，在标准状态下，1 mm^3 体积内含有 2.69×10^{16} 个气体分子，分子之间在 10^{-6} s 内碰撞 10^{20} 次，所以，人们用仪器测量到的或用肉眼观察到的流体的宏观结构和运动又明显地呈现出均匀性、连续性、确定性。微观运动的不均匀性、离散性、随机性和宏观运动的均匀性、连续性、确定性如此不同却又和谐地统一在流体这一物质中，形成了流体运动的两个重要方面。

流体力学研究流体的宏观机械运动，是流体的宏观特性，即大量分子的平均统计特性。一般工程问题的特征长度远大于 1 mm，特征时间远大于 10^{-6} s，所以有足够的理由认为流体是由空间上连续分布的流体质点组成的连续介质。这些流体质点与所研究问题的特征尺寸相比足够小，即宏观上足够小；而又包含足够多的流体分子，呈现大量分子的平均特性，即微观上足够大。

根据流体的连续介质模型，任意时刻流动空间的任一点都应为相应的流体质点占据，表征流体性质和运动特征的物理量一般为时间和空间的连续函数，就可以应用数学分析中连续函数这一有力工具来分析和解决流体力学问题。

流体的体积随着压力变化的特性称为流体的压缩性，压缩性是流体的基本属性，任何流体都是可以压缩的，只是可压缩的程度不同而已。通常把液体视为不可压缩流体，即忽略在一般工程中没有多大影响的微小的体积变化，而把液体密度视为常量，这样处理问题可以使工程计算大为简化，这种简化同样适用于选矿的工程环境。

4.1.2　流体的黏性

流体的黏性是指流动流体内部存在内摩擦力的特性，或者说是流体抵抗变形的特性。

流体的黏性是流体的属性。流体在平衡时不能承受剪切力，即在很小的剪切力作用下，流体就会连续变形，但不同的流体在相同的剪切力作用下其变形速度不同，也就是说不同流体抵抗剪切力的能力不同。如液体能够沿微小倾斜的平板任意流动，但不同种类的流体流动的速度是不一样的。

牛顿在其著作《自然哲学的数学原理》中研究了流体的黏性。设有两块相距很近且足够大的平行平板，平板之间充满流体，如图 4-1 所示。下平板固定不动，上平板在牵引力 F 的作用下以均匀速度 U 做惯性运动。与平板接触的流体附着于平板的表面，与下平板接触的流体速度为 0，与上平板接触的流体速度为 U，并带动两平板之间的流体运动。在 h 和 U 不大的情况下，两板之间的流体速度呈线性分布。由于流体内部各层的运动速度不同，存在相对运动，使流体内部流层之间出现了内摩擦力。内摩擦力总是成对出现的，流体所受的内摩擦力总与相对运动速度方向相反。分析上平板受力可知，它在数值上与 F 相等。

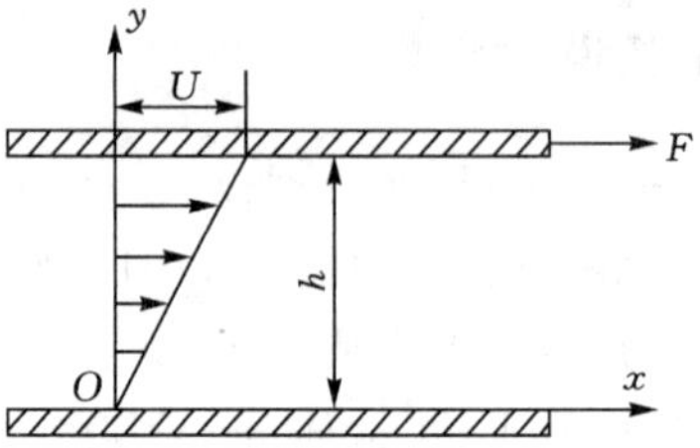

图 4-1　平行平板中流体的运动

试验证明：F 与平板面积 A、速度 U 成正比，与平板间的距离成反比，即

$$F=\mu A\frac{U}{h} \tag{4-1}$$

式中，μ 称为流体的动力黏度，简称黏度，它是与流体的种类、温度和压强有关的比例系数，在一定温度和压强下，它是个常数，它的单位为 Pa·s；U/h 表示在垂直于流速方向上单位长度的速度增量，即流速在法线方向上的变化率，称为速度梯度。显然，在上述特殊情况下，速度梯度是个常数。

单位面积上的摩擦力称为切应力，切应力的单位是 Pa，其计算式如下：

$$\tau=\frac{F}{A}=\mu\frac{U}{h} \tag{4-2}$$

在一般情况下，流体的流动速度并不是线性分布的，取一厚度为 $\mathrm{d}y$ 的流层进行分析，可得：

$$\tau=\mu\frac{\mathrm{d}v_x}{\mathrm{d}y} \tag{4-3}$$

此式称为牛顿内摩擦定律。该式表明切应力与动力黏度和速度梯度成正比。动力黏度 μ 表征了流体抵抗变形的能力，即流体黏性的大小。工程中还常用动力黏度 μ 与流体密度 ρ 的比值来表示黏度，称为流体的运动黏度，单位为 m^2/s，即

$$\nu=\mu/\rho \tag{4-4}$$

并不是所有的流体都遵守牛顿内摩擦定律，即流动中切应力和变形率成正比，其黏性系数为常数。据此，将流体分为两大类：凡遵守牛顿内摩擦定律的流体称为牛顿流体，反之称为非牛顿流体。常见的牛顿流体有水、空气等，非牛顿流体有泥浆、纸浆、油漆、油墨等。非

牛顿流体流动中切应力与变形率之间的关系很复杂。研究非牛顿流体受力和运动规律的科学称为流变学，本章只讨论牛顿流体。

实际流体都具有黏性，称为黏性流体。当分析比较复杂的流动时，若考虑黏性，必将给分析研究带来很大的困难，有时甚至无法进行。为此引入一个所谓的理想流体模型，将复杂的流动问题简化。理想流体就是完全没有黏性的流体。

4.1.3　黏性流体的两种流动状态

英国物理学家雷诺在 1883 年通过实验发现了层流和湍流两种流动状态。在一个玻璃管中注入一种与水密度相同的染料，当玻璃管中流速较低时，可以看到一条明晰的细小的着色流束，此流束不与周围的水相混，此时玻璃管内的整个流场呈一簇互相平行的流线，这种流动状态称为层流。当玻璃管内的流速逐渐增大，开始阶段着色流束仍呈清晰的细线，流动状态仍没发生变化。当流速增加到一定数值时，着色流束开始振荡，处于不稳定状态。如果流速继续增加，振荡的流束就会突然破裂，着色流束流入管子一定距离后完全消失，与周围的流体相混，颜色扩散至整个玻璃管，这时流体质点做复杂的无规则运动，这种流动状态称为湍流。由层流过渡到湍流的速度极限值称为上临界速度，以 v'_{cr} 表示，继续增大流速，将进一步增加流动的紊乱程度。

如果实验反过来进行，管内流速自高于上临界速度逐渐降低，则会发现，当流速降低到比上临界速度 v'_{cr} 更低(称为下临界速度 v_{cr})时，处于湍流状态的流动便会稳定地转变为层流状态，着色流束重新成为一条明晰的细小直线。

由雷诺实验可以看出，黏性流体存在两种流动状态——层流与湍流。当流速超过上临界速度 v'_{cr} 时层流转变为湍流；当流速低于下临界速度 v_{cr} 时，湍流转变为层流；当流速处于上、下临界速度之间时，流动的状态可能是层流也可能是湍流，与实验的起始状态有无扰动等因素有关。

仅靠临界速度来判断流体的流动状态是很不方便的，因为随着流体的黏度、密度以及流道线性尺寸的不同，临界速度也不同。雷诺数正是上述诸变量的无量纲综合量，是判断流体流动状态的准则量，表示为

$$Re=\frac{\rho vl}{\mu}=\frac{vl}{\nu} \tag{4-5}$$

式中，l 为流体通道(或绕流的物体)的特征尺寸。

实验结果指出，不论流体的性质和管径如何变化，下临界雷诺数 $Re_{cr}=2\ 320$，上临界雷诺数可达 $Re'_{cr}=13\ 800$，甚至更高些。上临界雷诺数与实验的环境条件和流动的起始状态有关。当 $Re<Re_{cr}$ 时，流动为层流；当 $Re>Re'_{cr}$ 时，流动为湍流；当 $Re_{cr}<Re<Re'_{cr}$ 时，流动可能是层流，也可能是湍流，处于极不稳定的状态，这时小心实验可以保持层流，但只要稍有扰动，层流瞬即被破坏而转变为湍流。因此，上临界雷诺数在工程上没有实用意义，通常把下临界雷诺数作为判别层流和湍流的准则，而且工程上一般取圆管的下临界雷诺数 $Re_{cr}=2\ 000$。当 $Re_{cr}<2\ 000$ 时，流动为层流；当 $Re_{cr}>2\ 000$ 时，即认为流动是湍流。

假设黏性流体从一大容器中经圆弧形入口流进圆管，可以认为，流入口处流速分布是均匀的。进入管内后，由于受管壁的影响，靠近壁面的流动受到阻滞，流速降低，形成边界层。由于通过管道的流量是一定的，而边界层逐渐增加，致使未受到管壁影响的中心部分的流速

加快。这种不断改变速度分布的流动一直发展到边界层在管轴处相交，成为充分发展的流动为止。边界层相交以前的管段称为管段入口段，其长度以 L^* 表示。入口段的流动是速度分布不断变化的非均匀流动，入口段以后的流动则是各个截面速度分布均相同的均匀流动。

当流动的雷诺数低于临界值时，整个入口段的流动为层流，根据实验，它的入口段长度为

$$L^* = 0.058dRe_{\mathrm{d}} \tag{4-6}$$

若不断增大管道入口的流速，使雷诺数超过临界值，则入口段内某处的边界层即由层流转变为湍流，随着雷诺数的增大，转变的位置向着入口移动。由于湍流边界层厚度的增长比层流边界层快，因此湍流的入口段要短些，而且它的长度很少依赖于雷诺数的大小，而与来流受扰动的程度有关，扰动越大，入口段长度越短。湍流入口段长度 $L^* = (25\sim40)d$。以下所讲的沿程损失的计算公式，只适用于管内充分发展的湍流，不适用于速度分布不断变化的管道入口段的流动。

4.1.4 沿程损失的试验研究

沿程损失是发生在缓变流整个流程中的能量损失，是由流体的黏性力造成的损失。这种损失的大小与流动状态有着密切的关系。不论是层流流动还是湍流流动，它们的沿程损失均可按达西公式进行计算，即

$$h_{\mathrm{f}} = \lambda \frac{l}{d}\frac{v^2}{2g} \tag{4-7}$$

式中，λ 为沿程损失系数，它与流体的黏度、流速、管道的内径及管壁粗糙度等有关，是一个无量纲系数，由试验确定。下面将介绍尼古拉兹试验。

为弄清沿程阻力系数 λ 随壁面相对粗糙度 ε/d 和雷诺数 Re 的变化关系，尼古拉兹进行了试验研究。他用人工方法在直径不同的管中敷上粒度均匀的砂子，制出了六种相对粗糙度的管道，然后对它们进行阻力试验。试验时，通过调节流量改变管中的速度。对应每一个速度 v，测出管段的沿程损失，然后利用达西公式计算出阻力系数 λ，尼古拉兹试验结果如图 4-2 所示，可分为 5 个区域。

1. 层流区

$Re \leqslant 2\,320$ 为层流区，管壁的相对粗糙度对沿程损失系数没有影响，所有试验点均落到直线 ab 上，λ 只与 Re 有关，即有式(4-8)的关系：

$$\lambda = 64/Re \tag{4-8}$$

2. 第一过渡区

$2\,320 < Re \leqslant 4\,000$ 为层流向湍流过渡的不稳定区域，可能是层流，也可能是湍流，试验点比较分散，如图中的区域Ⅱ所示。

3. 水力光滑管区

$4\,000 < Re \leqslant 26.98\left(\frac{d}{\varepsilon}\right)^{8/7}$ 为水力光滑管区。各种不同相对粗糙度管流的试验点都落到倾斜线 cd 上，只是它们在该线上所占的区段的大小不同而已。可见，沿程损失系数 λ 与相对粗糙度 ε/d 无关，只与雷诺数 Re 有关。对于 $4\times10^3 < Re \leqslant 10^5$ 范围内的一段倾斜线，

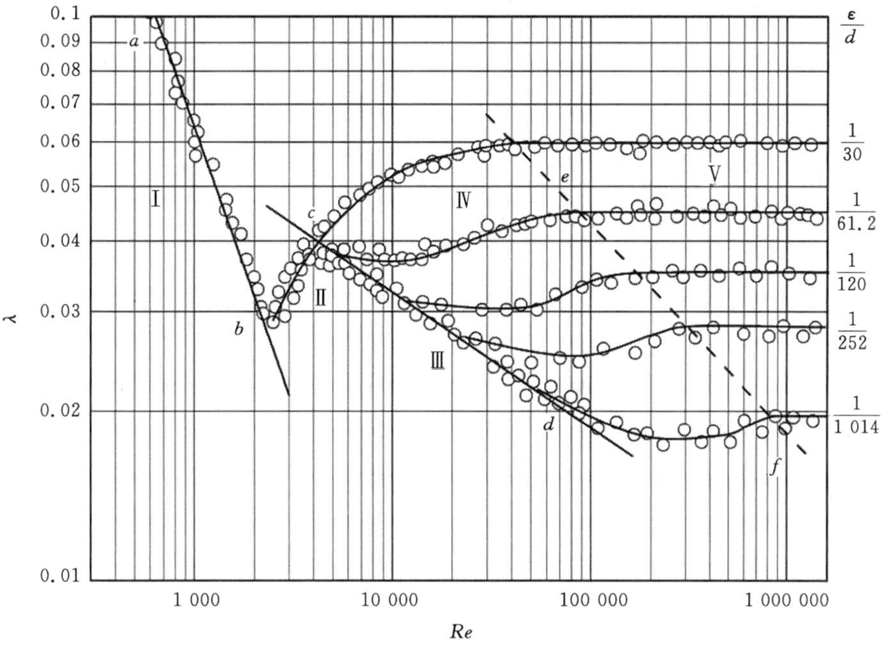

图 4-2　尼古拉兹试验

勃拉修斯的计算公式为：

$$\lambda=\frac{0.3164}{Re^{0.25}} \tag{4-9}$$

当 $10^5<Re<3\times10^6$ 时，尼古拉兹的计算公式为：

$$\lambda=0.0032+0.211Re^{-0.237} \tag{4-10}$$

水力光滑管的沿程阻力系数也可按卡门-普朗特公式进行计算：

$$\frac{1}{\sqrt{\lambda}}=2\lg(Re\sqrt{\lambda})-0.8 \tag{4-11}$$

4. 第二过渡区

$26.98\left(\frac{d}{\varepsilon}\right)^{8/7}<Re\leqslant4160\left(\frac{d}{2\varepsilon}\right)^{0.85}$ 为第二过渡区，即光滑管向粗糙管过渡。随着雷诺数的增大，第二流动的黏性底层逐渐减薄，原先为水力光滑的管子相继变为水力粗糙管，因而脱离光滑管线段 cd，而进入粗糙过渡区Ⅳ。图中相对粗糙度大的管子首先离开 cd 线，而且随着雷诺数的增大，λ 也增大。这一区域的沿程阻力系数 λ 与相对粗糙度 ε/d 和雷诺数 Re 有关，λ 的计算可以按洛巴耶夫公式进行，即

$$\lambda=1.42\left[\lg\left(Re\frac{d}{\varepsilon}\right)\right]^{-2} \tag{4-12}$$

5. 阻力平方区

$4160\left(\frac{d}{2\varepsilon}\right)^{0.85}<Re$ 为阻力平方区，又称为水力粗糙区。随着雷诺数的增大，流动进入完全湍流粗糙管区，流动能量的损失主要决定于脉动运动。黏性的影响可以忽略不计。因此沿程阻力系数 λ 与雷诺数无关，只与相对粗糙度 ε/d 有关。如图中区域Ⅴ所示。在这一

区域内流动的能量损失与流速的平方成正比，阻力平方区的 λ 可以按尼古拉兹公式进行计算，即

$$\frac{1}{\sqrt{\lambda}}=2\lg\left(\frac{d}{2\varepsilon}\right)+1.74 \tag{4-13}$$

尼古拉兹试验揭示了管内流动能量损失的规律，给出了沿程阻力系数 λ 以相对粗糙度 ε/d 为参变量而随雷诺数变化的曲线，为沿程阻力损失的计算提供了可靠的试验基础。

4.2 流体动力学概述

流体动力学是以物理学（如质量守恒定律、动量定理、动量矩定理、能量守恒与转换定律等）的普遍原理为基础，研究流体的运动和流体所受力之间相互关系的一门学科。

4.2.1 研究流体运动的方法

研究流体运动的主要目的就是把流体的运动描写出来，不同的研究方法其表达形式是不一样的，研究流体运动的方法有两种：一是拉格朗日法，二是欧拉法。

1. 拉格朗日法

拉格朗日法是以流体为研究对象，研究流体质点的位移、速度、加速度等随时间的变化，然后将流场中所有质点的运动情况综合起来，即得到流体的运动情况。拉格朗日法是通过下列两个方面来描述整个流动情况的：① 某一运动流体质点的各种物理量（如密度、速度等）随时间的变化；② 相邻质点间这些物理量的变化。

2. 欧拉法

流体是由无限多的流体质点组成的连续介质。充满运动流体的空间称为流场，在流体力学中广泛采用欧拉法。欧拉法以流场为研究对象，并用同一时刻所有空间点上的流体流动情况来描述流场的运动，从而达到研究流体质点经过这些空间点时，运动参数随时间的变化规律。欧拉法是通过下列两个方面来描述整个流场情况的：① 在空间固定点上流体的各种物理量（如速度、压力等）随时间的变化；② 在相邻的空间点上这些物理量的变化。在欧拉法中，各物理量是时间和空间点坐标的函数。

在绝大多数实际问题中，人们并不关心质点的运动情况如何，更注重的是整个流场的运动图像，所以常用欧拉法。

4.2.2 流体流动的分类

流体的流动复杂多样，根据其特点及研究工作的需要，可有不同的分类方法，介绍如下。

(1) 按照流体性质：理想流动和黏性流动，不可压流动和可压流动；

(2) 按照运动状态：定常流动和非定常流动，缓变流和急变流，有旋流动和无旋流动，层流和湍流，亚声速流动和超声速流动等；

(3) 按照空间坐标：一维流动，二维流动，三维流动。

这里主要讲解一下定常流动与非定常流动的定义。流体运动过程中，若流场中各空间点上的物理量不随时间变化，则称此流动为定常流动，反之为非定常流动。分析某种流动时，如果这种流动的参量非常缓慢地随时间变化，那么在较短时间间隔内，可以近似地把这

种流动作为定常流动来处理，称为准定常运动。对于定常流动，流场内的速度、压强、密度等参量只是坐标的函数，而与时间无关。

4.2.3　流体微团运动分析

刚体上各点的运动可看作随基点的平动和绕基点的转动的合成。然而，当流体微团运动时，其中各点的运动除了有随基点平动和绕基点转动外，还有因变形所引起的运动。所以，流体微团的运动可以分解为平动、转动和变形三部分。

为了直观方便，先以二维流动为例进行分析，然后再推广到三维流动中。在 t 时刻，从流场中任取一六面体流体微团，边长为 dx、dy 和 dz。因为是二元流动，$u_z=0$。微团的运动只需用平面 $ABCD$ 的运动来表示，如图 4-3 所示。

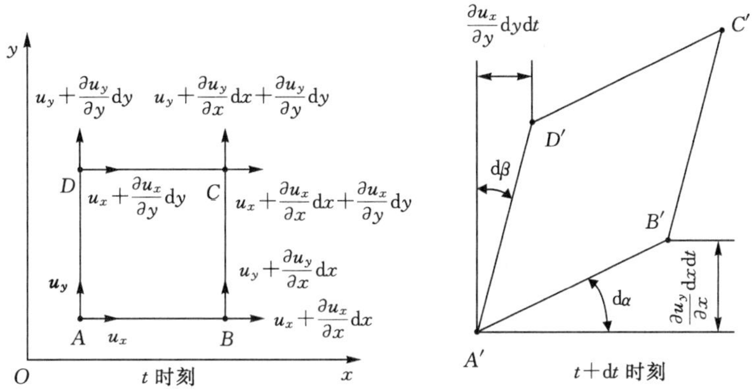

图 4-3　微团运动分析图

设 A 点为基点，其速度分量为 u_x，u_y。将速度在 A 点展开成泰勒级数，略去二阶以上的无穷小量，可分别得 B、C、D 各点的速度，如图中标示。经时间 dt 后，微团发生了位移、转动和变形，变形成图中 $A'B'C'D'$。这一过程中微团的运动包括：

(1) 平移运动。基点从 A 点移到 A' 点。在 x 和 y 方向分别移动的距离为 $u_x dt$ 和 $u_y dt$。

(2) 线变形。线变形是因为 A、B、C、D 各点的速度不等而产生的。例如对 A、B 两点。因 x 方向上，B 点的速度比 A 点大 $(\partial u_x/\partial x)dx$，所以在 dt 内，线段 AB 必然被拉长了 $(\partial u_x/\partial x)dxdt$。由此可见，线变形的大小与速度分量在各自方向上的变化率（如 $\partial u_x/\partial x$，$\partial u_y/\partial y$）有关。

(3) 旋转和角变形。如图 4-3 所示，因 A、B 两点在 y 方向的速度不等，经 dt 后，B 点在 y 方向移动的距离比 A 点长了 $(\partial u_y/\partial x)dxdt$，使线段 AB 转动了 $d\alpha$ 角。同理，线段 AD 转动了 $d\beta$ 角。因 $d\alpha$ 和 $d\beta$ 都很小，所以，由图中的几何关系可得

$$d\alpha\approx\tan d\alpha=\left(\frac{\partial u_y}{\partial x}dxdt\right)/dx=\frac{\partial u_y}{\partial x}dt \tag{4-14}$$

$$d\beta\approx\tan d\beta=\left(\frac{\partial u_x}{\partial y}dydt\right)/dy=\frac{\partial u_x}{\partial y}dt \tag{4-15}$$

正是由于产生了 $d\alpha$ 和 $d\beta$，微团发生了转动和角变形运动。

为便于分析，将图 4-3 中 t 和 $t+\mathrm{d}t$ 时刻微团的基点 A 和 A' 重合在一起，如图 4-4 所示。

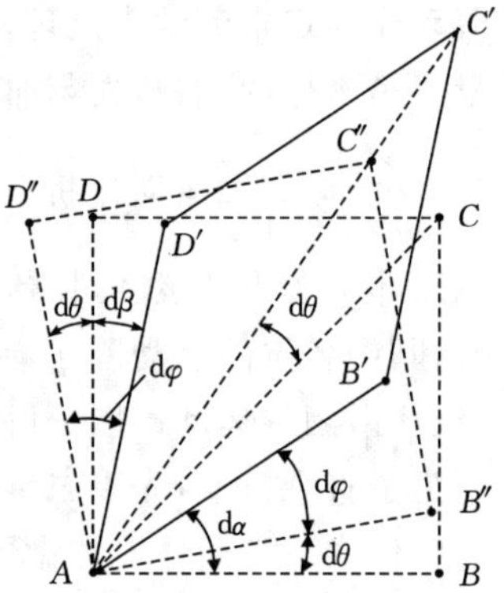

图 4-4　微团变形与旋转

微团形状由 $ABCD$ 变成 $A'B'C'D'$ 的过程可以看作由纯转动和纯角变形两部分的合成：即平面 $ABCD$ 绕 A 点转动 $\mathrm{d}\theta$ 角变成 $AB''C''D''$ 后，又因角度变形了 $2\mathrm{d}\varphi$ 而最终变成 $A'B'C'D'$。由图中的几何关系不难得到

$$\mathrm{d}\alpha=\mathrm{d}\varphi+\mathrm{d}\theta \quad 和 \quad \mathrm{d}\beta=\mathrm{d}\varphi-\mathrm{d}\theta \tag{4-16}$$

两式相加，得 $\mathrm{d}t$ 内微团的角度变形量为 $\mathrm{d}\alpha+\mathrm{d}\beta=2\mathrm{d}\varphi$。将式(4-14)和式(4-15)代入，两边除以 $\mathrm{d}t$，得

$$\varepsilon_z=\frac{\mathrm{d}\varphi}{\mathrm{d}t}=\frac{\mathrm{d}\alpha+\mathrm{d}\beta}{2\mathrm{d}t}=\frac{1}{2}\left(\frac{\partial u_x}{\partial y}+\frac{\partial u_y}{\partial x}\right) \tag{4-17}$$

ε_z 就是微团在 xOy 平面上的角变形速度，亦称绕 z 轴的剪切角速度。

对三维流动，类似可得微团绕 x 轴和 y 轴的变形速度 ε_x 和 ε_y：

$$\begin{cases}\varepsilon_x=\dfrac{1}{2}\left(\dfrac{\partial u_z}{\partial y}+\dfrac{\partial u_y}{\partial z}\right)\\ \varepsilon_y=\dfrac{1}{2}\left(\dfrac{\partial u_x}{\partial z}+\dfrac{\partial u_z}{\partial x}\right)\\ \varepsilon_z=\dfrac{1}{2}\left(\dfrac{\partial u_x}{\partial y}+\dfrac{\partial u_y}{\partial x}\right)\end{cases} \tag{4-18}$$

这就是流体微团的角变形速度在各坐标方向的分量表达式。

下面推导微团的转动角速度。将式(4-16)中两式相减得 $\mathrm{d}\alpha-\mathrm{d}\beta=2\mathrm{d}\theta$。再将式(4-14)和式(4-15)代入，两边除以 $\mathrm{d}t$，得

$$\omega_z=\frac{\mathrm{d}\theta}{\mathrm{d}t}=\frac{\mathrm{d}\alpha-\mathrm{d}\beta}{2\mathrm{d}t}=\frac{1}{2}\left(\frac{\partial u_y}{\partial x}-\frac{\partial u_x}{\partial y}\right) \tag{4-19}$$

ω_z 就是流体微团绕 z 轴的转动角速度，即在 xOy 平面内的转动角速度。

对三元流动，同理可推得微团绕 x 轴和 y 轴的转动角速度为：

$$\begin{cases}\omega_x=\dfrac{1}{2}\left(\dfrac{\partial u_z}{\partial y}-\dfrac{\partial u_y}{\partial z}\right)\\ \omega_y=\dfrac{1}{2}\left(\dfrac{\partial u_x}{\partial z}-\dfrac{\partial u_z}{\partial x}\right)\\ \omega_z=\dfrac{1}{2}\left(\dfrac{\partial u_y}{\partial x}-\dfrac{\partial u_x}{\partial y}\right)\end{cases} \tag{4-20}$$

这就是流体微团的转动角速度在直角坐标系中的分量形式。为了便于记忆，上式还可以写成矢量形式，即

$$\boldsymbol{\omega}=\frac{1}{2}(\nabla\times\boldsymbol{u})=\frac{1}{2}\begin{vmatrix}\boldsymbol{i} & \boldsymbol{j} & \boldsymbol{k}\\ \dfrac{\partial}{\partial x} & \dfrac{\partial}{\partial y} & \dfrac{\partial}{\partial z}\\ u_x & u_y & u_z\end{vmatrix} \tag{4-21}$$

根据微团是否旋转可将流动分为两类：有旋流动($\boldsymbol{\omega}\neq\mathbf{0}$)和无旋流动($\boldsymbol{\omega}=\mathbf{0}$)。应该指出，流动有旋还是无旋仅由流体微团本身是否旋转来决定，与微团的运动轨迹无关。如

图 4-5 所示，流体微团的运动轨迹都是圆。在图 4-5(a)中，微团本身有旋转，是有旋流动；但在图 4-5(b)中，流体微团本身并不旋转，因而是无旋流动。

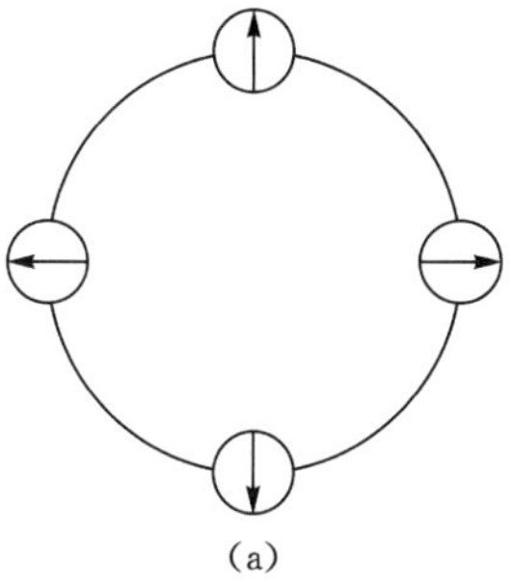

图 4-5　有旋流动和无旋流动

4.2.4　理想流体动力学

理想流体是指无黏性的流体。工程实际中，任何流体总具有黏性。但在某些场合，流体的黏性力和其他力比起来作用很小，在这种情况下，可把它当作理想流体来处理。

在理想流体的流场中，以坐标为(x,y,z)的 a 点为中心，取出一微小六面体微团。微团各边长分别为 dx、dy、dz，并分别与三坐标轴平行。微团的平均密度为 ρ，中心点 a 的压力为 p，速度为 u_x、u_y、u_z。微团所受的表面力(压力)如图 4-6 所示。

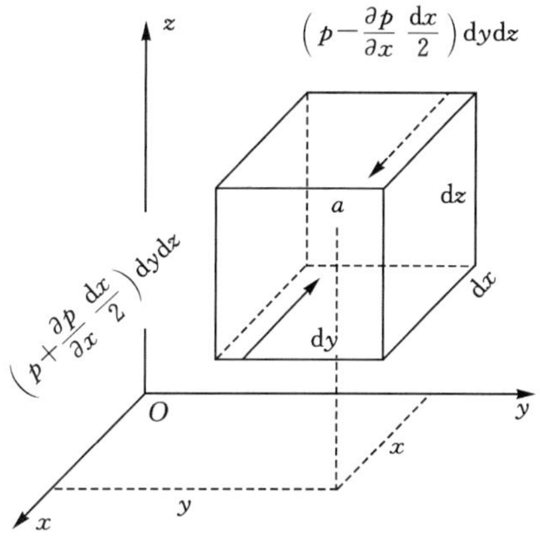

图 4-6　微小正六面体

设单位质量力为 X、Y、Z，则 x 轴方向微团所受的力为：

$$X\rho dxdydz+\left(p-\frac{\partial p}{\partial x}\frac{dx}{2}\right)dydz-\left(p+\frac{\partial p}{\partial x}\frac{dx}{2}\right)dydz=\left(\rho X-\frac{\partial p}{\partial x}\right)dxdydz \tag{4-22}$$

在 x 轴方向微团的加速度为：

$$a_x = du_x/dt \tag{4-23}$$

根据牛顿第二定律($\sum F_x = ma_x$)，则有

$$\left(\rho X-\frac{\partial p}{\partial x}\right)dxdydz=\frac{du_x}{dt}\rho dxdydz \tag{4-24}$$

两边同除以 $\rho\mathrm{d}x\mathrm{d}y\mathrm{d}z$ 得

$$X-\frac{1}{\rho}\frac{\partial p}{\partial x}=\frac{\mathrm{d}u_x}{\mathrm{d}t} \tag{4-25}$$

同理可推得 y 轴、z 轴方向的平衡方程。于是得到下式

$$\begin{cases} X-\dfrac{1}{\rho}\dfrac{\partial p}{\partial x}=\dfrac{\mathrm{d}u_x}{\mathrm{d}t} \\ Y-\dfrac{1}{\rho}\dfrac{\partial p}{\partial y}=\dfrac{\mathrm{d}u_y}{\mathrm{d}t} \\ Z-\dfrac{1}{\rho}\dfrac{\partial p}{\partial z}=\dfrac{\mathrm{d}u_z}{\mathrm{d}t} \end{cases} \tag{4-26}$$

这就是理想流体的运动微分方程,又称欧拉运动方程式。当流体做匀速运动或静止时,等式右边等于零,就成了流体平衡微分方程式。据此可以说,流体的平衡是流体运动的一个特例。

应该指出,在上式的推导过程中,没有限定必须是惯性坐标系,故式(4-26)既适用于绝对运动,也适用于相对运动。但用于相对运动时,质量力中还应包括惯性力,而流体的速度则应采用相对速度,如下:

$$\begin{cases} X-\dfrac{1}{\rho}\dfrac{\partial p}{\partial x}=\dfrac{\mathrm{d}u_x}{\mathrm{d}t}+u_x\dfrac{\partial u_x}{\partial x}+u_y\dfrac{\partial u_y}{\partial y}+u_z\dfrac{\partial u_z}{\partial z} \\ Y-\dfrac{1}{\rho}\dfrac{\partial p}{\partial y}=\dfrac{\mathrm{d}u_y}{\mathrm{d}t}+u_x\dfrac{\partial u_x}{\partial x}+u_y\dfrac{\partial u_y}{\partial y}+u_z\dfrac{\partial u_z}{\partial z} \\ Z-\dfrac{1}{\rho}\dfrac{\partial p}{\partial z}=\dfrac{\mathrm{d}u_z}{\mathrm{d}t}+u_x\dfrac{\partial u_x}{\partial x}+u_y\dfrac{\partial u_y}{\partial y}+u_z\dfrac{\partial u_z}{\partial z} \end{cases} \tag{4-27}$$

4.2.5 黏性流体动力学

现仍在流场中建立直角坐标系,以坐标为(x,y,z)的 a 点为中心,取一边长分别为 $\mathrm{d}x$、$\mathrm{d}y$、$\mathrm{d}z$ 的微小六面体来进行分析,如图 4-7 所示。

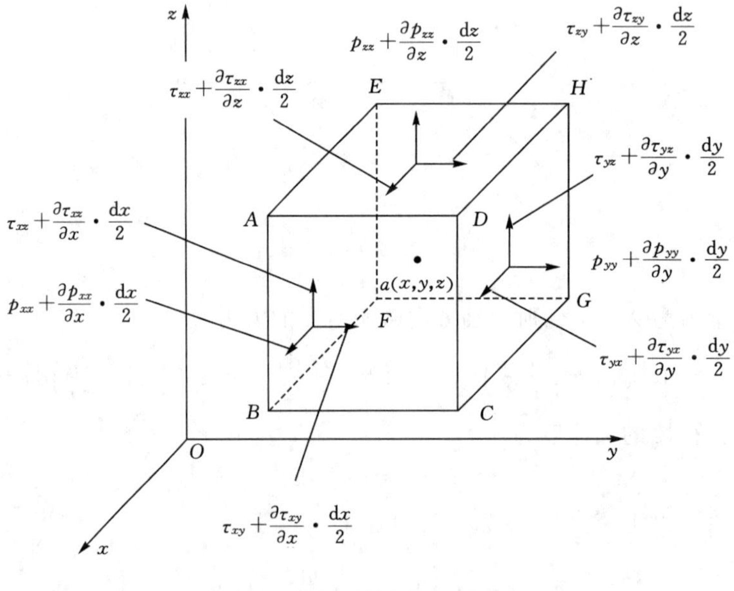

图 4-7 黏性流体微小六面体

作用在六面体每个面上的力除法向力外，由于流体具有黏性还出现了切向力，而法向力也和理想流体情况不同，包含着由于线变形引起的附加法向力。为了表示六面体表面应力的作用面和方向，采用双下标表示法。用第一个下标表示作用面的法线方向，第二个下标表示应力作用方向。设 a 点的应力为 p、τ，则 $EFGH$ 面(后面)上的应力为：

法向应力　$p_{xx}-\frac{\partial p_{xx}}{\partial x}\frac{\mathrm{d}x}{2}$　($-x$ 方向)

切向应力　$\tau_{xy}-\frac{\partial \tau_{xy}}{\partial x}\frac{\mathrm{d}x}{2}$　($-y$ 方向)

$\tau_{xz}-\frac{\partial \tau_{xz}}{\partial x}\frac{\mathrm{d}x}{2}$　($-z$ 方向)

$ABFE$ 面(左面)上的应力为：

法向应力　$p_{yy}-\frac{\partial p_{yy}}{\partial y}\frac{\mathrm{d}y}{2}$　($-x$ 方向)

切向应力　$\tau_{yz}-\frac{\partial \tau_{yz}}{\partial y}\frac{\mathrm{d}y}{2}$　($-y$ 方向)

$\tau_{yx}-\frac{\partial \tau_{yx}}{\partial y}\frac{\mathrm{d}y}{2}$　($-z$ 方向)

$BCGF$ 面(下面)上的应力为：

法向应力　$p_{zz}-\frac{\partial p_{zz}}{\partial z}\frac{\mathrm{d}z}{2}$　($-x$ 方向)

切向应力　$\tau_{zx}-\frac{\partial \tau_{zx}}{\partial z}\frac{\mathrm{d}z}{2}$　($-y$ 方向)

$\tau_{zy}-\frac{\partial \tau_{zy}}{\partial z}\frac{\mathrm{d}z}{2}$　($-z$ 方向)

其余各面 $ABCD$、$CGHD$、$ADHE$ 面上的应力如图 4-7 所示。

作用在微小六面体上沿 x 轴方向上的力除了应力外，还有质量力 $X\rho\mathrm{d}x\mathrm{d}y\mathrm{d}z$。根据牛顿运动定律可得 x 轴方向的方程式：

$$\begin{aligned}X\rho\mathrm{d}x\mathrm{d}y\mathrm{d}z &+\left[\left(p_{xx}+\frac{\partial p_{xx}}{\partial x}\frac{\mathrm{d}x}{2}\right)-\left(p_{xx}-\frac{\partial p_{xx}}{\partial x}\frac{\mathrm{d}x}{2}\right)\right]\mathrm{d}y\mathrm{d}z+\\&\left[\left(\tau_{yx}+\frac{\partial \tau_{yx}}{\partial y}\frac{\mathrm{d}y}{2}\right)-\left(\tau_{yx}-\frac{\partial \tau_{yx}}{\partial y}\frac{\mathrm{d}y}{2}\right)\right]\mathrm{d}x\mathrm{d}z+\\&\left[\left(\tau_{zx}+\frac{\partial \tau_{zx}}{\partial z}\frac{\mathrm{d}z}{2}\right)-\left(\tau_{zx}-\frac{\partial \tau_{zx}}{\partial z}\frac{\mathrm{d}z}{2}\right)\right]\mathrm{d}x\mathrm{d}y\\&=\rho\frac{\mathrm{d}u_x}{\mathrm{d}t}\mathrm{d}x\mathrm{d}y\mathrm{d}z\end{aligned}\tag{4-28}$$

化简上式后得

$$X+\frac{1}{\rho}\left(\frac{\partial p_{xx}}{\partial x}+\frac{\partial \tau_{yx}}{\partial y}+\frac{\partial \tau_{zx}}{\partial z}\right)=\frac{\mathrm{d}u_x}{\mathrm{d}t}\tag{4-29}$$

同理可推得 y 轴、z 轴方向的方程式。于是，微团的运动微分方程可表示为：

$$\begin{cases} X+\dfrac{1}{\rho}\left(\dfrac{\partial p_{xx}}{\partial x}+\dfrac{\partial \tau_{yx}}{\partial y}+\dfrac{\partial \tau_{zx}}{\partial z}\right)=\dfrac{\mathrm{d}u_x}{\mathrm{d}t} \\ Y+\dfrac{1}{\rho}\left(\dfrac{\partial p_{yy}}{\partial y}+\dfrac{\partial \tau_{zy}}{\partial z}+\dfrac{\partial \tau_{xy}}{\partial x}\right)=\dfrac{\mathrm{d}u_y}{\mathrm{d}t} \\ Z+\dfrac{1}{\rho}\left(\dfrac{\partial p_{zz}}{\partial z}+\dfrac{\partial \tau_{xz}}{\partial x}+\dfrac{\partial \tau_{yz}}{\partial y}\right)=\dfrac{\mathrm{d}u_z}{\mathrm{d}t} \end{cases} \tag{4-30}$$

因未知数的数目远远多于方程的数目，不能对此微分方程组求解。下面对该方程组进一步简化。

以通过微团中心，并分别平行于 Ox，Oy，Oz 轴的直线建立力矩平衡方程，可导出

$$\tau_{yz}=\tau_{zy}, \tau_{zx}=\tau_{xz}, \tau_{xy}=\tau_{yx} \tag{4-31}$$

牛顿内摩擦定律指出，切应力和角变形速度有关，即 $\tau=2\mu\varepsilon$。应用此关系，再利用式(4-18)可写出

$$\begin{cases} \tau_{xy}=\tau_{yx}=2\mu\varepsilon_z=\mu\left(\dfrac{\partial u_x}{\partial y}+\dfrac{\partial u_y}{\partial x}\right) \\ \tau_{yz}=\tau_{zy}=2\mu\varepsilon_x=\mu\left(\dfrac{\partial u_z}{\partial y}+\dfrac{\partial u_y}{\partial z}\right) \\ \tau_{zx}=\tau_{xz}=2\mu\varepsilon_y=\mu\left(\dfrac{\partial u_x}{\partial z}+\dfrac{\partial u_z}{\partial x}\right) \end{cases} \tag{4-32}$$

另外，在黏性流体中，由于在微团的法线方向上有线变形速度 $\dfrac{\partial u_x}{x}$、$\dfrac{\partial u_y}{y}$、$\dfrac{\partial u_z}{z}$。因而产生了附加法向应力，其大小可推广应用牛顿内摩擦定律表示为动力黏度与线性变形速度乘积之两倍，于是

$$\begin{cases} p_{xx}=-p+2\mu\dfrac{\partial u_x}{x} \\ p_{yy}=-p+2\mu\dfrac{\partial u_y}{y} \\ p_{zz}=-p+2\mu\dfrac{\partial u_z}{z} \end{cases} \tag{4-33}$$

将式(4-31)、式(4-32)，式(4-33)代入式(4-30)，整理得

$$\begin{cases} X-\dfrac{1}{\rho}\dfrac{\partial p}{\partial x}+\dfrac{\mu}{\rho}\left(\dfrac{\partial^2 u_x}{\partial x^2}+\dfrac{\partial^2 u_x}{\partial y^2}+\dfrac{\partial^2 u_x}{\partial z^2}\right)+\dfrac{\mu}{\rho}\dfrac{\partial}{\partial x}(\nabla\cdot\boldsymbol{u})=\dfrac{\mathrm{d}u_x}{\mathrm{d}t} \\ Y-\dfrac{1}{\rho}\dfrac{\partial p}{\partial y}+\dfrac{\mu}{\rho}\left(\dfrac{\partial^2 u_y}{\partial x^2}+\dfrac{\partial^2 u_y}{\partial y^2}+\dfrac{\partial^2 u_y}{\partial z^2}\right)+\dfrac{\mu}{\rho}\dfrac{\partial}{\partial y}(\nabla\cdot\boldsymbol{u})=\dfrac{\mathrm{d}u_y}{\mathrm{d}t} \\ Z-\dfrac{1}{\rho}\dfrac{\partial p}{\partial z}+\dfrac{\mu}{\rho}\left(\dfrac{\partial^2 u_z}{\partial x^2}+\dfrac{\partial^2 u_z}{\partial y^2}+\dfrac{\partial^2 u_z}{\partial z^2}\right)+\dfrac{\mu}{\rho}\dfrac{\partial}{\partial z}(\nabla\cdot\boldsymbol{u})=\dfrac{\mathrm{d}u_z}{\mathrm{d}t} \end{cases} \tag{4-34}$$

对于不可压缩流体，应用连续方程 $\nabla\cdot\boldsymbol{u}=0$，上式可写成

$$\begin{cases} X-\dfrac{1}{\rho}\dfrac{\partial p}{\partial x}+\dfrac{\mu}{\rho}\left(\dfrac{\partial^2 u_x}{\partial x^2}+\dfrac{\partial^2 u_x}{\partial y^2}+\dfrac{\partial^2 u_x}{\partial z^2}\right)=\dfrac{\mathrm{d}u_x}{\mathrm{d}t} \\ Y-\dfrac{1}{\rho}\dfrac{\partial p}{\partial y}+\dfrac{\mu}{\rho}\left(\dfrac{\partial^2 u_y}{\partial x^2}+\dfrac{\partial^2 u_y}{\partial y^2}+\dfrac{\partial^2 u_y}{\partial z^2}\right)=\dfrac{\mathrm{d}u_y}{\mathrm{d}t} \\ Z-\dfrac{1}{\rho}\dfrac{\partial p}{\partial z}+\dfrac{\mu}{\rho}\left(\dfrac{\partial^2 u_z}{\partial x^2}+\dfrac{\partial^2 u_z}{\partial y^2}+\dfrac{\partial^2 u_z}{\partial z^2}\right)=\dfrac{\mathrm{d}u_z}{\mathrm{d}t} \end{cases} \tag{4-35}$$

这就是不可压缩黏性流体的运动微分方程式，通常称为纳维尔-斯托克斯方程式，简称 N-S 方程。可见考虑流体的黏性后，方程中增加了一项，当黏性为 0 时，就变为欧拉方程。

4.2.6　湍流运动

工业化的浮选过程一般发生于强湍流环境中，即使在浮选柱中有挡板减弱了湍流的强度和范围，但是湍流仍不能被彻底消除。然而，湍流本身是一个仍在研究的十分复杂的问题，因此在这里仅讨论与浮选相关的湍流运动理论。

湍流的特征为明显的无序性和非稳态性，因此湍流需要用统计方法进行分析。湍流变量呈现出陡变的随机的脉动特性，湍流中一个流体质点的运动速度如图 4-8 所示。其中粗实线代表实际速度，对于工业实践，湍流变量的时间平均值一般即可满足需求。在本书中，主要的关注点是液相的湍流，因为液相是浮选设备中多相悬浮液的承载者。在湍流中求解上述的 N-S 方程，需要考虑到随机脉动的速度和压力，因此利用时间平均变量将 N-S 方程时均化，其中平均时间尺度比平均的流体脉动特征时间大很多。在湍流理论中，对于任一实际变量 $\xi(t)$，时均值为 $\bar{\xi}$，定义为：

$$\bar{\xi}=\lim_{T\to\infty}\frac{1}{2T}\int_{t-T}^{t+T}\xi(t)\,\mathrm{d}t \tag{4-36}$$

通过式(4-36)，时均的连续性方程和 N-S 方程可以被推导出来。时均的方法是十分简明直接的，但是还要注意方程的非线性特性。

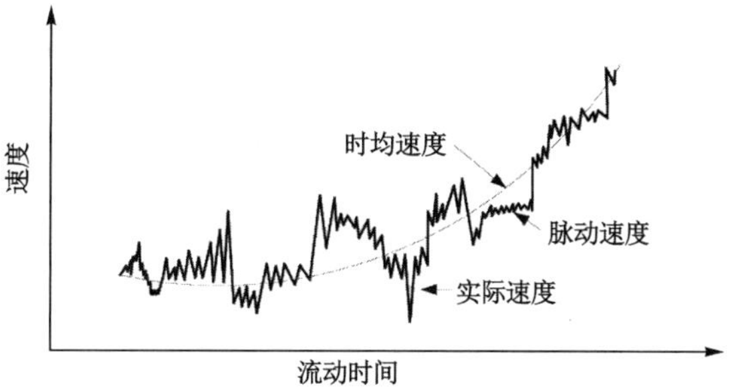

图 4-8　湍流的实际速度、时均速度与脉动速度

流动变量 φ，例如速度、压力和应力等可以被分解为平均部分($\bar{\varphi}$)和脉动部分(φ')，则 $\varphi=\bar{\varphi}+\varphi'$。分别将分解的瞬时变量和时均变量代入式(4-37)和式(4-38)所示的时均质量与动量传递方程中。

$$\frac{\partial\overline{W_i}}{\partial x_i}=0 \tag{4-37}$$

$$\delta\,\overline{W_k}\frac{\partial\overline{W_i}}{\partial x_k}=-\frac{\partial\bar{P}}{\partial x_i}+\frac{\partial}{\partial x_k}(\overline{\sigma_{ik}}-\delta\,\overline{W_iW'_k}) \tag{4-38}$$

其中，平均速度的偏导数被重新排列为平均应力表达式，如下

$$\overline{\sigma_{ik}}=\mu\left(\frac{\partial\overline{W_i}}{\partial x_k}+\frac{\partial\overline{W_k}}{\partial x_i}\right) \tag{4-39}$$

任何脉动量的时均值等于 0，因此，时均的连续性方程和实际的连续性方程形式相同。在层流条件下，脉动速度的分量为 0，则式(4-38)可简化为标准形式的 N-S 方程。事实上，

式(4-38)与N-S方程的结构相似，除了每一个时均的黏性应力项都有一个相对应的与湍流脉动有关的惯性项$\overline{\sigma_{ik}}-\delta\,\overline{W_i W'_k}$。这些脉动项的作用近似于应力，因此被称为雷诺应力，定义为：

$$\sigma_{ik}^t=-\delta\,\overline{W_i W'_k} \tag{4-40}$$

式(4-37)和式(4-38)并不足以求解湍流问题，式(4-38)中的$\overline{W_i W'_k}$项的行为是现代湍流理论的核心，然而至今还没有得到它的全部解。

工业实践中，最常用求解湍流问题的方法是通过假设将雷诺应力与时均流动变量结合。一般使用Boussiness于1887年提出的梯度假说，形式如下

$$\sigma_{ik}^t=-\mu_t\left(\frac{\partial\overline{W_i}}{\partial x_k}+\frac{\partial\overline{W_k}}{\partial x_i}\right) \tag{4-41}$$

其中湍流(涡)黏度μ_t是假设的。式(4-40)是式(4-39)中黏性应力的近似形式。很明显，μ_t不是一个恒定值，可以把非湍流N-S方程中的黏度μ替换为有效湍流黏度$\mu_{eff}=\mu+\mu_t$。

有效湍流黏度是一个经验参数，与两参数k-ε模型中的湍动能k和湍动能耗散率ε有关。湍动能的定义为每单位质量的动能与脉动速度的均方有关，如式(4-42)；湍动能耗散率的定义为式(4-43)。

$$k=\frac{\overline{(W'_x)^2}+\overline{(W'_y)^2}+\overline{(W'_z)^2}}{2} \tag{4-42}$$

$$\varepsilon=-\frac{\mathrm{d}k}{\mathrm{d}t} \tag{4-43}$$

式(4-37)和式(4-38)结合现有的k和ε的方程即可以满足求解湍流运动的时均方程的要求。

4.3 颗粒沉降运动

由于受到重力，矿物颗粒在浮选设备的顶部会发生沉降，在模拟气泡与颗粒的相互作用时，单颗粒的沉降速度及悬浮液中颗粒群的沉降速度是必不可少的。本章将对颗粒沉降速度的预测进行分析。

4.3.1 基础理论

颗粒在水中的沉降，会因为重力先经历一个短暂的加速阶段，然后以一个恒定的速度向下运动，这个恒定的速度即为沉降速度。本节主要讲述有关颗粒沉降的基本动力学理论。

颗粒以恒定末速度下落过程中主要受到重力F_G、浮力F_B和流体阻力(曳力)F_D的作用：重力方向垂直向下，浮力方向垂直向上，曳力方向也是垂直向上的，因为阻力方向总是与颗粒运动方向相反。假设颗粒沉降是直线匀速运动，并且这些作用力共线，那么受力平衡方程为：

$$\pi(\rho-\delta)g\,\frac{d^3}{6}=\frac{1}{8}C_D\pi d^2\delta v_s^2 \tag{4-44}$$

式中，v_s为直径为d、密度为ρ的颗粒在密度为δ的流体中的沉降速度；C_D为曳力系数；g为重力加速度。则在颗粒密度、直径和液体的密度已知的情况下，可以根据C_D求得v_s如下所示：

$$v_s=\left[\frac{4d(\rho-\delta)g}{3C_D\delta}\right]^{1/2} \tag{4-45}$$

1880 年，Stokes 在忽略 N-S 方程中惯性项的条件下提出曳力的计算公式为：

$$F_D=3\pi\mu dv \tag{4-46}$$

式中，μ 为流体的黏度，由式(4-44)和式(4-46)可求得

$$C_D=\frac{24}{Re} \tag{4-47}$$

结合式(4-45)即可求得颗粒沉降速度为

$$v_s=\frac{gd^2}{18\mu}(\rho-\delta) \tag{4-48}$$

式(4-47)和式(4-48)就是著名的 Stokes 定律，严格意义上来讲，由于 Stokes 公式忽略了惯性项，所以仅在 Re 数为 0 时成立，然而大量的试验数据证明在 $Re<1$ 的范围内 Stokes 公式可以满足预测要求。

Oseen 将 N-S 方程中的惯性项线性化得到曳力系数的理论解。表 4-1 展示了一部分曳力系数与 Re 的函数关系式。曳力系数与雷诺数的关系是高度非线性的，因此基于大量的试验数据，曳力系数预测经验公式被提出。Clift 等在雷诺数从 0 到 10^5 的范围内给出了一个标准化曳力曲线，其中对应浮选适用范围为 $Re<1\ 500$ 的关系式如表 4-2 所示。

表 4-1　曳力系数关系式

	C_D 与 Re 的关系式	Re 适用范围
Stokes	$C_D=\frac{24}{Re}$	$Re\to 0$
Oseen	$C_D=\frac{24}{Re}\times\left(1+\frac{Re}{16}\right)$	$Re\ll 1$
Schiller & Naumann	$C_D=\frac{24}{Re}\times(1+0.15Re^{0.687})$	$2\leqslant Re\leqslant 800$
Nguyen & Schulze	$C_D=\frac{24}{Re}\times(1+0.169Re^{2/3})$	$0\leqslant Re\leqslant 700$
Nguyen & Schulze	$C_D=\frac{24}{Re}\times(1+0.216Re^{1/2}+0.011\ 8Re)$	$0\leqslant Re\leqslant 1\ 000$

表 4-2　标准曳力关系式($w=\lg Re$)

C_D 与 Re 的关系式	Re 适用范围
$C_D=\frac{24}{Re}\times\left(1+\frac{3Re}{16}\right)$	$Re\leqslant 0.039\ 8$
$C_D=\frac{24}{Re}\times(1+0.131\ 5Re^{0.82-0.05w})$	$0.039\ 8\leqslant Re\leqslant 25.6$
$C_D=\frac{24}{Re}\times(1+0.193\ 5Re^{0.630\ 5})$	$25.6\leqslant Re\leqslant 259.8$
$C_D=44.005Re^{-1.124\ 2+0.158w}$	$259.8\leqslant Re\leqslant 1\ 524.5$

引入曳力系数关系因数(f_d)，则适用于雷诺数非零情况下的曳力系数公式可以简写为 Stokes 公式与 f_d 的乘积，即

$$C_D = \frac{24}{Re} \times f_d(Re) \tag{4-49}$$

如果 $f_d=1$，则式(4-50)即为 Stokes 公式。

4.3.2 单个球形颗粒沉降速度

如果颗粒与流体的物理性质已知，则通过式(4-45)和可用的 $f_d(Re)$ 函数关系式就可以求得沉降速度。然而这种表达方式烦琐复杂，需要求解多个非线性方程(表 4-1)。在模拟气泡与颗粒的相互作用过程中，常常仅需要给定颗粒的直径、密度等，但是这种表达方式不能直接反映出沉降速度与颗粒的直径、密度等的关系。因此需要引入两个新的无量纲数，除了均与曳力系数相关外，分别仅与沉降速度或颗粒物理性质相关，表达式如下所述。

Archimedes 数(Ar)，定义为：

$$Ar = 3Re^2 C_D/4 \tag{4-50}$$

Ar 的值与沉降速度无关，仅仅是颗粒的颗粒尺寸与密度的函数，即

$$Ar = \frac{(\rho-\delta)\delta g}{\mu^2} d^3 \tag{4-51}$$

同样地，消除颗粒直径后可以得到另一个无量纲数，Best 数(Be)，其定义为：

$$Be = \frac{4Re}{3C_D} \tag{4-52}$$

Be 的值与颗粒尺寸无关，仅仅是颗粒沉降速度的函数，即

$$Be = \frac{\delta^2}{(\rho-\delta)g\mu} v_s^3 \tag{4-53}$$

在 Stokes 定律的范围内，曳力系数为 $C_D=24/Re$，结合式(4-50)与式(4-52)得到：$Ar=18Re$，$Be=Re^2/18$。消去 Re 数可以得到：

$$Be = Ar^2/18^3 \tag{4-54}$$

将式(4-54)代入式(4-51)和式(4-53)即可得到 Stokes 沉降速度如式(4-48)。Stokes 方程的适用范围为 $Ar \leqslant 2$，在这个范围内的颗粒被称为斯托克斯颗粒，即

$$d \leqslant \left(\frac{Ar\mu^2}{(\rho-\delta)\delta g}\right)^{1/3} \tag{4-55}$$

例如，对于密度为 7 500 kg/m^3 的方铅矿颗粒在水中沉降，可以由式(4-55)计算得到 Stokes 定律的适用范围为 $d \leqslant 31.5\ \mu m$；对于密度为 5 000 kg/m^3 的黄铁矿颗粒，范围为 $d \leqslant 36.5\ \mu m$；对于密度为 2 650 kg/m^3 的石英颗粒，范围为 $d \leqslant 49.8\ \mu m$；对于密度为 1 500 kg/m^3 的煤颗粒，范围为 $d \leqslant 74\ \mu m$。

Oseen 定律适用的 Re 范围比 Stokes 定律略大，在 Oseen 定律的范围内，根据式(4-49)所示的曳力系数公式可以求得：

$$Be = Ar^2/\left(9+9\sqrt{1+Ar/24}\right)^3 \tag{4-56}$$

$$v_{Oseen} = v_{Stokes} \frac{2}{1+\sqrt{1+Ar/24}} \tag{4-57}$$

可以看出，式(4-57)中右侧第二项的值总是小于 1 的，因此，Oseen 定律的预测值要比 Stokes 定律的预测值小一些，Oseen 定律的适用范围为 $Ar \leqslant 24$。

Stokes 定律和 Oseen 定律的适用范围并不能满足浮选条件，但是对于浮选条件对应的

中等 Ar 范围，颗粒沉降速度依然可以使用合适的 Be 与 Ar 的关系式来进行预测。表 4-1 已经展示出了 C_D 与 Re 的函数关系式，可以代入式(4-50)和式(4-52)中计算得到 Ar 和 Be。当 $Ar \leqslant 24$ 时，Be 与 Ar 的关系如式(4-54)与式(4-56)所示，当 $24 < Ar \leqslant 10^6$ 时，Be 与 Ar 的关系如下式所示：

$$(Be)^{1/3}=\frac{Ar^{2/3}}{18}\left[1+\frac{Ar}{96}(1+0.079Ar^{0.749})^{-0.755}\right]^{-1} \tag{4-58}$$

对应的沉降速度为：

$$v_s=v_{\mathrm{Stokes}}\left[1+\frac{Ar}{96}(1+0.079Ar^{0.749})^{-0.755}\right]^{-1} \tag{4-59}$$

式(4-59)的覆盖范围极大直到 Ar 达到 10^6，足够满足浮选条件下的颗粒尺寸与密度。

4.3.3　颗粒沉降过渡周期

估计颗粒从刚开始下落至到达恒定的末速度需要的时间或距离有助于颗粒沉降速度的计算。假设颗粒在水中在 $t=0$ 的时刻以初速度为 0 下落，当 $t>0$ 时，颗粒将加速运动直到达到末速度。同时，颗粒周围的水必然会被影响从静止状态转变为加速运动状态，从而导致水动量的变化。这种动量的改变表现为作用在颗粒上的一种方向与颗粒运动方向相反的附加质量力(F_m)。附加质量力的数值等于一个和固体颗粒的下落速度相同的球形液滴的动量改变率的一半，但是方向相反。因此，除了式(4-44)给出的作用力以外，在颗粒沉降的过渡周期中还有两个作用力，为惯性力和附加质量力，分别如式(4-60)和式(4-61)所示：

$$F_{in}=\frac{\pi d^3\rho}{6}\frac{\mathrm{d}v}{\mathrm{d}t} \tag{4-60}$$

$$F_m=-\frac{\pi d^3\delta}{12}\frac{\mathrm{d}v}{\mathrm{d}t} \tag{4-61}$$

则对于处于沉降过渡周期内的颗粒受力平衡为：

$$\frac{\pi d^3\rho}{6}\frac{\mathrm{d}v}{\mathrm{d}t}=-\frac{\pi d^3\delta}{12}\frac{\mathrm{d}v}{\mathrm{d}t}+\pi(\rho-\delta)g\frac{d^3}{6}-\frac{1}{8}C_D\pi d^2\delta v_s^2 \tag{4-62}$$

等式两边同时除以 $3\pi\mu d$ 后可以得到：

$$t_p\frac{\mathrm{d}v}{\mathrm{d}t}\left(1+\frac{\delta}{2\rho}\right)+vf_d-v_{\mathrm{Stokes}}=0 \tag{4-63}$$

其中 t_p 为特征时间，定义如下：

$$t_p=\frac{d^2\rho}{18\mu} \tag{4-64}$$

对于 Stokes 颗粒，其 $f_d=1$，代入式(4-63)求解可以得到：

$$v(t)=v_{\mathrm{Stokes}}[1-\exp(-t/t_p)] \tag{4-65}$$

这个结果显示出了一个明显的以指数延迟的沉降速度弛豫过程。如果应用范围超出 Stokes 定律，那么式(4-63)将很难求解，并且沉降速度解也将不会是简单的指数形式。然而，t_p 仍然不失为是一个衡量颗粒到达平衡态趋势的便捷参数，在 $t=t_p$、$2t_p$、$3t_p$ 时由式(4-65)算出的瞬态速度分别为沉降速度的 63%、87% 和 95%。t_p 被命名为颗粒弛豫时间，主导颗粒与气泡非稳态的相互作用，因此，颗粒弛豫时间是研究颗粒-气泡作用机制时的重要参数。

对于浮选体系中的颗粒，颗粒弛豫时间往往极小，表 4-3 给出了几个典型的 t_p 值。在浮选条件下，颗粒在水中运动，颗粒和流体的密度一般是同一量级，因此颗粒几乎是立刻就到达了恒定的末速度；对于在空气中运动的颗粒，颗粒密度远远大于空气的密度，则需要比较长的时间，具体时间由颗粒的大小和密度决定。

表 4-3　浮选中颗粒弛豫时间

颗粒直径/μm	t_p/ms	
	ρ=2 000 kg/m³	ρ=6 000 kg/m³
10	1×10^{-5}	4×10^{-5}
100	1×10^{-3}	4×10^{-3}
1 000	1×10^{-1}	4×10^{-1}

通过对颗粒运动方程积分，可以近似地得到颗粒加速需要的距离，即颗粒从 $t=0$ 时刻的初速度 v_0 加速到 $t\to\infty$ 时刻需要的距离，约为 $t_p v_0$，这个距离被定义为停止距离。停止距离与扰动流体的特征长度（如气泡直径或黏性边界层）的比例被定义为 Stokes 数（St），此无量纲数是分析颗粒-气泡碰撞的重要参数。

4.3.4　非球形颗粒的沉降

上述的所有理论都是基于球体颗粒得到的，而在实际的浮选环境中，颗粒的形状并不总是球体的。第一种近似方式是利用体积等效半径，即将非球体颗粒的半径等效为具有相同体积的球体颗粒的半径，然而这种近似等效方式并不能满足所有应用，因为一些条件下颗粒的形状和轴向对非球体颗粒的曳力影响极大。比如对于非球体颗粒，即使在静水中其所受的合力方向也通常不与颗粒运动方向一致，力矩会作用于颗粒并且可能会使颗粒旋转运动。因此非球体颗粒在液体中的运动轨迹通常是非线性的，处于非稳态的沉降状态。非球体颗粒的沉降行为是十分复杂的，目前只有少数的研究结论并且大部分是定性分析的结果，然而这些结论同样有助于我们理解现在已经观测到的非球体颗粒沉降行为。

可以先假定非球体颗粒的形状为椭圆体，因为椭圆体的数学描述是相对较为简单的。Lamb 的论文已经给出了椭圆颗粒在 Stokes 流动机制下的理论。假设椭圆体有三个半轴 a、b、c 并且沉降方向平行于 a 轴，则根据流动分析可以得到作用在这个椭圆颗粒上的曳力可以表述为：

$$F_D = \frac{48\pi\mu v_s/3}{\int_0^\infty \frac{2a^2+\gamma}{(a^2+\gamma)^{3/2}(b^2+\gamma)^{1/2}(c^2+\gamma)^{1/2}}d\gamma} \tag{4-66}$$

式中，γ 是积分变量。因为椭圆体的体积为 $4\pi abc/3$，所以由受力平衡可以得到椭圆颗粒的沉降速度为：

$$v_s = \frac{abc(\rho-\delta)g}{12\mu}\int_0^\infty \frac{2a^2+\gamma}{(a^2+\gamma)^{3/2}(b^2+\gamma)^{1/2}(c^2+\gamma)^{1/2}}d\gamma \tag{4-67}$$

对于那些会发生旋转的椭圆体，盘状颗粒可以近似为扁圆形的球体，针形或条状的颗粒可以近似为扁长的球体。对于这种会发生旋转的颗粒，可以假设半轴长 $b=c$，并且定义纵横比（E）来代表颗粒长度与直径的比值：

$$E=\frac{a}{b} \tag{4-68}$$

当纵横比 E 大于 1 时，由式(4-67)可以推导出扁长球体颗粒在 Stokes 流中的沉降速度：

$$v_s=\frac{ab(\rho-\delta)g}{6\mu}\times\left[\frac{2E^2-1}{(1-E^2)^{3/2}}\text{arcoth}\frac{E}{\sqrt{E^2-1}}-\frac{E}{E^2-1}\right] \tag{4-69}$$

当纵横比 E 小于 1 时，即对于扁圆球体颗粒可以得到：

$$v_s=\frac{ab(\rho-\delta)g}{6\mu}\times\left[\frac{2E^2-1}{(1-E^2)^{3/2}}\text{arcoth}\frac{E}{\sqrt{1-E^2}}+\frac{E}{1-E^2}\right] \tag{4-70}$$

当纵横比 $E\to1$ 时，式(4-69)和式(4-70)中右边第二项可以简化为 4/3，即为 Stokes 定律中的式(4-48)。

当纵横比 $E\to0$ 时，扁圆球体颗粒将变成一个半径为 b、厚度极薄为 a 的扁平的圆盘状，那么这种圆盘形颗粒在 Stokes 流中的沉降速度为：

$$v_s=\frac{\pi ab(\rho-\delta)g}{12\mu} \tag{4-71}$$

当纵横比 $E\to\infty$ 时，扁长球体颗粒将变成一个长度为 a、半径极小为 b 的又细又长的柱状，同样地，对于这种柱状颗粒在 Stokes 流中的沉降速度为：

$$v_s=\frac{b^2(\rho-\delta)g}{3\mu}\times[\ln E+\ln 2-1/2] \tag{4-72}$$

对于雷诺数大于 1 的情况，非球体颗粒的沉降速度只能通过试验数据获得。因为在相同体积、相同密度下球体颗粒在所有形状的颗粒中表面积最小，所以球体颗粒的沉降速度比其他形状的颗粒要大。因此可以定义相同体积下球体的表面积与颗粒实际表面积的比值为球度(φ)，用球度来刻画非球体颗粒的沉降速度，球度的数值总是小于 1 的。对于体积相同、形状类似的颗粒(每一个特征尺寸既没有特别长也没有特别短)，球度是一个最有利的衡量描述形状对沉降速度影响的参数。

Pettyjohn 和 Christiansen 广泛地研究了体积相同、形状不同颗粒的沉降行为，并且提供了详细的关于沉降速度与颗粒体积等效直径、球度及颗粒、流体的特征参数的函数。

对于沉降速度的计算，我们仍旧采用前文中定义的一组无量纲数：

$$Ar=\frac{(\rho-\delta)\delta g}{\mu^2}d_V^3 \tag{4-73}$$

$$Be_{ns}=\frac{\rho^2}{(\rho-\delta)g\mu}v_s^3 \tag{4-74}$$

式中，d_V 是颗粒体积等效直径；v_s 是非球体颗粒的沉降速度；下标“ns”代表非球体颗粒。这两个无量纲数的数值可以通过 v_s 和 d_V 的试验数据求得，然后就像前文中叙述过的一样寻找 Be_{ns} 与 Ar 之间合适的关系式。以一种简洁的方式将球度引入 Ar 的表达式中，则对于修正的非球体颗粒的 Ar_{ns}，可以定义为：

$$Ar_{ns}=Ar\times K_1=\frac{(\rho-\delta)\delta g}{\mu^2}d_V^3\times K_1 \tag{4-75}$$

式中，Ar 是利用体积等效直径求得的；K_1 是关于颗粒球度 φ 的函数。

通过对试验数据的非线性拟合得到下述具体的函数关系式，即

$$K_1=\varphi^{0.544} \tag{4-76}$$

$$(Be_{ns})^{1/3}=\frac{(Ar_{ns})^{2/3}}{18}\times\left\{1+K_2\times\frac{Ar_{ns}}{96}[1+0.079(Ar_{ns})^{0.749}]^{-0.755}\right\}^{-1} \tag{4-77}$$

$$K_2 = 2.066\varphi^2 - 4.462\varphi + 3.396 \tag{4-78}$$

如果 $\varphi=1$，则式(4-77)可简化为式(4-58)。需要注意的是，式(4-76)～式(4-78)是基于 Pettyjohn 和 Christiansen 的试验数据提出的，仅适用于范围为 $1 \geqslant \varphi \geqslant 0.67$，并且它对于 Ar 数的适用范围也小于式(4-59)，为 $Ar \leqslant 27\ 000$。

由式(4-77)可以得出非球体颗粒的沉降速度预测公式为：

$$v_s = v_{\text{Stokes}} \times K_1 \times \left\{1 + K_2 \times \frac{Ar_{\text{ns}}}{96}\left[1 + 0.079(Ar_{\text{ns}})^{0.749}\right]^{-0.755}\right\}^{-1} \tag{4-79}$$

上式的预测值与试验数据的对比展示在表 4-4 中，可以看出，其准确适用范围为 $Re \leqslant 200$ 或者 $Ar \leqslant 27\ 000$，已经可以全面地覆盖浮选条件下的颗粒沉降运动。

表 4-4 非球体颗粒的试验沉降速度与计算沉降速度

(流体密度为 1 244.6 kg/m³，黏度为 0.031 7 Pa·s)

		密度/(kg/m³)	Re	试验速度	计算速度
八面体	镁	1 846.5	7.44	5.91	5.80
		1 771.5	30.46	12.08	12.29
		1 774.5	124.47	24.80	24.70
	铝	2 792.7	14.87	11.88	11.82
		2 769.6	63.45	25.28	25.34
		2 832.7	240.19	48.20	48.84
	铅锡	7 763.5	9.85	15.21	15.21
		7 759.4	41.14	33.00	32.88
		7 714.2	163.68	65.60	64.26
	铅	11 226.0	14.64	21.80	21.97
		11 238.7	55.07	44.29	43.91
		11 228.8	210.54	84.50	84.16
四面体	镁	1 866.4	6.84	5.43	5.07
		1 772.8	26.47	10.51	10.17
		1 776.0	87.15	17.33	20.08
	铝	2 858.3	2.62	4.24	4.05
		2 863.8	13.12	10.60	10.12
		2 854.6	51.11	20.57	21.25
		2 844.4	158.21	31.80	39.43
	铅锡	7 759.8	7.95	12.90	12.10
		7 759.4	35.04	28.12	27.05
		7 782.4	118.54	47.60	52.16
	铅	11 245.1	11.01	17.87	16.65
		11 174.5	44.77	35.97	35.85
		11 227.0	150.40	60.45	67.72

4.3.5　浮选系统中的颗粒沉降

在浮选矿浆这种多相多组分悬浮液中，一个颗粒的沉降速度会受到其他的颗粒和气泡的影响。颗粒浓度可以改变悬浮液的黏度和颗粒间隙中的流态，从而改变作用在颗粒上的曳力。颗粒之间的相互作用将变成一个能够决定悬浮液沉降行为及结构的重要因素，根据颗粒之间非流体力学的相互作用特性的不同，颗粒在液体中的水力相互作用会使悬浮液的沉降速度比单颗粒沉降速度增大或减小。颗粒相互吸引作用会导致颗粒聚集，造成两个或更多的颗粒形成一个更大的整体进而促进沉降，增大沉降速度；颗粒相互排斥作用导致颗粒分散并阻碍颗粒沉降。

在多相流体系中，在任意同一时刻同一位置，被任意一相占据了的体积是无法被剩余相占据的。根据这种特性提出了相体积分数的概念，又名相含率，常用 ε_i（对于液、固、气相，下标 i 分别写作 l，s，g）来表示，定义为容器中 i 相占据的体积与所有相体积之和的比值。

文献详细地表述了单分散小球体颗粒悬浮液中体积浓度对沉降速度的影响，在较高浓度下，常利用经验公式的方法进行研究。前人的研究中已经总结出了很多这样的经验公式，其中最广为认可的是 Richardson 和 Zaki 模型：

$$v_\varepsilon = v_s(\varepsilon_l)^n \tag{4-80}$$

式中，v_s是前文中叙述过的单颗粒沉降速度；ε_l是液相含率或悬浮液空隙度；Richaedson-Zaki 指数 n 是关于单颗粒雷诺数的函数，其经验关系式为：

$$n = \frac{1.791 + 0.133Re^{0.456}}{0.359 + 0.093Re^{0.456}} \tag{4-81}$$

上式的预测值与试验值的对比如图 4-9 所示，实线代表了式(4-81)的预测值。由式(4-80)和式(4-81)计算得到的预测结果与试验数据的对比如图 4-10 所示。

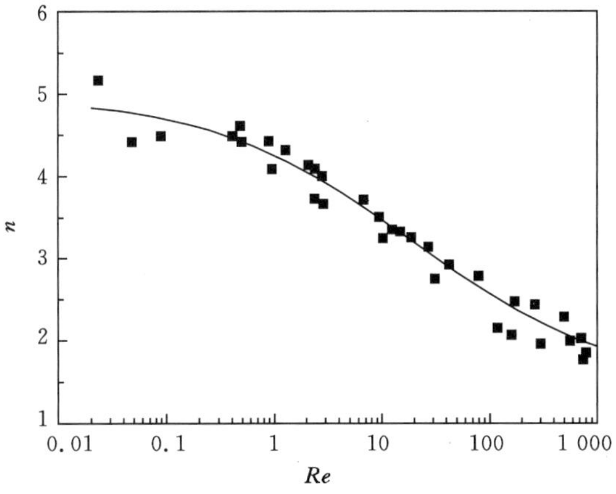

图 4-9　单颗粒沉降的 Re 与 n 的关系

实际上，浮选矿浆是一种颗粒密度、大小皆不相同的多分散悬浮液，在这种情况下，内部的质量、动量平衡将决定颗粒之间、颗粒与液体之间的相对速度。Masliyah 对此进行了严密而简明的分析，如浮选矿浆这种多分散悬浮液的密度是由颗粒的密度与相含率决定的，即

$$\rho_{susp} = \partial\varepsilon_l + \rho_g\varepsilon_g + \sum\rho_s\varepsilon_s \tag{4-82}$$

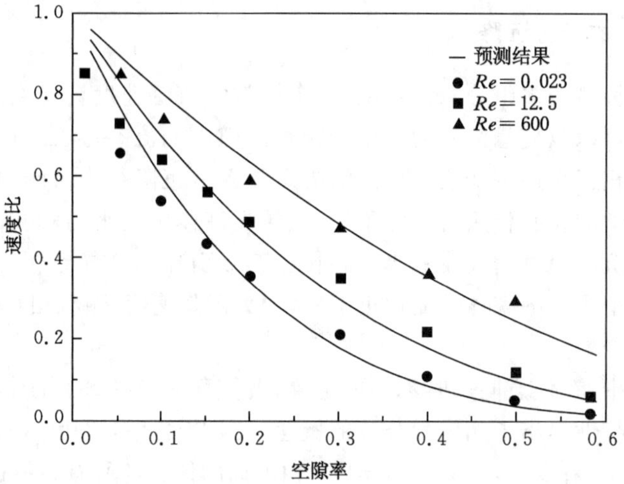

图 4-10　干扰沉降速度与单颗粒沉降速度比值与颗粒空隙率的关系

上式包含了组成悬浮液的所有颗粒成分，相含率满足以下平衡方程：

$$\varepsilon_l + \varepsilon_g + \sum \varepsilon_s = 1 \tag{4-83}$$

悬浮液的沉降速度依然可以像前文中的分析一样，通过受力平衡方程获得，颗粒所受浮力需要将液体的密度替换为悬浮液的密度，重力保持不变，在悬浮液中直径为d_p的颗粒所受曳力如下：

$$F_{D\varepsilon} = 3\pi\mu d_p v_\varepsilon \frac{f_{d\varepsilon(Re_\varepsilon)}}{F(\varepsilon)} \tag{4-84}$$

上式与 Stokes 定律的区别仅在于多了 $f_{d\varepsilon}$和 $F(\varepsilon)$这两个参数，其中，第一个参数是在前文中已经提出的单颗粒理论上发展出来的关于 Re_ε的函数，函数形式如表 4-1 所示，其中 Re_ε的值取决于液相含率 ε_l，计算公式为：

$$Re_\varepsilon = \frac{v_\varepsilon \delta d_p}{\mu} \varepsilon_l \tag{4-85}$$

若 $\varepsilon_l \to 1$，则上式即与单颗粒的 Re 的定义相同。

第二个参数 $F(\varepsilon)$是一个关于悬浮液空隙度的函数，现有最为认可的 $F(\varepsilon)$的表达式是由 Richardson 和 Zaki 提出的：

$$F(\varepsilon) = \left(\frac{\varepsilon_l}{\varepsilon_l + \varepsilon_s}\right)^n \tag{4-86}$$

式中，n 已经在前文中描述过，对于液-固两相系统，$\varepsilon_l + \varepsilon_s = 1$，则上式将简化为原本的 Richardson-Zaki 关系式。

根据上述受力平衡分析，对于直径为 d_p、密度为 ρ 的颗粒组成的密度为 ρ_{susp}的多分散悬浮液，沉降速度为：

$$v_s = \frac{gd^2}{18\mu}(\rho - \rho_{susp}) \frac{F(\varepsilon)}{f_{d\varepsilon(Re_\varepsilon)}} \tag{4-87}$$

该沉降速度公式可以应用于任何多相悬浮液中，就这一点而言，它比式(4-80)中表述的应用于液-固两相悬浮液的 Richardson-Zaki 模型更加具有一般性。此外，如果在浮选矿

浆中气泡的 $f_{d\varepsilon(Re_\varepsilon)}$ 是已知的话，式(4-87)同样可以用于计算气泡的速度，更加具体的关于气泡速度的计算将在下一节中讲到。

但是式(4-87)并不利于实际应用，因为在等式的两边都包含了沉降速度而且 $f_{d\varepsilon(Re_\varepsilon)}$ 是一个关于速度的高度非线性的函数，需要利用数值方法进行求解。然而，表 4-1 中曳力系数的经验公式可以帮助我们解决这个问题，其中 Nguyen 和 Schulze 提出的曳力系数公式中最后一项可以近似为 $0.0117 \cong (0.216/2)^2$，将其代入，则 $f_{d\varepsilon(Re_\varepsilon)}$ 的表达式可以写作：

$$f_{d\varepsilon(Re_\varepsilon)} = (1+0.108\sqrt{Re_\varepsilon})^2 \tag{4-88}$$

为了形式更加简洁，浮选矿浆中 Stokes 定律的表达为：

$$v_{\text{Stokes\_}\varepsilon} = \frac{gd^2}{18\mu}(\rho-\rho_{\text{susp}})F(\varepsilon) \tag{4-89}$$

将式(4-88)代入式(4-87)中得到：

$$\beta\left(\frac{v_\varepsilon}{v_{\text{Stokes\_}\varepsilon}}\right)+\left(\frac{v_\varepsilon}{v_{\text{Stokes\_}\varepsilon}}\right)^{1/2}-1=0 \tag{4-90}$$

其中无量纲数 β 的定义为：

$$\beta=\frac{0.216\varepsilon_1}{2\mu}d_{\text{p}}\delta v_{\text{Stokes\_}\varepsilon} \tag{4-91}$$

通过式(4-91)可以求解悬浮液中颗粒沉降的速度为：

$$v_\varepsilon=\frac{4v_{\text{Stokes\_}\varepsilon}}{(1+\sqrt{1+4\beta})^2} \tag{4-92}$$

上述等式可以直接应用于计算浮选矿浆这种多分散悬浮液中的颗粒沉降速度，而不需要利用数值方法求解任何非线性方程，这是与其他方法所不具有的优点。

4.4　流体中气泡的运动

4.4.1　气泡在流体中的运动

浮选是在固-液-气三相流体中分离不同物料的过程，表面已疏水的矿粒黏附于气泡上呈矿化泡沫浮出。浮选气泡作为矿物载体，其尺寸和运动状态会影响矿粒的回收，研究气泡在流体中的运动规律对提高浮选效果具有重要意义。

与固体颗粒在液体中的运动不同，气泡在外力作用下形状会发生变化，除此之外，气泡内气体可以流动，减小了对流体的阻力。

气泡在液相中的形状取决于作用在气泡表面的力，主要为浮力、惯性力、表面张力和黏性力的共同作用，气泡在这四个力的作用下产生不同的形状。一般认为，这几个力的大小取决于流体的性质、气泡大小等因素。这些力可用无因次准数描述。表征气泡形状的主要参数有 Reynolds 数(Re)、Weber 数(We)、Eotvos 数(Eo)和 Morton 数(Mo)。其中，Re 表示惯性力与黏性力的比值大小，We 表示惯性力和表面张力的比值大小，Eo 表示浮力与表面张力的比值大小，Mo 表示流体性质，尤其是溶液的黏度特性，它们的表达式分别为：

$$Re=\frac{d_{\text{b}}u_{\text{b}}\rho_{\text{L}}}{\mu_{\text{L}}} \tag{4-93}$$

$$We=\frac{d_b u_b^2 \rho_L}{\sigma} \tag{4-94}$$

$$Eo=\frac{g d_b^2 (\rho_L-\rho_g)}{\sigma} \tag{4-95}$$

$$Mo=\frac{g \mu_L^4 (\rho_L-\rho_g)}{\rho_L^2 \sigma^3} \tag{4-96}$$

式中 d_b——气泡直径，m；

u_b——气泡上浮速度，m/s；

μ_L——液体黏度，Pa·s；

ρ_L——流体的密度，kg/m^3；

ρ_g——气体的密度，kg/m^3；

σ——液体表面张力，N/m。

Grace 归纳了大量试验结果，给出了气泡在流体中的形状与无量纲数 Re、Eo 的关系。当 Re 和 Eo 比较小时，气泡受的惯性力可以忽略不计，此时浮力和表面张力起主导作用，因此气泡呈现球形。而随着 Re 和 Eo 逐渐增大，惯性力起到主导作用，使得气泡受到水平方向的拉力作用：$Re>1\ 000$ 和 $Eo>50$ 时，气泡呈球帽形，相当于在低黏度或中等黏度液体中上升的大气泡；Re 处中间值、而 Eo 较大时，气泡呈裙形或微凹形，相当于高黏度液体中上浮的大气泡；在中间 Re 和 Eo 下，气泡呈椭球形和盘状，不断摆动并盘旋上升。

为了定量描述气泡的形状，Moore 提出了气泡纵横比，即上升气泡垂直方向上的直径与水平方向上的直径之比，即

$$E=\frac{d_v}{d_h} \tag{4-97}$$

学者们提出了许多气泡纵横比 E 的无量纲准数关联式，其中 Tadaki 对不同流体的气泡形状进行大量试验研究，提出了一个新的无量纲准数 Ta 用于描述气泡纵横比，即

$$Ta=ReMo^{0.23} \tag{4-98}$$

$$E^{1/3}=\begin{cases}1 & Ta<2 & \text{球形}\\ 1.14Ta^{-0.176} & 2<Ta<6 & \text{类球形}\\ 1.36Ta^{-0.28} & 6<Ta<16.5 & \text{椭圆形}\\ 0.62 & 16.5<Ta & \text{帽形}\end{cases} \tag{4-99}$$

4.4.2 气泡的上升速度

气泡上升速度与它的几何结构、介质的物理性质、气-液界面的物理化学性质有关。表面不移动的气泡其上升速度可以用 4.3 节所述的固体球形颗粒沉降速度求解的方法来求解；Hadamard 和 Rybczynski 给出了表面移动气泡的上升末速，即

$$U=\frac{R_b^2 \delta g}{3\mu} \tag{4-100}$$

Boussinesq 用无量纲常数 Bou 数：$Bou=\frac{\mu_s}{\mu R_b}$，描述了界面黏度 μ_s 对气泡上升速度的影响，并得出了气泡上升速度的预测公式，即

$$U=\frac{2R_b^2 \delta g}{9\mu}\times\frac{3+2Bou}{2+2Bou} \tag{4-101}$$

对于小气泡来说，*Bou* 数较大，式(4-101)可以简化为 Stokes 公式，小气泡可看作固体颗粒。如果 *Bou* 数较小，式(4-101)则转换为式(4-100)。

Clift 等则对试验数据进行了总结，给出了纯水、严重污染水、纯水和严重污染水间的过渡环境三种系统下的气泡上升末速(图 4-11)。

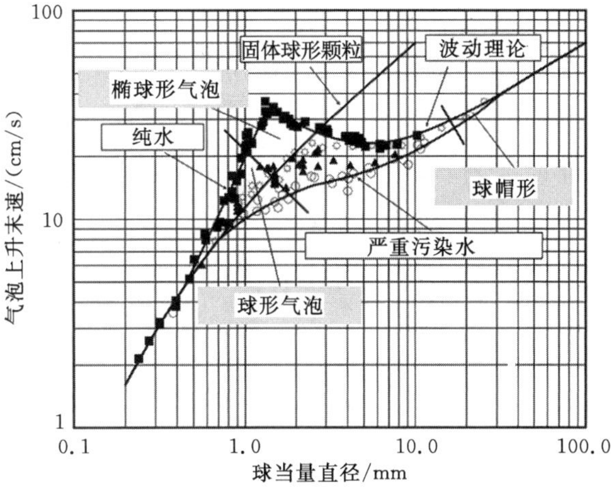

图 4-11　单个气泡上升末速试验数据

为了便于比较，图 4-11 中也给出了固体球形颗粒的预测末速。小气泡的上升速度在达到临界值 *Re* 前与固体球形颗粒一致。对于纯水和严重污染水这个值分别约为 25 和 60。然而，*Re* 高达 200 时，气泡的形变不显著，气泡形状保持球形。*Re* 达 450 时，气泡的形状开始波动；*Re*>500 时，气泡会发生显著形变；在 *Re* 高达 4 700 时，形状会从椭球形变为球帽形。纯水中，发生形状转变的体积当量直径是 1.3 mm。图中最高的曲线可以用波动理论来描述，即

$$U=\sqrt{gR_b+\frac{\sigma}{R_b\delta}} \tag{4-102}$$

球帽形的气泡上升速度可以用式(4-103)描述，即

$$U=\frac{\sqrt{8R_b g}}{3} \tag{4-103}$$

式中，R_b 指气泡当量半径。

由图 4-11 可见，对气泡上升末速影响最大的是表面污染。即使水溶液性质发生了微小的变化，这些变化都会影响到气泡内部的循环，以致气泡受到的曳力增加，显著降低气泡上升速度。在相对低的污染物浓度下，气泡上升速度几乎不受表面活性剂浓度的影响。这种情况在浮选中较为常见，可以大大简化对气泡上升速度的预测。

4.5　气泡与颗粒的相互作用

浮选过程中的气泡矿化从微观角度可分为碰撞、黏附和稳定三个子过程。首先，颗粒从远离气泡表面处受流体动力作用：曳力将颗粒席卷至气泡表面周围，黏性力则阻碍气泡-颗

粒间的相对运动,同时,颗粒的惯性力和重力驱使颗粒靠近气泡表面;随后,气泡-颗粒间的表面力促使水化膜破裂并形成三相接触周边使颗粒黏附在气泡上;最后,形成的气泡-颗粒聚集体需保持稳定。只有同时满足这三个条件的颗粒才可以被捕集。由此得到,气泡-颗粒捕获效率可视为碰撞 E_C、黏附 E_A、稳定 E_S 等效率的乘积,即

$$E_{Col}=E_C\times E_A\times E_S \tag{4-104}$$

4.5.1 气泡-颗粒碰撞

1. 碰撞机理

气泡-颗粒的碰撞机理主要有:惯性效应、重力效应、截留效应和布朗扩散效应,如图 4-12 所示。

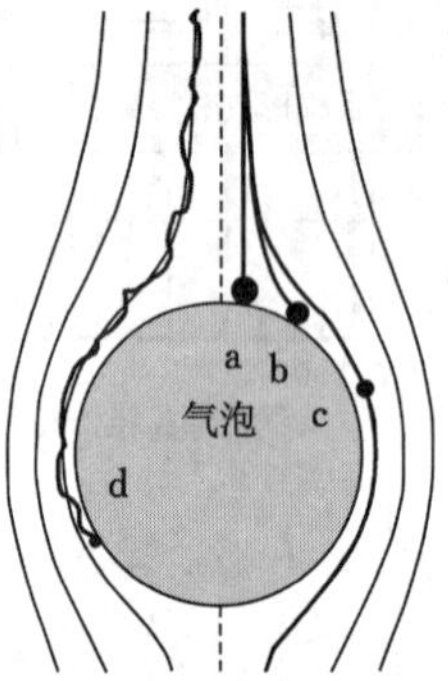

a—惯性效应;b—重力效应;c—截留效应;d—布朗扩散效应。

粗线表示颗粒的轨道,细线表示流体的流线。

图 4-12 碰撞机理示意图

惯性效应:粗重颗粒有不跟随流线、沿直线运动的趋势,对粗颗粒来说,惯性效应是其与气泡的主要碰撞机理;重力效应:密度大于周围流体的颗粒因具有沉降速度,会脱离流体流线与气泡碰撞;截留效应:被流体携带的颗粒由于限定的尺寸会跟气泡表面接触;布朗扩散效应:显著存在于在流体中随机运动的亚微米颗粒。

颗粒-气泡的碰撞可能是上述某种或多种机理共同作用的结果。微细粒矿物和气泡的传质机制一般受惯性力和长程流体动力作用的影响,矿物的粒度和密度越小,流体动力作用对矿物颗粒运动轨迹的影响越显著。

2. 碰撞模型

由于气泡-颗粒碰撞过程的复杂性,学者们根据流体动力学环境,对系统进行了不同的简化与假设,建立了众多模型。本书根据流体流动环境(Stokes 流、中间流、势流)、气泡表面流动性(异变的、不变的)、碰撞机理(惯性效应、重力效应、截留效应)等将这些模型进行了概括(表 4-5)。

很难对这些模型进行直接比较,因为它们是基于不同的假定和流体动力学环境建立的。总的来说,这些模型受限于简化条件,如球形的颗粒和气泡,湍流和流体参数的各向同性等。而且这些模型排除了微观流体动力学和湍流的影响,也没有考虑颗粒轨道中,高斯托克斯数的情况。

表 4-5　气泡-颗粒碰撞模型

碰撞模型	方程式	流体流动	涉及的机理			气泡表面流动性	缺　点
			$E_{c,in}$	$E_{c,g}$	$E_{c,ic}$		
Langmuir-Blodgett	$E_c^{LB}=\left(\frac{S_t}{S_t+0.2}\right)^2$ $S_t=\frac{\rho_p v_b d_p^2}{9\eta d_b}$	Stokes 流	●			移动 & 不移动	只适用于 Stokes 数大的颗粒； 忽略了拦截效应，不适用于细颗粒
Anfruns-Kitchener	$E_c^{AK}=\frac{(1+d_p/d_b)^2}{1+v_p/v_b}\times\left[\frac{v_p}{v_b}+\frac{2\varphi_c^0}{(1+d_p/d_b)^2}\right]$	Stokes 流		●	●	不移动	只适用于 Stokes 流； 忽略了流体的曳力和颗粒的惯性力
Reay-Ratcliff	$E_c^{RR}=\left(\frac{d_p}{d_b}\right)^n$ $1.9<n<2.05$	Stokes 流			●	不移动	只适用于颗粒($d_p<20\ \mu m$)与气泡尺寸($d_b<100\ \mu m$)都非常小的情况
Gaudin	$E_c^{GA}=\frac{3}{2}\left(\frac{d_p}{d_b}\right)^2$	Stokes 流		●	●	不移动	只适用于气泡尺寸($d_b<100\ \mu m$)非常小的情况
Flint-Howarth	$E_c^{FH}=\frac{v_p/v_b}{1+v_p/v_b}$	Stokes 流 & 势流		●	●	不移动	忽略了惯性力； 假定气泡表面无滑动、无内循环
Sutherland	$E_c^{SU}=\frac{3d_p}{d_b}$	势流			●	移动	忽略颗粒惯性影响；适用于气泡远远大于浮选中气泡尺寸的情况
Dukhin or GSE	$E_c^{GSE}=\exp\left[\left(3K_3\left(\ln\frac{3}{E_c^{SU}}-1.8\right)-\frac{4\left(\frac{2}{3}+\frac{\cos^3\theta_t}{3}-\cos\theta_t\right)}{\sin^4\theta_t}\right)\times\cos\theta_t\right]\times\sin^2\theta_t\times E_c^{SU}$ $\theta_t=\arcsin[2\beta(\sqrt{1+\beta^2}-\beta)]^{1/2}$ $\beta=\frac{2fE_c^{SU}}{9K_3}$ $K_3=St\frac{\rho_p-\rho_f}{\rho_p}=\frac{v_b(\rho_p-\rho_f)d_p^2}{9\eta d_b}$	势流	●	●	●	移动	低估了碰撞角； 忽视了微观流体动力学及气泡壁的影响； 忽视了高 Stokes 数的情况

表 4-5(续)

碰撞模型	方程式	流体流动	涉及的机理			气泡表面流动性	缺点
			$E_{c,in}$	$E_{c,g}$	$E_{c,ic}$		
Weber-Paddock	$E_c^{WP}=E_{c,ic}^{WP}+\sin^2\theta_c\left(1+\frac{d_p}{d_b}\right)^2\times\frac{v_p}{v_b}$ 移动的气泡表面 $Re_b<200$： $E_{c,ic}^{WP}=\left[1+\frac{2}{1+\left(\frac{37}{Re_b}\right)^{0.85}}\right]\frac{d_p}{d_b}$ 不移动的气泡表面 $200<Re_b<300$ $E_{c,ic}^{WP}=1.5\left[1+\frac{3Re_b/16}{1+0.249Re_b^{0.56}}\right]\left(\frac{d_p}{d_b}\right)^2$ $Re_b=\frac{d_b v_b \rho_w}{\mu_w}$	中间流		●	●	移动 & 不移动	忽略了电力、惯性力和表面力；颗粒与流体间的流体动力相互作用被认为是可忽略的
Schulze	$E_c^{SC}=E_{c,ic}^{SC}+E_{c,g}^{SC}+E_{c,in}^{SC}\left[1-\frac{E_{c,ic}^{SC}}{\left(1+\frac{d_p}{d_b}\right)^2}\right]$ $E_{c,ic}^{SC}=\frac{2\psi_c}{\left(1+\frac{v_p}{v_b}\right)v_b Re_b^2}$ $E_{c,g}^{SC}=\sin^2\theta_c\left(1+\frac{d_p}{d_b}\right)^2\left(\frac{v_p}{v_b}\right)$ $E_{c,in}^{SC}=\left(\frac{St}{St+a}\right)^b\left(\frac{1}{1+v_p/v_b}\right)\left(1+\frac{d_p}{d_b}\right)^2$	中间流	●	●	●	移动	没有考虑惯性效应的不利影响
Yoon-Luttrell	Stokes 流：$E_c^{YL}=\frac{3}{2}\left(\frac{d_p}{d_b}\right)^2$ 中间流：$E_c^{YL}=\frac{d_p}{d_b}\left(\frac{3}{2}+\frac{4Re_b^{0.72}}{15}\right)$ 势流：$E_c^{YL}=3\left(\frac{d_p}{d_b}\right)$	中间流			●	不移动	假定碰撞均匀分布在气泡的整个上半表面；忽视了颗粒的惯性影响

4.5.2　气泡-颗粒黏附

1. 诱导时间与接触时间

气泡-颗粒的黏附被认为是将疏水性颗粒与亲水性颗粒分离最为重要的过程，可划分为以下三个子过程：① 气泡-颗粒间液膜薄化；② 气泡-颗粒间液膜的破裂；③ 形成稳定的三相接触周边。

完成以上三个步骤所需的时间称为诱导时间，也称感应时间；颗粒和气泡从开始碰撞到颗粒从气泡上脱落这段时间称为接触时间。需要注意的是，并非所有同气泡表面发生碰撞的颗粒都能黏附在气泡上，只有当诱导时间小于接触时间时，黏附过程才能发生；反之，当诱导时间大于接触时间，意味着在接触时间内不能完成上述三个阶段，颗粒不能附着在气泡上。

浮选过程中，固体颗粒由于运动方向的不同会以不同的角度与气泡表面碰撞。如果单个气泡与颗粒沿直线相互靠近，它们碰撞的动能是最大的，这种情况下，局部的气-液界面会发生强烈变形，气泡-颗粒间为碰撞的相互作用，此时接触时间为碰撞接触时间。另一种极端的情况是，气泡、颗粒相遇时，局部气泡表面没有发生明显变形，这种情况下颗粒与气泡靠近后，滑过气泡表面，此时对应的接触时间为滑移接触时间。

（1）碰撞接触时间

基于有效质量的振荡 m_{eff} 及气-液界面的形变 F_{res}，学者们对碰撞接触时间进行了建模。其基本形式为：

$$m_{\text{eff}}\frac{\mathrm{d}^2 H}{\mathrm{d}t^2}+F_{\text{res}}-m_{\text{p}}\left(1-\frac{\delta}{\rho}\right)=0 \tag{4-105}$$

式中，H 是顶点处气-液界面变形的深度。不同的模型在恢复力与有效质量的计算上有所区别，也有的模型未考虑重力。各模型预测的接触时间与试验数据的对比见图 4-13。

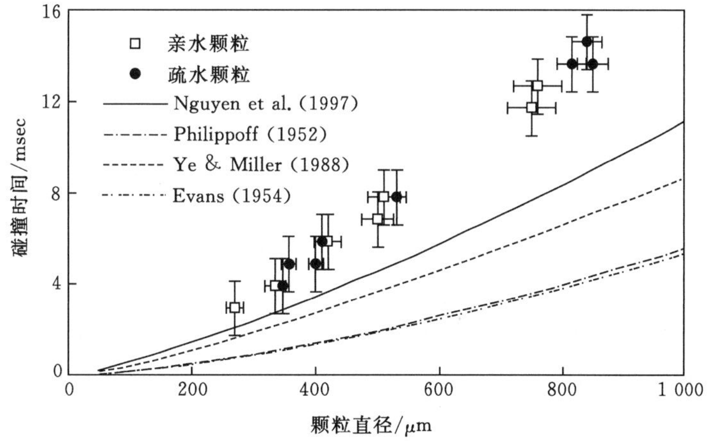

图 4-13　各模型对碰撞接触时间的预测值与试验数据对比

如图 4-13 所示，各模型对碰撞时间的预测值要低于试验值，一般认为这是由于式(4-105)中未考虑曳力对气-液界面附近碰撞颗粒的作用。

（2）滑移接触时间

一般来说，滑移接触时间要比碰撞接触时间长。学者们基于颗粒在移动/不移动的气泡表面的切向速度建立了不同的滑移接触时间模型，从开始滑移接触的角度 $\varphi=\varphi_0$ 到离开时的极角 $\varphi=\varphi_m$，其基本形式为

$$t_{sl}=\frac{R_p+R_b}{U}\int_{\varphi_0}^{\varphi_m}\left(\frac{1}{v_\varphi}\right)d\varphi \tag{4-106}$$

式中，v_φ是颗粒在颗粒表面滑移的切向速度。不同的模型在v_φ的计算上有所区别，这里不再详述。

2. 黏附效率模型

与碰撞过程不同，黏附过程受固体颗粒和气泡的表面化学和物理化学的影响。目前为止，学者们对黏附效率的定量研究较少，因为它包含了许多复杂的现象，很难简单地用数学术语描述。无论如何，学者们在量化黏附效率上做了大量工作。本书将介绍学者们基于诱导时间与接触时间建立的黏附效率模型。

(1) 势流：Sutherland 模型

Sutherland 假定气泡表面的液体为势流，对气泡-颗粒黏附效率进行了建模。该模型最根本的假设是接触时间大于等于诱导时间 t_i。

$$E_a^S=\text{sech}^2\left\{\left[\frac{1}{2}+\frac{1}{4}\left(\frac{R_b}{R_b+R_p}\right)^3\right]\right\}\frac{t_iU}{R_b+R_p} \tag{4-107}$$

对于 $R_b \gg R_p$，该式可简化为

$$E_a^S=\text{sech}^2\left(\frac{3t_iU}{4R_b}\right) \tag{4-108}$$

如果将修正的滑移时间公式引入，那么黏附效率的表达式可写作：

$$E_a^S=\text{sech}^2\left(t_i+\frac{3U+2v_s}{2R_b}\right) \tag{4-109}$$

式中，U 为气泡滑动速度；v_s为颗粒沉降速度。

(2) 中等雷诺数流：Yoon-Luttrell 模型

Yoon-Luttrell 模型表达式见式(4-110)，适用于纵向对称的液体流。

$$E_a^{YL}=\text{sech}^2\left\{\frac{t_iU(45+8Re^{0.72})}{30R_b\left(\frac{R_b}{R_p}+1\right)}\right\} \tag{4-110}$$

由表达式可知，黏附效率与颗粒与气泡的半径比相关，然而，对于势流条件下 $R_b \gg R_p$ 时，则不是这种情况，此时 E_a不是 R_p的函数。

(3) 纵向不对称流：Dobby-Finch 模型

动力学上显而易见的是，滑移时间随碰撞角度的增大而减小。因此，存在一个特定的碰撞接触角 $\theta_{C,A}$，使得滑移时间与诱导时间相等，这个角度被称为黏附角。以小于黏附角的角度与气泡发生碰撞的颗粒能够与气泡黏附。因此，可以认为发生黏附的颗粒数量与由黏附角 $\theta_{C,A}$ 决定的投影面积有关。另一方面，与气泡发生碰撞的颗粒数量与由最大碰撞角 $\theta_{C,max}$决定的投影面积有关。Dobby 和 Finch 提出气泡-颗粒的黏附效率是这两个投影面积的比值，即

$$E_a^{DF}=\frac{\dfrac{\pi(d_b\sin\theta_{C,A})^2}{4}}{\dfrac{\pi(d_b\sin\theta_{C,max})^2}{4}} \tag{4-111}$$

或

$$E_a^{DF}=\frac{\sin^2\theta_{C,A}}{\sin^2\theta_{C,\max}} \tag{4-112}$$

4.5.3　气泡-颗粒聚团稳定性

1. 气泡-颗粒聚团受力分析

气泡-颗粒形成的聚团在上升到泡沫相的过程中，会受到各种力的作用，有的力会促使颗粒从气泡表面脱附，如重力、惯性力等，这样的力称为脱附力；而有的力如毛细力、静水压力、浮力等，可以提高气泡-颗粒聚团的稳定性，避免颗粒从气泡表面分离，这样的力称为黏附力。图 4-14 给出了气泡-颗粒聚团三相接触周边处的受力情况。

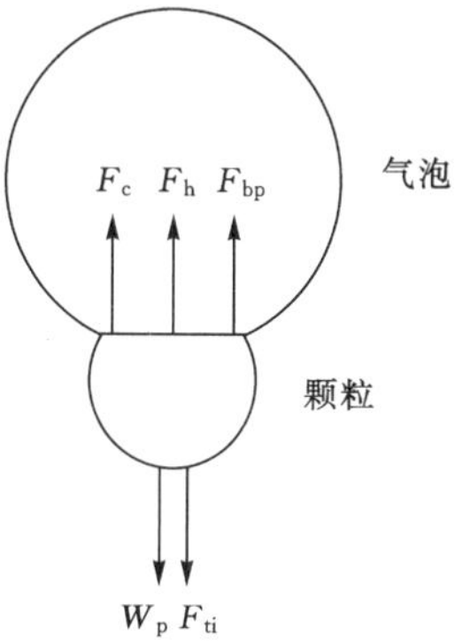

图 4-14　作用于气泡-颗粒聚团接触周边上的力

图 4-14 中，黏附力：毛细力 F_c，源于表面张力；静水压力 F_h，指三相接触周边附着区域周围液体产生的压力；浮力 F_{bp}，被颗粒体积占据的液体的重量。脱附力：颗粒的重力 W_p；湍流惯性力 F_{ti}，受浮选过程的动力学条件影响。

当黏附力大于脱附力时，气泡-颗粒聚团是稳定的，有利于浮选过程的进行；反之，当脱附力大于黏附力时，气泡-颗粒聚团是不稳定的。

2. 稳定效率模型

气泡-颗粒聚团需要足够稳定，以避免在浮选动态环境下脱附。这涉及浮选动力学，气泡-颗粒聚集体的稳定性可用稳定效率 E_s 来定量描述：$E_s=1-E_d$，其中 E_d 为气泡颗粒的脱附效率，学者们从力平衡与能量平衡分析的角度对气泡-颗粒脱附概率进行了建模，基于此对气泡-颗粒聚团的稳定效率模型进行了总结。

(1) 基于力平衡分析的稳定效率模型

从气泡-颗粒聚团受到的力进行分析，其基本表达式可写作：

$$E_s=1-\exp\left\{1-\frac{F_{att}}{F_{de}}\right\} \tag{4-113}$$

式中，F_{att}、F_{de} 分别指黏附颗粒受到的黏附力和脱附力。

由于颗粒的脱附受不同的机理和重力、张力、剪应力等外力影响，从不同的角度，可以得到不同的表达式。比如，受张应力主导的气泡-颗粒聚团的稳定效率可用下式来表达：

$$E_s=1-\exp\left\{1-\frac{3\sigma(1-\cos\theta)}{4R_p^2(b_m+g)\Delta\rho}\right\} \tag{4-114}$$

式中，b_m是与湍能有关的函数。需要注意的是，该式未考虑动态接触角，一般适用于接触角迟滞现象不存在的情况。或者，当迟滞现象满足 $\Delta\theta \leqslant \theta_R$时，使用前进接触角应用于该公式中。当 $\Delta\theta > \theta_R$时，有

$$E_s = 1 - \exp\left\{1 - \frac{3\sigma \sin\theta_R \sin(\Delta\theta)}{2R_p^2(b_m + g)\Delta\rho}\right\} \tag{4-115}$$

不同条件下，受剪应力影响的气泡-颗粒聚团稳定性也采用了类似的形式。学者们基于力的平衡提出的稳定效率模型见表 4-6。

表 4-6　基于力的平衡的气泡-颗粒聚团稳定效率模型

稳定效率模型	方程式	备　注
Schulze	$E_s = 1 - \exp\left\{1 - \frac{6\sigma \sin^2\left(\frac{\theta}{2}\right)}{d_p^2(g\Delta\rho + \rho_p b_m) - d_p\sigma\cos^2\left(\frac{\theta}{2}\right)}\right\}$	颗粒旋转
Hui	$E_s = 1 - \exp\left\{-\frac{\sigma(1-\cos\theta)d_b^{1/3}}{14.8 d_p^2 \Delta\rho \varepsilon^{2/3}}\right\}$	气泡振动
Nguyen-Schulze	$E_s = 1 - \exp\left\{1 - \frac{3\sigma(1-\cos\theta)}{4R_p^2(b_m+g)\Delta\rho}\right\}, \Delta\theta \leqslant \theta_R$ $E_s = 1 - \exp\left\{1 - \frac{3\sigma \sin\theta_R \sin(\Delta\theta)}{2R_p^2(b_m+g)\Delta\rho}\right\}, \Delta\theta > \theta_R$	颗粒旋转
Nguyen-Schulze	$E_s = 1 - \exp\left\{1 - \frac{\sigma(1-\cos\theta_A)\sin(\Delta\theta/2)}{0.26\pi R_p \rho_l \sqrt{\Delta v}}\right\}, \Delta\theta \leqslant \theta_R$ $E_s = 1 - \exp\left\{1 - \frac{\sigma \sin\theta_R \sin(\Delta\theta)\sin(\Delta\theta/2)}{0.13\pi R_p \rho_l \sqrt{\Delta v}}\right\}, \Delta\theta > \theta_R$	剪应力
Tao	$E_s = 1 - \frac{1}{1 + \frac{3\sigma(1-\cos\theta_d)\sin(\Delta\theta/2)}{g\left\{\rho_p - \rho_l\pi\left[\frac{1}{2} + \frac{3}{4}\times\cos(\theta_d/2)\right]\right\}} \frac{1 + d_p/d_b}{d_p^2}}$	稳定的情况下
Goel-Jameson	$E_s = 1 - \exp\left\{1 - \frac{6\sigma \sin^2\left(\frac{\theta}{2}\right)}{3.75 d_p^2 \rho_p \varepsilon^{2/3}/d_b^{1/3}}\right\}$	颗粒旋转

(2) 基于能量平衡分析的稳定效率模型

也有学者从能量平衡的角度对气泡-颗粒聚团稳定性进行了分析，以 Nguyen 和 Schulze 提出的模型为例，有

$$E_s = 1 - \exp\left\{1 - \frac{\Delta E_{de}}{E_{de}}\right\} \tag{4-116}$$

式中　ΔE_{de}——颗粒的脱附能；

$$\Delta E_{de} = \sigma\pi R_p^2(1-\cos\theta)^2 \times C \tag{4-117}$$

$$C = \frac{1}{4}\ln\frac{2L/\sin(\theta/2)/R_p}{e^{\gamma}\cos^2(\theta/4)} + \frac{13 + 16\cos(\theta/2) + 7\cos\theta}{64\cos^4(\theta/4)} \tag{4-118}$$

E_{de}——由湍流脉动产生的脱附能量。

$$E_{de} = \frac{4\pi R_p^3 \Delta\rho}{3}\frac{(\Delta v)^2}{2} \tag{4-119}$$

则气泡-颗粒聚团稳定效率为：

$$E_s = 1 - \exp\left\{1 - \frac{3\sigma(1-\cos\theta)^2 \times C}{2R_p \Delta\rho (\Delta v)^2}\right\} \tag{4-120}$$

表 4-7 总结了学者们基于能量平衡提出的稳定效率模型。

表 4-7　基于能量平衡的气泡-颗粒聚团稳定效率模型

稳定效率模型	方程式	备　注
Yoon-Mao	$E_s = 1 - \exp\left\{-\dfrac{\sigma\pi R_p^2(1-\cos\theta)^2 + E_1}{\dfrac{\rho g R_b^2 \theta_0}{3} + \pi R_p^2 \sin^2\theta}\right\}$	稳定的情况下
Sherrell	$E_s = 1 - \exp\left\{-\dfrac{\sigma\pi R_p^2(1-\cos\theta)^2}{\dfrac{1}{2}(m_p + m_b)(R_{imp}\omega)^2}\right\}$	限于搅拌槽
Nguyen-Schulze	$E_s = 1 - \exp\left\{1 - \dfrac{3\sigma(1-\cos\theta)^2 \times C}{2R_p \Delta\rho(\Delta v)^2}\right\}$ $C = \dfrac{1}{4}\ln\dfrac{2L/\sin(\theta/2)/R_p}{e^{\gamma}\cos^2(\theta/4)} + \dfrac{13 + 16\cos(\theta/2) + 7\cos\theta}{64\cos^4(\theta/4)}$	一般剪切流
Do	$E_s = 1 - \exp\left\{-\dfrac{\sigma\pi R_p^2(1-\cos\theta)^2}{\dfrac{1}{2}m_p\left[(d_p + d_b)\sqrt{\varepsilon/v}\right]^2}\right\}$	一般剪切流
Wang	$E_s = 1 - \exp\left\{-\dfrac{8\sigma R_p^2(1-\cos\theta)^2}{c\rho_l \varepsilon^{2/3} d_p^{11/3}}\right\}$	各向同性湍流

思　考　题

1. 什么是连续介质假说？引入连续介质假说的目的是什么？应用连续介质的条件是什么？

2. 流体的运动黏度和动力黏度有什么不同？它们之间的关系是什么？

3. 简述拉格朗日法和欧拉法的区别。

4. 简述 3 种气泡-颗粒碰撞机理的区别。

5. 影响微细颗粒浮选的流体动力学因素有哪些？如何从流体力学角度强化微细颗粒的浮选？

第 5 章 高等矿物加工中的物理分选

5.1 磁流体分选

5.1.1 概述

磁流体是一种由纳米级的铁磁性或超顺磁性细微颗粒借助于表面活性剂稳定地分散在基液中形成的胶体悬浮液,它兼具液体的流动性和固体磁性材料的磁性,可以在重力、电磁力等作用下长时间稳定存在,不发生沉淀或分层。

在矿物分选方面,磁流体的应用主要依赖于其磁浮性能,外界磁场会对磁流体产生类似于重力场的作用,其效果远大于重力场。通过改变外界磁场可以控制磁流体视在密度的大小,这个密度可以大于金属矿物的密度,使得不同密度矿物依次在磁流体中得到分选。迄今,磁流体分选技术已取得了较大的发展。磁流体分选按分选原理可分为磁流体静力分选和磁流体动力分选。

磁流体静力分选是在非均匀磁场中以铁磁流体或顺磁性流体为分选介质,根据矿物间的密度、磁化系数的不同进行分选的方法。其优点是分选介质的视在密度高、黏度较小、分选精度高;但同时也存在设备较复杂、介质的价格贵、介质回收困难、设备处理量小等问题。

磁流体动力分选是根据物料的密度、磁化率及电导率的差异,在均匀或非均匀磁场与电场的联合作用下在电解质的水溶液中进行分选的方法。该方法采用的分选介质来源广泛,分选设备简单易操作,处理量大,易于实现大型设备的规模化工业生产。但与磁流体静力分选相比,其分选精度低得多,并且因分选槽电极附近会产生涡流现象,分选过程并不平稳。虽然探索了许多克服涡流的方法,但仍然没有磁流体静力分选那样平稳。

基于以上原因,磁流体分选技术在国外一般用于选煤和分选非金属矿物,有时也用于从金属矿石中分离轻质脉石的粗选作业。在中国,目前发展较快的是磁流体静力分选技术,主要用于分离单矿物和金刚石等极稀有矿物,下面着重介绍磁流体静力分选技术。

5.1.2 磁流体静力分选技术的原理

磁流体静力分选的过程是把磁流体置于一个高梯度磁场中,在磁流体的强磁性和液体的流动性作用下,形成稳定的浓度梯度。当待分选的非磁性(或弱磁性)颗粒进入有浓度梯度的磁流体中后,由于各自的密度、磁化系数的不同,颗粒就会在重力与磁浮力的共同作用下进行分离,从而悬浮于磁流体的不同位置。然后以适当的方式分别提取,从而完成分选过程。为了进一步理解颗粒在磁流体中的浮沉现象,下面对楔形磁场中颗粒在垂直方向上的受力情况进行分析,如图 5-1 所示。

从图 5-1 中可以看出,在非均匀磁场中,颗粒在垂直方向上受到四个力的作用,按受力方

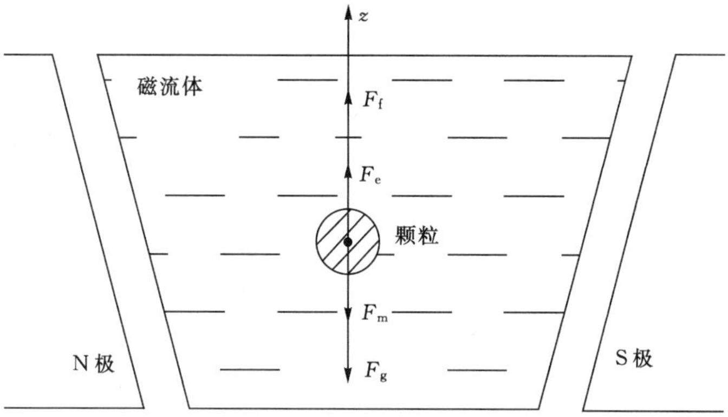

图 5-1　磁流体中颗粒在垂直方向上的受力分析

向可分为垂直向下的重力 F_g、磁力 F_m 和垂直向上的流体浮力 F_e、磁浮力 F_f，其大小分别为：

$$F_g=\rho Vg \tag{5-1}$$

$$F_m=\mu_0\kappa VH\mathrm{grad}H \tag{5-2}$$

$$F_e=\rho_0 Vg \tag{5-3}$$

$$F_f=\mu_0\kappa_0 VH\mathrm{grad}H \tag{5-4}$$

式中　ρ——颗粒的密度，kg/m^3；

V——颗粒的体积，m^3；

g——重力加速度，m/s^2，一般取 9.81 m/s^2；

μ_0——真空磁导率，H/m；

κ——颗粒的磁化率；

H——磁场强度，A/m；

$\mathrm{grad}H$——磁场梯度，A/m^2；

ρ_0——磁流体的密度，kg/m^3；

κ_0——磁流体的磁化率。

处于这种外加非均匀磁场的磁流体中，颗粒所受到的合力 $F_合$ 为：

$$F_合=(F_g+F_m)-(F_e+F_f) \tag{5-5}$$

或

$$F_合=\mu_0 V(\kappa-\kappa_0)HgradH+V(\rho-\rho_0)g \tag{5-6}$$

当 $F_合>0$ 时，颗粒下沉；当 $F_合<0$ 时，颗粒上浮；当 $F_合=0$ 时，颗粒将处于平衡状态，则有：

$$H\mathrm{grad}H=(\rho-\rho_0)g/\mu_0(\kappa_0-\kappa) \tag{5-7}$$

式中，左边由磁场决定，它是位置函数，当被分选颗粒为非磁性物质时，物料在液体中仅按密度分层；当分选颗粒为弱磁性物质时，将同时按密度和磁化率分层。

5.1.3　磁流体静力分选技术的应用

1. 磁流体静力分选机

对磁流体静力分选和磁流体动力分选的系统研究始于 1962 年(Bunin 和 Andres)，随后在美国和苏联展开了以磁流体静力分选为主的研究。影响磁流体静力分选和动力分选的部分因素已经查明,并据此研制出了几种有效分选设备。实验室规模和半工业规模的设备已投入运行,可分选包括煤、铁、锰矿、金刚石、有色金属废料、金、铂矿石和塑料等在内的多种物料。当前研究热点主要集中于改进水基磁流体上,进而设计节能高效的工业型磁流体静力分选机。

日本研究者利用磁流体分选非磁性金属的磁流体静力分选机结构如图 5-2 所示。它是利用一对永久磁极产生一个强度为 220～260 kA/m 磁场,磁极夹角为 30°,磁极的对称轴线与垂直线成 15°。分选时,从给料端给入的原料经过磁极间隙空间时,重物自动沉入磁极开口下部的沉物箱中,轻物受原料给入端物料的推动,沿等视在密度线的倾斜方向越过磁极进入浮物箱。

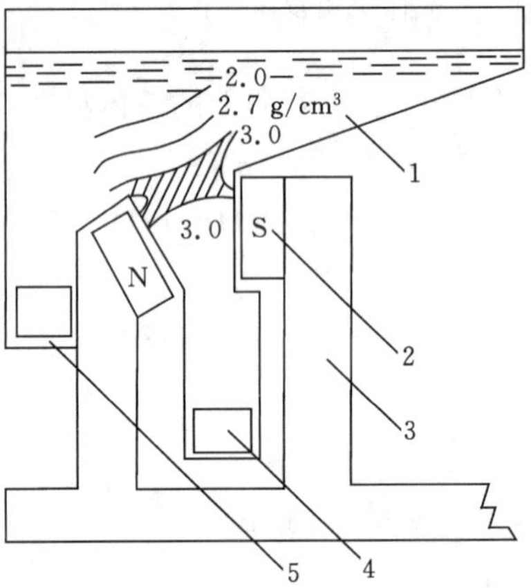

1—分选槽;2—磁极;3—支架;4—沉物箱;5—浮物箱。

图 5-2 磁流体静力分选机示意图

ФГС-К 型磁流体静力分选机主要用于有色金属矿石的分选,其结构如图 5-3 所示。该设备有两组电磁铁,在高度不同的磁极间隙中充入铁磁流体,铁磁流体支承在碱性溶液的表面,在框架上装有振动给料器。在铁磁流体的表面,沿分选区长度方向装有刮板输送机,以输送轻产品。原料从振动给料器给到位于磁极间隙的铁磁流体表面,轻产物由刮板输送机运至铁磁流体层的端部从而排出,重产物则穿过铁磁流体层落入碱液内,最终由螺旋输送机排入相应接矿槽中。

2. 离心式磁流体分选机

离心式磁流体分选机和以往的浮沉式静力分选机的几何结构不同,如图 5-4 所示。离心式磁流体分选机采用了一种竖直放置的圆筒,其中装有磁流体,并在圆筒的周围安装了环状磁系。整个磁系产生的磁场为外部强而中间弱,从而在圆筒内形成了一个沿径向的磁场梯度。在分选过程中,分选筒以一定的角速度旋转,使筒中的磁流体产生一种强制涡运动。当运动达到平衡时,筒中的磁流体就和分选筒以相同的角速度旋转。工作时,把待选的非磁性混合物料和磁流体搅拌均匀后由给料斗给入。当物料通过分选筒的环形空间时,物料同时受到离心力、径向磁浮力、有效重力等力的联合作用。通过调节磁流体密度或分选筒的转速可使密度小的颗粒受到的离心力小于径向磁浮力,从而移到分选筒环形空间内缘;相反

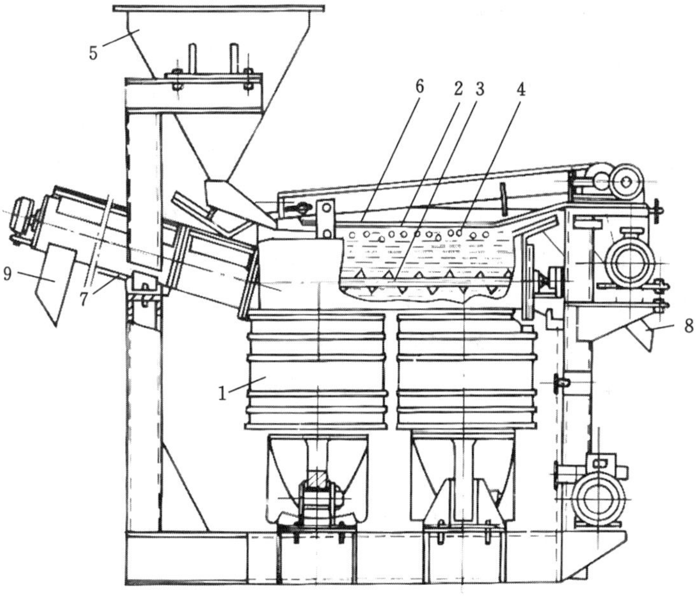

1—电磁铁；2—铁磁流体；3—碱性溶液；4—螺旋输送机；5—振动给料器；
6—刮板输送机；7—调节阀门；8—轻产物排矿槽；9—重产品排矿槽。

图 5-3　ФГС-К 型磁流体静力分选机结构示意图

地，密度大的颗粒受到的离心力大于径向磁浮力，从而移到分选筒环形空间的外缘。物料在径向漂移过程中还在重力作用下做沉降运动，只要有足够长的分选空间，即物料的沉降时间大于它的径向漂移时间，便以内、外产品的形式从相应的排矿管中排出，从而实现物料按密度差的分选过程。

离心式磁流体分选可以克服颗粒间相互作用的不利影响，而且颗粒径向漂移时间短、分离速度快、分选精度高、处理量大，特别适合于细粒级物料的分选。

3. 磁流体水力旋流器

基于复合力场分选的理念，有研究者将磁流体静力分选技术与离心分离技术相结合，提出了一种在水力旋流器中以磁流体作为旋流介质的选别方法，即将普通旋流器置于一个具有一定方向和磁场强度的磁场中而得到的磁流体水力旋流器。通过人为地实现磁流体的"增重"或"减重"，其分离效果直接受重力、离心力和磁场力的影响，克服了普通水力旋流器只能按粒度分级的缺点。因此，磁流体水力旋流器在矿物精选和颗粒分级方面具有极大的发展潜力，特别适宜于抗磁性或弱顺磁性物料的分离。目前该项技术已在实验室中取得较大进展。

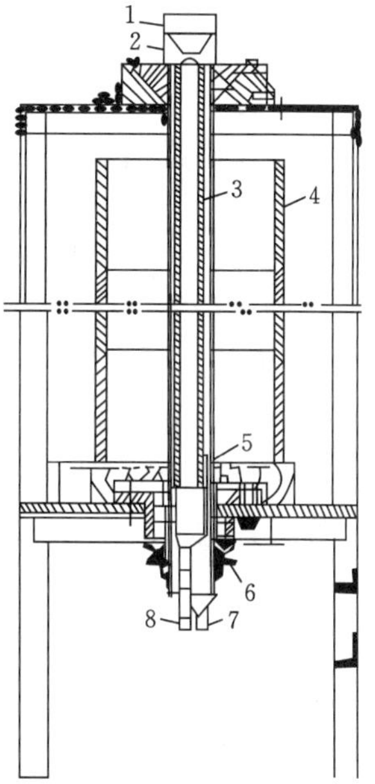

1—给矿斗；2—外筒；3—内圆柱；
4—磁系；5—产品分离筒；6—皮带轮；
7—外产品排矿管；8—内产品排矿管。

图 5-4　离心式磁流体分选机

4. 磁流体分选技术的研究展望

目前,虽然磁流体分选技术在理论上日趋成熟,但还达不到工业推广应用的要求。为充分发挥磁流体技术在选矿行业中的作用,今后可在以下几方面进一步开展研究工作。

(1) 新型磁流体的制备。由于矿物分选需要大量的磁流体,因此必须制备出价廉、稳定并具有高饱和磁化强度的磁流体。

(2) 磁流体的回收。现有的有色金属分选手段大多会对环境造成污染,因此要发展磁流体分选技术,必须加强对磁流体的高效回收,以降低分选成本,如采用絮凝再分散法对水基磁流体进行回收,可取得较理想的效果。

(3) 磁浮力的控制。对于仅含两种成分的矿石来说,调节磁场使磁流体的表观密度达到两种成分的平均密度时,分离效率最高。而对于含多种成分的矿石而言,如何调控磁场从而得到最佳的分选效率则有待于进一步研究。

5.2 空气重介质流化床分选

5.2.1 概述

空气重介质流化床分选技术是针对煤炭储量丰富但不适合湿法分选的西北地区而研发的一项选矿技术。它利用气固悬浮体作为分选介质,属于干法重介质分选,在理论上是干法重选的最佳方法,因而一直是干法选煤领域的重点研究方向。

5.2.2 空气重介质流化床分选原理

空气重介质流化床分选技术是以微细粒作为固相加重质,形成具有一定密度的流化床层,不同密度组成的被分离矿物(由有用矿物与无用矿物组成)进入流化床层后按床层密度分层,轻者上浮,重者下沉,在刮板的作用下实现气固流化床对矿物的分选。

空气重介质流化床的分选介质是气固两相流化床。气固两相流化床之所以可以作为分选介质,是因为它具有似流体的性质,而且具有一定的密度。图 5-5 表示的是气固流化床的似流体特性,其中图 5-5(a)表示床层中任意两点压差等于此两点间的床层静压头,图 5-5(b)表示密度小于流化床层密度的物体浮于床面,反之则沉于床底,其基本原理和重液浮沉法实现煤按密度分离的原理一样,都是基于阿基米德原理。

在床层处于良好的流化状态下,根据床层受力平衡原则,则得流化床层密度的表达式:

$$\rho=(1-\varepsilon_{mf})(\rho_m-\rho_g) \tag{5-8}$$

式中,ε_{mf}为床层孔隙率;ρ_m、ρ_g 分别为颗粒加重质及气体的密度。

由于 ρ_g 很小,且 $\rho_m \gg \rho_g$,所以上式可简化为:

$$\rho=(1-\varepsilon_{mf})\rho_m \tag{5-9}$$

从式(5-9)可以看出,决定流化床密度的因素是 ε_{mf} 和 ρ_m。ε_{mf} 主要由加重质的形状、粒度分布以及气流速度决定。由此可以看出,要使空气重介质流化床选煤达到良好的效果,必须选取密度和粒度分布合适的重介质,以及适宜的气体流速。

在分选过程中,被选物料在流化床中是按床层密度分层的。床层密度的均匀性表现为流化床内的气固两相充分接触,重介质无分层和分级现象。气泡在流化床内的运动行为是

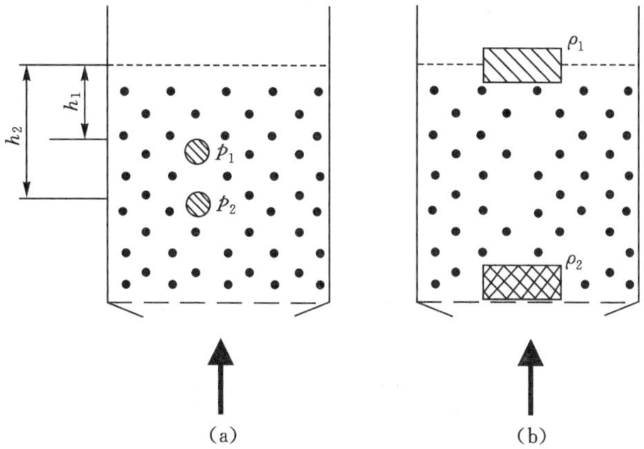

图 5-5　气固流化床的似流体性

流化过程中形成均匀的床层密度的一个主要因素。

图 5-6 描述了流化床内气泡及重介质的流动状态，流化床在流化过程中形成的气泡外形类似球形，底部则向里凹，由于气泡底部的压力低于周围重介质，重介质在底部形成了局部涡流，如图 5-6(b)所示。在气泡上升过程中，尾部涡流夹带的重介质颗粒越来越多，当上升到一定距离，被夹带的重介质增至一定质量后就会脱落沉降下来。在这个过程中，气泡把原来在较低处的重介质带到相对高处，与此同时，乳相的重介质逐步向下移动以填补气泡上升而带走的加重质的空间，形成了加重质的上下循环的状态即返混现象，如图 5-6(c)所示。返混现象一方面有利于促进加重质颗粒的混合，形成均匀稳定的分选密度，另一方面将导致较细的物料随着重介质一起返混或沉降，削弱了细粒物料沿床层高度方向按密度分层的效果。

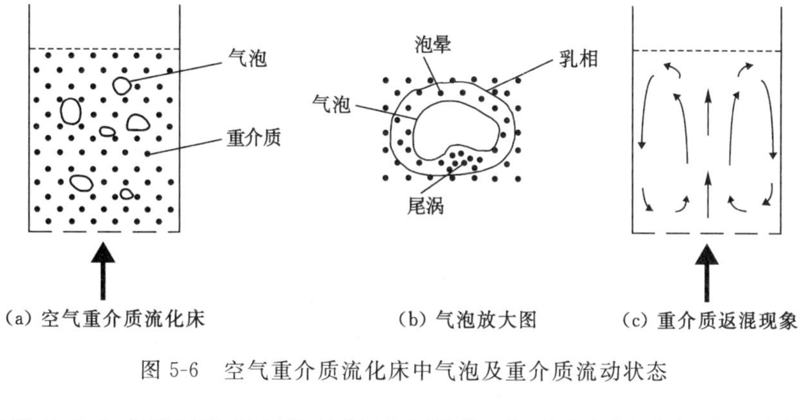

图 5-6　空气重介质流化床中气泡及重介质流动状态

气流速度的大小直接导致了气泡的数量和形状，从而决定了重介质运动的剧烈程度。因此欲使流化床达到理想的分选效果，须控制气体流速在一定的范围内，使之既能够保证重介质的活性和混合流动特性，又不至于影响床层密度的均匀性。

5.2.3　空气重介质流化床的应用

空气重介质流化床干法分选机结构示意图如图 5-7 所示。在分选过程中，物料在流化床中按密度分层，在低速运行的无极链刮板的输送作用下，小于床层密度的物料上浮并从左端排料口排出形成精煤，大于床层密度的物料下沉并从右端排料口排出形成尾煤。分选机下部与供风系统连接，以向流化床内提供空气。分选机上部则与引风除尘系统相连，以有效防止粉尘外逸。

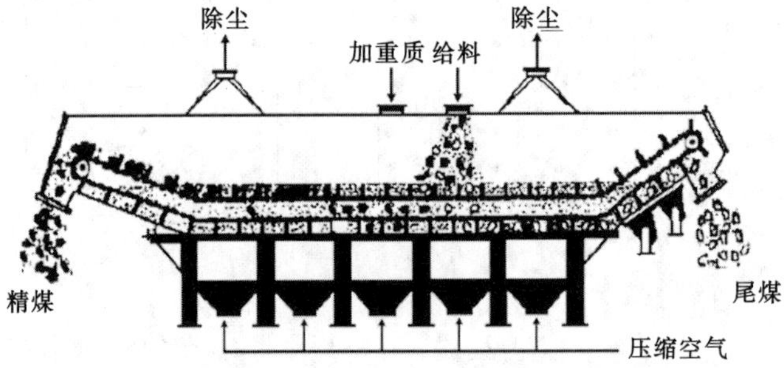

图 5-7　空气重介质流化床干法分选机结构示意图

为改善空气重介质流化床分选机的分选效果，韦鲁滨等人采用反倾角振动方式替代原刮板输送方式排出重产物，研制出了新型空气重介质流化床分选机并建立了半工业试验系统，其示意图如图 5-8 所示。

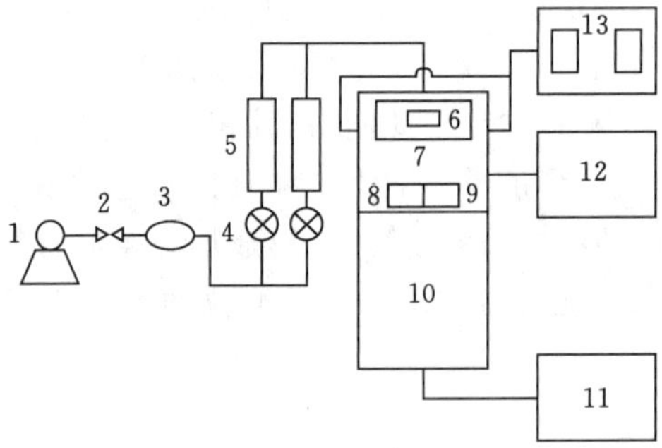

1—罗茨鼓风机；2—控制阀门；3—风包；4—调速阀门；5—转子流量计；
6—给料装置；7—空气重介质分选段；8—密度检测装置；9—床高监测装置；
10—振动排料段；11—矸石脱介筛；12—精煤脱介筛；13—机电控制箱。

图 5-8　试验系统示意图

新型空气重介质干法分选机可对粒度为 6～80 mm 的入选煤进行有效分选，随着入料粒度的增大，分选效果变好，其最大单位处理量为 7 t/(h · m^2)。在合适的风量以及振动参数下，对易选的不黏煤的可能偏差 E_p 为 0.05 g/cm^3，对难选的褐煤的可能偏差 E_p 为 0.07 g/cm^3，实现了对不同可选性煤炭的高精度分选。

5.3　磁团聚分选

5.3.1　概述

在湿式磁选过程中，有用矿物和脉石的分离效率会随着颗粒粒度减小而降低，尤其对粒度小于 5 μm 的细颗粒的分离效果更差。这主要是由细颗粒受到的磁力减小造成的。为了提高磁性细颗粒的回收率，可以借助于细颗粒团聚成絮凝体的方式促进其回收。在外加磁场的作用下，强磁性或弱磁性细颗粒矿物有选择性地自行团聚成链状或团状磁聚体，表观粒度增大，因此在磁场和重力场的综合作用下沉降速度加大，继而在水流作用下实现与不发生团聚的脉石颗粒的分离，此即磁团聚重选法。

近年来，相关研究者对磁团聚过程进行了更深入的研究。磁性絮团结构在很大程度上取决于颗粒间的相互作用、碰撞频率和碰撞效果以及剪切力的影响。颗粒间吸引力(磁力)是絮凝的必要条件，当提高絮凝频率时，有利于絮凝体粒径的增大，而剪切应力的作用则相反。目前已建立了大量颗粒在磁选机中运动的数学模型，为揭示絮团的形成机制奠定了理论基础。

磁团聚选矿技术早前主要用于细粒强磁性矿物的分选，近年来随着磁团聚选矿技术的快速发展，分选对象已推广到细粒弱磁性矿物，如菱锰矿和菱铁矿，并已进入工业应用阶段。与传统选矿方法相比，该技术具有操作成本低、环境污染小等优点，因此是一种回收微细粒磁性颗粒的可行方法。此外，磁团聚技术在矿山开采、钢铁生产、污水处理、食品工业和生物技术等不同领域中都逐步展现出了良好的应用前景。

5.3.2　磁团聚分选技术的应用

1. 磁团聚重选机

在常用的磁选设备中，在分选的同时，不可避免地产生磁团聚现象，造成了脉石和贫连生体在精矿中的夹杂，降低了精矿质量。而在磁团聚重选机中恰恰利用了这种磁团聚现象，其结构示意图如图 5-9 所示。

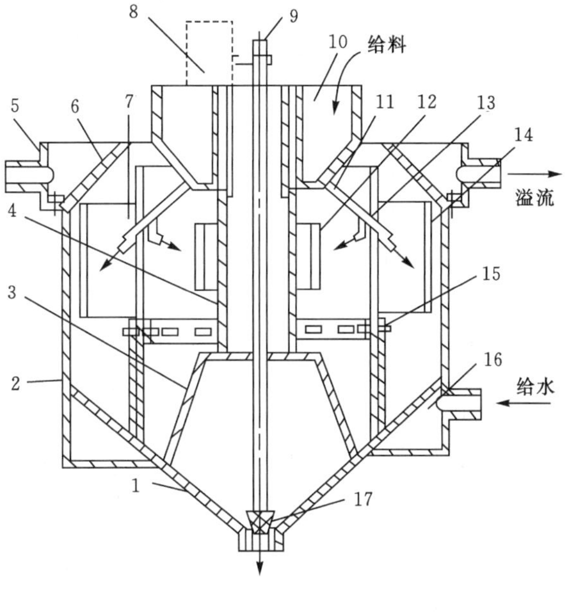

1—底锥；2—筒体；3—支架；4—中心筒；5—溢流槽；6—溢流锥；
7—浓度监测管；8—自控执行器；9—升降杆；10—给料槽；11—给料管；
12—内磁系；13—中磁系；14—外磁系；15—给水环；16—水包；17—排料阀。

图 5-9　磁团聚重选机结构示意图

槽体上部为圆柱形筒体，下部为锥形，锥体部位有上升水流装置，锥顶为排矿口，排矿口大小可通过电动执行器提起或放下胶塞来调节，筒体中央为给矿筒，筒体上部周边为溢流锥。该机最为关键的是磁系，可称为点阵式磁系，由永磁块组成，分为内外两层，每层上下有四圈，内磁系位于给矿筒内侧，外磁系位于槽体与给矿筒之间，每圈都由若干个磁体沿圆周等距离排列，在槽体内形成不均匀磁场，内外磁系相对的空间场强较高，为 10～20 kA/m，上下两层之间的空间磁场则很弱。

其工作原理及分选过程为：由槽底给入上升水，水流在槽内呈旋转状态，矿浆经给矿筒给入槽内，磁性矿粒首先被内磁系磁化，产生磁团聚向下沉降，随由上向下场强大小的交替变化，磁性矿粒也经过团聚—松散—团聚的交替变化。团聚时矿粒会加速沉降，松散时裹在磁团中的杂质被上升水流冲走，使磁性物品位提高。槽内矿浆质量分数由上至下逐渐加大，产生类似重介质的作用，脉石和连生体随上升水流上浮，最后由溢流锥排出。磁团在重力作用下克服上升水流作用，下沉到槽底，最后由排矿阀排出。

保持给矿量和水量稳定是磁团聚重选机的操作要点，当给矿量不稳时，要及时调整排矿口，使溢流大小合适，不跑黑，同时保持供水压力稳定。

首钢集团有限公司矿业公司选矿厂处理的矿石为鞍山式贫磁铁矿，矿石呈不均匀嵌布结构。原设计为二段磨矿、单一磁选流程，矿石须细磨至－0.074 mm 占 85%～90%才能获得品位为 68%的合格精矿。为解决单体有用矿物与贫连生体的分离问题，在适当放粗粒度的前提下保证精矿品位达到 68%，首钢集团有限公司矿业公司与原地质矿产部矿产综合利用研究所共同完成了磁团聚重选新工艺的试验研究，并取得成功，图 5-10 为迁安铁矿磁团聚选矿原则流程。

工业试验结果表明，磁团聚重选新工艺可以有效解决单体有用矿物与贫连生体的分离问题，在保持相同磨矿粒度的条件下，使精矿品位提高了 2 个百分点左右。在保持相同精矿品位条件下可以放粗粒度，并提高了球磨机的处理能力，不失为一种行之有效的铁精矿加工方法。

2. *磁力水力旋流器*

磁力水力旋流器同样利用了磁团聚原理实现磁性矿物与非磁性矿物的分离。图 5-11 为 MГⅡ-2 型磁力水力旋流器。由永磁磁铁构成的第一磁系在截锥尖缩处的磁场强度为 160～168 kA/m，含铁磁性矿物的矿浆通过该磁系磁化后，剩余磁化强度增长到 8～12 Am^2/kg。随后，矿浆进入水力旋流器的圆锥部分，其速度降低到几十分之一。此时，磁铁矿和富连生体颗粒在剩余磁化强度的影响下形成絮团，并在离心力和重力作用下集中在水力旋流器的内筒部分，沿圆筒部分移动进入圆锥部分并经沉砂口排出。

磁力水力旋流器的补加水量由阀门控制，这部分水有助于矿浆稀释，促进细粒非磁性和弱磁性颗粒絮团从表面解除，并加快其向溢流管运动的速度。弱磁性连生体在溢流管处进入带磁极头的第二磁系作用区，此时又形成一部分磁絮团，随后被排入沉砂中，溢流含铁量降低 1%～2%，从而使磁性团粒品位提高。采用 MГⅡ-2 型磁力水力旋流器代替磁力脱水槽，可使最终精矿产率提高 3.3%，铁回收率提高 6.4%。

汤玉和等人对 MГⅡ-2 型磁力水力旋流器进行了改进，新型设备的关键部件是设在内磁系和溢流管前的反流盘和沿旋流器高度上的三个补加水管，其结构图如图 5-12 所示。反流圆盘具有导流作用，对降低金属流失发挥重要作用，使磁性颗粒的回收效果更好。给入上补加水的目的是加速反流圆盘上矿浆的旋转速度，使进入该区域的磁团趋近于旋流器的内

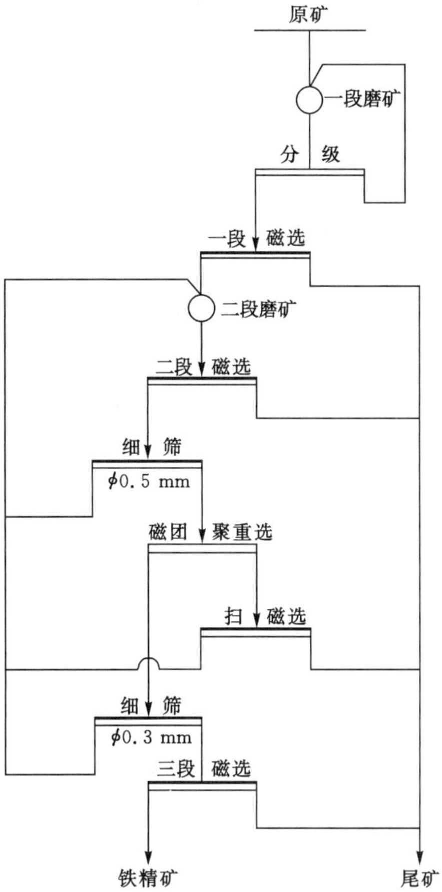

图 5-10　迁安铁矿磁团聚选矿原则流程

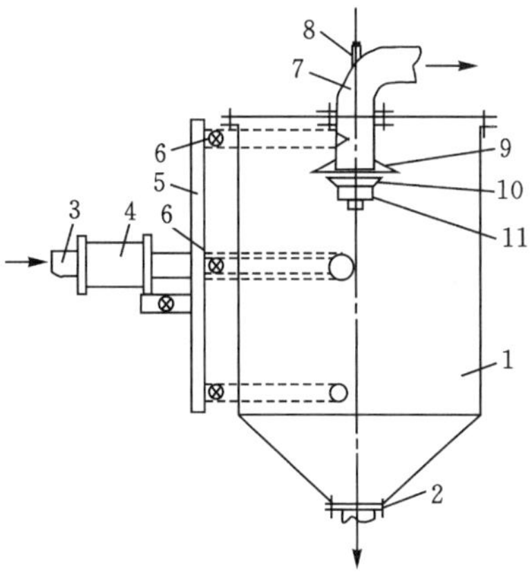

1—机体；2—沉砂嘴；3—增压套管；4—第一磁系；5—供水管；6—调节阀；
7—溢流管；8—调节螺丝；9—导向锥；10—磁极头；11—第二磁系。

图 5-11　MΓⅡ-2 型磁力水力旋流器

壁，最后沿内壁向下进入沉砂。给入中、下补加水的目的则是使这些区域的颗粒呈分散、悬浮状态，使分选过程具有选择性，进一步加强磁性颗粒和非磁性颗粒的分离。

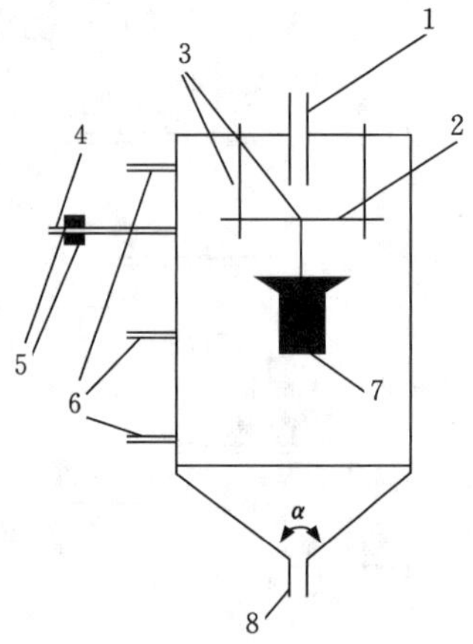

1—溢流管；2—反流圆盘；3—固定装置；4—给矿胶管；5—外磁系；6—补加水管；7—内磁系；8—沉砂嘴。

图 5-12　新型 MГⅡ磁力水力旋流器

5.4　重力浮选

5.4.1　概述

重力浮选是在重选设备上同时进行重选和絮团状颗粒浮选的一种特殊选矿工艺。它是根据矿物与脉石表面物理化学性质的不同，依靠表面力作用，使疏水性矿物表面聚集许多细小气泡，再相互结成絮团状颗粒从而浮于水面，亲水性矿物则沉于水底，并用重选方法分离的过程。在分选设备上，全部采用重选设备，其中以使用摇床居多，所以常称为台浮；其次是溜槽（包括普通溜槽和螺旋溜槽）；此外还会用到湿筛、沉降箱、带式输送机、跳汰机等。

重力浮选工艺的主要优点是能提前把粗粒级中已经达到或基本达到单体解离的、可浮性又较好的矿物分选出来。这样一来，既可以减少粗粒级因过粉碎造成的能量损失，还可以节约投资、简化工艺流程及综合回收有用资源。

重力浮选工艺最适宜处理的矿石粒度范围为 1.6～2.3 mm，最大可达 6 mm，最小可达 0.075 mm。所以对于粒度比较粗、可浮性比较好、用普通重选或浮选又比较难于分选的物料具有较好的适用性。在生产实践中，该工艺可以应用于有色金属、黑色金属、稀有金属、非金属以及煤炭的选别。

重力浮选处理的物料须经过预先脱泥和分级，之后进入搅拌槽中进行调浆，将浓度较高的矿浆与浮选药剂给入调浆器（通常为圆筒式）内充分搅拌，使矿粒与药剂相互作用并与空气接触。调好的矿浆给到摇床或溜槽上，表面覆有捕收剂及中性油的矿物颗粒，疏水亲气性显著增大，颗粒或是独立地或是通过附着的微泡聚集成小团粒，借助于水的表面张力浮于水面，继而随水流漂走。与捕收剂不发生作用的其他矿物颗粒，由摇床或溜槽的精矿端排出。为了加强矿物与气体的接触，强化团粒浮选过程，可加设吹气管，向矿浆液面上吹气，或喷射高压水以带入空气，还可以加强摇床的振动及在台浮床面上附加坡度较大（10°～12°）的给矿小床面，抑或是适当改变床条的布置等。

5.4.2　重力浮选技术的应用

图 5-13 为床面上加设充气管的充气式摇床，充气主管直径为 50 mm，垂直其上装有一排充气分管，其直径为 2 mm，两管间距 100 mm，每一排管端均装有气量调节装置以调节进气速率，吹气管距床面 35 mm。在分选过程中，采用鼓风机来输送空气，当已充气矿浆沿辅助床面流到分选床面时，产生紊流，引起较大的搅动，带入更多的空气，使从搅拌槽排出的已初步形成絮团的矿粒，再混入较多的小气泡，形成更轻更大的絮团，漂浮于分选床面上，并顺着斜面从摇床原来排轻矿物的一侧排出，脉石从摇床原来排重矿物的一侧排出。床面上所增加的斜置床条，除了搅动水流使矿浆中带进更多的空气外，还延长了亲水脉石的分选时间，使脉石中混杂的有用矿物有机会脱离脉石粒群，漂浮起来进入絮团。

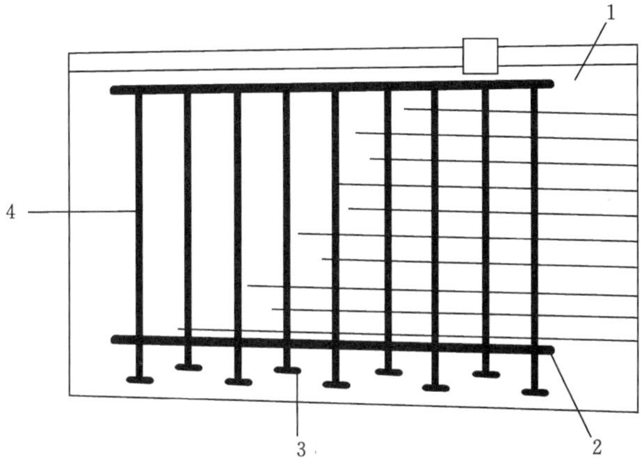

1—摇床；2—充气装置主管；3—气量调节装置；4—充气管。

图 5-13　充气式摇床结构示意图

在对白钨矿的分选过程中，为了提高白钨矿品位，所采用的双层带式溜槽如图 5-14 所示。经调浆的矿浆可由螺旋推进机运到喷水加料斗，矿粒受喷水作用可以均匀流至溜槽，因而浮起的白钨矿便顺水漂浮到沉淀池。为了进一步扫选，可以在皮带上装喷水管 3。矿粒经过喷水管扫选后，在皮带运送中可以很好地捕收空气，等到运至喷水管 4 处，由于向上喷水的作用，矿粒又均匀地落至第二层皮带溜槽上，进行下一次分选。双层或多层带式溜槽设备具有构造简单、可以不用充气装置、制造费用较充气摇床低廉、分离精度高、机械化程度高等很多优点。

近年来，有人在用旋流器处理含焦粉油污水的工程实践中发现，油水混合物中的固体小颗粒随油一起被分离出来。根据沉降理论可知，油的密度比水小，焦粉的密度比水大，油应该从溢流口出，焦粉应该从底流口出。结合浮选原理可知，在旋流器中的油滴相当于浮选剂微气泡，其在旋流场中可吸附固体颗粒，形成视在密度小于液体介质的吸附体，在旋流场的作用下从旋流器的溢流口排出，从而把固体颗粒分离出来。根据超重力的定义和旋流器的工作原理，旋流器中的离心力场可看作超重力场，因此常把这种在超重力场中的浮选称为超重力油浮。

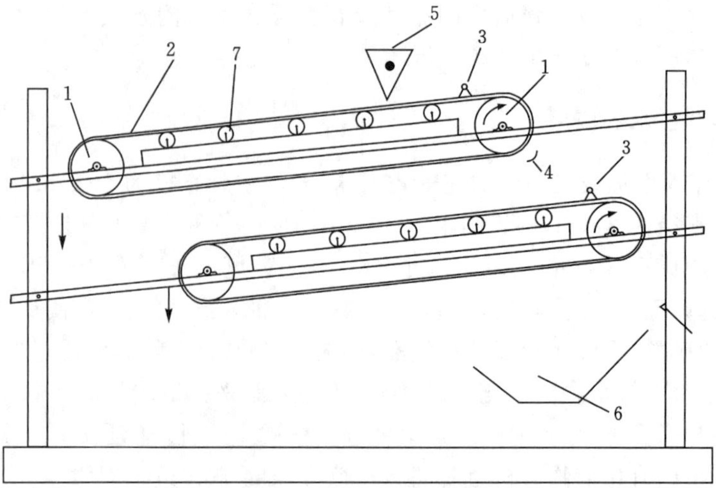

1—皮带管;2—橡胶带;3—喷水管;4—喷水管;5—喷水加料斗;6—接矿槽;7—托轮。

图 5-14　双层带式溜槽示意图

5.5　摩擦与弹跳分选

5.5.1　概述

摩擦与弹跳分选是一种既古老又经济的选矿方法。它是根据有用矿物与脉石之间摩擦系数和碰撞弹性恢复系数的差异,以及它们受摩擦与弹跳作用腾空后在沉降期内受空气阻力不同,因而落点的距离不同来进行分选的。有用矿物与脉石之所以能够这样分选,根本原因是它们的形状或松散密度的差异明显。例如片状云母、纤维状石棉与近似球形的脉石颗粒的分离,就是利用了这个原理在斜面上完成的。除此之外,摩擦与弹跳分选的分选效果还与分选斜面材料、颗粒粒度大小等因素密切相关。

摩擦与弹跳分选具有节约成本的经济优势,但适用面窄、生产率低。此外,若想提高分选技术指标,往往需要多次重复分选,或与其他分选设备联合分选。从原理上讲,摩擦与弹跳分选适于一切形状差异较大的物料,如煤炭、页岩、云母、石棉等片状或纤维状矿物的分选。在实践中多用于形状差异极大的石棉粗级别(+0.5 mm)原料的分选。

5.5.2　摩擦与弹跳分选的原理

摩擦与弹跳分选过程是在斜面上进行的。原料从斜面顶端给入,并沿着斜面向下运动。运动的方式随颗粒形状或松散密度不同而异。其中,纤维状或片状矿物颗粒,几乎全靠滑动摩擦运动,而粒状脉石则有滑动、滚动和弹跳三种运动方式。当单个颗粒在不受干扰的情况下沿斜面向下运动时,纤维状或片状矿物颗粒由于滑动运动加速度较小,运动速度不快,脱离斜面抛出时的初速度较小;粒状脉石则由于产生滑动、滚动、弹跳相结合的综合运动,其加速度较大,运动速度较快,脱离斜面抛出时的初速度较大。

当颗粒离开斜面抛出时,又因空气阻尼的影响,抛射轨迹并不严格沿抛物线前进。其中纤维状或片状矿物颗粒由于形状特殊，受空气阻尼的影响较大，它们在空气中运动时会快速减速，导致抛射轨迹严重不对称，即抛射开始一段尚接近抛物线，其后部分则接近垂直落下，从而使其抛射距离较短；粒状脉石接近球形，其受空气阻尼的影响较小，因此它们在空气中运动时减速较慢，抛射轨迹基本对称，使其抛射距离较远。综合上述，颗粒在斜面上的运动状态和离开斜面时的抛射状态二者的结合，就组成了摩擦与弹跳分选的基本状态。

5.5.3　摩擦与弹跳分选技术的应用

1. 带式筛

带式筛主要用于分选石棉。它是一个倾斜安装的带有振打装置的运输带，如图 5-15 所示。

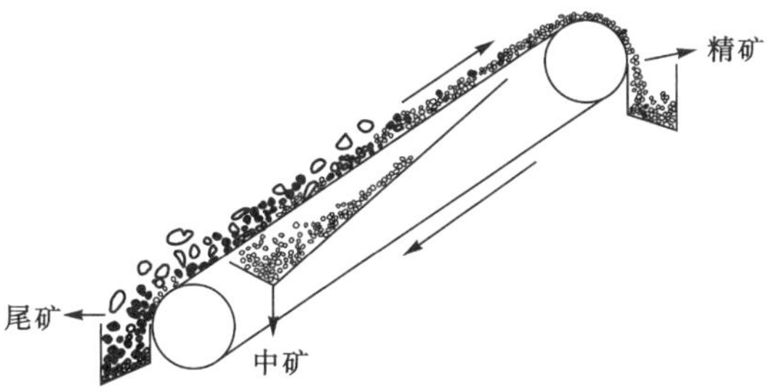

图 5-15　带式筛结构示意图

带面是编制的筛网或刻槽的胶带。带面做回转运动时，带有轻微的振动，带面倾角大于脉石的摩擦角而小于石棉纤维的摩擦角。物料由带面的下半部给入，由于筛面的振动，脉石颗粒与带面产生弹性碰撞，向带面的下半部反跳，并沿带面向下运动，由下端排出；石棉纤维与带面发生塑性碰撞，不发生反跳，同时由于带面倾角小于石棉的摩擦角，所以石棉不沿带面向下滑动，而随带面一起向上运动，从运输带的上端排出。物料在运动过程中，由于筛面的振动，一些细小颗粒透过筛面，从筛下排出，从而完成整个物料的分选过程。

2. 反流筛

反流筛的结构示意图如图 5-16 所示。在倾斜安装的筛箱内装有筛网，上加盖板。筛箱由电动机驱动偏心机构产生与偏心轴振幅相等、方向相反的摆动运动。筛箱振幅恒定，工作平稳。分选过程与带式筛相似，物料也是从筛面的下半部给入，在筛面的往复运动过程中，脉石颗粒与筛面发生弹性碰撞，向筛面的下端反跳，从筛子下端排出，细颗粒透过筛孔作为中间产物排出。反流筛分选长纤维比分选短纤维的效果好，并且处理量大，富集比高，尾矿品位低，精矿质量好，作业回收率高。

3. 弹跳鼓式分选机

近年来，韩国相关学者为降低选煤成本，基于摩擦与弹跳分选原理研制出适用于干式选煤的弹跳鼓式分选机，其结构示意图如图 5-17 所示。在工作过程中，物料经传送带给入具有一定倾角的滑槽上进行下滑运动，滑槽的末端连至一个旋转的鼓筒。鼓筒通常由具有弹性的橡胶或海绵制成，因此下滑至鼓面的物料会与鼓筒发生弹性碰撞，同时在鼓筒旋转作用下会向前发生一段距离的弹射，根据不同物料所对应的弹射距离的差异从而实现分选。

弹射距离 x 与物料在滑槽上的滑动速度 v_s 及物料离开鼓面时的弹射速度 v_b 有关，其

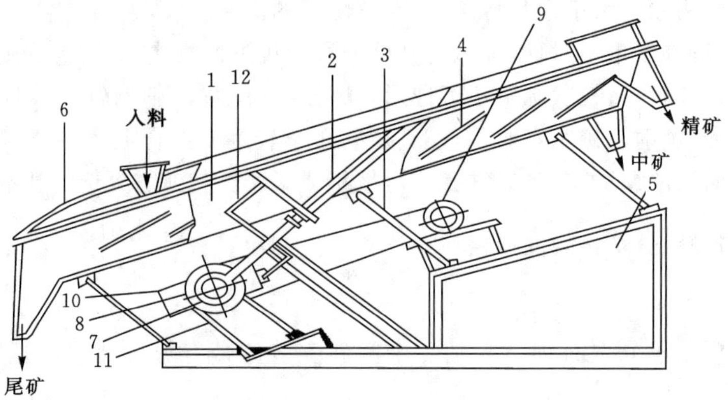

1—筛箱；2—主连杆；3—支腿；4—筛网；5—机架；6—薄盖；7—偏心轴；
8—皮带轮；9—电动机；10—偏心轴套(轴承体)；11—副支腿；12—双曲肘杆。

图 5-16　反流筛结构示意图

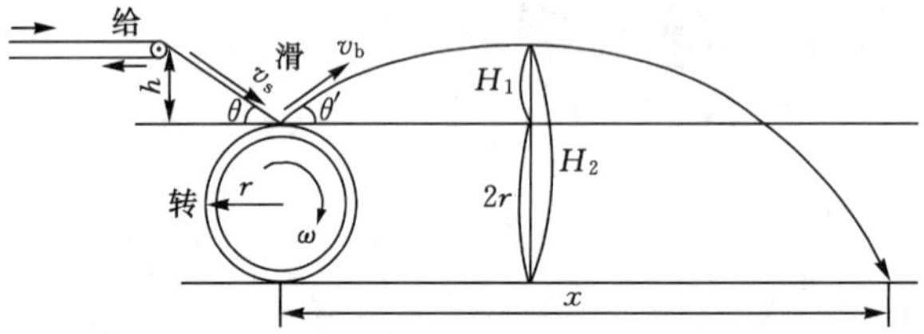

图 5-17　弹跳鼓式分选机结构示意图

中 v_s 和 v_b 的表达式如下：

$$v_s=\left(2gh-\frac{2\mu gh}{\tan\theta}\right)^{1/2} \tag{5-10}$$

$$v_b=[k^2(2gh+v_s^2)+r^2\omega^2]^{1/2} \tag{5-11}$$

式中　g——重力加速度，m/s^2；

h——传送带与弹射点的垂直距离，m；

μ——物料的摩擦系数；

θ——斜板的倾角；

k——物料的弹跳系数；

r——鼓筒半径，m；

ω——鼓筒转动时的角速度，r/min。

假设物料在离开鼓面时做抛物线运动，则弹射距离 x 的表达式为：

$$x=\frac{-(v_s\cos\theta+r\omega)\cdot[v_b\sin\theta'+(v_b^2\sin\theta'^2+4gr)^{1/2}]}{g} \tag{5-12}$$

式中　θ'——弹射角。

从式(5-10)和式(5-11)可以发现，在斜板和转鼓参数固定时，v_s 和 v_b 主要取决于物料的摩擦系数 μ 和弹跳系数 k，其中 k 为物料弹跳的最大垂直高度 H_1 与下落高度 H_2 的比值。通常情况下，形状不规则的物料由于摩擦系数较大，不利于物料的弹射，而形状规则的球形颗粒则容易获得较大的弹射距离。

5.6 涡流分选

5.6.1 概述

根据电磁感应定律，当穿过导体的磁通量发生变化时，在导体中就会产生感应电流。如果导体为块状，则块体中的这种感应电流就会呈涡旋状，称之为涡流。涡流是感生电流，遵从楞次定律，即涡流产生的结果总是要与产生它的原因相对抗。涡流分选方法就是利用涡流和磁场相互作用而产生的电磁力来实现物料分选的一种方法。

举例来说，当导体在不均匀磁场中运动而使穿过其中的磁通量发生改变时，则导体中产生的涡流将阻碍导体在磁场中的运动。这种在磁场中运动的导体会受到很大的阻力，犹如在黏性流体中运动一样。这就是人们所熟知的电磁阻尼现象。假如导体与非导体以相同的条件经过这种突变磁场，它们的运动将会产生差异，从而实现导体和非导体的分离。

涡流分选机在有色金属回收方面的应用越来越广泛，欲获得最大的效益，除了选择高质量的知名产品外，对于物料特征也要控制，比如选择破碎方式时，应使物料尽量成片状，避免成球状，物料粒度差别也不要太大，适宜涡流分选的粒度范围为 2～50 mm。同时，给料速度不应过快，尽量使物料呈单层分布，且应保证较低的含水量，否则会造成粒度小的有色金属颗粒与非金属的粘连，降低分离效率。当前，随着涡流分选技术的不断发展和完善，其在电子废弃物处理、生活垃圾处理、汽车拆解、工业炉渣回收等领域的应用日趋广泛。

5.6.2 涡流分选技术的原理

涡流的产生方式有很多种，相应地就会产生很多涡流分选方法。比如当导体处于一种突变的脉冲磁场中，则导体中产生的涡流将抵制这种磁场的变化，即涡流环电流产生一个与外磁场方向相反的磁场，导体受到的电磁力将使导体向磁场较弱的地方运动。

图 5-18 中旋转着的永磁滚筒的径向磁场，就可看成是一个脉动磁场。处于其上方的导体中会产生如图 5-18 所示方向的涡流，该涡流与磁场作用的结果将使导体受到一种磁斥力的作用而飞离磁滚筒，基于此现象研制出的涡流分选机的工作示意图如图 5-19 所示。

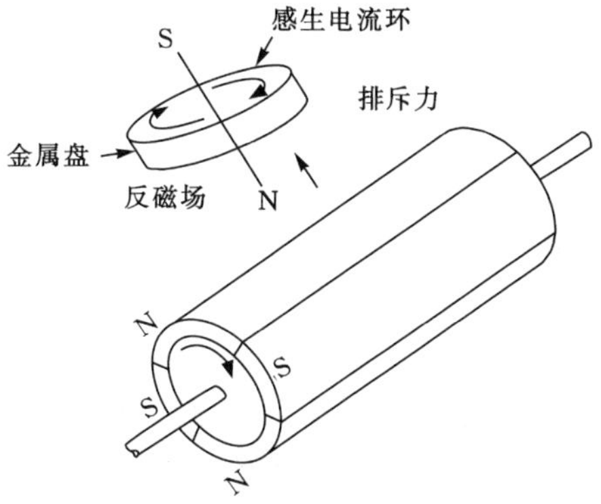

图 5-18　脉动磁场与导体内产生的涡流

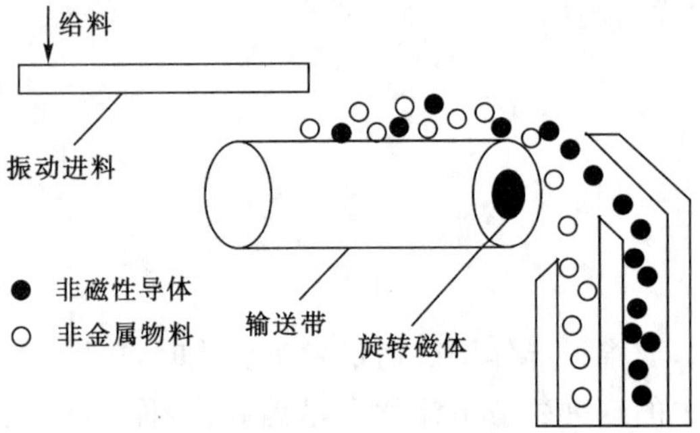

图 5-19　涡流分选机工作示意图

当涡流分选机工作时，在分选磁辊表面产生高频交变的强磁场，当有导电性的有色金属经过磁场时，会在有色金属内感应出涡电流，此涡电流本身会产生与原磁场方向相反的磁场，有色金属（如铜、铝等）则会因磁场的排斥力作用而沿其输送方向向前飞跃，实现与其他非金属类物质的分离，达到分选的目的。

为进一步理解颗粒的分离原理，对即将离开磁辊表面的颗粒上的作用力进行受力分析，如图 5-20 所示。

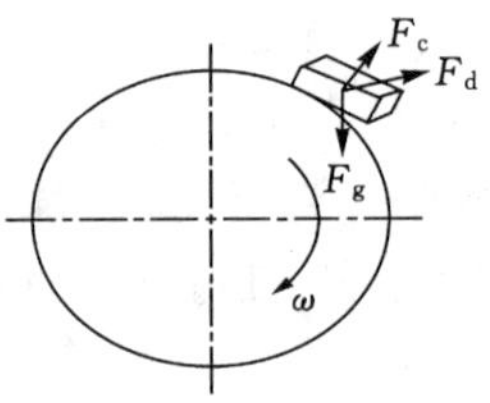

图 5-20　磁辊表面上颗粒的受力分析图

当颗粒通过旋转磁场时，主要受到离心力 F_c、重力 F_g、磁偏转力 F_d 的作用。其中磁偏转力 F_d 是实现导体物料和非导体物料分离的最关键的力，其表达式如下：

$$F_d = kB_e^2 fm \frac{\sigma}{\rho} p \tag{5-13}$$

式中　k——与磁辊设计相关的参数；

B_e——有效磁感应强度，T；

f——磁场变化率，Hz；

m——质量，kg；

σ/ρ——分选系数；

σ——物料的电导率，S/m；

ρ——物料的密度，kg/m^3；

p——物料的形状影响因子。

通过式(5-13)可以看出，磁偏转力与有效磁感应强度呈平方关系。在其余条件相同时，可以判断出不同磁感应强度对于分选效果的影响。磁场变化率是指在磁辊旋转时磁场的变化频率，磁场的频率与磁偏转力成正比，频率越快，则磁偏转力越大。分选系数 σ/ρ 与磁偏转力亦呈正比关系，因为分选系数是物料的电导率与密度的比值，故判断物料的可选性时要综合考虑物料的电导率和密度，其中高电导率、低密度物料所受的斥力最大。p 是物料的形状影响因子，根据分选经验可知，扁平形状物料的分选效果好于柱形物料。

5.6.3　涡流分选技术的应用

1. 皮带式涡流分选机

基于上述原理研制的皮带式涡流分选机分为给矿装置、分选装置和接料装置三部分。其中，分选装置由皮带筒、皮带、磁辊筒三部分组成。皮带筒和磁辊筒各有一套变频调速传动装置，皮带通过皮带筒驱动，其外形结构见图 5-21。为保证皮带上的物料进入磁场后有足够的磁化时间，皮带速度应控制在 1.5 m/s 之内。根据相关理论分析，磁场的频率与磁辊的转速和磁极数有关，磁场的频率越高，磁偏转力越大。在分选细粒级物料时，所要求的磁场频率高，磁场强度高。在涡流分选机设计中，往往通过增加磁极数目来保证磁场频率。

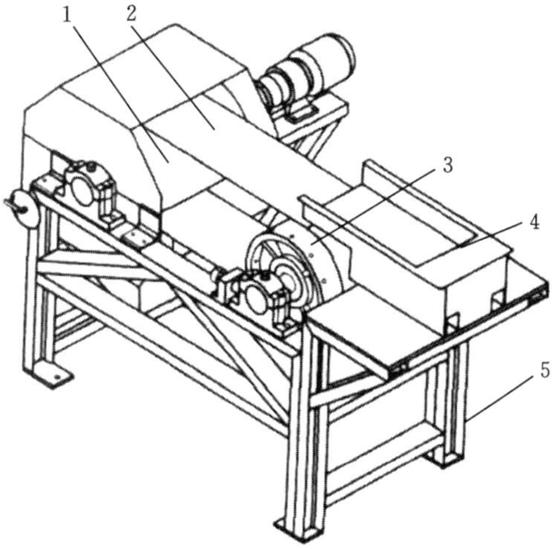

1—磁辊；2—皮带；3—传动辊；4—振动给料器；5—机架。

图 5-21　皮带式涡流分选机外形结构图

磁辊筒由外筒皮和磁系部分组成，其示意图见图 5-22。磁系由多个交替排列的磁极沿圆周方向排列而成，磁系与外筒皮反向旋转，外筒皮通过皮带筒带动皮带旋转。

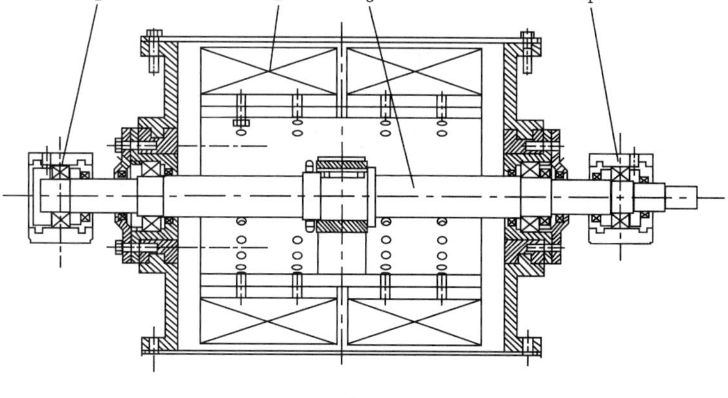

1—轴承及轴承座一；2—磁系；3—轴；4—轴承及轴承座二。

图 5-22　分选辊剖面图

2. “直线电机”型涡流分选机

“直线电机”型涡流分选机采用的是行波磁场，它是由多相交流电磁铁产生的。导体在行波磁场中的运动情况如图 5-23 所示。在该磁场中的导体，在足够的磁力作用下，将沿磁场的运动路径运动。三相对称正弦电流产生了沿直线 v_s 方向运动的行波磁场，处于该磁场中的导体内将产生如图所示的涡流。该涡流与磁场相互作用的结果，将使导体受到一指向行波磁场运动方向的电磁力 F，驱使导体沿磁场运动方向运动。

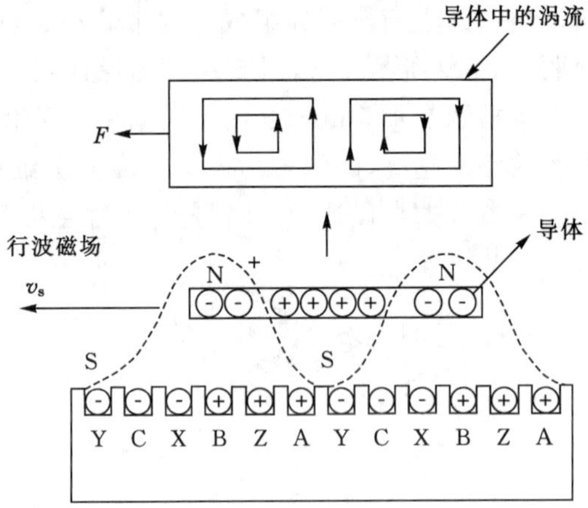

图 5-23　行波磁场内的导体运动

“直线电机”型涡流分选机的主要结构为一垂直于给矿传送带安装的“直线电机”的定子。该定子为双侧型，分别安装在皮带上方和下方。通入工频交流电流后，定子产生的行波磁场从皮带中央向皮带两侧运动，驱动皮带上的导体块粒向皮带两侧运动，从皮带两侧落下。非导体块粒因不受行波磁场的作用而继续随传送带运动，从而与导体分离。

5.7　光电分选

5.7.1　概述

众所周知，不同的矿物甚至不同含量的同一种矿物，在颜色、光泽、密度、反射、折射、散射等特性方面都存在着差别，光电分选就是基于矿物的这些特性，采用光传感器或电传感器来采集矿物的不同特性数据，然后根据数据分析结果进行分选的一种方法。

矿物光电分选包括多个技术分支，其技术分支是由矿物颗粒所具备的不同性质决定的，其中不同性质包括：矿物表面的颜色、透明度、反射能力或漫射的能力以及矿物受激励产生的荧光性质。根据矿物颗粒的这些不同性质又进一步产生了不同的分选手段，例如光分选、射线分选、电磁辐射分选、加热分选等。

光电分选是近年来广泛应用于矿物预先富集的一种技术。通过利用矿物对光的吸收、散射或透射特性，结合光谱分析等技术手段，可以实现对特定矿物的有效分选。这种方法在钨矿、菱镁矿、石英、方解石、长石、铬铁矿、石灰岩、硫化矿等矿物的预先富集中得到了广泛应用。

矿物光电分选设备通常由以下 4 个基本系统构成：给矿系统、扫描检测系统、信息处理和判别系统以及分选执行系统，其工作原理示意图如图 5-24 所示。

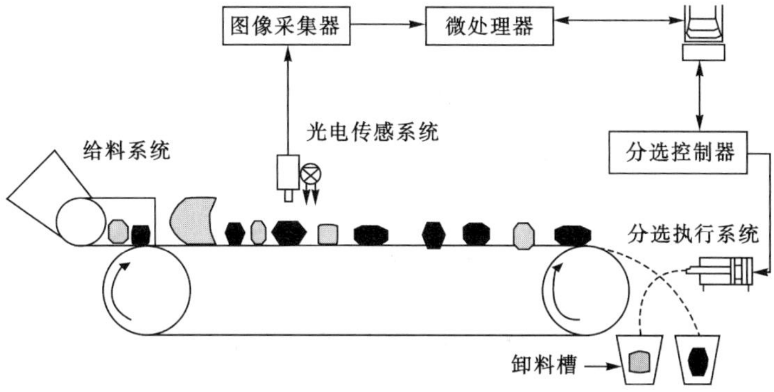

图 5-24　光电分选设备工作原理示意图

物料通过给料系统依次进入传送带上，并形成单层分布，在传送过程中接受光检探头的检测。不同光学性质的物料的图像被送到专门设计的高速微处理器进行数据处理，所得结果和预定值比较，分辨出该矿块是精矿还是尾矿，然后微处理器会生成相应的指令，并将指令传输给分选执行系统。指令通常是针对分选设备上的吹气阀或其他执行机构，以控制吹气阀是否吹气、吹气时间长短等参数，根据此指令，相应的阀开启，用高速压缩空气把精矿(或尾矿)吹离正常轨迹，而未吹的矿块继续按正常轨迹下落，从而完成分选。

5.7.2　光电分选技术的应用

RTZ 矿石分选机公司研制的 M16 型激光光电分选机如图 5-25 所示。该机采用了新型的光电系统和电子信息处理机，分选速度快，处理量大，选别精度高。给矿系统由料仓、电磁振动给矿机、滑槽、稳定器和分选皮带组成。滑槽下端安装的加速辊与稳定器相配合，可使从滑槽溜下的矿块与皮带速度同步，快速平稳地通过扫描区。分选皮带带宽为 800 mm，带速较快，为 4 m/s。

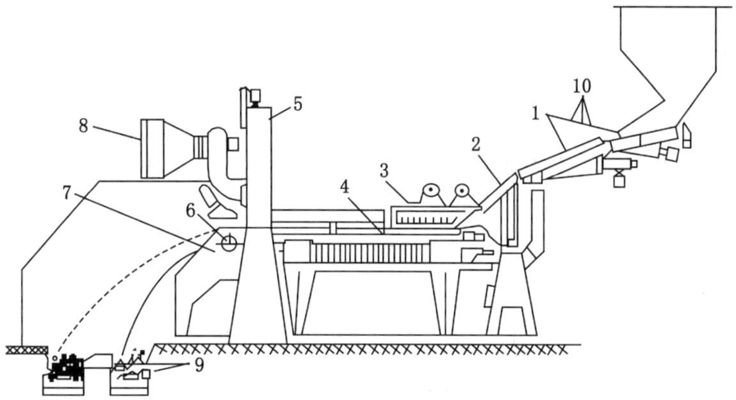

1—给矿机；2—滑槽；3—稳定器；4—分选皮带；5—激光扫描箱；
6—电磁气阀；7—喷射气管装置；8—压风机；9—产品运输机；10—喷水管。
图 5-25　M16 型激光光电分选机

给矿系统可为探测系统的扫描装置提供单层及任意排列的快速稳定的矿流，以保证较高的分选精度，其示意图见图 5-26。

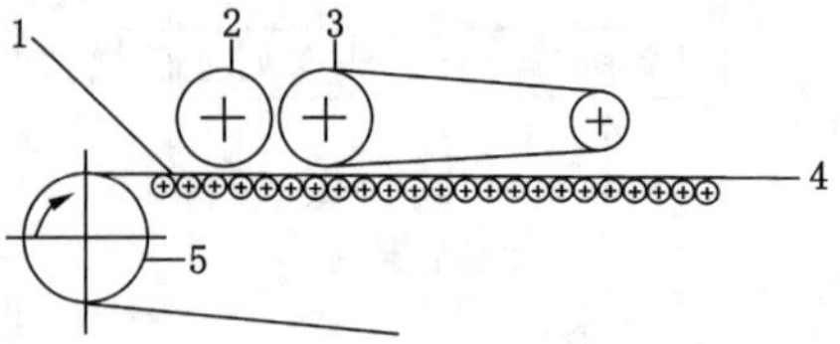

1—滑槽；2—加速辊；3—稳定器；4—主选皮带；5—尾轮。

图 5-26　给矿系统示意图

光探测系统由激光光源、旋转反射镜及光电倍增管组成，如图 5-27 所示。其中光源采用氦氖激光，波长为 632.8×10^{-9} m。旋转反射镜共有 20 个镜面，每一面上粘贴一块镀膜的薄金属片作为反射镜面，并以 6 000 r/min 的速度旋转，每秒钟扫描 2 000 次。主选皮带运行速度为 4 m/s，激光束宽 2 mm，所以每次扫描的面积为 2 mm×2 mm。

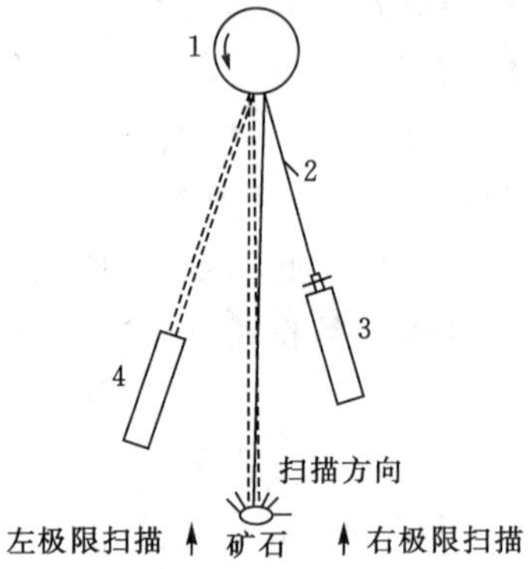

1—20 镜面反射；2—激光束；3—激光；4—光电倍增管。

图 5-27　光探测系统示意图

激光束由旋转多面镜反射到前进的矿石上，由矿石表面反射的部分光束返回到旋转多面镜邻近的一个镜面上后，再反射到光电倍增管，转换为电信号后传给电子信息处理系统，从而完成了光-电的转换过程。

电子信息处理系统为专用的电子信息处理机。信息处理机可根据光电倍增管输给的电信号，确定矿石的粒度、矿石在皮带上的位置及矿石的表面光学特性，并将所得光学特性与给定的预定值进行对比，以确定对每块矿石的取舍。

此外，中国矿业大学针对煤矸石井下分选回填及综合利用的需求，提出了一种基于激光三维扫描与动态称重的煤矸光电分选系统的设计方案，如图 5-28 所示。

首先由称重部分对被测物称重，并从所拍摄的每幅被测物图像中提取激光线，计算每幅图像中被测物光切面的面积，然后根据被测物的体积和质量，按照识别算法对煤矸石进行识别，并根据识别结果向煤矸分选驱动机构发送分选信号，从而实现煤与矸石的在线实时分选。测试结果表明，该系统配合相应的执行机构能够准确地识别出煤和矸石，识别率高达 90%。

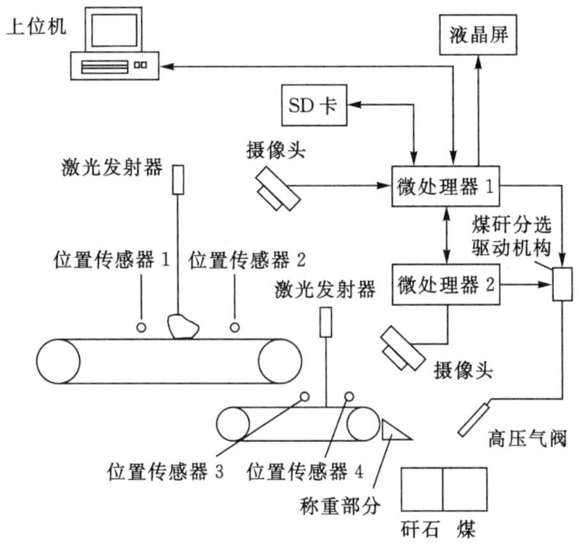

图 5-28　煤矸光电分选系统工作流程

近年来，由矿冶科技集团有限公司和北矿机电科技有限责任公司共同研制了一款 SmaRay 智能矿石分选机，其外形如图 5-29 所示。

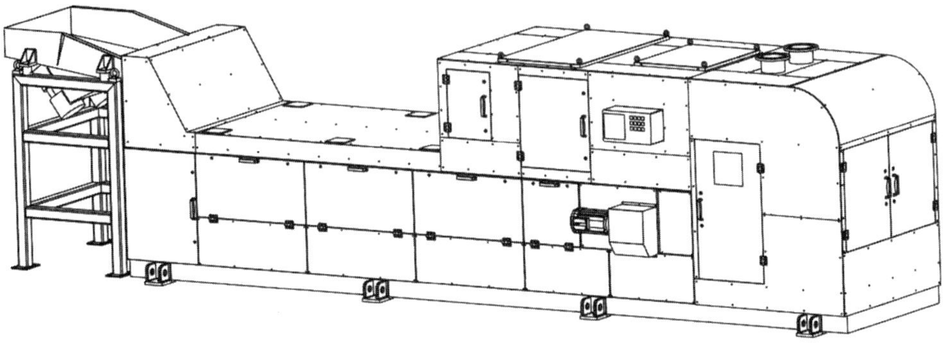

图 5-29　SmaRay 智能矿石分选机外形图

SmaRay 智能矿石分选机可适用于铅锌、钨、锑、锡等矿石的选别，其主要包括给矿输送系统、照射探测系统、喷吹分离系统、电气控制系统、算法软件系统、辐射防护系统。其中，照射探测系统包括射线系统及冷却系统、探测器；喷吹分离系统包括高速电磁阀、喷吹阀板、电磁阀座、电磁阀驱动板；辐射防护系统包括防护门窗等；电气控制系统包括电气柜、工控机等；算法软件系统包括射线、探测器控制软件及识别与喷吹软件。

在 SmaRay 智能矿石分选机的工作过程中，块矿首先通过振动给料机与分矿器均匀给至稳定运转的皮带上，当矿石与皮带间达到相对稳定后，单层平铺进入 X 透射照射区域，经由 X 射线阵探测器获取每一块矿单元像素透射灰度信息，再通过算法软件系统的智能识别功能，实时判断分析矿块的有价信息和位置，输出最终识别与位置结果，经过一段延时，驱动执行系统动作，从而将矿石与废石分离开来并分别送入不同料仓。

思　考　题

1. 简述磁流体分选的基本原理以及磁流体分选设备的结构及工作原理。
2. 形成重介质返混现象的原因是什么？对空气重介质流化床的分选过程有何影响？
3. 简述磁团聚重选机的工作原理及分选过程。
4. 重力浮选工艺的优势是什么？采用该工艺时对物料性质有何要求？
5. 简述带式筛的工作原理、适宜应用场合及分选过程的重要影响因素。
6. 简述涡流分选的基本原理以及涡流分选设备的结构及工作原理。
7. 光电分选过程的特点是什么？应用设备中所依据的矿石性质有哪些？

第 6 章　高等矿物加工中的浮选化学机制

6.1　浮选溶液化学

浮选溶液化学是研究浮选过程中浮选药剂与矿物之间相互作用的化学平衡关系的科学。它基于溶液化学的基本知识，研究浮选药剂在溶液中的溶解、解离与缔合平衡，矿物的溶解平衡、解离与表面平衡，确定浮选药剂对矿物浮选起活性的有效组分，以及浮选药剂与矿物相互作用的最佳条件，进而确定矿物浮选与抑制的最佳条件。浮选溶液化学为合理选择药方以及药剂用量提供理论依据。

浮选溶液化学的研究内容主要包括三方面：① 浮选药剂在溶液中的平衡。研究浮选药剂在溶液中的酸碱平衡、解离平衡、缔合平衡，在各界面的吸附平衡、无机离子的水解水化平衡、大分子在溶液中的平衡；② 研究矿物溶液组分对矿物表面电性及其浮选的影响，通过平衡计算确定矿物表面零电点及表面电荷分布，讨论它们的浮选意义；③ 浮选药剂与矿物相互作用的平衡计算。通过浮选药剂与矿物离子相互作用的平衡计算，确定相互作用的最佳条件，在硫化矿浮选以及无捕收剂浮选中，研究浮选药剂的电化学平衡、矿物溶解过程的电化学、药剂-矿物相互作用的电化学平衡以及电位-pH 图。

6.1.1　浮选药剂的溶液化学

1. 浮选药剂的溶液 pH 值

矿浆 pH 值是影响浮选矿物行为的重要参数，一般通过 pH 调整剂，如氢氧化钠、碳酸钠、盐酸以及硫酸等调节，然而一些浮选捕收剂和调整剂本身具有酸性或碱性，在使用过程中会影响矿浆的 pH 值。浮选药剂溶液的 pH 值与浓度的关系可根据浮选药剂-溶液平衡中浮选药剂溶液平衡质子守恒式计算而得。如硅酸钠溶液的质子守恒式为：

$$[HSiO_3^-]+2[H_2SiO_3]+[H^+]=[OH^-] \tag{6-1}$$

溶液中存在的平衡为：

$$[SiO_3^-]+[H^+]=[HSiO_3^-] \qquad K_1=10^{13.1} \tag{6-2}$$

$$[HSiO_3^-]+[H^+]=[H_2SiO_3] \qquad K_1=10^{9.86} \tag{6-3}$$

设硅酸钠浓度为 C mol/L，则质子守恒式与 C 的关系为：

$$C\times 10^{(13.1-pH)}/[1+10^{(13.1-pH)}+10^{(22.96-2pH)}]+$$
$$2C[10^{(22.96-2pH)}]/[1+10^{(13.1-pH)}+10^{(22.96-2pH)}]+10^{-pH}=10^{-14+pH}$$

求解上述方程组即可求出药剂浓度与矿浆 pH 值的关系。

表 6-1 列出了常用浮选药剂浓度与矿浆 pH 值的关系，由表 6-1 可知，药剂的浓度对矿浆 pH 值是有影响的，在浮选中应注意药剂浓度对矿浆 pH 值的影响。

表 6-1　常用浮选药剂浓度与矿浆 pH 值的关系

浮选药剂	pH 值				
	药剂浓度/(mol/L)				
	10^{-1}	10^{-2}	10^{-3}	10^{-4}	10^{-5}
黄　药	9.0	8.5	8.0	7.5	7.2
油酸钠	9.0	8.5	8.0	7.5	7.2
氰化钠	11.1	10.6	10.1	9.6	9.1
草　酸	1.3	2.1	3.0	4.0	5.0
磷酸钠	12.6	11.9	11.0	10.0	9.0
碳酸钠	11.3	10.8	10.2	9.7	8.9
硫化钠	12.9	12.0	11.0	10.0	9.0
草酸钠	8.6	8.1	7.6	7.1	
硅酸钠	12.4	11.8	11.0	10.0	9.0

2. 浮选药剂的组分分布图

对于常见的调整剂，如 Na_2S、Na_2CO_3、$H_2C_2O_2$ 等，溶液平衡计算较为复杂，为了便于研究浮选溶液化学计算结果与浮选的关系，可采用各种图解法。常用的有浮选药剂组分分布系数(ϕ)随 pH 值的变化图(称 ϕ-pH 图)以及浓度随 pH 值变化图(称浓度对数图)，即 lg C-pH 图。下面以碳酸钠(Na_2CO_3)为例，研究浮选药剂组分分布图在浮选研究中的应用。

碳酸根在溶液中能发生解离以及水解反应，反应式如下：

$$CO_3^{2-}+2H_2O \longrightarrow H_2CO_3+2OH^- \tag{6-4}$$

$$H_2CO_3 \longrightarrow HCO_3^-+H^+ \tag{6-5}$$

$$K_{a1}=[H^+][HCO_3^-]/[H_2CO_3] \tag{6-6}$$

$$HCO_3^- \longrightarrow CO_3^{2-}+H^+ \tag{6-7}$$

$$K_{a2}=[H^+][CO_3^{2-}]/[HCO_3^-]$$

$$H_2O_2 \longrightarrow OH^-+H^+ \tag{6-8}$$

$$K_w=[H^+][OH^-]$$

式中，K_{a1}、K_{a2}和 K_w 分别为碳酸根的一级、二级解离常数以及水的离子积常数，其取值分别为 $1\times10^{-6.35}$、$1\times10^{-10.33}$和 1×10^{-14}，根据上述化学平衡及其平衡常数可得：

$$[CO_3^{2-}]'=[CO_3^{2-}]+[HCO_3^-]+[H_2CO_3] \tag{6-9}$$

$$\phi[CO_3^{2-}]=\frac{[CO_3^{2-}]}{[CO_3^{2-}]'}=\frac{[CO_3^{2-}]}{[CO_3^{2-}]+[HCO_3^-]+[H_2CO_3]} \tag{6-10}$$

由此可得出碳酸钠在溶液中的组分分布系数与 pH 值的关系曲线，如图 6-1 所示。由图 6-1 可知：随矿浆 pH 值变化，碳酸根在溶液中可以 H_2CO_3、HCO_3^- 以及 CO_3^{2-} 等不同形式存在；当 pH 值小于 6 时，碳酸根主要以 H_2CO_3形式存在，在 pH 值为 6～10 区间内，碳酸根主要以 HCO_3^- 形式存在；而当 pH 值大于 10 时，碳酸根主要以 CO_3^{2-} 形式存在。

图 6-2 所示为 0.1 g 蛇纹石存在条件下，碳酸钠及氢氧化钠分别调节矿浆 pH 值时黄铁矿的浮选回收率随 pH 值的变化。图 6-2 中 pH＞7.2 的区间反映的是碳酸钠和氢氧化钠分别调节 pH 值时黄铁矿浮选回收率的差别。由图 6-2 可知：在氢氧化钠调浆情况下，随矿浆

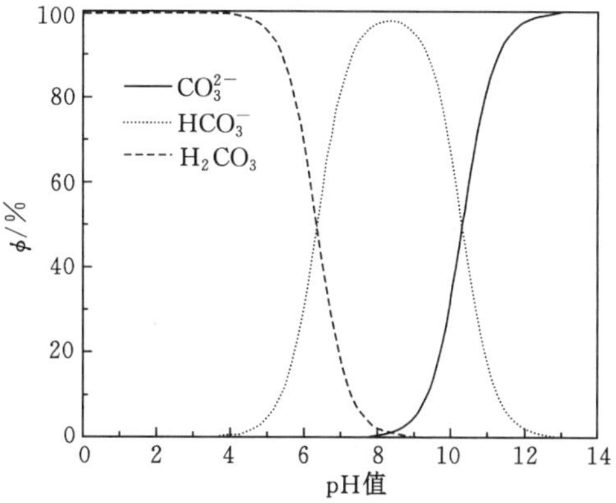

图 6-1　碳酸钠溶液组分分布图

pH 值升高，黄铁矿浮选回收率降低，说明氢氧化钠调节矿浆 pH 值时蛇纹石对黄铁矿的抑制作用随 pH 值升高而增强，这与蛇纹石和黄铁矿的凝聚分散行为相符合。碳酸钠调浆时，随矿浆 pH 值升高，黄铁矿浮选回收率先降低后升高，在 pH 为 7.2～9.0 区间内，碳酸钠调浆时黄铁矿浮选回收率低于氢氧化钠调浆的回收率；而在 pH 为 9～11 区间内，碳酸钠调浆时黄铁矿浮选回收率比氢氧化钠调浆的回收率高。在弱碱性条件下，碳酸根在溶液中荷负电，而蛇纹石表面荷正电，二者之间存在静电吸引作用，碳酸根能够吸附在蛇纹石表面。碳酸钠产生的荷负电的 CO_3^{2-} 在荷正电的蛇纹石表面的吸附，是碳酸盐分散蛇纹石与黄铁矿混合矿、提高被蛇纹石抑制的黄铁矿浮选回收率的主要原因。

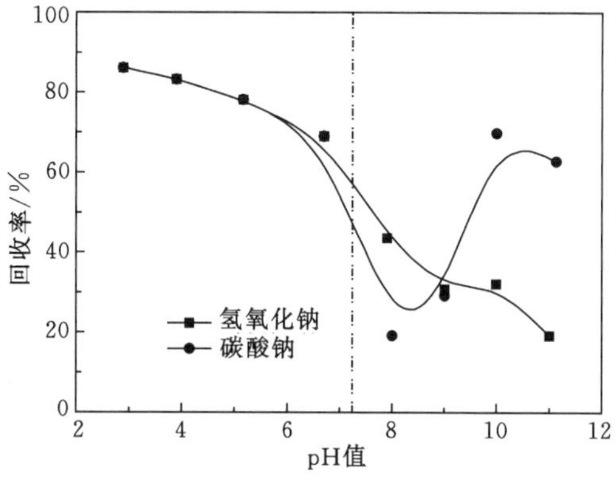

图 6-2　蛇纹石存在时碳酸钠和氢氧化钠对黄铁矿浮选的影响

另一典型的例子是羟肟酸类捕收剂作用机理的研究。苯甲羟肟酸为弱酸，在水溶液中溶解度(25 ℃)为 2.25 g/100 mL，且存在解离平衡，在水溶液中，未解离的分子与解离的离子间的比例，取决于苯甲羟肟酸的解离平衡和介质的 pH 值。苯甲羟肟酸(HB)的解离平衡常数 pK_a 为 8.1，在水溶液中有：

$$HB = H^+ + B^- \quad K_a = [H^+][B^-][HB] \tag{6-11}$$

根据质量平衡：

$$C_B = [HB] + [B^-] \tag{6-12}$$

将式(6-11)代入式(6-12)可得：

$$[B^-]=K_\alpha \cdot C_B K_\alpha+[H^+] \tag{6-13}$$

$$[HB]=[C_B]\cdot[H^+]K_\alpha+[H^+] \tag{6-14}$$

对上式两边取对数可得：

$$\lg[B^-]=\lg[C_B]-\lg(K_\alpha+[H^+])+\lg K_\alpha \tag{6-15}$$

$$\lg[HB]=\lg[C_B]-pH-\lg(K_\alpha+[H^+]) \tag{6-16}$$

将 $C_B=1.0\times10^{-3}$ mol/L，$pK_\alpha=8.1$ 代入上式可得：

$$\lg[B^-]=-11.1-\lg(10^{-8.1}+[H^+]) \tag{6-17}$$

$$\lg[HB]=-3-pH-\lg(10^{-8.1}+[H+]) \tag{6-18}$$

由以上计算结果可绘出苯甲羟肟酸的浓度对数图，如图 6-3 所示。

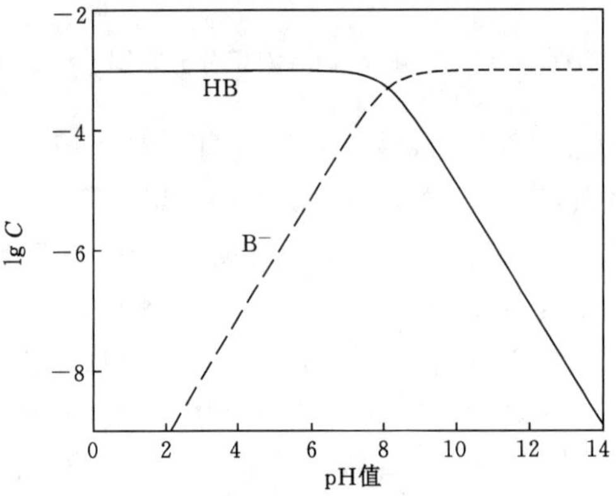

图 6-3 苯甲羟肟酸的浓度对数图

苯甲羟肟酸的捕收性能与 pH 值的关系如图 6-4 所示。

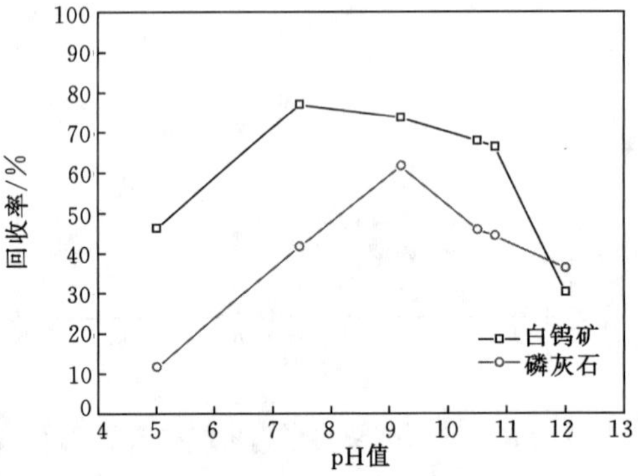

图 6-4 苯甲羟肟酸的捕收性能与 pH 值的关系

由图 6-3 和图 6-4 可以看出，当 $pH<pK_\alpha$，即 $pH<8.1$ 时，苯甲羟肟酸水溶液中[HB]组分占优势；而当 $pH>8.1$ 时，$[B^-]$组分占优势；在苯甲羟肟酸最佳浮选 pH＝6.0～10.0 范围内，苯甲羟肟酸水溶液中$[B^-]$组分与[HB]组分相当。当 pH 值过低时，苯甲羟肟酸加合质子(H^+)减少了能与金属离子螯合的苯甲羟肟酸离子的数量，从而导致捕收能力下降；而且当 pH 值过高时，虽然螯合剂解离增大，但由于矿物表面形成的金属羟基络合物的竞争作用，使苯甲羟肟酸与金属螯合的数量减少，也使捕收能力下降。

3. 长链表面活性浮选药剂的浮选溶液化学

十二胺在水溶液中存在下列溶解和解离平衡方程式：

$$RNH_2(s) \rightleftharpoons RNH_2(aq) \quad S = 10^{-4.69} \tag{6-19}$$

$$RNH_3^+ = RNH_2(aq) + H^+ \quad K_1 = 10^{-10.65} \tag{6-20}$$

同时，长链烷基伯胺烃链间通过范德瓦耳斯作用力，发生疏水缔合作用。在一定浓度下，离子和分子间也产生缔合作用。离子缔合平衡：

$$2RNH_3^+ \rightleftharpoons (RNH_3^+)_2^+ \quad K_d = 10^{2.08} \tag{6-21}$$

离子-分子缔合平衡：

$$RNH_3^+ + RNH_2(aq) \rightleftharpoons RNH_3^+—RNH_2(aq) \quad K_{im} = 10^{3.12} \tag{6-22}$$

根据十二胺在溶液中的各反应式和平衡常数，可计算十二胺在水溶液中的各组分的浓度与 pH 值的关系。

图 6-5 是 $C_T = 1.0 \times 10^{-4}$ mol/L 时，十二胺溶液中各组分的浓度对数图。由图可知，当 $C_T = 1.0 \times 10^{-4}$ mol/L 时，pH<10 时十二胺溶液的主要组分为 RNH_3^+，也是发生静电作用的主要组分，对应于图 6-6 萤石和方解石回收率较高的 pH 区域，当 pH>10.6 后十二胺分子组分浓度占优势，说明捕收剂与矿物的静电吸附能力减弱，对应于捕收能力降低的 pH 值区域。此外，在萤石、方解石回收率最高的 pH 值区间内，存在一定浓度的二聚物 $(RNH_3^+)_2^{2+}$ 和离子-分子缔合物 RNH_3^+-$RNH_2(aq)$，对促进十二胺吸附有一定促进作用。

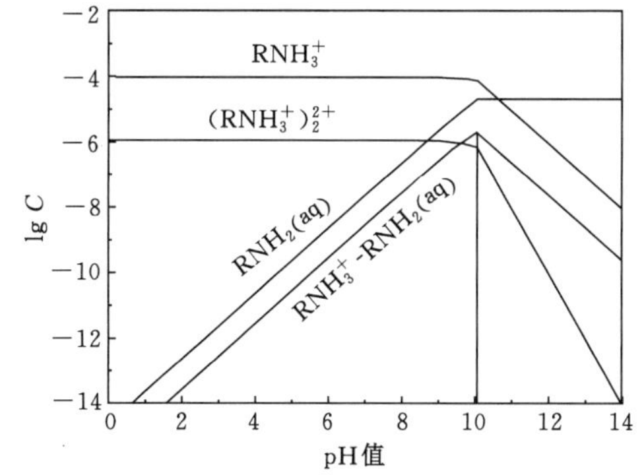

图 6-5　十二胺溶液中各组分的浓度对数图（$C_T = 1.0 \times 10^{-4}$ mol/L）

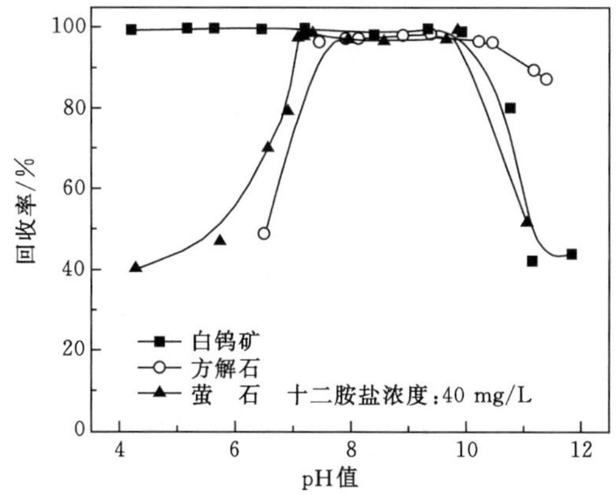

图 6-6　十二胺对含钙脉石矿物的捕收性能与 pH 值的关系

6.1.2 矿物-溶液的溶液化学

1. 矿物溶解平衡与表面电性

一水硬铝石为氧化矿，在水溶液中的溶解反应为：

$$AlO(OH)+3H^{+}=\!=\!=Al^{3+}+2H_2O \quad K_{sp}=10^{7.58} \tag{6-23}$$

而 Al^{3+} 在水溶液中存在以下反应：

$$Al^{3+}+OH^{-}=\!=\!=Al(OH)^{2+} \quad K_1=10^{9.01} \tag{6-24}$$

$$Al^{3+}+2OH^{-}=\!=\!=Al(OH)_2^{+} \quad K_2=10^{18.7} \tag{6-25}$$

$$Al^{3+}+3OH^{-}=\!=\!=Al(OH)_3 \quad K_3=10^{27.0} \tag{6-26}$$

$$Al^{3+}+4OH^{-}=\!=\!=Al(OH)_4^{-} \quad K_4=10^{33.0} \tag{6-27}$$

由上述平衡关系，可得各组分浓度与 pH 的关系：

$$\lg[Al^{3+}]=7.58-3pH \tag{6-28}$$

$$\lg[Al(OH)^{2+}]=2.59-2pH \tag{6-29}$$

$$\lg[Al(OH)_2^{+}]=-1.72-pH \tag{6-30}$$

$$\lg[Al(OH)_3]=-7.42 \tag{6-31}$$

$$\lg[Al(OH)_4^{+}]=-15.42+pH \tag{6-32}$$

根据上述各式，计算一水硬铝石的溶解度对数图如图 6-7 所示。

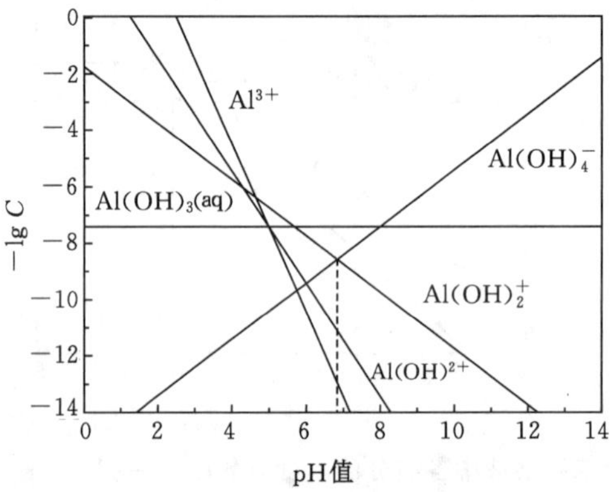

图 6-7 一水硬铝石溶解度对数图

由图 6-7 可知，在酸性溶液中，一水硬铝石的溶解组分为正离子组分 Al^{3+}、$Al(OH)^{2+}$、$Al(OH)_2^{+}$，而在碱性条件下为负离子组分 $Al(OH)_4^{-}$。根据溶液化学原理，对于简单的氧化矿，其理论等电点对应于氧化矿物的高价阳离子的正一价组分[$M^{n+}(OH)_{n-1}^{+}$]与低价阳离子的负一价组分[$M^{m+}(OH)_{m+1}^{-}$]浓度相等的 pH 值。由图 6-7 可以看到，pH＝6.85 时，$Al(OH)_2^{+}=Al(OH)_4^{-}$，由此可得一水硬铝石的理论零电点为 pH＝6.85。用电泳法测得的一水硬铝石零电点变化范围为 5～6，二者接近。X 射线衍射分析表明矿物中的杂质主要有一些硅酸盐矿物如高岭石、叶蜡石和伊利石，其等电点都较低，表面负电位高，使一水硬铝石实测等电点偏离理论值。

2. 矿物的溶解及其对浮选的影响

(1) 矿物溶解度的计算

矿物在水中达到平衡后，矿物中的成分全部以矿物阳离子 M^{n+} 和矿物阴离子 A^{m-} 形式存在，那么，在矿物的饱和水溶液中存在下列平衡：

$$M_m A_n = mM^{n+} + nA^{m-} \tag{6-33}$$

相应的平衡常数为：

$$K_{sp} = [M^{n+}]^m [A^{m-}]^n \tag{6-34}$$

由于溶液中往往存在其他能够与 M 络合的配位体，这种反应及 M^{n+} 的水解反应和 A^{m-} 的加质子反应都会对矿物的溶解度产生影响，因此采用条件溶度积的概念。矿物的条件溶度积为：

$$K'_{sp} = [M^{n+}]_T^m [A^{m-}]_T^n \tag{6-35}$$

式中，$[M^{n+}]_T$，$[A^{m-}]_T$ 分别为 M 和 A 的总浓度，它们之间的关系如下：

$$\alpha_M = [M^{n+}]_T / [M^{n+}] \tag{6-36}$$

$$\alpha_A = [A^{m-}]_T / [A^{m-}] \tag{6-37}$$

设 S_m 为矿物的溶解度，以 mol/L 表示，则

$$K'_{sp} = [mS_m]^m [nS_m]^n = K_{sp} (\alpha_M)^m (\alpha_A)^n \tag{6-38}$$

则

$$S_m = [K_{sp} (\alpha_M)^m (\alpha_A)^n / (m^m n^n)]^{1/(m+n)}$$

在计算过程中应注意矿物表面组分是否生成沉淀等相变化过程。在矿物溶解计算过程中应注意矿物溶解组分的相转移过程，由于该过程的复杂性以及其他因素的影响，理论计算结果与仪器测试结果偏离较大，此外，由于有些矿物的溶解度较小，对测试要求的精度较高，获得准确的结果对浮选机理研究以及浮选的调控有重要意义。

对于复杂多种矿物存在的溶液体系的计算过程更为复杂，如方解石-萤石等共存的溶液体系涉及多种沉淀和溶液平衡，这种计算更为复杂。

简单的溶液体系计算可通过代数方法完成，而复杂的溶液体系计算往往难以利用类似方法处理。LEGGETT 指出了有效快速解决这类问题的一些方法，并将这些方法分为两大类：第一类方法是吉布斯自由能最低法，此法将平衡问题转化为全局最优解问题，适合于多相体系；第二类方法是平衡常数法，此法是通过化学平衡原理得到一系列非线性代数方程，然后以数学方法求解方程，相对第一类方法更为简单、高效。国内学者提出了一些对复杂平衡体系进行计算的较好方法，如逐步迭代法和双平衡电算法。然而，当平衡中存在沉淀等相变过程时，相关的溶液化学计算变得较难处理。此外，在实际浮选分离体系的研究中还存在许多非理想态的操作条件，如浮选药剂往往以分子形式添加到溶液中，在一般的计算过程中往往以药剂离子形式代替药剂添加的总量进行计算。

以白钨矿-方解石-水体系为例，在水溶液中白钨矿和方解石本身将进行微量溶解；而碳酸钠是强碱弱酸盐，碳酸根离子也将发生水解，因此体系中的组分十分复杂，该体系中离子化学守恒式及其对应的数学关系式列于表 6-2 中。

表 6-2 白钨矿-方解石-水溶液中离子化学守恒式及其对应的数学关系式

化学守恒式	数学关系式
$[Ca^{2+}][WO_4^{2-}]=K_{sp1}$	$xy-10^{-9.3}=0$
$[Ca^{2+}][CO_3^{2-}]=K_{sp2}$	$xz-10^{-8.35}=0$
$[H^+]+2[Ca^{2+}]+[CaOH^+]+[Na^+]=2[CO_3^{2-}]+[HCO_3^-]+2[WO_4^{2-}]+[HWO_4^-]+[OH^-]$	$2\times10^{-4}\ t+10^{(-pH)}+2x+10^{(pH-12.6)}x+10^{-3}-2y-10^{(3.5-pH)}y-2z-10^{(10.33-pH)}z-10^{(pH-14)}=0$
$[H^+]+[HCO_3^-]+2[H_2CO_3]+[HWO_4^-]+2[H_2WO_4]=[OH^-]-[Na^+]+[CaOH^+]+2[Ca(OH)_2]$	$10^{(-11.02)}+10^{(3.5-pH)}y+2\times10^{(8.2-2pH)}y+10^{(10.33-pH)}z+2z\times10^{(16.68-2pH)}-10^{(pH-14)}+10^{-3}-10^{(pH-12.6)}x-2x\times10^{(2pH-25.23)}=0$

注：pH=11.0，$[Ca^{2+}]=x$，$[WO_4^{2-}]=y$，$[CO_3^{2-}]=z$，碳酸钠加入量为 t，单位均为 mol/L。

根据表 6-2 的数学关系式，通过 Matlab 软件解数学方程组，得到碳酸钠浓度与矿浆 pH 值以及矿浆中钙离子浓度的关系，如图 6-8 所示。

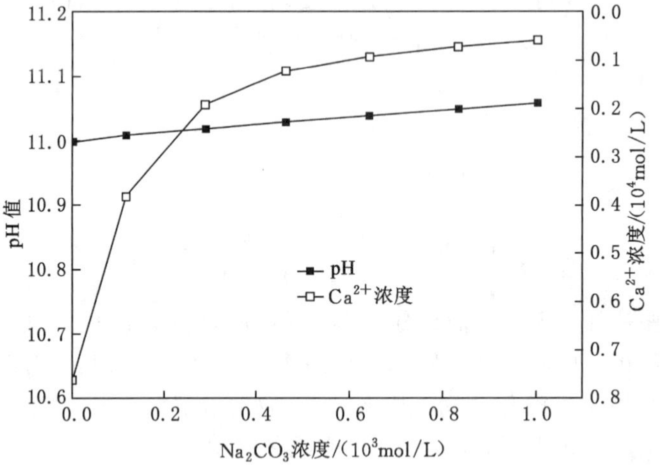

图 6-8 碳酸钠浓度与矿浆 pH 值以及矿浆中钙离子浓度的关系

(2) 矿物溶解对浮选过程的影响

矿物溶解对浮选具有多方面的影响，这些影响会使浮选研究变得复杂。

① 对矿浆 pH 值的影响

硫化矿的溶解度较小，溶解后对溶液 pH 值的影响一般较小，氧化矿，如 Fe_2O_3 溶解后对溶液 pH 值的影响也不大，但大多数盐类矿物的溶解会使溶液 pH 值发生变化。使矿浆的 pH 值稳定在某一狭小的范围，称为盐类矿物矿浆的缓冲性质。这意味着无论矿浆的初始 pH 值是多少，经过一定的时间平衡后，盐类矿物矿浆 pH 值会趋于某一狭小范围。如方解石，以 NaOH 将初始 pH 值调到碱性，经过一定时间趋于 8～9。

② 对离子的活化作用的影响

矿物溶解使矿浆中融入了各种离子，这些离子对矿物的浮选产生重要影响。例如溶解的铜离子会使闪锌矿、黄铁矿的浮选明显改善，这时称 Cu^{2+} 起到了活化作用。

有研究指出，Cu、Pb、Cd、Ag 等硫化物溶解产生的离子浓度远大于活化闪锌矿所需要的浓度，对于黄铁矿，则 Cu^{2+}、Ag^+ 离子的活化作用强，Pb^{2+}、Cd^{2+} 离子的活化作用小。

当硫化矿氧化后，矿浆离子浓度增加，相互之间的影响增强，故复杂多金属硫化矿的浮选分离具有难度。

③ 对捕收剂作用的影响

a. 竞争吸附

矿物溶解离子与同名捕收剂离子在矿物表面发生竞争吸附，对浮选起抑制作用。例如，用油酸钾为捕收剂，在磷灰石及方解石饱和溶液中浮选磷灰石，回收率均比纯水中低，有人认为这是由于两种矿物的饱和溶液中，含有磷酸根、碳酸根等离子，同油酸根离子发生竞争吸附作用。

以十二胺为捕收剂浮选萤石，在萤石的饱和溶液中比在纯水中回收率低，也可以认为由于钙离子同十二胺阳离子捕收剂发生竞争吸附作用。

b. 沉淀捕收剂

溶解的矿物阳离子在溶液中可以同捕收剂阴离子形成盐沉淀，消耗捕收剂，对浮选产生不利影响，增大捕收剂用量。例如用油酸钠浮选磷灰石/方解石，存在回收率低的问题，有人认为这不是碳酸根与油酸根离子竞争吸附所导致的，而是由于钙离子与油酸根离子结合形成油酸钙沉淀。为了提高磷灰石的回收率，可以加入一种阳离子交换剂沸石。沸石中的钠离子与溶液中过量的钙离子发生交换，从而显著降低钙离子的浓度，进而提高磷灰石的回收率。

④ 对矿物表面转化的影响

在矿浆中，某种矿物的溶解组分可以与其他矿物表面发生化学反应，这种反应会导致矿物表面发生转化，从而使某表面电性与浮选行为发生显著变化，进而影响浮选分离过程。矿物表面转化临界 pH 值是判断这种转化是否发生的一个重要指标。

6.1.3　矿物-药剂相互作用的溶液化学

1. 阴离子捕收剂-矿物体系的 pH-pM 图

在阴离子捕收剂 A^--一水硬铝石体系中，可存在如下反应：

$$Al^{3+} + 3OH^- \longrightarrow Al(OH)_3 \downarrow \quad K_{sp} = 10^{-33.5} \tag{6-39}$$

$$Al^{3+} + 3A^- \longrightarrow Al(A)_3 \downarrow \tag{6-40}$$

如果 A 是油酸盐（OL^-），$K_{sp(OL^-)} = 10^{-30}$，A 是脂肪酸盐（R^-），$K_{sp(R^-)} = 10^{-33.6}$。

根据化学反应双对数图，得出油酸盐和脂肪酸盐浮选一水硬铝石时，捕收剂浓度变化和 pH 值变化之间的匹配关系，见图 6-9。

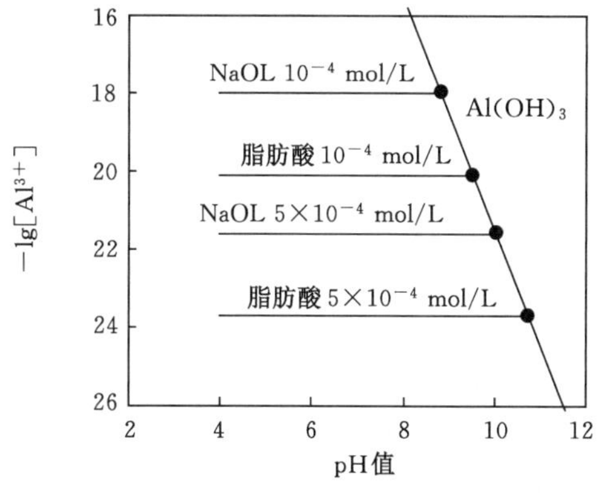

图 6-9　阴离子捕收剂浮选一水硬铝石时，捕收剂浓度与 pH 值的匹配关系

可以看出，不同种类捕收剂和不同浓度，可具有不同的浮选 pH 值范围。表 6-3 给出了不同浓度捕收剂，油酸盐和脂肪酸盐浮选一水硬铝石的 pH 值上限，随着捕收剂浓度增加，浮选 pH 值上限增加，脂肪酸盐比油酸盐浮选 pH 值上限更高。

表 6-3 不同捕收剂浮选一水硬铝石 pH 值上限

药剂浓度/(mol/L)	5×10^{-3}	10^{-3}	5×10^{-4}	10^{-4}	5×10^{-5}
油酸钠为捕收剂时 pH 值上限	10.1	9.8	9.5	8.8	8.5
脂肪酸为捕收剂时 pH 值上限	11.3	11.0	10.7	10.0	9.7

由图 6-9 可知，当用油酸钠浮选一水硬铝石时，油酸钠浓度为 10^{-4} mol/L，其最佳浮选 pH 范围为 5.0～9.0。油酸钠是阴离子捕收剂，当 pH＞6.2 时，一水硬铝石表面荷负电，因此油酸钠与一水硬铝石之间除静电作用外，还可能在一水硬铝石表面发生化学吸附。

由表 6-3 可知，当油酸的用量为 10^{-4} mol/L，浮选一水硬铝石的 pH 值上限为 8.8。此结果与图 6-9 油酸钠浮选一水硬铝石的 pH 值上限的结果一致。超过油酸钠浮选一水硬铝石的 pH 值上限，一水硬铝石表面生成 $Al(OH)_3$，变得亲水，不可浮。

2. 药剂与矿物作用的最佳 pH 范围计算

含钙矿物浮选时，以脂肪酸类捕收剂对矿物的捕收能力以及硅酸钠对矿物的抑制能力为例。白钨矿浮选时脂肪酸类捕收剂与矿物相互作用的化学反应为：

设加入油酸钠(NaOL)浓度为 1.0×10^{-4} mol/L

$$CaWO_4 + 2OL^- = CaOL_2 + WO_4^{2-} \tag{6-41}$$

上述反应的吉布斯自由能 ΔG_1 为：

$$\Delta G_1 = \Delta G_1^{\ominus} + RT\ln\frac{C_{WO_4^{2-}}}{(C_{OL^-})^2} \tag{6-42}$$

式中，$C_{WO_4^{2-}}$ 为 WO_4^{2-} 离子的浓度，mol/L；C_{OL^-} 为 OL^- 离子的浓度，mol/L。

$$CaCO_3 + 2OL^- = CaOL_2 + CO_3^{2-} \tag{6-43}$$

上述反应的吉布斯自由能 ΔG_2 为：

$$\Delta G_2 = \Delta G_2^{\ominus} + RT\ln\frac{C_{CO_3^{2-}}}{(C_{OL^-})^2} \tag{6-44}$$

式中，$C_{CO_3^{2-}}$ 为 CO_3^{2-} 离子的浓度，mol/L。

$$CaF_2 + 2OL^- = CaOL_2 + 2F^- \tag{6-45}$$

上述反应的吉布斯自由能 ΔG_3 为：

$$\Delta G_3 = \Delta G_3^{\ominus} + RT\ln\left(\frac{C_{F^-}}{C_{OL^-}}\right)^2 \tag{6-46}$$

式中，C_{F^-} 为 F^- 离子的浓度，mol/L。

由图 6-10 可知，在碱性条件下，油酸钠与方解石和萤石的相互作用强度强于白钨矿，说明油酸钠对方解石和萤石的捕收能力强于白钨矿，与浮选试验结果相符。

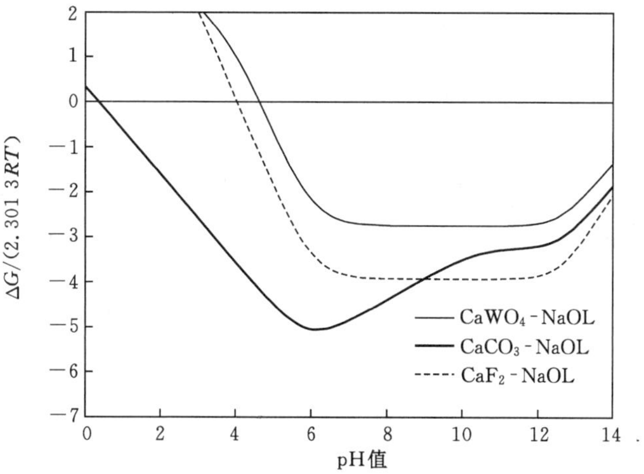

图 6-10　含钙矿物与油酸钠作用的 ΔG-pH 图

6.2　硫化矿浮选电化学

1953 年 Salamy 和 Nixon 提出硫化矿表面的化学作用可根据浮选电化学机理解释，开创了浮选化学研究领域的一个新方向——硫化矿浮选电化学。20 世纪 50 年代，人们开始注意和研究氧在硫化矿浮选中的作用，通过现代电化学理论和测试方法，发现氧的还原是硫化矿浮选过程中一个重要环节，并发现硫化矿的浮选是一系列氧化还原反应的综合结果。这些氧化还原反应包括硫化矿的氧化、捕收剂的氧化以及氧的还原，而这一系列氧化还原反应的结果又与硫化矿-矿浆界面电位有密切关系，不同的界面电位导致不同的表面产物。在此发现的基础上，综合电极反应动力学、热力学理论、半导体能带理论以及分子轨道理论，形成硫化矿浮选电化学理论，在浮选电化学理论的指导下，把电位的调节和控制引入浮选过程，这标志着硫化矿的浮选发展到了新的高度——电化学调控浮选阶段，利用电位-pH 值、药剂浓度的匹配、调节和控制，使硫化矿表面疏水化或亲水化，从而实现浮选分离，主要控制参数为矿浆电位、药剂浓度以及矿浆 pH 值。

6.2.1　硫化矿的天然可浮性与无捕收剂浮选

有关硫化矿的天然可浮性的研究一直是这个领域争论的热点。1907 年表层浮选法在工业上得到应用。关于硫化矿的天然可浮性主要有以下几种观点：① 具有弱极性表面的少数硫化矿具有天然可浮性，如雌黄、雄黄、辉钼矿；② 大多数硫化矿只有在特定的条件下具有天然可浮性，如黄铜矿和黄铁矿所具有的天然可浮性归结于表面元素硫的形成，并发现元素硫越多，疏水性越好，也有研究表明黄铜矿的天然可浮性是矿物表面形成了缺金属硫化物的结果。1993 年，Pang 和 Chander 在黄铜矿表面检测到了缺金属硫化物，而 Yoon 则认为这是硫化矿表面形成了多硫化物的原子簇的结果。无论是元素 S、缺金属硫化物还是多硫化物，都是 S^{2-} 经过某种程度氧化后的产物，与矿浆电位有关。

大多数硫化物不具有天然可浮性，而是在一定的矿浆电位下才出现无捕收剂浮选行为，如方铅矿无捕收剂浮选回收率与电位变化的研究结果表明，在 160 mV 到 340 mV 之间，方铅矿表现出良好无捕收剂可浮性，并且观察到在这个电位范围内方铅矿表面有元素硫的形成。

不同的硫化矿具有不同的无捕收剂浮选能力，Ralston 根据浮选试验结果对不同硫化矿的无捕收剂浮选能力进行了排序，其强弱顺序为：黄铜矿＞方铅矿＞磁黄铁矿＞镍黄铁矿＞铜蓝＞斑铜矿＞闪锌矿＞黄铁矿＞毒砂。矿物的无捕收剂浮选行为与 pH 值、电极电位、磨矿条件、电位控制方式等因素有关。对黄铜矿无捕收剂浮选行为的研究表明，黄铜矿和方铅矿在适当的电位条件下可进行无捕收剂浮选，且黄铜矿的可浮电位区间大于方铅矿，同时方铅矿无捕收剂浮选受 pH 值影响较大，pH 值越高，可浮性越低。

研究发现，通过调控电位和 pH 值到适宜范围，某些具有良好电子导电性的硫化矿物，可以在不需要添加捕收剂的情况下进行有效浮选，这种技术被称为电化学调控下的无捕收剂浮选技术。

6.2.2 硫化矿表面产物形成的混合电位模型

混合电位模型确定以前，有关捕收剂在硫化矿表面的吸附形式一直没有定论，有分子吸附、离子吸附、交换吸附和化学反应等。20 世纪六七十年代，通过大量电化学测试和红外光谱分析研究了硫化矿与黄药的作用机理，发现黄铁矿、方铅矿和闪锌矿表面产物的形式是截然不同的。1972 年，Allison 通过提取不同静电位下不同硫化矿与黄药作用的产物进行检测，得出了系统结论。Allison 认为如果矿物的静电位高于捕收剂氧化的可逆电位，则在矿物表面形成捕收剂的双聚物，这种类型的矿物有黄铁矿、毒砂、铜蓝等，反之形成金属捕收剂盐，这种类型的矿物有方铅矿、斑铜矿等。同一年，Goold 等人用乙硫氮和黑药进行了类似的研究并得出了相似的结论。这些研究结果奠定了硫化矿浮选电化学混合电位模型的基础。

按照硫化矿与捕收剂作用的混合电位模型，认为硫化矿与捕收剂的作用为电化学反应，其阳极过程是由捕收剂转移电子到硫化矿或硫化矿直接参与阳离子反应而产生疏水性物质，其阴极过程为气相的氧气从矿物表面上接受电子而还原。如果用 MS 表示硫化矿，X 表示捕收剂，则硫化矿与捕收剂作用的电化学反应为：

阴极反应为氧气还原：

$$O_2+2H_2O+4e = 4OH^- \tag{6-47}$$

阳极反应为捕收剂阴离子向硫化矿表面转移电子，或者为硫化矿表面直接参与阳极反应而形成疏水物质，包括以下几种：

(1) 硫氢捕收剂离子的电化学吸附：

$$X^- = X_{ads}+e \tag{6-48}$$

(2) 硫氢捕收剂与硫化矿表面生成硫氢捕收剂金属盐：

$$MS+2X^-+4H_2O = MX_2+SO_4^{2-}+8H^++8e \tag{6-49}$$

或者

$$2MS+4X^-+3H_2O = 2MX_2+S_2O_3^{2-}+6H^++8e \tag{6-50}$$

这类作用机理以方铅矿为代表。

(3) 硫氢捕收剂离子在硫化矿表面氧化为二聚物：

$$2X^- = X_2+2e^-$$

这类作用机理以黄铁矿为代表。

根据电化学原理，对单电极过程，其基本特征是反应的自由能随界面的电位大小而变化，以反应 $2X^- = X_2 + 2e$ 为例，在反应中，一方面捕收剂离子氧化为二聚物，另一方面氧化生成捕收剂二聚物也可以还原为捕收剂阴离子，当界面电位等于反应的平衡电位时，总的表观反应速度为 0，即正向反应速度等于反向反应速度。

当电位发生变化时，有两种情况：一是电位值向阳极反应增加，在这种情况下正向反应速度增大，反向反应速度减小，总的结果是捕收剂离子氧化为二聚物的速度增加；二是电位值向阴极方向增加，此时正向反应速度减小，反向反应速度增加，总的结果为捕收剂离子氧化为二聚物的速度减小，或者捕收剂阴离子不能氧化为二聚物。

对于浮选电化学体系，即总的电化学反应，阳极反应和阴极反应总是同时存在的，并以相同的速度进行，不可能出现单独的阳极反应和阴极反应，阳极反应给出电子，阴极反应接受电子，从而构成一个完整的电化学氧化反应，同时，也由于这种阳极反应与阴极反应的相互制约，使整个电化学反应只能以有限的速度进行，相应地，电化学反应体系存在一个由阳极反应和阴极反应所控制的平衡电位，这种电位称为混合电位。

6.2.3　氧在硫化矿浮选中的作用

1. 氧在硫化矿表面的还原反应

在浮选技术的早期发展中，人们发现氧化程度较高的硫化矿很难进行有效浮选，因此普遍认为氧化对硫化矿的浮选不利。为了解决这个问题，工业实践中采取了氮气浮选工艺，但并未达到预期效果。然而 Gaudin 等人意识到硫化矿与氧气反应会生成氧-硫产物，这些产物可以与捕收剂离子进行交换，形成捕收剂盐。

混合电位模型进一步表明氧的还原作为硫化矿表面电化学反应的阴极反应是不可缺少的。

关于硫化矿表面氧的还原，有许多研究结果可以总结如下：① 不同矿物表面氧的还原活性存在差异，例如不同类型的黄铁矿表面氧的还原活性不同，这是由表面电子结构的差异所导致的。对于黄铜矿、方铅矿、砷黄铁矿、铜蓝、辉铜矿等矿物表面氧的还原，黄铁矿表面对氧的还原活性最高，而方铅矿的活性最差。这种活性差异可能会影响捕收剂在矿物表面的产物形成。② 硫化矿表面氧的还原产物方面，1996 年 Alhberg 和 Broo 利用旋转圆盘技术研究了金、铂、黄铁矿和方铅矿表面氧的还原过程，并在黄铁矿表面检测到了过氧化氢（H_2O_2）的存在。他们指出，黄铁矿表面氧化还原的产物主要是过氧化氢，而方铅矿表面主要生成水。此外，黄铁矿表面的氧化还原电流远大于方铅矿。研究者认为，黄铁矿表面生成双黄药的过程可能与过氧化氢的存在有关。

2. 硫化矿表面的氧化产物

在氧气存在时，大多数硫化矿都是热力学上的不稳定体，因为它们的矿物晶格中含有具有还原性的硫原子。所以在开采、破碎和磨剥硫化矿时，矿物表面或多或少都会存在某种程度的氧化。硫化矿自身的氧化行为对浮选的影响巨大，不同的矿浆条件氧化结果不同，适合的条件下会导致无捕收剂浮选。

硫化矿氧化产物受 pH 值、电位和氧化时间影响很大，对于方铅矿而言，深度氧化时（过电位较高时），pH 等于 6 的氧化产物是硫酸铅，pH 等于 9 的氧化产物是硫代硫酸铅，pH 大于 12 的氧化产物是氢氧化铅和硫代硫酸铅，轻度氧化时（过电位较低时），氧化产物主要是元素 S。对于黄铁矿而言，研究结果表明 pH 约等于 9.2 时的缓冲溶液中，氧化初期氧化产物为氧化亚铁、氢氧化亚铁以及硫酸根，后期则以氢氧化铁和硫酸根为主，对于 pH 大于 11 的环境，表面产物则以氢氧化铁为主，酸性条件下表面会产生元素 S。总体来说，硫化矿氧化时，低过电位下，表面产物会产生元素 S，过电位时，S 原子会被氧化为硫酸盐或硫代硫酸盐。

3. 硫化矿的氧化速度

硫化矿氧化的快慢，按耗氧率确定的氧化速度顺序为：磁黄铁矿＞黄铁矿＞黄铜矿＞闪锌矿＞方铅矿；按电极电位确定的氧化速度顺序为：黄铁矿＞铜蓝＞黄铁矿＞毒砂＞斑铜矿＞闪锌矿。Brion 用 XPS 结合极化曲线研究表明黄铜矿和黄铁矿的氧化速度大于方铅矿和闪锌矿，闪锌矿的氧化速度最小。Buckley 则发现断裂的黄铁矿表面比摩擦的黄铁矿表面更容易氧化，大多数研究者都一致认同，在高过电位时，硫化矿的氧化速度比低过电位时的氧化速度快得多。

6.2.4 硫化矿半导体性质对电化学行为的影响

硫化矿浮选行为的差异源于不同硫化矿独特的个性特征，绝大多数硫化矿都是半导体，不同的半导体性质导致不同的硫化矿与捕收剂作用行为。

研究指出矿石中的黄铁矿为 P 型半导体，而煤中的黄铁矿为 N 型半导体，这种差异导致它们表现出不同的浮选行为。P 型半导体方铅矿空穴导电，有利于捕收剂吸附，而光照效应影响方铅矿半导体性质，方铅矿表面空穴富集，利于捕收剂的吸附；而 N 型半导体黄铁矿对氧的还原非常有利。由于 pH 值和药剂浓度的变化，硫化矿表面电子结构（费米能级、平带能级）会相应改变，进而影响黄铁矿与方铅矿表面电化学行为，实现对硫化矿的捕收和抑制。因此，通过控制矿物表面电子结构可控制矿物浮选行为。例如用光照和升温的方法改变矿物的电子结构，达到改善浮选的目的；引入缺陷、掺入杂质也会影响矿物的浮选行为。事实上，控制电位与控制能级异曲同工，因为电位在本质上就是一种电子能级的度量。

6.2.5 磨矿体系的电化学性质

硫化矿浮选是一个复杂的体系，硫化矿在入选前需要经过开采、破碎、筛分、磨矿、分级和搅拌等工序，每一个工序都是开放体系，必然会对硫化矿的表面性质产生影响，最终影响到硫化矿的分离效率。在这些因素中，影响最大、研究最多的是磨矿体系。

不同磨矿介质下矿物具有不同的可浮性。例如陶瓷磨矿，方铅矿浮选速度快，回收率高；铁球磨矿浮选速度慢，回收率低。低碳钢球介质不利于铜和铅的浮选速度，采用自磨则改善了它们的浮游性。

磨矿体系对硫化矿表面电化学反应及浮选的影响可归纳为以下几点：

(1) 磨矿行为改变了矿物的表面性质，在矿物表面产生缺陷，引入杂质，使得矿物表面能级发生变化，影响到矿物的电极电位，同时也改变了表面活性。例如钢球介质磨矿下铁略微降低了方铅矿的活性，而明显降低了闪锌矿的活性，因而导致了铅锌矿的选择性分离。硫化矿磨矿时吸附在硫化矿表面的铁微粒引起电位降低，使这些硫化矿对黄原酸盐捕收剂的吸附作用大大降低，从而降低了硫化矿的可浮性。对闪锌矿的磨矿作用发现，磨剥行为使亚铁离子取代闪锌矿的锌离子，改变了矿物的表面性质，恶化了闪锌矿的浮选。干式和湿式磨矿矿浆的氧化还原电位的差异，也使黄铁矿表面的单体 S 析出量存在差异，造成了浮选速率的差异。

(2) 磨矿介质的某些组分会直接参与矿物表面氧化还原反应，影响表面产物。磨矿体系一般采用钢球介质，不可避免产生铁离子和亚铁离子，这些离子既可以在硫化矿表面氧化或者还原，又可以在矿物表面形成不溶物，从而影响矿物的可浮性。Katerina Adam 用 XPS 研究发现方铅矿、闪锌矿表面都有含铁化合物出现，且它们的特征峰随磨矿时间延长而增强。

(3) 腐蚀电偶的作用。在新生和未磨剥表面之间、矿物与矿物之间、矿物与介质之间、不同性质的表面之间，由于它们各自的电位不同，可能会形成腐蚀电偶。一般来说，存在两种类型的腐蚀电偶：一种类型是磨剥腐蚀电偶，其中新鲜的磨剥表面充当阳极，而未经磨剥的表面充当阴极。在这种情况下，腐蚀反应包括磨剥表面的氧化和未磨剥表面上氧的还原。另一种类型是矿物与钢球之间的电化学作用。这里的矿物颗粒，特别是硫化矿物，引起阴极作用，而钢球则充当阳极。例如，当磁黄铁矿与几种钢球介质接触时，其浮选效果可能会有所不同。这是由于矿物与低碳钢之间产生的腐蚀电偶，特别是在氧气存在时，会严重影响矿物的可浮性。在磁黄铁矿阴极发生氧的还原反应时，会产生氢氧根离子。这些氢氧根离子与磁黄铁矿中的亚铁反应，形成氢氧化铁薄膜，对磁黄铁矿的浮选产生不利影响。在低碳钢的阳极上，铁被氧化成亚铁离子。根据腐蚀理论，铁的氧化速度与氧的还原速度成正比，因此，腐蚀损耗随着氧气分压的增加而增加。Majima 利用电化学极化技术研究了黄铁矿与方铅矿和闪锌矿之间的腐蚀电偶作用后发现，当黄铁矿分别与方铅矿和闪锌矿接触时，在方铅矿和闪锌矿表面形成了硫元素。这被归结为腐蚀电偶的作用。

6.2.6　电位控制浮选技术

矿物表面的疏水过程实质上是一种表面电化学反应，硫化矿物的浮选与矿浆氧化还原电位密切相关。因此电化学调控浮选成为当今国内外研究的热点之一。

20 世纪 80 年代初发现，每种硫化矿都有其适合浮选的矿浆电位范围，只有在此范围内，矿物才具有更好的可浮性。矿浆电位是浮选过程中除了药剂与 pH 值以外的第三个重要参数。

中南大学在此领域开展了深入的研究工作，认为矿浆电位实际上是复杂的硫化矿磨矿-浮选体系中众多氧化还原反应的宏观体现。电位调控浮选就是通过调节传统浮选操作因素达到调控矿浆电位并改善浮选过程，进而实现调整浮选指标的目的。通过与广东的凡口铅锌矿等矿山合作，成功将电位调控浮选技术应用工业生产中。

矿冶科技集团有限公司研发的电化学控制浮选技术是以浮选电化学为基础，依托先进的传感器技术、电子计算机和自动控制技术，通过检测矿浆电位及离子组成等参数，利用数学模型和自动控制工程对浮选工业过程实行优化控制的技术。该项技术在黑龙江西林铅锌矿和乌拉嘎金矿等企业的工业应用中获得成功。

人们对硫化矿浮选过程电化学机理的研究逐渐深入，用电化学方法研究了电位对浮选过程的影响。浮选电化学理论发展的同时期，电位调控浮选的思想逐步形成，电位作为控制浮选的又一个重要参数被引入浮选过程，在这一研究中，电位的作用可以分为几类：

(1) 电浮选。电浮选是一种利用电解处理矿浆,通过在阴极和阳极上产生微小气泡来实现微细粒矿物浮选的技术。目前这项技术主要处于实验室研究阶段。在过去,俄罗斯进行了大量研究,并且一些欧洲国家也采用了这项技术。此外,据报道印度人将电浮选技术应用于石英与方解石的分离。除此之外,还有研究报道称利用电位处理方法预先处理浮选药剂,如黄药、Na_2S 溶液,以及对电解浮选过程用水进行研究。

(2) 电位调控浮选。控制矿浆电位(外加电场或者加入氧化还原药剂)可以增加浮选分离的效率。这是因为通过增加电位作为控制参数,可以在提高浮选回收率和品位方面有更多的选择余地,从而有利于浮选分离过程。矿浆电位代表了浮选体系中的氧化还原气氛,矿化矿物、水、浮选捕收剂通过电荷转移机理进行反应,每一个反应都与一个电化学电位相对应,这就是意味着有可能通过调整矿浆电位来控制浮选的选择性。调控矿浆电位有化学方法和外加电场两种方法。化学方法调控矿浆电位又分为两类:一类是通过控制矿浆中氧气的活性来改变电位;另一类是通过添加适宜的氧化还原剂来调控电位。外加电场调控电位法是将电场加于矿浆中,使矿浆中的矿粒处于所需的电位。电化学研究方法确切证明了浮选的氧化还原机理。在浮选矿浆中,可以通过测量电位(Eh)来评估环境的氧化还原性质及其对矿物浮选的影响。

(3) 由于电位调控浮选及浮选电位理论的启示,人们发现了另一种利用电位控制技术改进浮选的方法,即采用离子选择性电极,确定流程中各作业点药剂用量与电位参数的函数关系,利用自动测试系统和多种离子的选择性电极,通过不同的离子浓度由离子选择性电极响应的不同电位,来确定和调整药剂用量,优化药剂制度,以提高选矿指标。这种技术有别于电位调控浮选,因为它主要是利用离子选择性电极测量矿浆电位,响应的只是某一种药剂离子浓度所反映的电位,不像混合电位一样代表整个浮选矿浆的氧化还原气氛,与电化学意义上矿浆的混合电位有根本的区别。

在应用方面,电位调控浮选存在较多问题。由于浮选是一个敞开体系,充气浮选时,不断带入空气中的氧气,使电位难以调节至还原状态,增大药剂消耗。同时存在因矿浆组分复杂、药品消耗补偿带来的问题。

由外部电极设备调整电极电位,其最大困难在于,处于浮选体系的高度分散的矿粒导电性差,难以使矿粒均匀达到所要求的电极电位。根据 Frank-Condon 原理,电子在不同粒子之间交换的速度要慢得多,如果电极材料和结构与矿粒不同,矿粒与电极短暂碰撞完成电子转移的可能性很小,靠搅拌使矿粒与电极碰撞产生氧化还原反应并产生疏水结构是比较困难的。

6.2.7 原生电位调控浮选技术

矿浆原生电位是指在湿式球磨机磨矿过程中,由于钢球与钢衬板的摩擦腐蚀、硫化矿物表面的氧化还原反应等各种复杂的电化学反应而形成矿浆混合电位(图 6-11)。

原生电位浮选工艺有两个特点:一是主要调节和控制包括矿浆 pH 值,捕收剂种类、用量及用法,浮选时间以及浮选流程结构等在内的传统浮选操作参数;二是不采用外加电极,不使用氧化还原药剂调控电位。这两点为该工艺在现有浮选体系中的实际应用及推广创造了条件。

原生电位浮选的主要科学内涵和技术关键在于:将传统浮选过程控制参数与矿浆原生

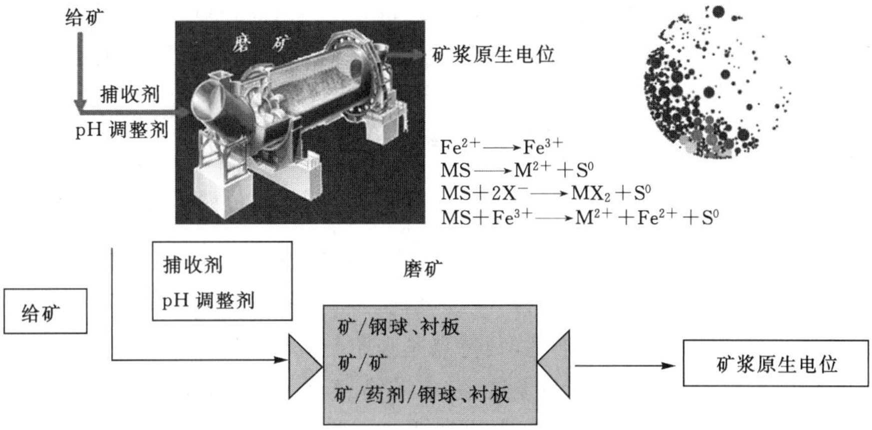

图 6-11　矿浆原生电位

电位结合起来，研究矿浆原生电位的利用和控制对浮选过程的影响，并从中寻找各因素之间的最佳匹配方案，从而确定最佳浮选条件，包括经济合理的药剂制度、矿物表面最佳疏水/亲水条件及浮选分离选择性，以保证良好的精矿质量和高回收率。

6.3　浮选药剂结构与性能理论

6.3.1　浮选药剂结构模型

在矿物浮选过程中，使用各种浮选药剂可以改变矿物表面的物理化学性质，以增强或减弱矿物的可浮性，从而扩大矿浆中不同矿物之间的可浮性差异。起泡剂排列在气-液界面，通过降低溶液表面张力或其他性能，使气泡易于产生并保持稳定；抑制剂吸附在被抑制矿物表面使其亲水而不被气泡黏附；捕收剂的亲矿基与浮选矿物作用，疏水的非极性基朝外使矿物表面疏水化，被气泡捕捉而浮起。

从这三类浮选药剂在浮选过程中的行为和机理可以看出，无论是哪类浮选药剂，总是由几个基本单元组成。这些基本单元是亲水基、疏水基团和烃基。由此，我们得到构成浮选药剂的结构模型，如图 6-12 所示。

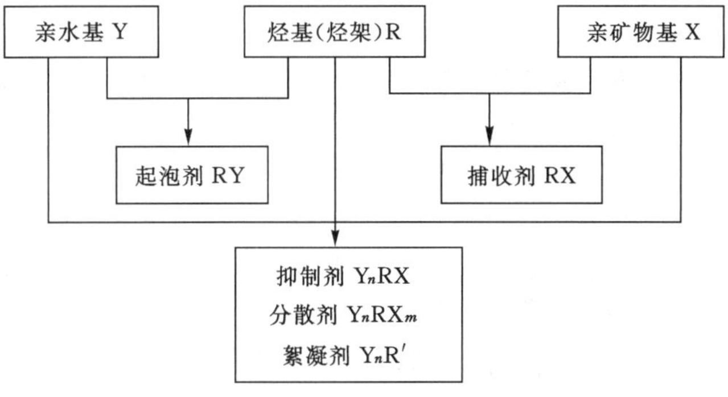

图 6-12　浮选剂结构模型框图

按照表面化学中“表面作用独立性原理”，表面活性分子的整体表面活性是由分子中各个功能基团的单独性质所决定的。根据该原理，可将研究结构比较复杂的浮选药剂分子分解成研究各个基团的结构对其性能的影响。亲水基和亲矿基都具有亲水性，又称极性基，烃基是疏水基，又称非极性基，各类药剂的基团组成和特点叙述如下。

1. 亲矿基

浮选药剂通过它的亲矿基与矿物表面作用而吸附在矿物表面上，这种吸附有三种形式：一是物理吸附，药剂与矿物之间通过静电力、疏水相互作用力、偶极吸引力等发生吸附，其特点是吸附热低，吸附不牢固，且没有选择性或者选择性较差；二是化学吸附，药剂极性基与矿物表面金属离子形成化学键或离子键，其特点是吸附热高，吸附牢固，通常选择性较好；三是表面化学反应，是化学吸附的进一步发展，它在矿物表面形成新的独立相。化学吸附和表面化学反应是吸附过程中最重要、最常见的两种形式。

硫化矿浮选药剂的亲矿基以—SH（巯基）、C═S（硫羰基）为主，如—C(S)SH（黄药类）、═NC(S)SH（硫氮类）、═O_2P(S)SH（黑药类）、—OC(S)N═（硫氨酯）等。

非硫化矿捕收剂的亲矿基以羟基及氨基为主，如—COOH（羧酸）、—SO_3H（磺酸）、—AsO_3H_2（胂酸）、—NH_2（胺）、—C(OH)NOH（羟肟酸）、—PO_3H_2（膦酸）等。

2. 亲水基

亲水基一般是极性比较大的基团，常见的如—COOH（羧基）、—OH（羟基）、—SO_3H（磺酸基）、—O—（醚氧基）等。

3. 烃基

烃基主要有烷基、烯烃基、环烷基、苯基、含杂原子烃基等。

对于硫化矿捕收剂，常见的烃基长度为 2～6 个碳原子，并且以烷基为主；对于非硫化矿捕收剂，烃基长度通常较长，为 7～20 个碳原子。常见的烃基包括烷基和烯烃基。

起泡剂分子除亲水基外，其烃基一般包括异构烷基、萜烯基、苯基和烷氧基，碳原子数多达 6～7 个。

抑制剂 Y_nRX 中，$n\geqslant 2$，分散剂分子中带有更多亲水基和亲矿基，$Y_nR'X_m$ 中 n 和 m 值较大，抑制剂和分散剂相对分子质量通常小于 10^4。絮凝剂往往与分散剂有类似的结构，但相对分子质量更大，达到 10^5～10^6，$Y_nR''X_m$ 中 n 和 m 可高达数百。

6.3.2 浮选药剂结构与性能的基本判据

浮选药剂结构与性能的定量关系归纳起来可以分为三个方面：价键因素、亲水-疏水因素、立体因素。价键因素包括极性基对矿物的亲固作用，涉及化学吸附、表面反应及静电力物理吸附等组合作用；亲水-疏水因素讨论非极性基结构与药剂的亲水-疏水性以及极性-非极性部分的比例关系；立体因素考虑药剂和矿物的几何大小和空间结构对浮选的影响。

1. 溶度积理论

溶度积理论是美国学者 Taggart 在 1930 年前后提出的。溶度积理论指出，捕收剂与矿物表面的化学反应强度决定矿粒的浮选行为，矿物与药剂金属离子化学反应的溶度积越小，其作用能力越强，因此可用反应物的溶度积大小衡量药剂的浮选能力。例如乙基黄药对闪锌矿和方铅矿的捕收作用，乙基黄原酸铅和锌的溶度积如下：

$$K_{sp,ZnX_2}=[—C_2H_5OCSS^-]^2[Zn^{2+}]=4.9\times10^{-9}$$

$$K_{sp,PbX_2}=[-C_2H_5OCSS^-]^2[Pb^{2+}]=1.7\times10^{-17}$$

因此，乙基黄药为捕收剂时，方铅矿的可浮性比未经活化的闪锌矿大得多，实际浮选行为表明方铅矿可用乙基黄药很好地浮选，而不经活化的闪锌矿用乙基黄药浮选效果较差。根据溶度积判断，黄原酸锌需要辛基以上时溶度积才接近乙基黄原酸铅，换言之，若不经过活化直接浮选闪锌矿，应当使用辛基黄药为捕收剂。

按照黄原酸盐溶度积依次增大的顺序，常见硫化矿金属离子顺序如下：Au^+、Cu^+、Hg^{2+}、Ag^+、Bi^{2+}、Pb^{2+}、Ni^{2+}、Zn^{2+}、Fe^{2+}，这也大体上是可浮性依次降低的顺序，说明溶度积数据可作为参考理论判据。

溶度积是解离度和解离常数的乘积：

$$K_{sp}=S\times K_a \tag{6-51}$$

式中，K_{sp}是溶度积；S是溶解度；K_a是解离常数。溶度积与捕收剂的性能有关，因此，为提高捕收剂的活性，可有两个途径：一是降低药剂金属化合物的溶解度，这包括增加非极性烃链的缔合作用（主要是分散作用）以及减少药剂—金属键的极性大小（或用离子性分数度量）；二是降低药剂盐的解离常数，也就是提高药剂—金属离子的键合牢度，换言之，通过强化非极性基间的作用及强化极性基的键合力，可使捕收剂作用得到强化。

2. 浮选药剂的临界胶团浓度（CMC）判据

(1) 临界胶团浓度及其计算方法

在水中，表面活性剂分子或离子的非极性基烃链之间存在范德瓦耳斯力的相互吸引作用，当引力达到一定大小时，它们能够克服分子间或离子间的水化能力以及极性基离子间的斥力，从而发生非极性基之间的相互缔合。这种相互缔合形成了多个分子（离子）的有规则集合体，被称为“胶团”。胶团的形成使表面活性剂溶液的某些性质在一定浓度范围内发生突变，这一浓度范围被称为临界胶团区域。将开始形成胶团的浓度称为“临界胶束浓度”，并以 CMC 表示。

CMC 值可由各种实验方法测得。通常情况下，可以通过测量表面活性剂溶液的电导率、透光率、表面张力以及吸附指示剂颜色等参数随表面活性剂浓度逐渐升高而发生的变化来确定 CMC 值。在达到 CMC 时，这些测定值将发生突变。用不同的方法及不同条件下测得的 CMC 值有时有所不同。

CMC 值也可由经验公式进行计算，根据长链表面活性剂分子结构的特点，最常用的计算 CMC 的经验公式如下：

$$\lg \text{CMC}=A-Bn \tag{6-52}$$

式中，CMC 为临界胶束浓度，mol/L；A是与极性相关的常数；B是与非极性基及温度相关的常数；n是与非极性烃链长度相关的数。当非极性基为正构烷基时，n即为$—CH_2—$的数目。

捕收剂和起泡剂大多数为表面活性物质，用 CMC 值来衡量其亲水疏水性是合适的，CMC 越小，药剂的疏水性就越强。

(2) CMC 值在浮选药剂中的应用

① 估计浮选药剂的类别和作用能力大小

CMC 值越小，药剂的疏水性就越大，表明表面活性剂分子中非极性基比例较大，提示有可能作为捕收剂使用，且捕收性较强；CMC 值较大，说明药剂的亲水性强，极性基比例大，作为捕收剂疏水性不足，但可以作为起泡剂；若极性基比例非常大，即 CMC 值很大时，实际上已不能发生胶团生成的现象，药剂在水中溶解分散较好，则有可能作抑制剂。

② 估计药剂的用量范围

药剂的 CMC 值与分子疏水-亲水性有关，那么，CMC 就可能与达到浮选所需的浓度发生联系，通常认为有效的捕收剂浓度为 CMC 的十分之一。

③ 估计异极性药剂分子中极性基和非极性基两种基团的配比关系

在研制新药剂时，常需推测对具有某一种非极性基(或极性基)的原料，应引入何种极性基(或非极性基)，才能得到合适的捕收剂，通过 CMC 值的计算可以得到一定的启示。

由图 6-13 可知，当 pH＝7.5、9.0 时，先加 SDBS 后加 NaOL(记为 SDBS/NaOL)可明显提高白钨矿回收率，先加 NaOL 后加 SDBS(记为 NaOL/SDBS)对白钨矿浮选的捕收能力与 NaOL 相当；当 pH＝10.5 时 SDBS/NaOL 的加药方式对白钨矿的强化作用较弱，NaOL/SDBS 的加药方式可明显强化白钨矿的回收率，由此可见，pH＝7.5、9.0 以及 10.5 时，NaOL 与 SDBS 组合使用均可提高白钨矿回收率，且组合药剂的加药顺序会明显影响白钨矿回收率。

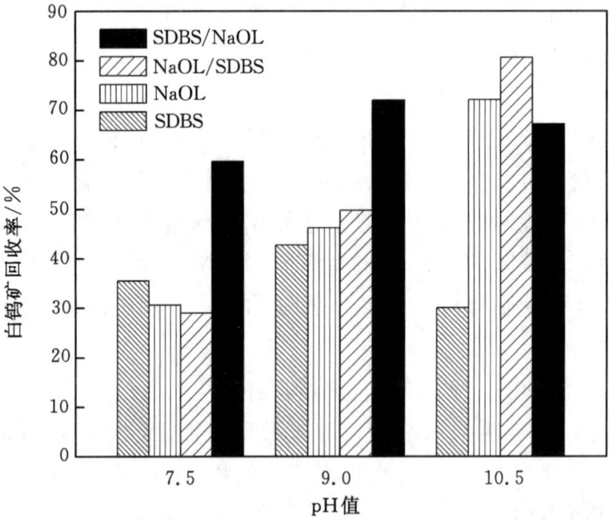

图 6-13 矿浆 pH 值对组合药剂以及单一药剂捕收性能的影响

($C_T=1.0\times10^{-4}$ mol/L，[NaOL]/[SDBS]＝1∶1)

油酸钠(NaOL)、十二烷基苯磺酸钠(SDBS)以及 NaOL/SDBS 浓度对表面张力的影响如图 6-14 所示。由图可知，NaOL 的临界胶团浓度 CMC 值小于 SDBS 的 CMC，而 NaOL/SDBS 组合药剂的 CMC 值低于 NaOL 和 SDBS，证明 NaOL 与 SDBS 之间发生相互作用。CMC 值越低则药剂越容易形成胶束，NaOL/SDBS 比 NaOL 和 SDBS 更容易形成胶束，所以 NaOL/SDBS 的捕收能力强于 NaOL。

3. 基团电负性

分子中原子的电负性并不是一个不变的常数，它是因为受到相邻原子，甚至间隔原子的影响而发生变化，不同基团中的同一个原子，表现的电负性各不相同，由此将电负性的概念扩大到化学基团，设法给各个基团以电负性数值，用于表征基团的特性，这就是基团电负性

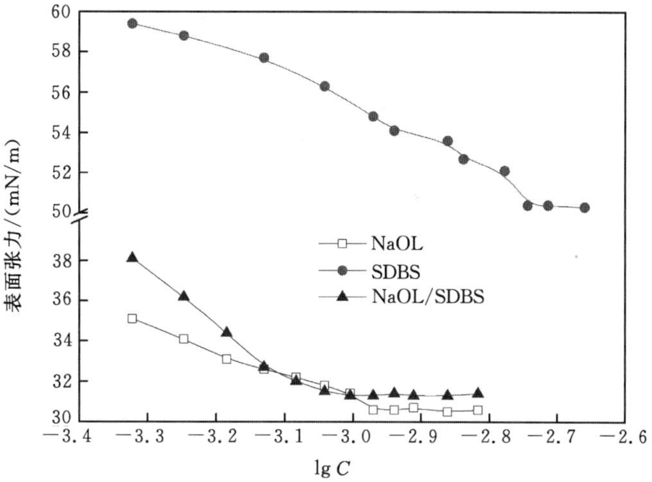

图 6-14　药剂浓度对溶液表面张力的影响

(χ_g)。基团电负性(χ_g)是表征浮选药剂极性基的简便方式,而浮选药剂的极性基主要决定浮选药剂的价键因素。因此,基团电负性(χ_g)是药剂极性基大小的判据,可用于浮选药剂极性基设计。对极性基团:

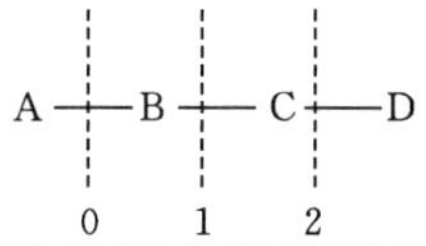

上式中,A 为亲固原子。王淀佐院士提出的基团电负性的计算公式为:

$$\chi_g = 0.31 \times \left(\frac{n^* + 1}{r}\right) + 0.5 \tag{6-53}$$

其中
$$n^* = (N - P) + \sum 2m_0\varepsilon_0 + \sum s_0\delta_0 + \sum \frac{2m_i + s_i}{\alpha^i}\delta_i$$

式中 r——A 原子的共价半径;

N——A 原子的价电子数;

P——A 原子被 B 原子键合的电子数;

m_i——与 A 原子间隔为 i 的二电子键数;

α——隔离系数(=2.7);

s_i——与 A 原子相隔 i 键的原子未成键电子数;

χ_i——i 原子的电负性值(i 为 A、B、C、D);

$\varepsilon_0, \delta_0, \delta_1$——系数,其计算式如下:

$$\varepsilon_0 = \frac{\chi_A}{\chi_A + \chi_B}, \delta_0 = \frac{\chi_B - \chi_A}{\chi_A + \chi_B}, \delta_i = \frac{\chi_{i+1} - \chi_i}{\chi_{i+1} + \chi_i}$$

按照浮选药剂与矿物作用的价键特性,可将捕收剂分为硫化矿捕收剂、过渡金属氧化矿捕收剂和氧化矿捕收剂。硫化矿捕收剂的基团电负性较小,氧化矿捕收剂的基团电负性较大,过渡金属氧化矿的基团电负性中等。同类捕收剂中 χ_g 较大者捕收性较弱但选择性较好,如硫化矿捕收剂中黄药的捕收性强于黑药,而选择性弱于黑药;氧化矿捕收剂中胂酸、膦

酸及烃基磺酸的 χ_g 较大，它们的选择性比羧酸更好。三种捕收剂的基团电负性大小范围如表 6-4 所示。

表 6-4 各种捕收剂的基团电负性范围

判据	硫化矿捕收剂	过渡金属氧化矿捕收剂	氧化矿捕收剂
χ_g	2.5～3.3	3.7～3.9	4.0～4.2

基团电负性与金属-捕收剂盐的溶度积具有对应关系，如图 6-15 所示。

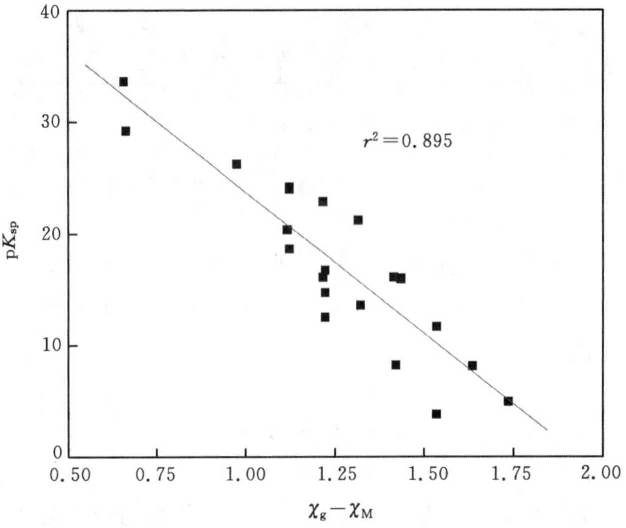

图 6-15 药剂与金属离子的溶度积的负对数值与基团电负性的关系

基团电负性差值越小表示共价键成分越多，对应化合物的溶度积一般就越小；电负性差值与药剂-金属离子化合物的溶度积的对应关系如图 6-15 所示，由图可知，基团电负性与金属离子的电负性之差与溶度积具有良好的线性关系，溶度积随电负性差值的降低而降低。

由此可见，通过基团电负性可衡量药剂与矿物的作用强度，与溶度积相比，基团电负性计算基本参数更容易获得。

4. 捕收剂几何大小与专用的选择性

(1) 浮选药剂几何大小与浮选性质的一般关系

浮选药剂分子的大小与作用和性能之间的关系早已为浮选工作者所注意。研究表明，药剂分子的大小与矿物颗粒的大小接近时，药剂更容易与矿物发生作用，从而形成较大的覆盖密度。如果药剂的几何大小比矿物晶格大很多时，药剂分子无法与矿物晶格形成一定的对应排列，只能以疏松的方式覆盖在矿物表面，使药剂同矿物的作用和药剂分子之间的作用受到削弱。当药剂以化学吸附或表面反应的方式作用于矿物表面时，几何因素的影响应当更重要。

(2) 捕收剂极性基几何大小与作用的选择性

浮选药剂与矿物的作用是表面过程，在考察两者几何大小关系时，药剂极性基的断面尺寸比全部体积大小更有意义，因而用体积参数不如用宽度或直径大小更为合理。一般利用原子的范氏半径、共价键半径及键角数据，按照药剂分子结构，估算浮选药剂极性基断面的大小。

大量实践表明，捕收剂极性基的大小与选择性有密切的关系。各种硫化矿捕收剂极性基的体积和断面尺寸一般比较大，浮选作用的选择性一般也比较好；各种氧化矿捕收剂的选择性通常不如硫化矿捕收剂，它们的极性基的断面及体积恰恰都是比较小的。即使在同类捕收剂中，也是断面尺寸大的药剂选择性更好。

6.4　颗粒间的相互作用及其对浮选的影响

6.4.1　颗粒间的相互作用能

浮选体系中矿物表面间或气泡表面间相互作用力包括静电力、范德瓦耳斯力、水化力、疏水力、空间稳定化力、磁力等。颗粒间的相互作用影响着颗粒间的选择性絮凝、疏水凝聚、不同颗粒间的异凝聚及气泡与矿物的黏附等过程。

1. 静电力

静电力(V_{ER})主要是指带电粒子相互靠近时的静电相互作用力，一般带相同电荷颗粒间存在静电斥力，带异号电荷颗粒间存在静电引力。描述颗粒间静电相互作用时一般用静电相互作用能表示，该能量随颗粒间距的变化而变化，即带电颗粒从无限远处接近到距离为 H 时体系自由能的变化。表面化学中有离子间相互作用能计算的专门公式。

2. 范德瓦耳斯相互作用

极性分子的范德瓦耳斯相互作用(V_{WA})由三部分组成：诱导作用、定向作用及色散作用。除了尺寸很小的强极性分子，如水分子，大多数分子间均以色散作用为主。当两个分子中一个为极性分子，另一个为非极性分子时，分子间的相互作用主要表现为色散作用。

对于非极性分子，范德瓦耳斯相互作用的来源是瞬间偶极矩。瞬间偶极矩是由于原子中电子相对于原子核的瞬间位置偏折而产生的。瞬间偶极产生电场，引起周围中性分子产生偶极矩，导致二者相互吸引，此时的范德瓦耳斯作用是色散作用的一项。

单个原子间的范德瓦耳斯相互作用能与原子间距离的六次方成反比，随着原子间距离的增大，衰减很快，是短程力作用。

6.4.2　颗粒间的相互作用能在浮选中的应用举例

1. 颗粒间相互作用对浮选的影响

图 6-16 为白钨矿和方解石回收率与浮选时间关系。由图可知，白钨矿回收率随浮选时间增加而呈线性增加，而方解石回收率随浮选时间的增加先急剧增加，当达到最高值时，回收率随浮选时间的增加而趋于平衡。由此可见，方解石的浮选速度大于白钨矿。图 6-17 为粒度对白钨矿和方解石浮选速率的影响，由图可知，粒度对方解石的浮选速率影响较小，而明显影响白钨矿的浮选速率，随着粒度的降低，白钨矿的速率明显降低。

由图 6-18 可知，与方解石相比，细粒与细粒、细粒与粗粒白钨矿之间相互黏附较为困难。研究表明，只有白钨矿粒度匹配时才可克服能垒而发生团聚，因而，细粒方解石浮选时更易于表现为粗粒浮选的性质，而细粒白钨矿颗粒间的能垒较高而难以发生团聚，细粒白钨

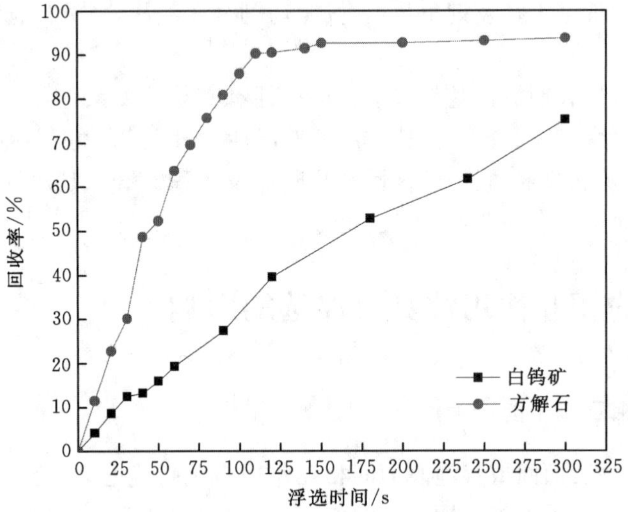

图 6-16 白钨矿和方解石回收率与浮选时间的关系

($C_{NaOL}=1.0\times10^{-4}$ mol/L，pH=11.0)

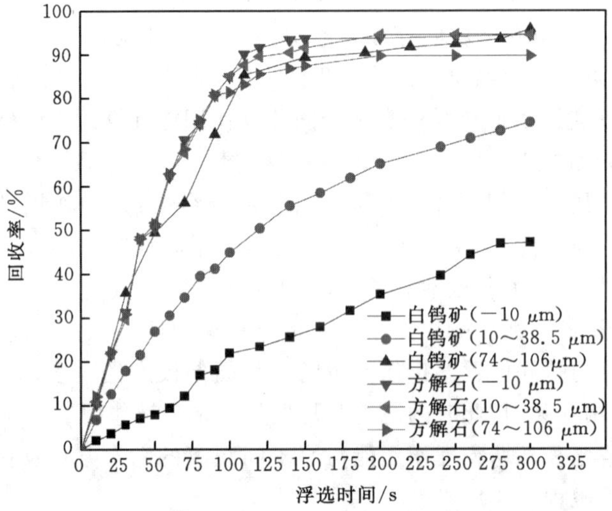

图 6-17 粒度对白钨矿和方解石浮选速率的影响

($C_{NaOL}=1.0\times10^{-4}$ mol/L，pH=11.0)

矿颗粒难以与气泡发生碰撞形成矿物气泡，因而白钨矿的浮选速率和回收率较低，故粒度对白钨矿回收率与浮选速率的影响程度大于方解石。

2. 载体浮选

图 6-19 所示为油酸钠用量为 1×10^{-4} mol/L 时，不同粒级钛铁矿的可浮性与 pH 值的关系。由图中曲线可知，钛铁矿在 pH 为 4～10 区间内可浮性较好，不同粒级矿物可浮性差异显著：0～20 μm 粒级钛铁矿可浮性相对较差，在适宜的 pH 区间，回收率只有 60%～70%，而 20～38 μm、38～74 μm 和 74～100 μm 粒级钛铁矿的可浮性均优于 0～20 μm 粒级钛铁矿的可浮性。

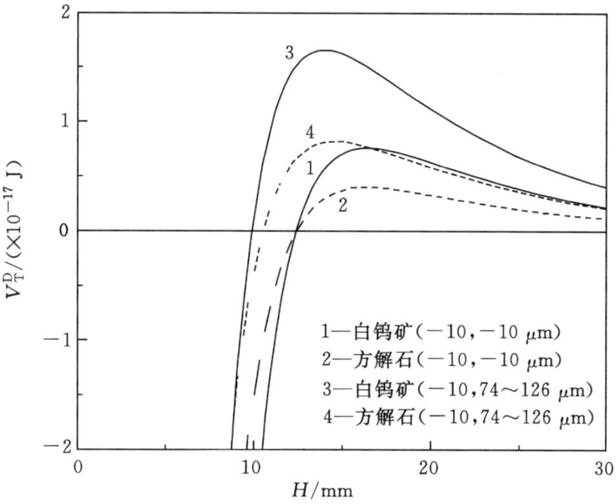

图 6-18　pH＝11.0 时矿物颗粒之间的相互作用与距离的关系

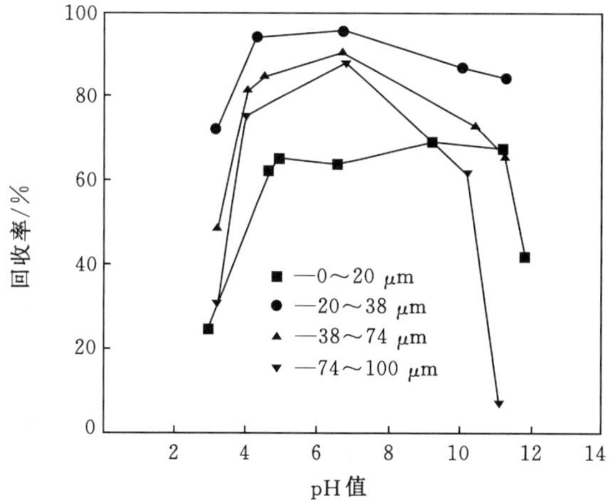

图 6-19　不同粒级钛铁矿可浮性与 pH 值的关系

在 pH 为 4.5～5.0，选择 38～74 μm 粒级矿物作为载体进行自载体浮选实验。图 6-20 所示为载体比例对载体和细粒可浮性的影响。图 6-20 中曲线 1 为载体浮选总回收率与载体比例的关系，将曲线 1 中各点所得精矿中载体与细粒分离，可见，钛铁矿自载体浮选效果受载体比例影响显著，载体的可浮性在比例小于 50%时受到细粒的影响较大，较 38～74 μm 粒级单独浮选回收率有一定下降，而当载体比例达到 50%后，随载体比例的增大，0～20 μm 钛铁矿回收率明显升高，同时载体矿物一直保持与其单独浮选相近的较好可浮性。可见，通过控制载体比例可以实现在不影响载体自身可浮性的前提下，利用自载体作用优化细粒矿物的浮选。

由图 6-21 可见，若不考虑疏水作用力，则细粒矿物与载体间的相互作用存在较高能垒，细粒矿物难以黏附在载体表面；而加入油酸钠后，细粒矿物与载体矿物表面疏水，疏水作用力的产生使二者之间由排斥力转变为吸引力，粗细矿粒间易于黏附。可见，疏水作用力是该

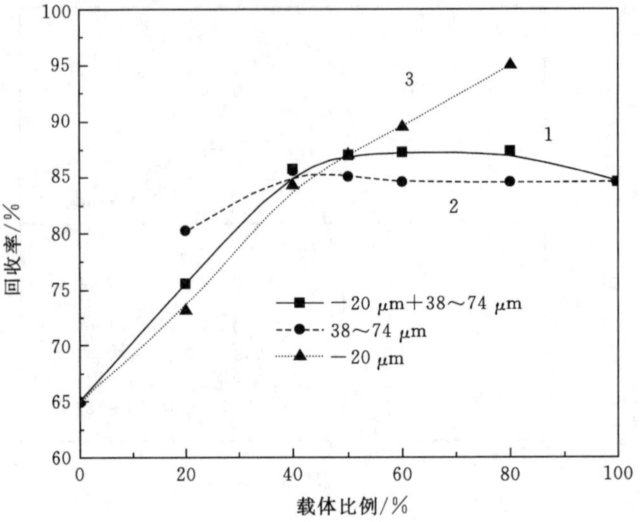

图 6-20　载体比例对载体和细粒可浮性的影响

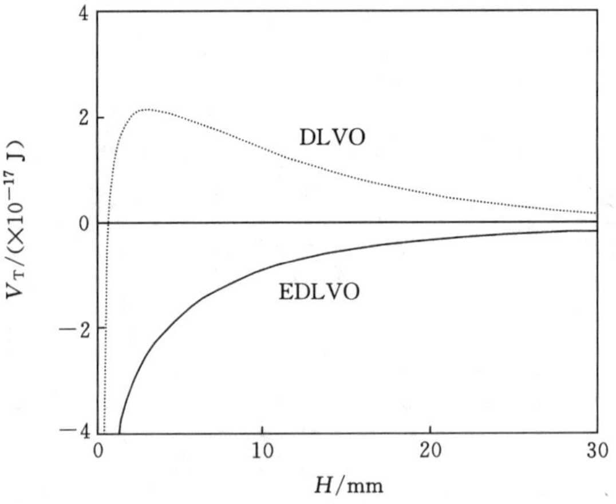

图 6-21　5 μm 钛铁矿与载体相互作用的势能曲线

体系中细粒钛铁矿向载体黏附的前提，在钛铁矿自载体浮选中起到至关重要的作用。

3. 分支浮选

分支浮选流程，即分支串流流程，是近年来新兴的浮选工艺。所谓"分支浮选"，是基于提高入选矿石品位，即将入选矿浆流分支，并将其中一支的富集产物给入另一支的浮选作业，借以提高后一支的入选品位，从而达到改善分选过程及提高选矿指标的目的。

由于分支浮选工艺用于选矿，生产稳定，操作方便，对原有流程的改造工程量小，投资少，无须复杂的技术条件，改建停车时间短，并可利用检修或无矿停车的间隙进行，因此，我国许多选矿厂都采用了这种新工艺。该工艺尤其适用于因原矿品位降低或因采用预选或中间选别作业而导致浮选入选品位降低的脉金选矿厂。

分支浮选使用的药剂种类与原流程相同，加药方式、加药地点也无须改变，但药剂用量却比原来的要大幅度降低。在原矿中铜、钼品位下降较多的情况下，分支浮选所获得的技术经济指标均优于原浮选流程。

4. 分支载体浮选

胡为柏教授等人经过多年研究提出了分支载体浮选新工艺，其特点在于将分支浮选与粗粒效应巧妙结合，即将较粗粒级且易浮的一支流程中的精矿，返回到难浮的细泥流程中去，以提供产生载体-助凝作用的粗粒，达到强化细粒浮选的目的。

分支载体浮选工艺中的载体矿物可以是同种矿物，也可以是具有同种成分的异类矿物，如粗粒黑钨矿负载黑钨矿细泥，粗粒磁铁矿负载细粒赤铁矿，粗粒硫化铜矿负载细粒氧化铜矿等。曾用该工艺对铜绿山氧化铜矿、东鞍山赤铁矿、大厂锡矿、凡口铅锌矿分别做过试验研究，均取得较好结果。

思　考　题

1. 简述浮选溶液化学的研究内容。
2. 简述氧在硫化矿浮选中的作用。
3. 简述磨矿体系对硫化矿表面电化学反应及浮选的影响。
4. 简述浮选药剂结构与性能的基本判据。
5. 简述颗粒间的相互作用能及其对浮选的影响。

第7章　矿物的化学加工

对于成分复杂、嵌布粒度微细且有价成分含量较低的矿石、冶金或化工中间产品、工业生产的废料以及城市生活废弃物的处理、综合利用和回收等，传统的选矿方法难以发挥显著成效，而化学选矿可为上述资源的利用提供有效和合理的处理途径。化学选矿已经成为处理和综合利用某些贫、细、杂等难选矿物原料的有效方法之一，也是解决未利用资源处理废水、废气和废渣，实现环境保护的重要途径之一。

化学选矿是基于矿物和矿物组分化学性质的差异，利用化学方法改变矿物组成，然后用相应的方法将目的组分富集的矿物加工过程。其典型的过程(图7-1)可分为三个主要阶段:原料准备、物料分离和产品制取。化学选矿过程包括六个主要作业，即原料准备、焙烧、浸出、固液分离、浸出液的净化和化学精矿的提取。

(1) 原料准备:包括矿物原料的破碎筛分、磨矿分级、配料混匀等作业，目的是使物料破磨至一定的粒度，为后续作业提供细度、浓度合适的物料或混合料，以使物料分离更完全。有时还需要使用物理选矿方法除去某些有害杂质和脉石矿物，使目的矿物预先富集，并将矿物原料与化学试剂配料、混匀，为后续作业创造更有利的条件。

(2) 物料分离:为使矿物或其他物料与化学试剂充分作用，达到有用组分的分离和富集的目的，通常采用浸出或焙烧后浸出的方法进行物料处理，然后进行固液分离。

焙烧，其目的是使有用组分转变成容易浸出或容易用物理选矿方法分选的形态，使部分杂质分解挥发或转变为难浸的形态，且可改变原料的结构构造，为后续作业准备条件。焙烧的产物有焙砂、粉尘、湿法收尘液或泥浆，根据产物组成及性质采用相应的方法从中回收有价成分。

浸出，根据原料性质和工艺要求，使有价组分或杂质组分选择性地溶于浸出溶剂中，从而使有用组分与杂质组分相分离或使有用组分相分离，从而达到分离的目的。原料可直接浸出或焙烧后浸出，浸出后采用相应的方法从浸出液中或浸渣中回收有用组分。

固液分离，采用沉降倾析、过滤和分级等方法处理浸出矿液，以获得供后续处理的澄清溶液或含少量细矿粒的稀矿浆。固液分离的方法除用于处理浸出矿浆外，还常用于化学选矿的其他作业，使沉淀悬浮液与溶液分离。

(3) 产品制取:化学选矿产品制取包括浸出液净化和提取精矿等。

浸出液净化，为了获得高品位的化合物或金属产品，浸出液通常采用化学沉淀、离子交换或溶剂萃取等进行分离，以除去有害杂质，得到有用组分含量较高的净化溶液。

提取精矿，从净化液中沉淀析出化学选矿产品，一般采用化学沉淀法、电解沉淀法和物理选矿法，有时也采用炭浆法、矿浆树脂法、矿浆直接萃取法等。从浸出液中提取有用组分，可省去或简化固液分离作业。有时也采用上述方法将浸出、净化和制取化学精矿等作业组合在一起，以提高化学选矿过程的技术经济指标。

化学选矿方法与其他物理选矿方法相比较，具有以下的特点:

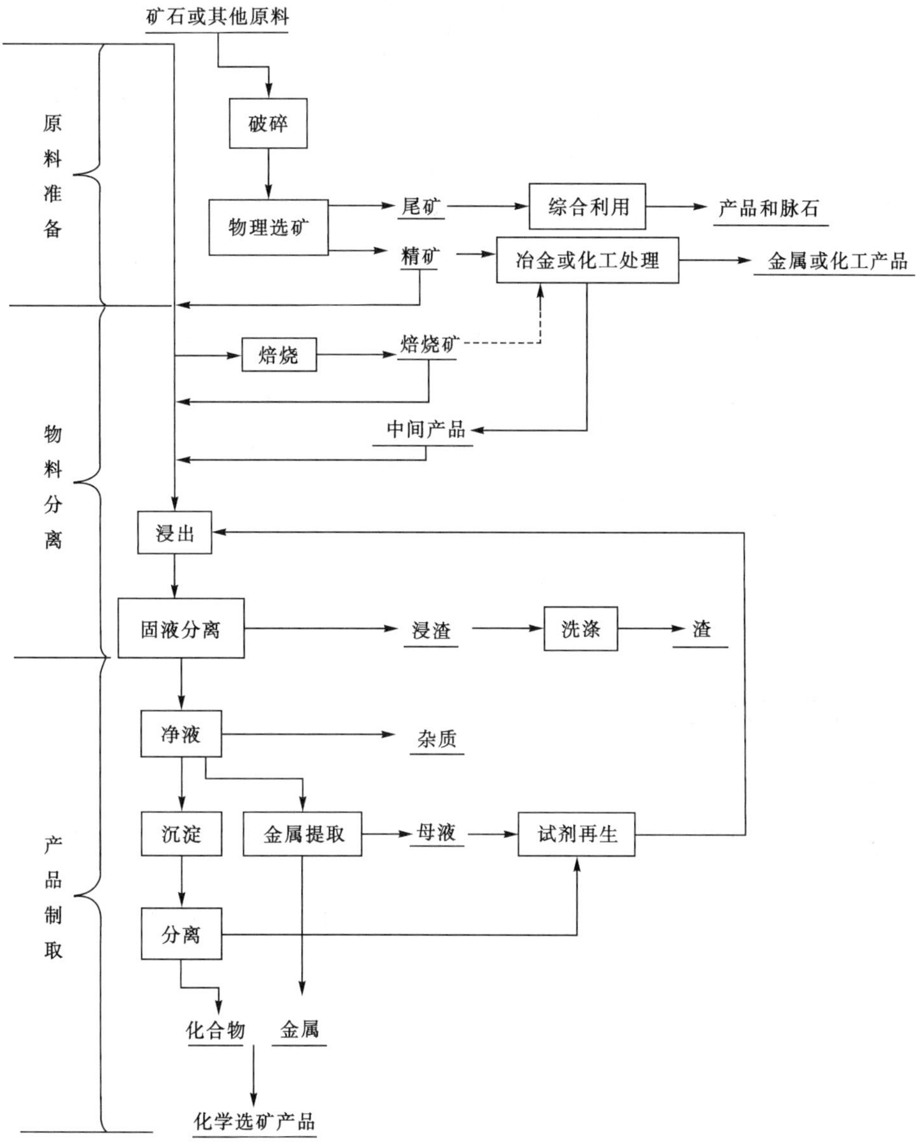

图 7-1　化学选矿过程图

优点：

(1) 化学处理不嫌矿物“贫、细、杂”，对原料的适应性广，有利于矿产的综合利用。

(2) 最终产品纯度高。除形成化学精矿外，还可以生产出精纯的化合物甚至金属，直接满足社会需求或供应金属加工市场。

缺点：

(1) 因试剂较贵或消耗较大而造成试剂费用较高。

(2) 因介质腐蚀性强而造成设备投资大和材料费用高。

化学选矿与物理选矿的关系可简要总结如表 7-1 所示。

表 7-1　化学选矿与物理选矿的关系

选矿方法	选矿依据	选矿对象	原料形态	分选本质	产品形态
物理选矿	物理或物理化学性质的差异	相对易选的富矿	原矿	分离、富集，不改变矿物本身组成	矿物精矿
化学选矿	化学性质的差异	贫细杂等难选矿；"三废"资源化	难选原矿，物理选矿的中矿、尾矿"三废"资源	化学处理，改变矿物组成与结构	化学精矿

以上可见，化学选矿方法虽然是处理贫、细、杂等难选矿物原料和使未利用资源再利用的有效方法，且其利用系数较高，但化学选矿过程中需要消耗大量的化学试剂，因而在通常条件下应尽可能利用现有的物理分选方法处理矿物原料，仅在用物理选矿法无法处理或经济技术指标不满足时，才考虑采用化学选矿工艺。在采用化学选矿工艺时，也应尽可能选择物理选矿和化学选矿的联合流程，即采用多种选矿方法和工艺联合，以获取最经济有效的选别工艺及作业过程。

本章着重介绍化学选矿过程中的主要作业单元，从方法、原理、流程及主要应用等方面予以说明。

7.1　矿物原料的焙烧

焙烧是在适宜的气氛或低于矿物原料熔点的温度下，使矿物原料中的目的组分矿物发生物理或化学变化的工艺过程。该过程通常是作为选矿准备作业，以使目的组分矿物转变为易浸或易于物理分选的形态。

焙烧反应为主要发生于固-气界面的多相化学反应，遵循热力学和质量守恒作用定律，反应过程的自由能变化可用下式表示：

$$\begin{aligned}\Delta G &= \Delta G^{\ominus} + RT\ln Q \\ &= -RT\ln K + RT\ln Q \\ &= RT(\ln Q - \ln K)\end{aligned} \tag{7-1}$$

式中　ΔG——指定条件下的过程自由能变化，J/mol；

$\Delta G^{\ominus}$——标准状态下的过程自由能变化，J/mol；

R——理想气体常数，8.314 3 J/(K · mol)；

T——绝对温度，K；

K——反应平衡常数；

Q——指定条件下，反应生成物与反应物的活度商。

根据式(7-1)可知，虽然某过程的标准自由能变量为定值，但只要改变反应物和生成物的活度和反应温度，即可改变反应进行的方向。ΔG 为过程反应温度和活度商的函数，而 $\Delta G^{\ominus}$ 仅为反应温度的函数，因此，可采用 $\Delta G^{\ominus}$ 值来比较相同温度下各反应过程自动进行的趋势。为了使用方便，常将各种热力学数据归纳成表或绘制成曲线图来表示其间的函数关系，$\Delta G^{\ominus}$-T 曲线即是其中常见的一种，焙烧过程常用 $\Delta G^{\ominus}$-T 曲线表示各化合物的稳定性及估计化合物在反应过程中的行为。必须指出，恒温恒压条件下判断过程能否自动进行的

真正判据是 ΔG，而不是 $\Delta G^{\ominus}$，但 $\Delta G^{\ominus}$ 值能为我们预测反应能否自动进行提供最基本的条件。

根据焙烧的气氛条件及过程中目的组分发生的主要化学变化，可将焙烧过程大致分为还原焙烧、氧化焙烧、氯化焙烧、钠化焙烧及煅烧。

7.1.1　还原焙烧

还原焙烧是在低于物料熔点温度下，并在还原剂（氢、碳等）作用下，使矿石中的金属氧化物转变为相应低价金属氧化物或金属的过程。

各种金属氧化物的还原顺序可用图 7-2 推断，该图表示氧化物标准生成自由能与温度的关系，称为埃林哈姆（Ellingham）图。从图中各氧化物生成自由能线的位置可以判断其稳定性。由此可见，汞和银的氧化物在低于 400 ℃温度条件下，在空气中加热即可分解析出金属，而绝大多数金属氧化物不能用热分解的方法还原，只能采用添加还原剂的方法将其还原。各种金属氧化物被还原的最低温度可由图直接得出，金属被氧化成金属氧化物的直线与碳氧化成为 CO 的直线的交点温度即是碳还原此氧化物的最低温度，即开始还原温度。

金属氧化物的还原可用下式表示：

$$\mathrm{MO+R = M+RO}$$

$$\Delta G^{\ominus}=\Delta G^{\ominus}_{\mathrm{RO}}-\Delta G^{\ominus}_{\mathrm{MO}}-\Delta G^{\ominus}_{\mathrm{R}} \tag{7-2}$$

式中　MO——金属氧化物；

R——还原剂；

RO——还原剂氧化物。

上式可由 MO 和 RO 的生成反应合成：

$$\mathrm{R}+\frac{1}{2}\mathrm{O_2 = RO}\quad \Delta G^{\ominus}_{\mathrm{RO}}=RT\ln p_{\mathrm{O_2(RO)}} \tag{7-3}$$

$$\mathrm{M}+\frac{1}{2}\mathrm{O_2 = MO}\quad \Delta G^{\ominus}_{\mathrm{MO}}=RT\ln p_{\mathrm{O_2(MO)}} \tag{7-4}$$

$$\mathrm{MO+R = M+RO}\quad \Delta G^{\ominus}=RT\ln \frac{p_{\mathrm{O_2(RO)}}}{p_{\mathrm{O_2(MO)}}} \tag{7-5}$$

金属氧化物被还原的必要条件是 $\Delta G^{\ominus}<0$，即 $p_{\mathrm{O_2(RO)}}<p_{\mathrm{O_2(MO)}}$。因此，凡是对氧的化学亲和力比被还原的金属对氧的亲和力大的物质均可作为金属氧化物的还原剂。

还原焙烧可采用固体还原剂、气体还原剂或液体还原剂。生产中常用的还原剂有固体碳、气体一氧化碳和氢气。从 Ellingham 图中可以看出，金属氧化物的标准生成自由能随温度的升高而急剧增大，而 CO 的标准生成自由能则随温度的升高而显著降低，所以在较高温度条件下，碳可作为许多金属氧化物的还原剂。金属氧化物除呈纯态存在外，还呈结合态存在，结合态的金属氧化物较纯态的稳定，较难被还原，往往需要在较高温度条件下才能被还原。

还原焙烧目前主要用于处理难选的铁、锰、镍、铜、锡、锑等矿物原料。

7.1.2　氧化焙烧

氧化焙烧或硫酸化焙烧是指硫化矿物在氧化气氛条件下加热，将硫化矿中的硫脱除转

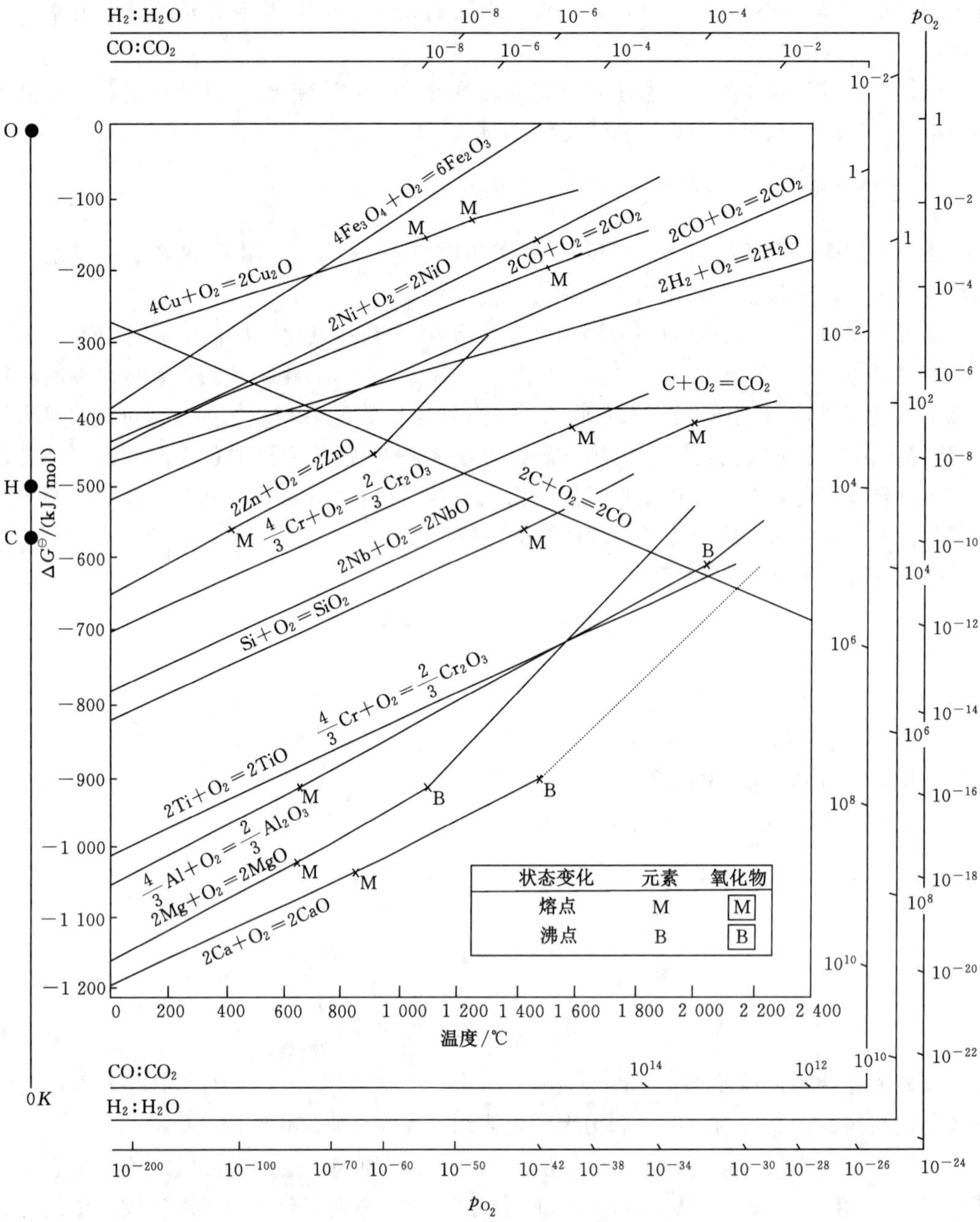

图 7-2　氧化物标准生成自由能与温度关系图

变为相应的金属氧化物或硫酸盐的过程。在焙烧条件下，硫化矿物转变为金属氧化物和金属硫酸盐的反应可表示为：

$$2MS+3O_2 = 2MO+2SO_2 \tag{7-6}$$

$$2SO_2+O_2 \rightleftharpoons 2SO_3 \tag{7-7}$$

$$MO+SO_3 \rightleftharpoons MSO_4 \tag{7-8}$$

氧化焙烧时，金属硫化物转变为金属氧化物和二氧化硫的反应式(7-6)是不可逆的，而式(7-7)、式(7-8)是可逆的。上列各反应的平衡常数为：

$$K_1=\frac{p_{SO_2}^2}{p_{O_2}^3}$$

$$K_2=\frac{p_{SO_3}^2}{p_{SO_2}^2 \cdot p_{O_2}}$$

$$K_3=\frac{1}{p_{SO_3(MSO_4)}}$$

式中　p_{SO_3}——炉气中 SO_3 的分压；

p_{O_2}——炉气中 O_2 的分压；

p_{SO_2}——炉气中 SO_2 的分压；

$p_{SO_3(MSO_4)}$——金属硫酸盐的分解压；

燃烧过程中，可通过控制焙烧条件，得到所需要的焙烧产物。氧化焙烧常用脱硫率或目的组分的硫酸化程度来衡量，广泛用于铁、铜、铜-镍、钴、钼、锑、锌等硫化矿的处理，也可在炉料中加入硫化剂(元素硫、黄铁矿等)使某些重金属氧化物转变为相应的硫酸盐。

7.1.3　氯化焙烧

矿物原料与氯化剂(气体或固体)在氧化或还原性气氛中加热并发生化学反应，生成可溶性或气态金属氯化物的过程，称为氯化焙烧。其实质是利用氯的高化学活性。氯在一定温度一定气氛下能与难以分选的金属氧化物和硫化物作用，生成易处理的金属氯化物。金属氯化物熔点低，易挥发，常温下易溶于水，高温下能挥发。

根据焙烧生成物(金属氯化物)的处理方法不同，氯化焙烧可分为氯化焙烧-浸出法和氯化挥发法。氯化焙烧-浸出法是在中温下进行的焙烧过程，通过将焙砂(焙烧后的矿石)用水进行浸出，将金属氯化物从浸出液中提取出来。在中温氯化焙烧的过程中，金属氯化物会溶解在水中，形成含金属离子的浸出液。然后，通过化学方法或电化学方法，从浸出液中提取目标金属。氯化挥发法是在高温下进行的焙烧过程，将矿石中的金属氯化物转化为气态金属氯化物，并将其收集在冷凝器中。在高温氯化焙烧过程中，金属氯化物会挥发出来，形成气体，然后通过冷凝器将气态金属氯化物转化为液态，最后通过化学方法从液态中提取目标金属。

若在焙烧过程中加入还原剂，则称之为还原氯化焙烧。当使用固体碳粉作为还原剂时，金属氯化物会在碳粒表面发生还原反应，从而以金属状态析出，这一过程被称为氯化离析法，简称离析法。

氯化焙烧时可采用气体氯化剂(Cl_2、HCl)或固体氯化剂(NaCl、$CaCl_2$、$FeCl_2$等)。氯化焙烧的基本原理可用化学反应式来表示。

金属硫化物氯化的通式为：

$$MS+Cl_2 = MCl_2+\frac{1}{2}S_2 \tag{7-9}$$

金属硫化物和氧化物相比，容易氯化。因为氧和金属的亲和力比硫和金属的亲和力大，故取代硫比取代氧容易。

氯化焙烧时常使用廉价的固体氯化剂，如 NaCl、$CaCl_2$等，这些氯化剂在体系中可与其他组分作用分解出产物 Cl_2 和 HCl 来进行氯化。实际焙烧过程中，还有 O_2 和 SO_2 等活性成分存在，它们促使固体氯化剂发生分解反应：

$$CaCl_2 + SO_2 + O_2 = CaSO_4 + Cl_2 \tag{7-10}$$

$$2NaCl + SO_2 + O_2 = Na_2SO_4 + Cl_2 \tag{7-11}$$

难选氧化铜(如结合铜)的氯化离析法可用下列化学反应表示：

首先，盐与矿物中的结晶水、SiO_2 成分作用：

$$2NaCl + H_2O + SiO_2 = Na_2SiO_3 + 2HCl \tag{7-12}$$

$$4NaCl + Al_2O_3 \cdot 2H_2O + 2SiO_2 = Na_4Al_2O_3 \cdot 2SiO_3 + 4HCl \tag{7-13}$$

分解产物 HCl 对氧化铜的氯化：

$$2CuO + 2HCl = \frac{2}{3}Cu_3Cl_3 + H_2O + \frac{1}{2}O_2 \tag{7-14}$$

$$Cu_2O + 2HCl = \frac{2}{3}Cu_3Cl_3 + H_2O \tag{7-15}$$

氧化亚铜的还原：

碳质还原剂与物料中的水分或反应生成的水反应：

$$C + H_2O = CO + H_2 \tag{7-16}$$

氯化亚铜蒸气被碳粒表面吸附的 H_2 还原：

$$Cu_3Cl_3 + \frac{3}{2}H_2 = 3Cu + 3HCl \tag{7-17}$$

氯化挥发法在重金属、轻金属和稀有金属工业中得到了广泛应用，主要用来处理钛铁矿、贫锡矿、菱镁矿及钽、铌氧化物等难以直接氯化的原料。氯化挥发法要求焙烧温度较高(1 000～1 200 ℃)，我国某些地区的难选锡中矿含 Sn1.5%左右，加入还原剂(碳粉)、氯化剂(氯化钙)和黏合剂制团，高温氯化挥发，物料中的锡、铅、锌、铟、铋、镉呈气体挥发，砷、铜部分挥发，铁不挥发。挥发的氯化烟尘通过收尘、浓密和过滤后得到溶液和沉淀，锡、铅进入沉渣，铟、铋、锌、镉进入溶液。锡、铅挥发率可达 95%以上，成品回收率相应为 85%和 90%。氯化离析法用于处理难选铜矿，用浮选从离析产品中富集铜，铜回收率可达 75%～95%，铜品位达 30%～50%。

7.1.4 钠化焙烧

钠化焙烧是在矿物原料中加入钠盐(如碳酸钠、食盐、苛性钠、硫酸钠等)，在一定温度和气氛条件下，使难溶的目的组分矿物转变为可溶性的相应钠盐的焙烧过程。所得焙砂(烧结块)可用水、烯酸或稀碱性进行浸出，目的组分转入溶液，从而达到分离富集目的组分的目的。本工艺可用于提取有用组分，也可用于除去难选粗精矿中的某些杂质。

含钒原料的钠化焙烧在实践中应用较广。自然界中钒多以三价状态存在。三价钒离子半径(0.065 nm)与三价铁离子(0.087 nm)相近，故三价钒本身很少生成独立矿物，而多作为类质同像杂质存在于铁及部分铝矿物中，这是钒在自然界中非常分散的原因。通常，钒以同晶杂质存在于钒钛磁铁矿内，也广泛分散在硅酸盐及硫化矿物中。钒的重要矿物有绿硫钒矿(VS_2 或 V_2S_3)、铅钒矿[$Pb(VO_4)_3Cl$]、钒云母[$KV_2(AlSi_3O_{10})(OH)_2$]、铀云母(钾钒铀矿或钙钒铀矿)、钒钛磁铁矿等。钒还常和一些煤、沥青、石油在一起，五价钒与铀和磷在一起形成独立的矿物。

含钒原料在 750～900 ℃的氧化气氛中钠化焙烧，可实现：① 破坏钒矿物的组织结构；② 把低价钒 V^{3+} 或 V^{4+} 氧化成五价钒氧化物，五价钒钠盐能溶于水；③ 使 V_2O_5 与从钠盐分解出来的 Na_2O 相结合，生成水溶性的矾酸钠 $x Na_2O \cdot y V_2O_5$，通过浸出得到含钒水溶液。

常用的钠化焙烧添加剂有 NaCl、Na_2CO_3、Na_2SO_3，还有 $NaNO_3$、Na_2O 和 $NaClO_3$ 等。工业上常用的添加剂为食盐、纯碱和芒硝。

7.1.5　煅烧

煅烧是在低于熔点的适当温度下，加热物料使其分解并除去所含结晶水、二氧化碳或三氧化硫等挥发物的过程。该过程是天然化合物或人造化合物的热解离或晶形转变，此时化合物受热离解为一种组成更简单的化合物或发生晶形转变。煅烧作业可用于直接处理矿物原料以适于后续的工艺要求，也可用于化学选矿的后期处理以制取化学精矿，从而满足市场需求。

煅烧过程的反应可表示为：

$$MCO_3 = MO + CO_2 \tag{7-18}$$

$$MSO_4 = MO + SO_2 + \frac{1}{2}O_2 \tag{7-19}$$

$$MS_2 = MS + \frac{1}{2}S_2 \tag{7-20}$$

$$(NH_4)_2WO_4 = WO_3 + 2NH_3 + H_2O \tag{7-21}$$

影响煅烧过程的主要因素为煅烧温度、气相组成、化合物的热稳定性等。各种化合物热离解的基本规律大致相同。化合物的热离解一般是可逆的，温度升高时化合物离解，而温度降低时离解产物又重新化合。

7.2　矿物原料的浸出

矿物原料的浸出是利用适当的溶剂，在一定的条件下使矿石或精矿或焙烧矿物中的一种或几种有价成分溶出，而与其中的脉石和杂质分离的过程。因此，浸出过程是提取和分离目的组分的过程。化学选矿过程中，浸出是常用的作业，具有较为普遍的意义。

用于浸出的药剂称为浸出剂，浸出后含目的组分的溶液称为浸出液，残渣称为浸出渣。一般地，浸出剂应具备以下性质：① 能选择性地迅速溶解原料中的有价成分；② 不与原料中的脉石和杂质发生作用；③ 价格低廉并能大量获得；④ 没有危险，便于使用；⑤ 能够再生使用。

实践中常用目的组分的浸出率、浸出过程的选择性及药剂用量等指标衡量浸出过程。组分的浸出率是指浸出条件下该组分转入浸出液中的重量与其在矿物原料中的总重量的比值，用百分数表示。设物料干重为 Q(t)，某组分的品位为 α(%)，浸出液体积为 V(m^3)，该组分在浸出液中的浓度为 C(t/m^3)，浸渣干重为 m(t)、渣品位为 δ(%)，则该组分的浸出率($\varepsilon_{浸}$)为：

$$\varepsilon_{浸} = \frac{VC}{Q\alpha} \times 100\% = \frac{Q\alpha - m\delta}{Q\alpha} \times 100\% \tag{7-22}$$

浸出过程中，组分 1 和组分 2 的浸出选择性(β)为：

$$\beta=\frac{\varepsilon_1}{\varepsilon_2} \tag{7-23}$$

浸出选择性是各组分的浸出率之比,此值越接近1,则其浸出选择性越差。

目前浸出方法较多,有各种不同的分类方法,依浸出试剂可分为水溶剂浸出和非水溶剂浸出,前者是用各种无机化学试剂的水溶液或水做浸出试剂,后者是用有机溶剂做浸出试剂。详细分类如表7-2所示。

表7-2 浸出方法依试剂分类表

浸出方法		常用试剂	处理对象	备 注
水溶剂浸出	酸浸	硫 酸	铀、铜、钴、镍、锌、磷等氧化物	含酸性脉石矿石物
		盐 酸	磷、铋等氧化矿、钨精矿脱铜、磷、铋,高岭土脱铁	含酸性脉石矿石
		氢氟酸	铌钽矿物、石英、长石	
		王 水	金、银、铂、钯等	
		硝 酸	辉钼矿、银矿物	
		亚硫酸	二氧化锰、锰结核	
	碱浸	碳酸钠	次生铀矿物	含硫化矿少,碱性脉石矿物
		苛性钠	方铅矿、闪锌矿、钨矿石等	
		氨溶液	铜、钴、镍单质及氧化矿	
		硫化钠	砷、锑、锡、汞硫化矿物	
	盐浸	氯化钠	白铅矿、氧化铅矿物及稀土矿物	
		高铁盐	铜、铅、铋等硫化物	
		氰化物	金、银等贵金属	
	细菌浸	菌种+硫酸+硫酸高铁	铜、铀、金等硫化物	
	水金	水	胆矾矿、焙砂	
非水溶剂浸出		有机溶剂		

浸出方法和浸出药剂的选择主要取决于矿物原料中有用矿物和脉石矿物的矿物组成和化学组成以及矿物的结构、构造,此外,还应考虑浸出剂的价格、浸出剂对目的矿物的分解能力及对浸出设备的腐蚀性等因素。

7.2.1 浸出过程的热力学

浸出是水溶液中多相体系的化学反应过程。根据浸出时化学反应的实质可分为氧化还原反应和非氧化还原反应两类。每一大类又可分为有氢离子参加反应和没有氢离子参加反应两个小类。

对氧化还原反应而言,有氢离子参加反应时由A物质变为B物质的反应可用下列通式表示:

$$a\mathrm{A}+m\mathrm{H}^{+}+ne^{-}=\!=\!=b\mathrm{B}+c\mathrm{H_2O} \tag{7-24}$$

其平衡电极电位可用能斯特公式表示,即

$$\varepsilon=\varepsilon^{\ominus}+\frac{RT}{nF}\ln Q \tag{7-25}$$

式中　ε——非标准状态下的溶液电位，V；

$\varepsilon^{\ominus}$——标准状态下的电极电位，V；

Q——非标准状态下的活度商；

R——理想气体常数，8.31 J/(K·mol)；

T——绝对温度(非特指时一般为 298 K)，K；

n——参加反应的电子数；

F——法拉第常数，96 500 C/mol。

将常数值代入上式可得：

$$\begin{aligned}\varepsilon&=\varepsilon^{\ominus}-\frac{RT}{nF}\ln\frac{[B]^{b}\cdot[H_2O]^{c}}{[A]^{a}\cdot[H^{+}]^{m}}\\&=\varepsilon^{\ominus}+\frac{8.31\times298}{96\,500n}\times2.3\lg\frac{[A]^{a}\cdot[H^{+}]^{m}}{[B]^{b}}\\&=\varepsilon^{\ominus}+\frac{0.059\,1}{n}\lg\frac{[A]^{a}\cdot[H^{+}]^{m}}{[B]^{b}}\\&=\varepsilon^{\ominus}+\frac{0.059\,1}{n}(a\lg\alpha_{A}-mp\text{H}-b\lg\alpha_{B})\end{aligned} \tag{7-26}$$

由式(7-26)可知，对于有氢离子参加的氧化还原反应而言，反应进行的程度由溶液的电位和 pH 值决定。

若氧化还原反应无氢离子参加，则反应为：

$$\alpha\text{A}+ne^{-}=\!=\!=b\text{B} \tag{7-27}$$

其平衡条件为：

$$\varepsilon=\varepsilon^{\ominus}+\frac{0.0591}{n}(a\lg\alpha_{A}-b\lg\alpha_{B}) \tag{7-28}$$

即对无氢离子参加的氧化还原反应而言，反应进行的程度仅与溶液的电位有关。

对非氧化还原反应而言，有氢离子参加时由 A 物质变为 B 物质的反应可以用下列通式表示：

$$\alpha\text{A}+m\text{H}^{+}=\!=\!=b\text{B}+c\text{H}_2\text{O} \tag{7-29}$$

该反应的平衡常数为：

$$K=\frac{[B]^{b}\cdot[H_2O]^{c}}{[A]^{a}\cdot[H^{+}]^{m}}=\frac{\alpha_{B}^{b}}{\alpha_{A}^{a}\cdot[H^{+}]^{m}}$$

$$\lg K=b\lg\alpha_{B}+mp\text{H}-a\lg\alpha_{A}$$

$$\text{pH}=\frac{1}{m}\lg K-\frac{1}{m}(b\lg\alpha_{B}-a\lg\alpha_{A}) \tag{7-30}$$

当 $\alpha_{A}=\alpha_{B}=1$ 时，$\text{pH}^{\ominus}=\frac{1}{m}\lg K$，代入可得：

$$\text{pH}=\text{pH}^{\ominus}-\frac{1}{m}(b\lg\alpha_{B}-a\lg\alpha_{A}) \tag{7-31}$$

即对有氢离子参加的非氧化还原反应而言，反应进行的程度仅由溶液的 pH 值决定。

同理可知无氢离子参加的非氧化还原反应的平衡条件为：

$$\lg K = b\lg \alpha_B - a\lg \alpha_A \tag{7-32}$$

即无氢离子参加的非氧化还原反应进行的程度取决于其反应的平衡常数。

综上所述，水溶液中的化学反应及其平衡条件可综合如表 7-3 所示。

表 7-3　水溶液中的化学反应分类表

反应类型		与化学平衡有关者	平衡表达式
非氧化还原反应	无 H^+，无 e^-	— — $m=0$	$\lg K = b\lg \alpha_B - a\lg \alpha_A$
	有 H^+，无 e^-	pH — $m\neq 0$	$pH = pH^{\ominus} - \frac{1}{m}(b\lg \alpha_B - a\lg \alpha_A)$
氧化还原反应	无 H^+，有 e^-	— ε $m=0, n\neq 0$	$\varepsilon = \varepsilon^{\ominus} + \frac{0.059\,1}{n}(a\lg \alpha_A - b\lg \alpha_B)$
	有 H^+，有 e^-	pH ε $m\neq 0, n\neq 0$	$\varepsilon = \varepsilon^{\ominus} + \frac{0.059\,1}{n}(a\lg \alpha_A - m\mathrm{pH} - b\lg \alpha_B)$

从表 7-3 可知，水溶液中化学反应的平衡与溶液电位、pH 值和组分活度有关。在指定温度、压力下，可将电位和 pH 值表示在平面坐标图上，将其做成 φ-pH 图。常见的 φ-pH 图有金属-水系、金属-络合物-水系、硫化物-水系。

绘制 φ-pH 图时，习惯规定电位采用还原电位，反应方程左边为氧化态、电子 e 和氢离子 H^+，方程右边为还原态。绘制 φ-pH 图的步骤为：① 确定体系中可能发生的各类反应及各反应的平衡方程式；② 由有关的热力学数据计算反应的 $\Delta G_T^{\ominus}$，并求出平衡常数 K 或 $\varepsilon_T^{\ominus}$；③ 导出各反应的 $\varepsilon_T^{\ominus}$ 与 pH 的关系式；④ 根据 $\varepsilon_T^{\ominus}$ 与 pH 的关系式，在指定的离子活度或气相分压条件下，计算出各个温度下的 $\varepsilon_T^{\ominus}$ 与 pH 值；⑤ 绘图。

目前 φ-pH 图被广泛应用于金属腐蚀、地球化学、选矿、冶金、分析化学及电化学等各个领域。在化学选矿中，利用 φ-pH 图可为浸出、浸液净化、化学沉淀、金属置换、气体及试剂还原和电积等过程提供过程进行的热力学依据，还可以判断过程进行的条件和趋势，亦可判断目的组分在水溶液中稳定存在的区域及范围。

现已发表的 φ-pH 图有铜、铁、银、锌、钴、锡、钛、铅、砷、金、铍、镉、汞、硒、碲等的金属-水系及某些金属-络合物-水系和某些体系的热压条件下的 φ-pH 图。由于反应体系中反应的复杂性，某些反应物热力学数据不全或不甚可靠，与金属矿物有关的 φ-pH 图尚不齐全，有待进一步完善。

7.2.2　浸出过程的动力学

浸出过程的动力学是研究浸出速度及其相关影响因素的学科。浸出是发生于固-液界面的多相化学反应，与固-气及液-液多相化学反应一样，反应过程大致由浸出剂的扩散、吸附及化学反应三个步骤组成，反应总速度由速度最慢的步骤控制。研究非催化的多相化学反应时，得知界面的吸附速度很大，很快达到平衡，多相反应的反应速度主要决定于扩散速度和化学反应速度。以扩散为控制步骤时，多相反应处于动力学区；以扩散和化学反应联合控制时，多相反应处于过渡区。

许多固-液多相化学反应过程，扩散常是速度最慢的步骤，反应常为扩散过程所控制。

若浸出过程的反应产物很快脱离矿粒表面，或剩下的壳层（或不参与反应的矿物或脉石）疏松多孔时，浸出剂的内扩散阻力可以忽略不计。矿粒与液体接触时，矿粒表面紧附着一层液体（称为能斯特附面层），其厚度约为 0.03 mm，层内传质仅靠扩散，此时浸出剂的扩散速度可用菲克公式表示：

$$v_D=-\frac{dc}{dt}=\frac{DA}{\delta}(c-c_s)$$
$$=K_DA(c-c_s) \tag{7-33}$$

式中　v_D——因扩散引起的浸出剂浓度变化，称为扩散速度，mol/s；

c——溶液中浸出剂的浓度，mol/mL；

c_s——矿粒表面浸出剂的浓度，mol/mL；

A——矿粒与溶液接触的相界面积，cm^2；

δ——扩散层厚度，cm；

D——扩散系数，cm^2/s；

K_D——扩散速度常数，$K_D=\frac{D}{\delta}$，cm/s。

矿粒表面进行的化学反应速度为：

$$v_K=-\frac{dc}{dt}=K_k\cdot Ac_s^n \tag{7-34}$$

式中　v_K——因化学反应引起的浸出剂浓度变化，称为化学反应速度，mol/s；

K_k——化学反应速度常数；

n——反应级数，一般情况下，$n=1$。

浸出开始时，溶液中浸出剂浓度高，扩散速度大，化学反应速度小。随浸出时间的延长，扩散速度逐渐减小，化学反应速度逐渐增大，浸出一定时间后，扩散速度与化学反应速度相等，即

$$K_DA(c-c_s)=K_kAc_s=v$$
$$c_s=\frac{K_D}{K_D+K_k}c \tag{7-35}$$

将其代入得：

$$v=\frac{K_DK_k}{K_D+K_k}Ac \tag{7-36}$$

由式(7-36)可知，① 当 $K_k\ll K_D$时，$v=K_kAc$，浸出速度受化学反应过程控制；② 当 $K_k\gg K_D$时，$v=K_DAc$，浸出速度受扩散过程控制；③ 当 $K_k\approx K_D$时，$v=\frac{K_D}{2}Ac=\frac{K_k}{2}Ac$，浸出速度受扩散和化学反应联合控制。

浸出矿浆温度对浸出速度的影响可用阿伦尼乌斯公式或速度常数的温度系数表示，阿伦尼乌斯公式为：

$$K=K_0e^{-\frac{E}{RT}} \tag{7-37}$$

式中　K——反应速度常数；

E——活化能；

K_0——常数，其值为 $E=0$ 时的速度常数。

两边取对数

$$\lg K=\lg K_0-\frac{E}{2.303RT}=B+\frac{A}{T} \tag{7-38}$$

其中，$B=\lg K_0$，$A=-\frac{E}{2.303R}=-\frac{E}{19.14}=-0.052E$。

由式(7-38)可知，速度常数的对数与$\frac{1}{T}$呈直线关系，如图 7-3 所示。因 E 为正值，斜率 A 肯定为负值，从图可知，低温时(CD 段)，E 值大，斜率大，反应处于动力学区；高温时(AB 段)，E 值小，斜率小，反应处于扩散区；BC 段为过渡区。因此，可根据活化能的大小来判断反应过程的控制步骤。

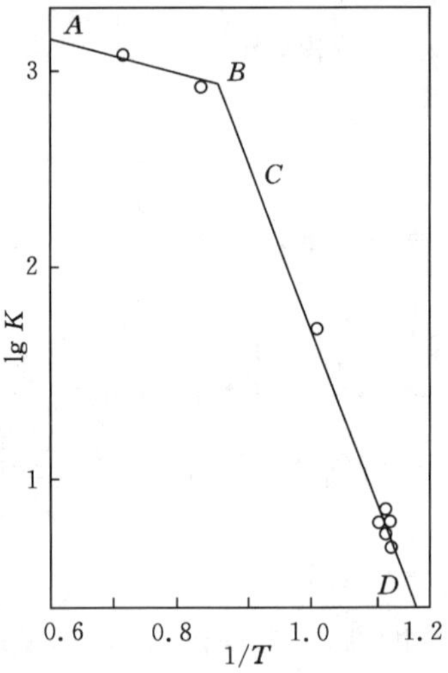

图 7-3　反应速度常数与温度的关系

速度常数的温度系数为反应温度增加 10 度时速度常数所增加的比率，即

$$\lg \gamma=\lg\frac{K_T+10}{K_T}=\frac{E}{2.303RT}-\frac{E}{2.303R(T+10)}$$

$$=\frac{10E}{2.303RT(T+10)}=\frac{0.52E}{T(T+10)} \tag{7-39}$$

用试验方法测得速度常数的温度系数后，可用式(7-39)计算温度为 T 时的 E 值。因此，可用速度常数的温度系数来判断反应过程的控制步骤，见表 7-4。

表 7-4　多相化学反应过程的控制步骤

控制类型	速度常数的温度系数 γ	活化能 E/(kJ/mol)
扩散控制	<1.5	<13
混合控制		20～24
化学反应控制	2～4	>42

判断反应过程控制步骤的目的是利用其特性以提高过程的反应速度。影响浸出速度的主要因素有：矿块的大小、过程的温度、矿浆的搅拌速度和溶剂的浓度。

浸出过程的速度随着矿块的减小而增大；适当速度的搅拌可以提高浸出速度。溶剂浓度对于反应速度和溶解程度影响很大。溶解速度和溶解程度均随溶剂浓度的增大而增加；加压也可以使浸出过程加速进行。

7.2.3　浸出的方法

1. 水浸

这种浸出技术中，最常见的方法就是水热硫化浮选法，即在热压的条件下，使硫能够与矿物中的硫化铜、钼、镍等物质发生化学反应，从而进一步生成比较稳定的硫化铜矿物，然后在热水中使用浮选硫化铜的方式对其进行回收。在该工艺中，温度对其产生的影响最大，其次就是矿石的粒度、硫的量以及硫化时间等。

2. 酸浸

加压酸浸是一种常见的化学浸出法，其在工业上的应用主要分为两大类：一类是常压下的加压酸浸，即通过几个连续的常压浸出段或者将常压浸出段与一段加压浸出相结合来完成；另一类是两段或者多段的加压浸出。通常情况下，硅酸盐或铝硅酸盐脉石都会采用酸浸的方式进行矿物的浸出。除此之外还有共生矿的酸浸法。由于经常使用的常规选矿方法难以从铜钼铅锌共生矿中获得单一的、合格的精矿产品，因此铜钼铅锌共生矿被称为呆滞矿产。针对这种矿产，采用特殊的浸出技术，首先进行浸铅富硫的反应，反应在 85 ℃温度下进行，反应时间为 1.5 h 左右。之所以可以采取这种方式进行浸出，是因为铜钼锌的氧化物溶于酸，而它的硫酸盐是溶于水的，能够使主要的金属铜、钼、锌最大限度地浸出到溶液中去，这样就实现了将金属和其他杂质进行分离的目的。经过酸浸之后，剩余的浸出渣中主要剩下的是原生的硫化铜、硫化钼，而其他的金属如锌、银等则以硫化银以及包裹在硫化银中的形式存在。

3. 碱浸

碱浸的方式中，较为常见的方法就是使用氨浸的方式。1954 年，加拿大建立了世界上的第一个使用氨浸的加压硫化镍提取精矿的加工厂，至今，世界上许多厂家都采取了该技术。其中，Fort Saskatchewan 镍精炼厂采用两段逆流加压氨浸的方式进行矿物的浸出。第一段浸出的温度为 85 ℃，压力为 0.83 MPa。第二段的浸出温度、压力和第一段相同，同时使用压缩空气作为氧化剂，处理的原料也具有多样性。这种工艺方式在对有色金属的硫化矿石进行处理时，工艺简单，设备的防腐问题也很容易得到解决，而且对于环境的污染轻微，能够回收大部分的金属，因此在这方面得到了广泛的应用。然而，当处理贵金属矿物时，由于贵金属能够形成络合物并在溶液中分散，使得溶液的成分变得更加的复杂，提取过程更加困难，因此氨浸法不太适用处理贵金属矿物。

4. 生物浸出

生物浸出是利用微生物及其新陈代谢来氧化、溶浸矿石中的目的组分的一种化学选矿工艺。目前，微生物浸出技术在硫化矿石上得到了广泛的应用。微生物细菌的有效温度通常在 20～50 ℃之间，其中最常用的生物菌种则为氧化亚铁硫杆菌、氧化铁微螺菌以及氧化硫硫杆菌。传统的纯培养方法对微生物的生态有着较大的局限性，特别是对于浸矿微生物而言，这种局限性更加明显。然而将分子生物学应用到微生物的生态学研究中不仅可以有效避免在传统的研究过程中微生物的生物多样性的丢失对矿物浸出造成的影响，而且能够通过新菌种的发现增加对细菌浸矿环境的了解，从而使矿石工程中的浸出技术达到更好的浸出效果。

7.3 矿液的分离

化学选矿过程中，浸出后的矿浆或经化学沉淀后的悬浮液的固液两相分离作业，称为固液分离。

浸出后的矿浆及经化学沉淀后的悬浮液中的水可分为两部分：大部分是可在固体颗粒间自由流动的自由水，通常情况下可通过浓缩机脱出；少部分是固体颗粒表面的束缚水（颗粒表面的水化层），仅用脱水的方法难以脱除，必须用清水洗涤方可奏效（即用纯净的水化层代替固体颗粒表面的水化层）。若固液分离的目的是回收固体颗粒，一般采用错流洗涤流程，以提高洗涤效率；若以回收溶液为目的，需采用逆流洗涤流程，以保证较高的洗涤效率和洗液中有较高的有用组分含量。

依据固液分离推动力，固液分离方法大致可分为重力沉降、过滤分离和离心分离。

(1) 重力沉降：是利用颗粒物质在重力作用下的沉降速度差异实现固液分离的方法。常用的设备有沉淀池、各种浓缩机、液态化塔和分级机等。沉淀池为间歇作业，其他设备均为连续沉降设备。

(2) 过滤分离：是利用过滤推动力经过滤介质实现固液分离的方法，常用设备有过滤机、压滤机等。

(3) 离心分离：是利用离心力使固体颗粒沉降和过滤，从而实现固液分离的方法，常用设备有水力旋流器、离心沉降机和离心过滤机等。

7.3.1 重力沉降

当悬浮液中固体颗粒直径大于 0.1 μm 时，悬浮液不稳定，固体颗粒会受重力作用而沉降，且固相和液相的密度相差越大，固体颗粒越粗，悬浮液的黏度越低，固体颗粒的沉降速度就越大。图 7-4 为沉降过程示意图。

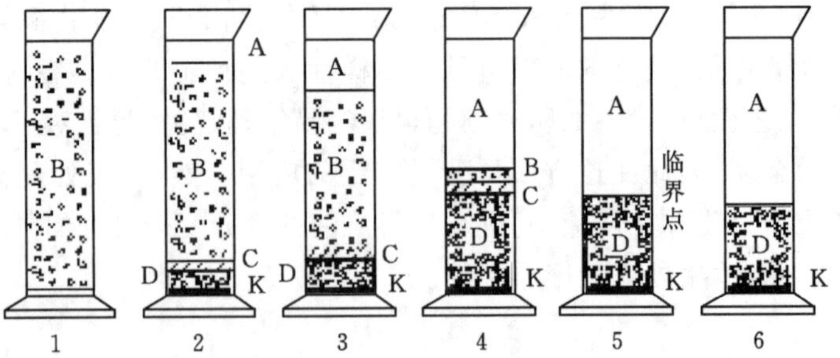

A—澄清区；B—沉降区；C—过渡区；D—压缩区；K—粗粒区。

图 7-4 沉降的分区现象

当悬浮液沉降时会出现分区现象，各区的高度是时间函数，A、D 区的高度不断增加，B、

C 区高度不断缩小，最后只有 A、D 和 K 区，此时称为沉降的临界点。在生产中，当操作达到稳定状态时，浓缩机通常会呈现上述的区域分布，而各区的高度基本保持不变。

将一定固液比的矿浆在量筒中混匀后开始沉降，定时 t 测定矿浆与清液之间的沉降界面高度 H。根据测量结果，可以绘制出如图 7-5 所示的 H-t 沉降曲线。通过该曲线可以计算沉降速度和处理每吨矿石所需的沉降面积。

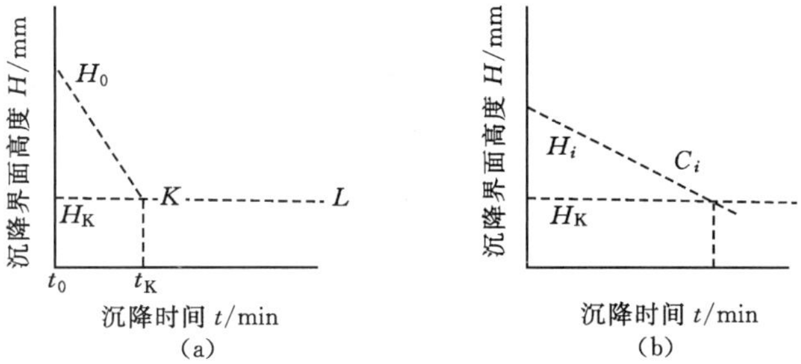

图 7-5　沉降曲线

如图 7-5(a)所示，用两条与 H-t 沉降曲线相切的直线形成的折线 H_0KL 近似代替沉降曲线，H_0K 为自由沉降过程线，KL 为压缩过程线，则球颗粒群的沉降速度为

$$v=(H_0-H_K)/(t_K-t_0) \tag{7-40}$$

式中　H_0——沉降开始时的界面高度，m；

H_K——临界点 K 的高度，m；

t_0——沉降开始时的时间，h；

t_K——沉降到临界点 K 的时间，h。

处理每吨矿石所需的沉降面积 A 为：

$$A=\frac{k}{v}\left(\frac{1}{C_1}-\frac{1}{C_2}\right) \tag{7-41}$$

式中　C_1——进料矿浆单位体积的固体含量，t/m^3；

C_2——设计的浓缩机底流单位体积的固体含量，t/m^3；

k——校正系数，一般 $k=1.05\sim1.20$。

如图 7-5(b)所示，在 H-t 曲线上选取若干个点 C_i 作切线 H_i，分别与要求的浓缩机底流高度 H_K 相交求临界点，从而求出不同的沉降速度。选取其中最小的沉降速度，按式(7-41)求出每吨矿石所需的沉降面积 A。

工业上应用的重力沉降设备主要有沉淀池、单层浓缩机、多层浓缩机及五级逆流洗涤塔等。

7.3.2　过滤分离

过滤是在压差作用下，矿浆在多孔过滤介质上进行固相和液相分离的过程。与重力沉降相比，过滤作业不仅固液分离速度快，而且分离较彻底，可得到液体含量较小的滤饼和清液。过滤介质常采用棉布、丝织品、毛织品、金属丝编织布、人造纤维编织布等，还可用多孔固体如陶瓷板、细砂、木炭及非金属矿物等作为滤料。根据颗粒的粒度、液体的腐蚀性及工作温度等选择过滤介质。

图 7-6 为过滤过程示意图，从图中可以看出，过滤与浓缩的本质区别在于，过滤时，固体颗粒处于不动的状态，矿浆中的液体通过滤饼内的毛细孔道后再经过滤介质上的孔道排出，形成滤液。浓缩则是固体颗粒和液体均处于运动状态，矿粒在液体中以重力的规则进行沉降。

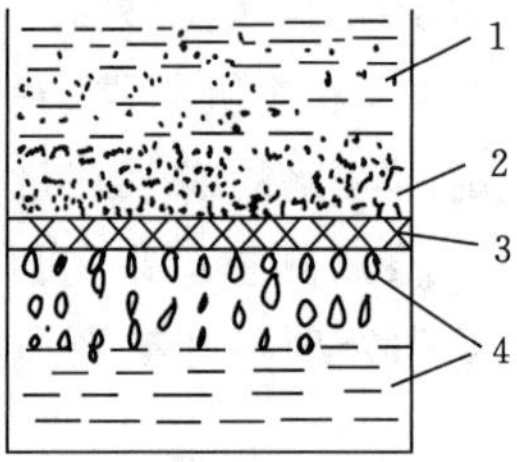

1—滤浆；2—滤饼；3—过滤介质；4—滤液。

图 7-6　过滤过程示意图

过滤的生产能力可用过滤速度 C 表示。通常用单位时间过滤面积上通过的滤液流量表示，即

$$C=\frac{\mathrm{d}V}{F\cdot \mathrm{d}t} \tag{7-42}$$

式中　C——过滤速度，$m^3/(m^2\cdot s)$；

$\mathrm{d}V$——滤液的体积，m^3；

F——过滤面积，m^2；

$\mathrm{d}t$——过滤时间，s。

过滤速度可视为滤液直线通过过滤介质的速度，其大小与真空度（如真空过滤机）、固体颗粒的特性、滤饼厚度及滤液的黏度和温度有密切关系。

影响过滤机生产的因素：

(1) 过滤速度与过滤介质两面的压力差（如真空度）成正比。对于非压缩性滤饼，提高真空度，可增加过滤机的过滤速度；对于可压缩性物料，由于滤饼易被压缩，颗粒间毛细管会变形，水或液体排出渠道受阻，从而降低通过压力，过滤速度则降低。

(2) 过滤速度与滤液的黏度成正比。提高温度可降低黏度，但这将导致生产费用的增加，选矿工艺中较少采用。

(3) 过滤速度与滤饼厚度成反比，与真空度成正比，而与滤液流动遇到的阻力成反比。滤液所受阻力与过程进行的程度有关，开始过滤时，滤饼很薄，阻力主要来自过滤介质，随着滤饼的厚度增加，阻力将主要来自滤饼，滤饼中毛细管的特点和滤饼厚度直接决定阻力的大小，滤饼越厚，阻力越大，过滤能力则越低。生产实践中，滤饼厚度主要由矿浆浓度、给料速度、过滤机的转速等因素决定。为了实现高效过滤，应使滤饼均匀分布，保持适宜的厚度。

(4) 滤饼的结构特性（主要指毛细管的数目、直径和弯曲程度等，这些都与颗粒特性，如粒度、粒度组成及可压缩性等有关）对过滤也有影响。矿粒越硬，粒度越均匀，含泥量越低时，形成的滤饼阻力越小。

生成实践中除可调节上述因素来提高过滤能力外，还可向矿浆中加助滤剂来加速过滤。助滤剂分两种：一种是化学药剂，可增强颗粒的絮凝、聚结，从而增大颗粒粒度；另一种为固体物料，是具有化学稳定性、不可压缩性、不溶解、多孔性的物料。属于前者的有聚丙烯酰胺等，后者有硅藻土、活性炭等。

过滤所涉设备按过滤动力可分为真空过滤机、压滤机和离心过滤机等。真空过滤机滤饼水分较高，尤其是对于细粒黏性物料难以达到后续作业对滤饼水分的要求，但因其结构简单、操作容易、生产能力较高，常作为选矿厂主流脱水设备。

7.3.3　离心分离

矿浆中颗粒的密度常较液体的密度大，旋转时会受到较大的离心力的作用。设质量为

m 的颗粒在半径为 r 的圆周上以角速度 ω 旋转，则颗粒所受的离心力 F_c 为：

$$F_c=\frac{mv^2}{r}=mr\omega^2 \tag{7-43}$$

颗粒所受重力 F_g 为

$$F_g=mg \tag{7-44}$$

因而，

$$a=\frac{F_c}{F_g}=\frac{mr\omega^2}{mg}=\frac{r\omega^2}{g} \tag{7-45}$$

式中，a 为分离因数，是衡量离心力大小的标志。离心机中，a 值可达数千，甚至更大，离心力场中颗粒受离心力的作用较重力大得多。

离心分离法所用设备有水力旋流器和离心机。离心机又分为离心沉降机、离心分离机和离心过滤机。

7.3.4 固液分离流程

固液分离的主要目的是获得澄清液或含有少量固体颗粒的悬浮液，并且在一些情况下需要对滤饼或粗砂进行洗涤，以提高金属回收率或产品品位。因此，固液分离流程可大体分为制取清液和除去粗砂两类。粗砂洗涤一般采用逆流流程，化学精矿的洗涤则常通过错流洗涤流程完成。

1. 制取清液的流程

若固液分离的目的是回收含有特定组分的溶液，而固体产物可以被废弃或送往其他作业处理(如浸出矿浆或沉淀法除杂后的悬浮液处理)时，工业上通常采用沉淀或浓缩的方法得到含少量微粒的溢流，并对底流进行洗涤。洗涤作业可在沉淀池中间断进行，也可在浓缩机中进行连续逆流洗涤。若后续作业要求完全澄清的溶液，可将溢流送往过滤过程以便除去其中的少量固体颗粒。

若固液分离作用是回收悬浮液中的固体颗粒，而溶液可以被废弃或另作处理时，工业上常采用浓缩-过滤法。底流可以通过间歇操作或连续操作的方式进行洗涤，以除去夹带的含杂溶液。间歇操作可以采用错流洗涤流程，以实现最大的洗涤率。底流洗净后可以被送去过滤。

2. 粗砂分级流程

如果后续工艺能处理含细粒的稀矿浆(如处理浸出矿浆)，则可以采用分级的方法除去粗砂并进行粗砂洗涤。工业上常采用流态化塔或旋流分级机进行分级和粗砂洗涤。当采用旋流分级机进行分级和粗砂洗涤时，由于沉砂中含液量较浓缩机底流少，所以洗涤次数可相对少些；若采用逆流流程，通常三级分级就可满足要求。洗涤后的溢流可以送后续处理工艺进行处理。

7.4 目的组分的交换提取

将溶液中的目的组分离子与固态离子交换剂进行多相复分解反应，使目的组分优先由液相转入固态交换剂，这一过程称为“吸附”。然后用适当的试剂淋洗被目的组分饱和了的离子交换剂，使目的组分重新转入溶液，从而达到净化和富集的目的，这一过程称为“淋洗”“洗涤”或“解吸”。通常把这两个过程简称为“离子交换”。

吸附和淋洗是离子交换的两个最基本的作业，一般在吸附和淋洗作业后均有洗涤作业。吸附后的洗涤是为了洗去吸附原液与亲和力较小的杂质组分，淋洗后的洗涤是为了除去树脂床中的淋洗剂。有的净化工艺在淋洗和冲洗之后还有交换剂转型或再生作业。离子交换法的原则流程如图 7-7 所示。

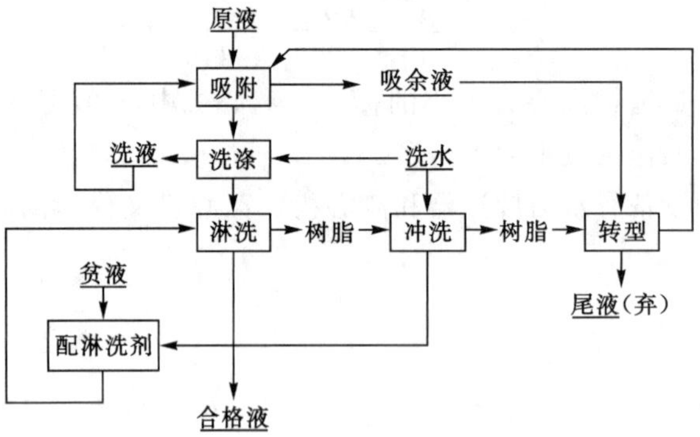

图 7-7　离子交换的原则流程

离子交换技术目前广泛应用于处理核燃料、稀土分离、化学分析、工业用水净化、废水净化、高纯离子交换水的制备和从稀溶液中提取和分离某些金属组分。例如，从金、银氰化液和选矿厂尾矿水中除去氰根离子及浮选药剂等。

离子交换法在净化和富集金属组分方面具有选择性好、作业回收率高、作业成本低、可以得到质量较高的化学精矿等优点。它可以直接从浸出矿浆中提取目的组分(矿浆吸附法)，还可以将浸出作业和吸附作业结合在一起(矿浆树脂法)，以提高浸出率和省去固液分离作业。离子交换法的主要缺点是交换树脂的吸附容量小，因此只适宜于从稀溶液中提取目的组分。另外离子交换法吸附速率小、吸附循环周期长，因此在许多领域，离子交换法已经被有机溶剂萃取所取代。

离子交换剂的种类较多，可分为有机物和无机物两大类，目前应用最广泛的是各种型号的有机合成离子交换树脂。常用的离子交换剂种类见表 7-5。

表 7-5　常用离子交换剂种类

名　称	分　类			
离子交换剂	有机物	天然碳质离子交换剂	如磺化煤、褐煤、泥煤等	
		合成交换剂	阳离子交换树脂	强酸性
				弱酸性
			阴离子交换树脂	强酸性
				弱酸性
	无机物	天然交换剂	阳离子交换树脂	铝硅酸盐(沸石、蒙脱土)
			阴离子交换树脂	高岭石、磷灰石
		合成交换剂	铝硅酸盐、磷酸锆等	

7.4.1　离子交换树脂

离子交换树脂是一种具有三维空间多孔网状结构且可实现离子交换功能的高分子固体化合物，其含有可供交换的基团，均匀分布于网状结构中。按交换基团性质的不同，离子交换树脂可分为阳离子交换树脂和阴离子交换树脂。

阳离子交换树脂大多含有磺酸基（$—SO_3H$）、羧基（—COOH）或苯酚基（$—C_6H_4OH$）等酸性基团，其中的氢离子能与溶液中的金属离子或其他阳离子进行交换。例如苯乙烯和二乙烯苯的高聚物经磺化处理得到强酸性阳离子交换树脂，其结构式可简单表示为 $R—SO_3H$，式中 R 代表树脂母体，其交换原理为：

$$2R—SO_3H+Ca^{2+} \rightleftharpoons Ca(R—SO_3)_2+2H^+$$

阴离子交换树脂含有季铵基[$—N(CH_3)_3OH$]、氨基（$—NH_3$）或亚氨基（$—NH_2$）等碱性基团。它们在水中能生成 OH^- 离子，可与各种阴离子起交换作用，其交换原理为：

$$R—NH_3^+OH^-+Cl^- \rightleftharpoons R—NH_3Cl+OH^-$$

由于离子交换作用是可逆的，因此用过的离子交换树脂一般用适当浓度的无机酸或碱进行洗涤，可恢复到原状态而重复使用，这一过程称为再生。阳离子交换树脂可用稀盐酸、稀硫酸等溶液淋洗；阴离子交换树脂可用氢氧化钠等溶液处理，进行再生。

离子交换树脂交换基团的交换能力取决于基团种类和单位体积内交换基团的数目。因此，树脂的骨架类型、交换基团和交联度是决定树脂性能的主要因素。

树脂的骨架即树脂的网状结构，应具有稳定性、抗氧化性和耐磨性，其中以苯乙烯型物理性能较好；树脂的官能团决定着树脂的交换能力及其使用的 pH 值条件。交换度是指树脂中含有的交联剂重量的百分数，其数值的大小影响树脂的机械强度、选择性和交换容量。常见的树脂交联度为 7%～10%。交联剂是合成树脂时将各个单体交联成三度空间的高聚物，即桥联物质，主要是二乙烯苯、甲醛等。例如，001×7 树脂，是一种强酸性阳离子交换树脂，由苯乙烯加入二乙烯苯交联而成，它由两部分组成：一是骨架（即苯乙烯加入乙烯苯），另一个是交换基团（即官能团），如$—SO_3H$。

7.4.2　活性炭

活性炭是一种以石墨微晶为基础的无定型结构，其中微晶是二维有序的，另一维是不规则交联六角形空间晶格。石墨微晶单位很小，厚度为 0.9～1.2 nm（3～4 倍石墨层厚），宽度为 2～2.3 nm。这种结构注定活性炭具有发达的微孔结构，微孔形状有毛细管状、墨水瓶形、V 形等。

制造活性炭的原料有煤系原料、植物原料、石油原料、高分子和工业废料及其他。当前世界上 2/3 以上的活性炭是以煤为原料制取的，我国煤基活性炭总产量已超过十万吨，是我国产量最大的活性炭品种。活性炭的制备方法主要包括物理活化法、化学活化法和催化活化法。物理活化法一般是指在一定温度（800～1 000 ℃）下，将炭化料与水蒸气、二氧化碳、氧气或它们的混合气等进行反应，使炭化料活化并发育孔隙的一类活化方法。化学活化法是将原料与活化剂（H_3PO_4、$ZnCl_2$、KOH 等）以一定比例混合、浸渍一段时间后，于 400～800 ℃炭化和活化同时进行以制备活性炭的一种方法。催化活化法也称为物理化学活化法，就是将化学活化法和物理活化法结合，制造特殊孔隙分布的活性炭材料的一种方法。首先在原料煤中加入一定量的化学药品（催化剂），然后加工成型，再经过炭化和气体活化作用后制造出具有特殊性能的优质活性炭。

在选矿行业，活性炭目前主要用于提取金银，还可从稀的氯化物溶液中吸附铂、钯、锇，也能吸附铷、钐、钇等元素，甚至可从酸性液中选择性地分离铼和钼。

1．活性炭的吸附

活性炭从清液或矿浆中吸附物质组分的机理目前尚不统一，综合起来可分为以下三类。

（1）物理吸附说

认为活性炭从溶液中吸附物质组分是由范德瓦耳斯力引起的，因为活性炭晶体由一些平面组成，在每一个面上碳原子呈六方形格子排列，每个碳原子以共价键与相邻的三个碳原子结合在一起，微晶由多个这样的平面构成，这些平面的直径和堆积高度一般小于 100 Å。炭化后通过氧化性气体活化时，气体将同晶格中不同部位的碳原子发生反应，生成的一氧化碳或二氧化碳气体将逸出，晶格中因缺少碳原子而形成空隙或空穴，故在微晶的边缘、空隙或空穴处具有不饱和键，具有很大的吸附活性。活性炭的空隙度越高，表面积越大，晶格中的活性吸附点就越多，吸附活性则越大。其反应可表示为：

$$H_2O + C_x \longrightarrow H_2 + CO + C_{x-1}$$

$$CO_2 + C_x \longrightarrow 2CO + C_{x-1}$$

$$O_2 + C_x \longrightarrow 2CO + C_{x-2}$$

$$2O_2 + C_x \longrightarrow 2CO_2 + C_{x-2}$$

（2）电化学吸附说

认为氧与活性炭悬浮液接触时被还原为羟基并析出过氧化氢，而碳为电子给予体，使其带正电，故可吸附阴离子。其反应为：

$$O_2 + 2H_2O + 2e \longrightarrow H_2O_2 + 2OH^-$$

$$C - 2e \longrightarrow C^{2+}$$

（3）双电层吸附说

用活性炭从氰化液中吸附金银时发现，活性炭吸附氰化金、银的吸附曲线与炭表面的 ζ 电位曲线相似。炭的 ζ 电位为负值，而且发现只有吸附氰化银后才能吸附 Na^+、Ca^{2+} 离子，而 Na^+、Ca^{2+} 离子的吸附又可增加氰化银离子的吸附。因此，认为是氰化银先吸附于活性炭的晶格活化点上，Na^+、Ca^{2+} 离子作为配衡离子吸附于紧密扩散层中，而 Na^+、Ca^{2+} 离子的吸附又可使其余的氰化银离子吸附，从而增加氰化银的吸附量。

2．活性炭的脱附

（1）升温脱附

升温脱附是通过提高吸附剂的温度来减小物质的吸附量使已被吸附的组分脱附下来的方法，也称为变温脱附，整个过程中的温度是周期性变化的。微波脱附是由升温脱附改进的一种技术，微波脱附技术已应用于气体分离、干燥和空气净化及废水处理等方面。在实际工作中，这种方法也是最常用的脱附方法。

（2）减压脱附

减压脱附，又称变压吸附，是通过降低压力或者抽真空来减少物质在吸附剂上的吸附量，从而实现吸附剂再生的方法。此法常常用于气体脱附。

（3）冲洗脱附

冲洗脱附是用不被吸附的气体(液体)冲洗吸附剂,从而使被吸附的组分从吸附剂上脱附下来的方法。采用这种方法必然产生冲洗剂与被吸附组分混合的问题,需要用别的方法将它们分离,因此这种方法存在多次分离的不便性。

(4) 置换脱附

置换脱附是通过用比被吸附组分吸附力更强的物质将被吸组分置换下来的方法。然而这种方法的后果是吸附剂上又吸附了置换上去的物质,必须用别的方法使它们分离。例如,活性炭对 Ca^{2+}、Cl^- 有一定的吸附能力,这些离子占据了吸附活性中心,可对活性炭吸附无机单质或有机物产生不利影响。因此,用活性炭吸附待分离溶液中的物质后,选用 $CaCl_2$ 作为脱附剂可降低活性炭对吸附质的吸附稳定性,从而达到降低脱附活化能的目的。

(5) 磁化脱附

磁化脱附是一种利用磁场处理来实现被吸附组分从吸附剂上脱附下来的方法。由于单分子水的性质比簇团中的水分子活泼得多,能充分显示它的偶极子特性,从而使水的极性增强。预磁处理能增大水的极性,这就能充分解释经过预磁处理后活性炭的吸附容量减小的现象。当磁场强度增大时,分离出的单个水分子越多,则阻碍作用就越大,从而吸附容量减小得也就越多。活性炭本身为非极性物质,活性炭的表面由于活化作用而具有氧化物质,且吸附剂是在湿空气条件下活化而成的,它使活性炭的表面氧化物质以酸性氧化物占优势,从而使活性炭具有极性,能够吸附极性较强的物质。由于这些带极性的基团易于吸附带极性的水,从而阻碍了吸附剂在水溶液中吸附非极性物质。这种方法常用于溶液中对吸附质的脱附。

(6) 超声波脱附

超声波脱附是一种利用超声波(场)作用来改变吸附相相平衡关系,从而实现吸附体系中吸附量减少的方法。在超声波(场)作用下,通过添加第三组分,体系相平衡关系朝固相吸附量减少方向移动的程度大于在常规条件下的吸附体系。根据超声波的作用原理推测,可能是因为第三组分改变了流体相的极性,增加了空化核的表面张力,使得微小气核受到压缩而发生崩溃闭合周期缩短的现象,从而产生更强烈的超声空化作用。因此,在用活性炭吸附待分离溶液中的物质后,可以用超声波(场)产生的协同作用来改变吸附相平衡关系,降低活性炭对吸附质的吸附稳定性,从而达到降低脱附化能的目的。

7.5　浸出液的萃取

萃取是以两种互不相溶的溶剂之间溶质分配的规律为基础,利用有机溶剂从水溶液中分离、提取、富集物质的一种方法。工业上一般的萃取过程属于化学过程。化学选矿过程中被萃取的对象为浸出液,其中溶质多为无机物,属无机萃取。溶剂萃取是在液-液两相中进行的,所以也称为液-液萃取,也可在固-液-液、液-固-液三相之间进行,如矿浆萃取、双液浮选和液膜萃取。

7.5.1　基本原理

1. 萃取的本质

根据相似相溶原理,物质的溶解性可以通过其极性来描述。极性化合物易溶于极性的溶剂中，而非极性化合物易溶于非极性的溶剂中。

无机化合物在水溶液中受小分子极性的作用，电离成带电荷的亲水性离子，并进一步与水分子结合形成水合离子，从而溶解于水中。如果要从水溶液中萃取水合离子，显然比较困难。为了从水溶液中萃取某种金属离子，就必须设法脱除水合离子周围的水分子，并综合所带的电荷，使之变为极性很弱的可溶于有机溶剂的化合物，也就是将亲水性的离子变成疏水性的化合物。为此，常加入某种试剂使之与被萃取的金属离子作用，生成一种不带电荷的易溶于有机溶剂的分子，然后用有机溶剂萃取。

2. 分配系数

设物质 A 在萃取过程中分配在不互溶的水相和有机相中：

$$A_{有}=A_{水}$$

在一定温度下，当分配达到平衡时，物质 A 在两种溶剂中的活度比保持恒定，即分配定律可表示为：

$$K_D=[A]_{有}/[A]_{水} \tag{7-46}$$

式中，K_D称为分配系数；$[A]_{有}$、$[A]_{水}$为平衡后溶质在两相中的溶度。分配系数大的物质，绝大部分进入有机相，分配系数小的物质，仍留在水相中，因而将物质彼此分离。此式称为分配定律，是溶剂萃取的基本原理。

3. 分配比

分配系数 K_D仅适用于溶质在萃取过程中没有发生任何化学反应的情况。如 I_2在 CCl_4和水中均以 I_2的形式存在。而许多情况下，溶质在水中和有机相中以多种形态存在。此时，需用溶质在两相中的总浓度之比来表示分配情况。

$$D=C_{A(有)}/C_{A(水)} \tag{7-47}$$

式中，D 称为分配比；$C_{A(有)}$、$C_{A(水)}$为被萃物在有机相中和水相中的平衡总浓度。D 的大小与溶质的本性、萃取体系和萃取条件有关。

4. 萃取率

对于某种物质的萃取效率大小，常用萃取率(E)来表示。即

$$E=\frac{A\text{在有机相中的总量}}{A\text{在两相中的总量}}\times100\%$$

设某物质在有机相中的总浓度为 $C_{有}$，在水相中的总浓度为 $C_{水}$，两相的体积分别为 $V_{有}$和 $V_{水}$，则萃取率为：

$$E=\frac{C_{有}V_{有}}{C_{有}V_{有}+C_{水}V_{水}}\times100\%=\frac{D}{D+V_{水}/V_{有}}\times100\% \tag{7-48}$$

可以看出，分配比越大则萃取率越大，萃取效率越高，并可以通过分配比计算萃取率。

5. 分离系数

在萃取工作中，不仅要了解对某种物质的萃取程度如何，更重要的是必须掌握当溶液中同时含有两种以上组分时，通过萃取之后它们之间的分离情况。例如 A、B 两种物质的分离系数可用两者的分配比 D_A、D_B的比值来表示，即

$$\beta_{A/B}=D_A/D_B \tag{7-49}$$

式中，β 称为分离系数。D_A与D_B之间相差越大，则两种物质之间的分离效果越好，如果D_A与D_B很接近，则 β 接近于 1，两种物质便难以分离。因此为了扩大分配比之间的差值，必须了

解各种物质在两相中的溶解机理，以便采取措施，改变条件，使欲分离的物质溶于一相，而使其他物质溶于另一相，以达到分离的目的。

7.5.2 重要的萃取体系

1. 金属螯合物萃取体系

金属离子与螯合剂(也称萃取络合剂)的阴离子结合而形成中性螯合物分子。这类金属螯合物难溶于水，而易溶于有机溶剂，因而能被有机溶剂所萃取。如丁二酮肟镍即属于这种类型，Fe^{3+} 与铜铁试剂形成的螯合物也属于此种类型。

常用的螯合剂还有 8-羟基喹啉、双硫腙(二苯硫腙、二苯基硫卡巴腙)、乙酰丙酮和噻吩甲酰三氟丙酮等。

(1) 金属螯合物的萃取平衡

以双硫腙萃取水溶液中的金属离子 M^{2+} 为例说明。双硫腙与 M^{2+} 的反应为：

$$M^{2+} + 2H_2Dz = M(HDz)_2 + 2H^+$$

双硫腙为二元弱酸，可以用 H_2Dz 表示。它难溶于水，而易溶于 CCl_4(0.002 1 mol/L)和 $CHCl_3$(约 0.08 mol/L)。若 K 为反应平衡常数，其大小与螯合剂的电离度、螯合剂的分配比、螯合物的稳定常数和螯合物的分配比有关。当萃取溶剂和螯合剂一定时，则萃取效率的高低，可以通过 M^{2+} 的分配比来判断。

(2) 萃取条件的选择

螯合剂的选择：所选择的螯合剂与被萃取的金属离子生成的螯合物越稳定，则萃取效率越高。此外螯合剂必须具有一定的亲水基团，易溶于水，才能与金属离子生成螯合物；但亲水基团过多时，生成的螯合物反而不易被萃取到有机相中。因此要求螯合剂的亲水基团要少，疏水基团要多。亲水基团有—OH、—NH_2、—COOH、—SO_3H，疏水基团有脂肪基(—CH_3、—C_2H_5等)、芳香基(苯和萘基)等。

EDTA 虽然能与许多种金属离子生成螯合物，但这些螯合物多带有电荷，不易被有机溶剂所萃取，故不能用作萃取螯合剂。

溶液酸度的控制：溶液酸度越小，则被萃取的物质分配比越大，越有利于萃取。但酸度过低则可能引起金属离子的水解或其他干扰反应发生。因此应根据不同的金属离子控制适度的酸度。

萃取溶剂的选择：被萃取的螯合物在萃取溶剂中的溶解度越大，则萃取效率越高。萃取溶剂与水的密度差别要大，黏度要小，这样便于分层，有利于操作的进行。萃取溶剂的挥发性、毒性要低，且不易燃烧。

干扰离子的消除：可以通过控制酸度进行选择性萃取，将待测组分与干扰组分分离。如果通过控制酸度尚不能消除干扰，还可加入掩蔽剂，使干扰离子生成亲水性化合物而不被萃取。

2. 离子缔合物萃取体系

由金属络离子与异电性离子借静电引力的作用结合成不带电的化合物，称为离子缔合物，此缔合物具有疏水性而能被有机溶剂萃取。通过离子的体积越大，电荷越低，越容易形成疏水性的离子缔合物。

根据采用的萃取剂的不同，可形成不同的缔合物。

(1) 金属阳离子缔合物

金属阳离子与大体积的络合剂作用,形成没有或很少配位水分子的络阳离子,然后与适当的阴离子缔合,形成疏水性的离子缔合物。

(2) 金属络阴离子缔合物

金属离子与溶液中简单配位阴离子形成络阴离子,然后与大体积的有机阳离子形成疏水性的离子缔合物。

(3) 洋盐缔合物

含氧的有机萃取剂(如醚类、醇类、酮类和烷类等)的氧原子具有孤对电子,因而能够与H^+或其他阳离子结合形成洋离子。它可以与金属络离子结合形成溶于有机溶剂的洋盐而被萃取。如在盐酸介质中,用乙醚萃取Fe^{3+},这里乙醚既是萃取剂又是有机溶剂。实践证明,含氧有机溶剂形成洋盐的能力按下列顺序增强:

$$R_2O < ROH < RCOOH < RCOOR < RCOR$$

(4) 其他离子缔合物

含砷的有机萃取剂可萃取铼,是基于铼酸根与氯化四苯砷反应,生成可被苯或甲苯萃取的离子缔合物。近年来含磷的有机萃取剂发展很快,如磷酸三丁酯萃取铀的化合物等。它具有不易挥发、选择性高、化学性质稳定等优点。

3. 无机共价化合物萃取体系

某些无机共价化合物如I_2、Cl_2、Br_2、$GeCl_4$和OsO_4等,可以直接用CCl_4、苯等惰性溶剂萃取。

7.5.3 萃取工艺

1. 一级萃取

一级萃取将料液与新有机相混合至萃取平衡,然后静止分层而得到萃余液和负载有机相的萃取流程。该流程虽然简单,但萃取分离不完全,在生产中很少应用。

2. 错流萃取

错流萃取是一份原始料液多次与新有机相混合接触,直至萃余液中的被萃组分含量降至要求值为止的萃取流程。每接触一次(包括混合、分层、相分离)称为一个萃取级。图 7-8 为三级错流萃取简图。由于每次皆与新有机相接触,故萃取较完全。但错流萃取的萃取剂用量大,负载有机相中被萃物的浓度低,最后几级的分离系数低。

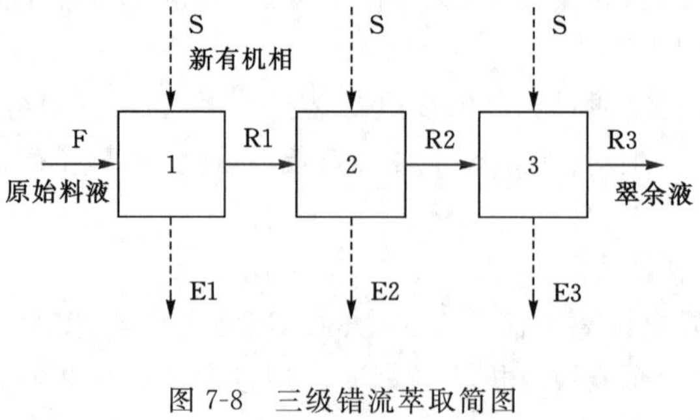

图 7-8 三级错流萃取简图

3. 逆流萃取

逆流萃取为水相(料液 F)和有机相(S)分别从萃取设备的两端给入,以相向流动的方式经多次接触分层而完成萃取过程的萃取流程。图 7-9 为五级逆流萃取简图。逆流萃取可使萃取剂得到充分利用,适于分配系数和分离系数较小的物质的分离,只要适当增加级数即可达到较理想的分离效果和较高的金属回收率。但级数太多,进入有机相的杂质量也将增加,产品纯度下降。

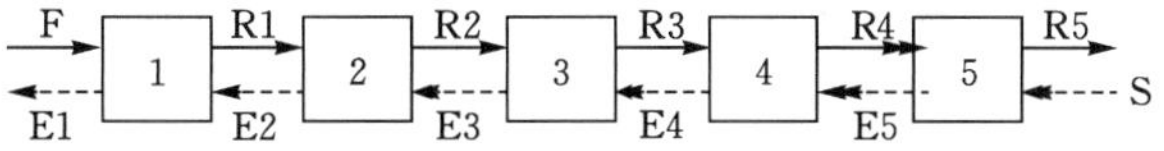

图 7-9　五级逆流萃取简图

4. 分馏萃取

分馏萃取是加上逆流洗涤的逆流萃取(图 7-10),又称为双溶剂萃取。此时有机相和洗涤剂分别由系统的两端给入,而料液由系统的某级给入。分馏萃取将逆流洗涤和逆流萃取结合在一起,通过逆流萃取保证较高的回收率,而通过逆流洗涤保证较高的产品品位,使回收率和品位可以同时兼顾,使分离系数小的组分得到较好的分离。此流程在实践中应用最广。

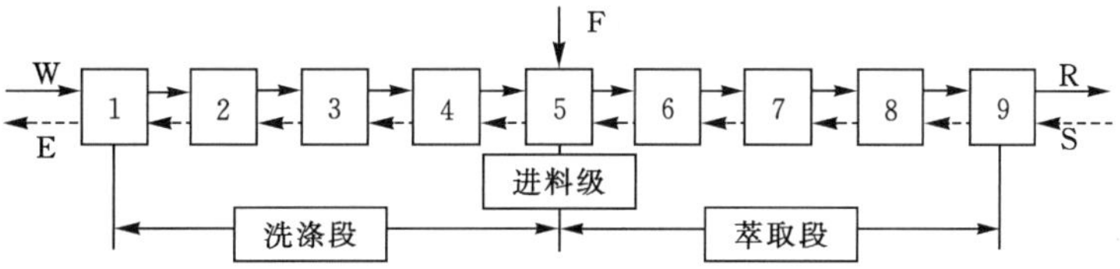

图 7-10　五级萃取四级洗涤的分馏萃取流程简图

7.6　化学选矿产品的析出与制取

化学选矿过程中,各种沉积技术可以作为浸出液的净化方法,也可以直接从浸出液中以固体形态沉淀分离出化学选矿的产品,这一工艺过程称为化学选矿产品的制取。

化学沉淀法主要用于从净化液中析出化学精矿。然而,但在某些矿物原料的化学选矿工艺中,也会将该方法用作净化作业。化学沉淀法通过向浸出液中加入某种试剂,使主要的金属离子生成某种化合物,通过调整 pH 值,创造条件使主要金属所形成的化合物由溶解状态转变为沉淀状态,从而实现分离处理,得到化学选矿产品。

进行化学沉淀时,需要选择具有高选择沉淀性的沉淀剂以及生成的沉淀物具有良好过滤性能,并且这些沉淀剂应该是廉价且易获取的。除添加沉淀剂外,还可采用水解即蒸馏结晶、盐析等方法沉淀析出目的组分。

7.6.1　氢氧化物沉淀法

除了碱金属和部分碱土金属外,其他金属的氢氧化物大都是难溶的(表 7-6)。因此,可用氢氧化物沉淀法提取化学选矿的目的组分。

表 7-6　某些金属氢氧化物的溶度积

化学式	K_{sp}	化学式	K_{sp}	化学式	K_{sp}
AgOH	1.6×10^{-8}	$Cr(OH)_3$	6.3×10^{-31}	$Ni(OH)_2$	2×10^{-15}
$Al(OH)_3$	1.3×10^{-33}	$Cu(OH)_2$	5.0×10^{-20}	$Pb(OH)_2$	1.2×10^{-15}
$Ba(OH)_2$	5×10^{-3}	$Fe(OH)_2$	1.0×10^{-15}	$Sn(OH)_2$	6.3×10^{-27}
$Ca(OH)_2$	5.5×10^{-6}	$Fe(OH)_3$	3.2×10^{-38}	$Th(OH)_4$	4×10^{-45}
$Cd(OH)_2$	2.2×10^{-14}	$Hg(OH)_2$	4.8×10^{-26}	$Ti(OH)_3$	1×10^{-40}
$Co(OH)_2$	1.6×10^{-15}	$Mg(OH)_2$	1.8×10^{-11}	$Zn(OH)_2$	7.1×10^{-18}
$Cr(OH)_2$	2×10^{-16}	$Mn(OH)_2$	1.1×10^{-13}		

注：表中所列溶度积，均为活度积，但应用时一般作为溶度积，不加区别。

对一定浓度的某种金属离子 M^{n+} 来说，是否生成难溶的氢氧化物沉淀，取决于溶液中 OH^- 离子浓度，即溶液的 pH 值为沉淀金属氢氧化物的最重要条件。若 M^{n+} 与 OH^- 只生成 $M(OH)_n$ 沉淀，而不生成可溶性羟基络合物，则根据金属氢氧化物的溶度积 K_{sp} 及水的离子积 K_w，可以计算使氢氧化物沉淀的 pH 值：

$$pH=14-\frac{1}{n}(\lg[M^{n+}]-\lg K_{sp}) \tag{7-50}$$

或

$$\lg[M^{n+}]=\lg K_{sp}+npK_w-npH \tag{7-51}$$

上式表示与氢氧化物沉淀平衡共存的金属离子浓度和溶液 pH 值的关系。由此式可以看出：① 金属离子浓度 $[M^{n+}]$ 相同时，溶度积 K_{sp} 越小，则开始析出氢氧化物沉淀的 pH 值越低；② 同一金属离子，浓度越大，开始析出沉淀的 pH 值越低。根据各种金属氢氧化物的 K_{sp} 值，由式(7-50)可计算出某一 pH 值时溶液中金属离子的饱和浓度。以 pH 值为横坐标，以 $-\lg[M^{n+}]$ 为纵坐标，即可绘出溶解度对数图(图 7-11)。

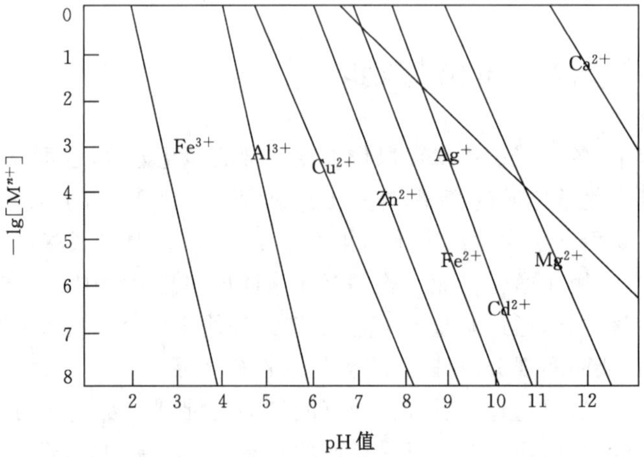

图 7-11　金属氢氧化物的溶解度对数图

根据溶解度对数图，可以方便地确定金属离子沉淀的条件。以 Cd^{2+} 为例，若 $[Cd^{2+}]=0.1$ mol/L，则由图 7-11 查出，使氢氧化镉开始沉淀的 pH 值应为 7.7；若欲使溶液残余 Cd^{2+} 浓度达 10^{-5} mol/L，则沉淀终了的 pH 值应为 9.7。

7.6.2 硫化物沉淀法

大多数过渡金属的硫化物都难溶于水。因此可用硫化物沉淀法去除废水中的重金属离子。各种金属硫化物的溶度积(表 7-7)相差悬殊,同时溶液中 S^{2-} 离子浓度受 H^+ 浓度的制约,所以可以通过控制酸度,用硫化物沉淀法把溶液中不同金属离子分步沉淀而分离回收。

表 7-7　某些金属硫化物的溶度积

化学式	K_{sp}	化学式	K_{sp}	化学式	K_{sp}
Ag_2S	1.6×10^{-49}	Cu_2S	2×10^{-47}	MnS	1.4×10^{-15}
Al_2S_3	2×10^{-7}	CuS	8.5×10^{-45}	NiS	1.4×10^{-24}
Bi_2S_3	1×10^{-97}	FeS	3.7×10^{-19}	PbS	3.4×10^{-28}
CdS	3.6×10^{-29}	Hg_2S	1.0×10^{-45}	SnS	1×10^{-25}
CoS	4.0×10^{-21}	HgS	4×10^{-53}	ZnS	1.6×10^{-24}

硫化物沉淀法常用的沉淀剂有 H_2S、Na_2S、NaHS、CaS、$(NH_4)_2S$ 等。根据沉淀转化原理,难溶硫化物 MnS、FeS 等亦可作为处理药剂。

S^{2-} 离子和 OH^- 离子一样,也能够与许多金属离子形成络阴离子,从而使金属硫化物的溶解度增大,不利于重金属的沉淀去除,因此必须控制沉淀剂中 S^{2-} 离子的浓度不要过量太多;其他配位体如 X^-(卤离子)、CN^-、SCN^- 等也能与重金属离子形成各种可溶性络合物,从而干扰金属的去除。因此进行沉淀操作之前,应该进行预处理,除去这些干扰物质,以确保沉淀过程的有效性和准确性。

思　考　题

1. 简述化学选矿的过程和优缺点。
2. 简述焙烧的分类及原理。
3. 矿物原料浸出的方法有哪些? 并列举浸出方法对应的矿物类型。
4. 简述固液分离的方法。
5. 离子交换法的作用是什么? 活性炭的吸附方法有哪些?
6. 萃取的原理是什么? 简述常用的萃取工艺。

第8章　矿物的造粒成型

8.1　烧结球团的概念及在钢铁工业中的地位

8.1.1　烧结球团的概念

烧结球团是将粉状物料变成在物理性能和化学组成上能满足下一步加工要求的人造块状原料的过程(即造块过程),所得产品不仅物理性质(密度、孔隙率、形状、大小和机械强度等)发生变化,化学和物理化学性质(化学组成、还原性、矿物组成、膨胀粉化性、软熔性能等)也发生变化。

人造块状原料的生产方法主要有烧结法、球团法和压团法,统称为造块法。

(1) 烧结法是将粉状物料(如粉矿和精矿)高温加热,在不完全熔化的条件下烧结成块的方法。所得产品称为烧结矿(块),外形为不规则多孔状。烧结所需热能由配入烧结料内的碳与通入过剩的空气经燃烧提供,故又称氧化烧结。烧结矿主要靠液相黏结(又称熔化烧结),扩散黏结仅起次要作用。

(2) 球团法是将细粒物料(尤其是细精矿)加水条件下在专门造球设备上经滚动而成生球,然后再经焙烧固结的方法。所得产品称为球团矿,呈球形,粒度均匀,具有高强度和高还原性。球团矿固相黏结起主要作用,液相黏结相很少。高温氧化焙烧时的热源主要由外部气体的燃烧来提供。

(3) 压团法是将粉状物料在一定外压力作用下,使之在模型内受压,形成形状和大小一定的团块的方法。团块强度主要依赖于添加的黏结剂或粉状物料本身具有的黏结性。在成型后,团块通常还需要进行某种固结过程,以使其保持形状。在压团过程中,物料的化学组成和矿物组成基本上保持原矿的特性。

制造供炼铁炉料的烧结球团所用原料主要包括铁矿、锰矿、熔剂、工厂含铁杂料及固体燃料与气体燃料。

8.1.2　烧结球团在钢铁工业中的地位

铁矿石经过采矿、选矿之后呈块状和粉末状态,尚不能完全满足高炉炼铁精料的需求。精料是高炉炼铁的基础。国内外炼铁生产实践表明,高炉炼铁技术水平如何,精料技术的影响率占70%,其他因素占30%,包括高炉操作、装备水平和现代化管理技术等。

高炉炼铁的炉料包括铁矿石、烧结矿、球团矿、焦炭、石灰石、萤石、锰矿、碎铁等。随着炼铁科技的发展,现在高炉炼铁已基本不使用萤石和锰矿;石灰石和白云石原则上也不直接加入高炉,而是在烧结配料中使用;铁矿石一般也不直接加入高炉,而是加工成烧结矿或球团矿后使用。采用科学的生产工艺技术和装备后,高炉炼铁能够实现优质、高产、低耗、长寿、高效益的目的，进而提高钢铁产品的市场竞争力。

现代高炉炼铁生产流程框图见图 8-1。炼铁系统工序能耗占钢铁工业总能耗的 70%，所以说高炉炼铁承担着钢铁工业的节能降耗、降低成本和环境友好的重任。完成上述重任，高炉炼铁的原料质量起着决定性的因素。铁矿石是生产烧结矿和球团矿的主要原料。因此，评价烧结矿和球团矿的质量标准，大部分是对铁矿石质量的评价。

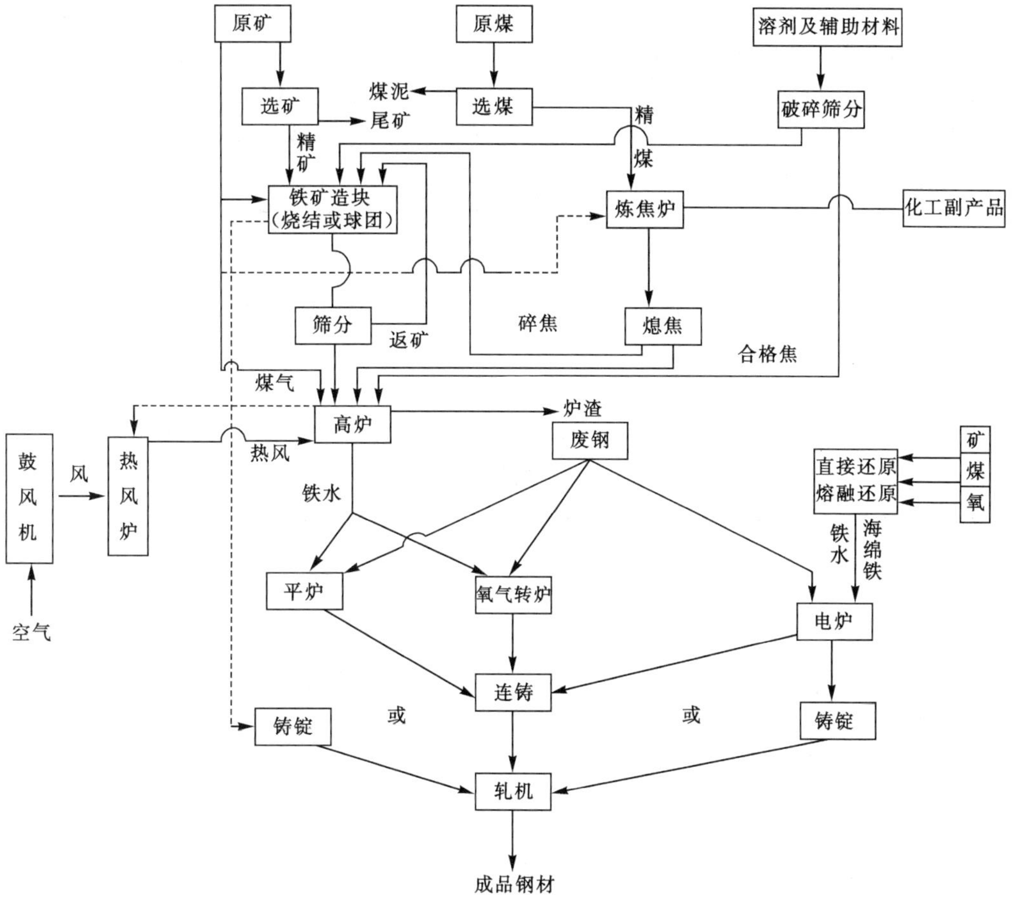

图 8-1　现代高炉炼铁生产流程框图（未包括蒸汽、水、电等）

铁矿石主要成分：铁（Fe）、磷（P）、硫（S）、二氧化硅（SiO_2）、锰（Mn）、氧化铝（Al_2O_3）、水分。按粒度分为以下几类。

(1) 铁矿粉，粒度为 0～1 mm；

(2) 块铁矿，粒度为 6.3～50 mm；

(3) 烧结粉矿，粒度为 0～6.3 mm；

(4) 球团矿，粒度为 6～16 mm；

(5) 球团粉矿，粒度为 0～1 mm。

由于天然富矿资源有限，且其冶金性能又不如人造富矿优越，所以绝大多数现代高炉都用人造富矿，或用人造富矿兑加少数天然富矿。在这种情况下，钢铁厂便兼有人造富矿和天然富矿两种处理流程。1937 年以前，高炉原料主要是天然矿，烧结矿只占 1%；到了

1957年,天然矿占69%,人造富矿占31%;20世纪70年代,天然矿占33%,人造富矿占67%;20世纪80年代,天然矿占27%,人造富矿占73%;到2000年,高炉炉料中天然矿占2%左右,人造富矿占98%左右,甚至100%。

以原矿直接供应高炉冶炼用的炉料叫生料。将各种原料配合后经高温处理的人造块矿(烧结矿和球团矿)叫熟料。熟料的优点:由于熟料的造渣过程已经完成,在冶炼过程中只进行金属氧化物的还原和分离,燃料消耗、电耗大大降低,成本下降,设备生产率大大提高。因此,将粉状物料根据不同需要加工成块状产品的工艺,已经在工业生产中得到广泛应用。

富选得到的精矿粉、天然富矿破碎筛分后的粉矿以及一切含铁粉尘物料(如高炉和转炉炉尘、轧钢皮、铁屑、硫酸渣等)不能直接加入高炉,必须用烧结或制团的方法将它们重新造块,制成烧结矿、球团矿,或预还原炉料。人造块矿原料方法有烧结法、球团法。造块不仅解决了入炉原料的粒度问题,扩大了原料来源,同时,还大大改善了矿石的冶金性能,提高了高炉冶炼效果。铁矿造块的主要作用有:

(1) 为高炉提供化学成分稳定、粒度均匀、还原性好、冶金性能高的优质炉料,从而强化冶炼过程,为高炉高产、优质、低耗创造良好条件。

(2) 除去原料中的部分有害杂质,如S、As、Zn等。

(3) 扩大有效资源的利用,如矿山开采产生的粉矿和贫矿经过深加工所得的精矿粉。

(4) 可利用工业生产过程中产生的废弃物,如高炉瓦斯灰、轧钢产生的氧化铁皮等,既使工厂环境质量改善,又综合利用了国家的资源。高炉使用烧结矿、球团矿之后,生产率提高、焦比下降。

8.1.3 我国球团矿生产技术特点

球团矿是一种优质的高炉炉料,由于其良好的理化性能以及能满足长距离运输的要求,自从20世纪60年代实现工业化以后,其生产和使用得到迅速发展。目前,高炉使用的球团矿以酸性氧化球团矿为主,而熔剂性以及镁质球团矿的使用相对较少。酸性球团矿具有以下特点:

(1) 粒径均匀,粒度范围窄,能减少高炉内炉料的粒径差,有助于改善高炉内块状带气流分布的均匀性。

(2) 冷态强度较高,粉末率低,能实现长距离运输,相比烧结矿,在倒运过程中产生的粉末要少得多,易于实现商品化。

(3) 化学成分波动小,高炉配料后有利于稳定高炉配料结构。

(4) 能耗低,能量利用效率高。由于球团生产过程中余热利用效率更高,因此其能耗低于烧结矿生产过程。

(5) 铁品位高,SiO_2含量低。高炉配加球团矿后可降低渣量,有利于高炉实现高煤比、低燃料比、高利用系数的冶炼。

对于碱性球团矿(或MgO球团矿),除了具备上述酸性球团矿的特点外,还具有如下特点:

(1) 改善还原性。配加CaO(或MgO)熔剂后,球团矿在焙烧过程中生成铁酸钙和铁酸镁,其熔化温度比酸性球团矿内的硅酸盐系化合物温度高,因此高温还原时,CO与FeO的反应能够顺利进行。

(2) 提高软化开始温度。由于铁酸盐的熔化温度较酸性球团矿内硅酸盐的高,因此能够提高软化开始温度,同时软熔区间变窄。高炉配用球团矿后,高炉内软熔带位置下移,使得间接还原得到提高，有利于降低燃料比；同时软熔带位置降低，能够延长高炉炉衬寿命。另外，由于软熔区间变窄，高炉可鼓入更多空气，提高高炉利用系数。

(3) 有利于降低球团膨胀率。球团矿内含一定比例 MgO 时，在高温焙烧时能生成铁酸镁（$MgO \cdot Fe_2O_3$，熔点为 1 713 ℃）。球团矿内配加 CaO 时能生成铁酸盐，赤铁矿较铁酸盐难于受侵蚀，$CaO \cdot Fe_2O_3$、$CaO \cdot 2Fe_2O_3$是低熔点共熔物（温度为 1 205 ℃），在高温焙烧过程中容易形成液相，将铁氧化物颗粒牢固黏结在一起，降低球团矿的膨胀率。

8.1.4　烧结与球团的比较

烧结和球团都是粉矿造块的方法，但它们的生产工艺和固结成块的基本原理却有很大区别，在高炉上冶炼的效果也有各自的特点。烧结与球团的区别主要表现在以下几方面：

(1) 对原料的要求不同。富矿短缺，必须不断扩大贫矿资源的利用，而先进的选矿技术可经济地选出高品位细磨铁精矿，其粒度从<200 网目进一步减少到<325 网目。这种过细精矿不利于烧结，透气性不好，影响烧结矿产量和质量的提高，而用球团方法处理却很适宜，因为过细精矿易于成球，粒度越细，成球性越好，球团强度越高。

在球团生产中，要求原料的粒度细，要求<325 网目粒级必须大于 60%，比表面积为 1 500～2 000 cm^2/g，甚至更高；而烧结时，相对粒度要求较粗，原料中<150 网目粒级控制在 20%以下，原料较为广泛。

(2) 成品矿的形状不同。烧结矿是形状不规则的多孔质块矿，而球团矿是形状规则的 10～25 mm 的球，球团矿较烧结矿粒度均匀，微气孔多，还原性好，强度高，且易于储存，有利于强化高炉生产。

(3) 适用范围不同。适于球团法处理的原料已从磁铁矿扩展到赤铁矿、褐铁矿以及各种含铁粉尘、化工硫酸渣等；从产品来看，不仅能制造常规氧化球团，还可以生产还原球团、金属化球团等；同时球团法适用于有色金属的回收，有利于开展综合利用。

(4) 固结成块的机理不同。烧结矿是靠液相固结的，为了保证烧结矿的强度，要求产生一定数量的液相，因此混合料中必须配有燃料，为烧结过程提供热源。而球团矿主要是依靠矿粉颗粒的高温再结晶固结的，产生的液相量少，热量由焙烧炉内的燃料燃烧提供，混合料中不加燃料。

(5) 生产工艺不同。烧结料的混合与造球是在混合机内同时进行的，成球不完全，混合料中仍然含有相当数量未成球的小颗粒。烧结法是用火直接接触，生产情况可直接观察，不需要添加剂，但需要熔剂。而球团矿生产工艺中必须有专门的造球工序和设备，将全部混合料造成 6～25 mm 的球，小于 5 mm 的小球要筛出重新造球。球团法靠高温焙烧，在炉内进行，生产情况不可以直接目测，需要添加剂。

(6) 冶金效果和经济效果不同。球团矿的前期投资较高，但燃料费用低，动力费用高，投资回收及投资后收益远高于烧结。球团矿的生产成本低。一般情况下，球团生产的工序能耗比烧结低（较好的烧结工序能耗指标为 60～70 kg/t，而球团工序能耗一般为 30～50 kg/t，特别是在使用磁铁矿的情况下，更是如此）。

(7) 对环境的污染状况不同。生产球团矿比生产烧结矿排入大气的灰尘量要少，同时烟气含尘量少，有利于改善环境。

(8) 在冶金性能上不同。球团矿比烧结矿在冶金性能上的优势如表 8-1 和表 8-2 所示。

表 8-1　球团矿和烧结矿的质量指标比较

项目		气孔率/%	密度/(g/cm³)	落下强度(>10 mm)/%	抗磨性(<6 网目)/%	单球压缩强度/N	备注
赤铁矿	普通球团矿	22.0	2.11	98.7	2.2	3 873.6	1 200 ℃焙烧 6%焦粉
	普通烧结矿	42.7	1.49	84.1	1.9		
磁铁矿	普通球团矿	25.0	2.27	98.9	3.8	3 344.1	1 200 ℃焙烧 4%焦粉
	普通烧结矿	41.0	1.52	87.6	4.8		
褐铁矿	普通球团矿	25.3	0.94	98.2	2.7	1 304.3	1 200 ℃焙烧 9%焦粉
	普通烧结矿	26.7	1.60	84.2	2.1		

表 8-2　球团矿与其他炼铁原料指标比较

主要指标		球团矿			烧结矿		天然块矿	
		普通	自熔性	金属化	普通	自熔性	天然矿	整粒矿
原料性质	Fe/%	61.9	57.2	81.8	61.8	54.8	50.9	55.4
	<20 mm 颗粒所占比例/%	1.0	1.0	1.0	1.0		18.0	2.0
冶炼指标	石灰石/(kg/t 铁)	200	0	186	249		258	233
	焦比/(kg/t)	495	450	270	554	576	765	593
	生铁生产指数①	155	170	256	139	140	100	127

注:① 生铁生产指数以天然矿为 100 计算得出。

① 球团矿具有较小而均匀的粒度,可以改善高炉料柱的透气性和气流的均匀分布。通常球团粒度在 8~16(20) mm 的占 90%~95%,即使是最好的烧结矿也难以与之相比。

② 球团矿具有较高的冷态强度(抗压和抗磨),可以减少运输、装卸和储存过程中的粉末产生。

③ 球团矿的铁分较高,堆密度较大,这有利于增加高炉料柱的有效重量,提高产量(工序能耗降低 15 kg/t),并降低焦比。

④ 球团矿的还原性较好,这有利于改善煤气化学能的利用。测定表明,在使用低 SiO_2 优质原料时,球团矿与烧结矿的还原性相差不大,而在使用 SiO_2 较高的原料时,球团矿的还原性优于烧结矿。

然而,球团矿的缺点是还原膨胀率要高于烧结矿。这可能对高炉操作和冶炼过程产生一定的影响。

8.2　烧结理论

烧结是目前国内外钢铁企业最广泛采用的含铁原料造块方法。现在各烧结厂使用的烧结机,几乎都是自下部抽风的带式烧结机。据此,烧结过程可以概括为:将烧结混合料(含铁原料、燃料、熔剂及返矿等)配以适量的水分,经混匀及制粒后铺到烧结机的台车上,烧结料表面点火后,在下部风箱强制抽风作用下,料层内燃料自上而下燃烧并放热,混合料在高温作用下发生一系列物理、化学变化，最终固结成烧结矿。

8.2.1　烧结过程

对正在烧结过程的台车进行解剖，结果如图 8-2 所示。根据温度的高低和其中的物理化学变化，自上而下可以将正在烧结的料层分为五个带，即烧结矿带、燃烧带、干燥预热带、水分冷凝带及原始烧结料带。

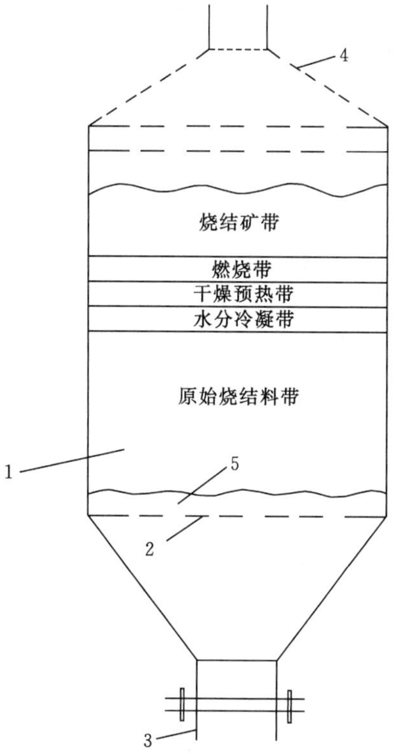

1—烧结盘；2—炉箅；3—废气出口；
4—煤气点火器；5—铺底料。
图 8-2　烧结过程的解剖

(1) 烧结矿带，又称成矿带，此带中熔融物(液相)会冷凝，矿物会析晶，空气也会经过这个带进行预热。

(2) 燃烧带，又叫燃料燃烧带，温度可达 1 000～1 500 ℃。此带中混合料会软化、熔融并形成液相。燃烧带的宽度对烧结过程的产量及质量有重要影响。过宽的燃烧带会导致料层透气性差，降低产量；过窄的燃烧带则会导致烧结温度低，液相量不足，使烧结矿黏结和强度降低。该带的宽窄受燃料粒度、抽风量等因素影响。

(3) 干燥预热带，此带主要发生水分蒸发、结晶水和石灰石的分解、矿石的氧化还原以及固相反应等。此带的特点是热交换迅速，由于热交换剧烈，废气温度很快从 1 500 ℃下降到 60～70 ℃。

(4) 水分冷凝带，又称过湿带，这个带受到上层高温废气中带入水汽的影响，当废气进入下层冷料时，水分会析出形成水分冷凝带。该带会影响烧结的透气性，破坏已造好的混合料小球。

(5) 原始烧结料带，这个带位于料层最下部，物料在这个带中的物理、化学性质基本不变。

8.2.2　烧结理论

烧结过程的理论基础是物理化学(热力学、动力学)、传热学、流体力学及结晶矿物学，即用物理化学的基本原理研究烧结过程中固体燃料的燃烧、水分的蒸发与冷凝、含铁原料及熔剂的分解、氧化及还原规律；用传热学的基本原理来研究烧结过程热量传输规律、料层中温度分布规律及蓄热现象；用流体力学的基本原理研究烧结过程气体运动规律、分析料层的透气性及其对工艺参数的影响；用物理化学及结晶矿物学原理研究烧结过程的固相反应、液相生成与冷凝，烧结矿成矿机理结构特性。

铁烧结工艺过程基本理论如下：

(1) 烧结过程燃料燃烧与传热规律

在烧结过程中，混合料中固体燃料(焦粉或无烟煤粉)燃烧提供的热量占烧结总需热量的 90%左右。固体燃料燃烧效率及燃烧速度对烧结矿的质量和能耗有着显著影响。

烧结料中固体炭在温度达 700 ℃以上即着火燃烧，燃烧反应以完全燃烧为主，燃烧反应速度处于扩散燃烧区。

在烧结过程中，必须保证传热前沿速度与燃烧前沿速度相匹配。在配炭正常或稍高的情况下，燃烧前沿速度往往落后于传热前沿速度。炭的燃烧处于扩散燃烧区，因此一切能加快扩散速度的因素，如减小燃料粒度、降低燃料配比、增加气流速度(改善料层透气性、增大风机风量等)和气流中的含氧量、添加氧化剂以提供活性氧等，都能提高燃烧反应速度。倘若配炭较低，剩余氧浓度很大，燃烧前沿速度高于传热前沿速度，烧结总速度受传热前沿速度控制。

烧结料层具有自动蓄热的作用，故料层从上到下各点最高温度逐渐升高。据此可采用高料层烧结技术，减少料层下部的配炭量，从而改善烧结矿质量和节省能耗。

(2) 烧结过程的物理化学原理

烧结料中含有一定量的水分是烧结顺利进行的前提条件之一。但水分在烧结过程中可反复产生蒸发和冷凝，使料层下部产生"过湿现象"，降低料层透气性。为此，可通过提高混合料原始温度(热返矿、蒸汽预热或生石灰预热)和湿容量、降低废气中的含水量等减轻或防止过湿。

结晶水、碳酸盐必须在干燥预热带分解完全，否则，会导致烧结矿强度下降。含铁原料中的硫在烧结过程中可脱除 80%～90%。

(3) 烧结料层的气体力学

气体在烧结料层内的流动状态及变化规律，关系到烧结过程的燃料燃烧、传质、传热和物理化学变化。气体进入料层的多少及难易程度用透气性来描述。烧结矿产量正比于烧结料层透气性。Voice 等人提出用下式来描述料层透气性：

$$P=\frac{Q}{A}(h/\Delta p)^n \tag{8-1}$$

式中 P——料层透气性指数，JPU；

Q——通过料层的风量，m^3/min；

A——抽风面积，m^2；

h——料层高度，m；

Δp——抽风负压，Pa；

n——常数，与烧结料粒度大小及烧结过程等有关，一般 n 值取 0.6。

该公式基本上反映出烧结过程主要参数间的关系，已广泛应用于烧结机的设计及烧结生产过程的分析。

烧结料层的透气性包括原始料层的透气性和点火后烧结料层的透气性。

原始料层的透气性受原料粒度和粒度组成的影响。它取决于原料化学成分、水分含量、混合制粒效果和布料方法。

点火后烧结料层的透气性取决于料层各带阻力变化。料层各带单位高度的阻力损失由大到小的顺序为：燃烧带＞干燥预热带＞水分冷凝带＞原始烧结料带。因此，控制燃烧带宽度及消除水分冷凝带可提高烧结过程的透气性。

(4) 烧结过程的成矿机理

烧结矿机械强度和冶金性能由烧结矿矿物组成和显微结构所决定，而后者受烧结过程中固相反应、液相形成及其结晶过程的影响。

烧结矿虽然主要靠液相黏结，但烧结过程中固相反应也具有重要的作用，能形成原始烧结料中所没有的低熔点物质，在温度升高时成为液相形成的先导，使液相生成温度降低，促进液相形成。

烧结料层中液相的形成具有如下作用：黏结作用、化学成分均匀化、促进固体燃料充分燃烧、冷凝结晶后析出新的矿物及矿相结构。

液相量一般以 30%～50%为宜，液相量过少，烧结矿强度差，过多则透气性差，产量低。并且要求液相具有黏度低、对铁矿颗粒有良好润湿性等特性。

液相形成的数量及液相性质主要由烧结温度、配合料碱度、烧结气氛及混合料中化学成分（SiO_2、CaO、MgO、Al_2O_3）所决定。

在生产高碱度烧结矿时，磁铁矿与铁酸钙形成熔融共晶结构，烧结矿机械强度高，还原性好。

烧结生产工艺流程如图 8-3 所示。烧结生产工艺由下列几部分组成：烧结原料准备、配料、混合制粒、混合料烧结、烧结矿处理等。

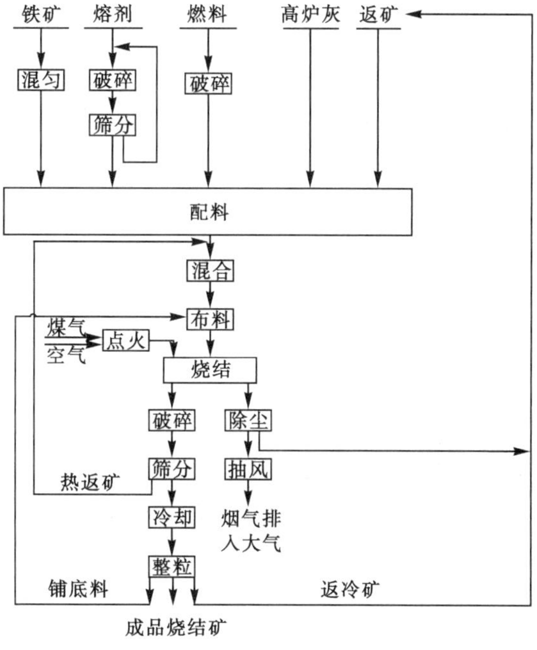

图 8-3　烧结生产工艺流程

8.3　成球理论

在球团矿生产过程中，成球是一个重要的工序之一。它是指将细磨物料加水润湿后，在机械力和毛细力的作用下滚动形成具有一定粒度的生球。因此，这个过程也被称为滚动成型。

8.3.1 影响因素

1. 原料对成球过程的影响

在已确定的成球工艺条件下，原料本身的特性是直接影响成球过程的主要因素。原料的成球性是指在自然状态下，细磨物料滴水成球性能及在机械力作用下的密集能力。通常使用成球性指数 K 来评估细磨物料在自然状态下滴水成球性的好坏，而利用生球强度来评估在机械力作用下的密集能力。一般来说，如果细磨物料在自然状态下具有良好的滴水成球性，那么在机械力作用下的密集能力也较强。成球性指数 K 可用以下公式计算：

$$K=\frac{W_1}{W_2-W_1} \tag{8-2}$$

式中 W_1——细磨物料的最大分子结合水含量，%；

W_2——细磨物料的最大毛细水含量，%，

根据成球性指数 K 的大小，可将物料成球性的难易程度分为：

$K<0.2$	无成球性
$K=0.2\sim0.35$	弱成球性
$K=0.35\sim0.60$	中等成球性
$K=0.60\sim0.80$	良好成球性
$K>0.80$	优等成球性

成球性指数 K 综合反映了细磨物料的天然性质，如颗粒表面的亲水性、颗粒形状及结构状态（如粒度、粒度组成、孔隙率等）。

2. 黏结剂对成球过程的影响

在造球物料中添加黏结剂的目的在于改善成球性并增强生球内颗粒之间的分子黏结力，以提高生球的强度和热稳定性。黏结剂的种类很多，可以分为无机黏结剂和有机黏结剂。无机黏结剂有消石灰、膨润土、水泥、水玻璃、$CaCl_2$ 等；有机黏结剂有纸浆废液、腐殖酸盐等。

3. 造球工艺参数对成球过程的影响

目前，国内外的球团厂广泛采用圆盘造球机和圆筒造球机。这两种造球机的工艺原理相同，但主要差别在于：圆盘造球机具有自动分级功能，可以产生较为均匀的生球粒度；而圆筒造球机生成的生球粒度差异较大，需要经过筛分，不合格的生球会被送回造球机进行再次生产。

4. 水分对成球过程的影响

水分对生球的质量和造球效率有着重要的影响。在成球过程中，水分以不同形态存在，包括分子结合水和自由水。分子结合水可以分为强结合水（吸附水）和弱结合水（薄膜水），而自由水则可以分为毛细水和重力水。这些不同形态的水共同构成了物料的总水分量。

(1) 吸附水

细磨物料具有较大的比表面积，这意味着它们具有更多的表面积可以与空气中的极性水分子发生吸附作用。由于粉体颗粒表面带有电荷，在静电引力的作用下，具有偶极结构的水分子会被吸附在固体颗粒的表面形成吸附水层。这种吸附水层的存在会减少颗粒表面的过剩能量，并释放出润湿热。吸附水层的厚度在 2～8 nm 之间。吸附水分子被紧密吸附在

颗粒表面，无法自由移动，只有在颗粒被烘干时才能转化为水蒸气。因此，在造球过程中，吸附水被视为无效的水分，不会对造球产生积极的影响。

（2）薄膜水

当颗粒表面被进一步润湿时，会形成薄膜水层。薄膜水的水分子排列较为松弛，与颗粒表面的结合力较弱，距离颗粒表面较远。因此，薄膜水可以在颗粒表面之间相互迁移。当两个矿粉颗粒靠近时，薄膜水可以从水层较厚的颗粒表面向水层较薄的颗粒表面迁移。

吸附水和薄膜水统称为分子结合水，它们可以被看作是颗粒的外壳。由于受到静电力和分子力的作用，分子结合水中的水分子排列紧密，具有较大的黏滞性，这使得相邻的矿粉颗粒不容易相对移动。当矿粉颗粒彼此靠近时，它们可以形成共同的水化膜，从而增加颗粒之间的黏结，提高细磨物料的成球机械强度。当物料达到最大分子结合水的饱和点后，在外力作用下会表现出可塑性，这时成球过程才开始。

（3）毛细水

当细磨物料的润湿超过最大分子结合水时，水分开始填充物料颗粒之间的孔隙，形成毛细水。毛细水是由于水的表面张力而形成的，在矿粉颗粒的孔隙中形成弯曲的液面，并产生毛细压力。在毛细压力和外力的作用下，水滴周围的矿粉颗粒被拉向水滴的中心，形成小球状。因此，物料的亲水性越强，颗粒越细，排列越紧密，毛细力的作用就越大，成球速度也就越快。在成球过程中，毛细水起着主导作用，只有当物料润湿到形成毛细水时，成球过程才能较快进行。

（4）重力水

当矿粉完全被水饱和时，还存在着重力水。重力水是在重力和压力差的作用下可以自由迁移的水分。由于重力总是向下的方向作用，重力水会向下运动。由于重力水对矿粒具有浮力作用，因此它对成球过程是不利的。因此，只有当水分处于毛细水的含量范围内时，对于矿粉的成球过程才具有实际意义。在这个范围内，水分的作用能够促进矿粉颗粒的聚结和成球，而重力水的存在会对成球产生不利影响。因此，在成球过程中，我们希望水分能够保持在适当的范围，以获得良好的成球效果。

8.3.2　成球过程

细磨物料的连续成球过程可分为三个阶段：成核阶段、球核长大阶段和生球紧密阶段。

1. 成核阶段

母球是由造球核组成的紧密颗粒集合体，含有较高含量的毛细水。当细磨物料达到最大分子结合水分后，继续加水，在颗粒表面形成水膜。通过造球机的滚动作用，矿粉得到局部紧密，产生毛细效应。矿粉中的水分通过毛细力作用向四周扩散，周围矿粉颗粒借助毛细力作用被拉向水滴中心，形成母球。母球的形成为后续的球核生长和成球提供了基础。

2. 球核长大阶段

在机械力的作用下，母球颗粒会相互靠拢，而毛细水则起到将颗粒保持在一起的作用。在滚动过程中，球核会被压实，多余的毛细水会被挤压到球的表面上。如果球核过湿，在滚动过程中容易黏附上湿度较低的物料，导致母球的增大。这样反复进行，母球会以层层叠加的方式不断增大，直到母球表面的水分低于适宜的毛细水含量为止。如果继续增大母球，就需要添加水来使母球表面过湿。然而,如果水分超过了最大的毛细湿容量,颗粒就会完全被水所饱和。过量的水分(称为重力水)会在重力的作用下发生迁移,而在浮力的作用下,颗粒会脱离母球。这会影响到生球的强度和成球过程。母球的增大依赖于毛细效应,而毛细水的迁移速度则决定了成球的速度。

3. 生球紧密阶段

当生球长大到符合要求的粒度时,它就进入了紧密阶段。为了使生球变得更加紧密,必须施加机械压力,并停止加水,这样生球中挤出的多余水分就会被未润湿的物料吸收。在造球机的滚动和搓动作用下,生球内的颗粒会进一步被压实,薄膜水会迁移到表面。生球中的颗粒通过毛细水和分子水的结合相互黏结在一起,形成较高的机械强度。当生球达到一定的粒度和强度后,它会自动从造球机中滚出。

8.3.3 生球干燥

生球干燥是在生球预热和焙烧之前的重要工序,也是高温氧化固结球团的关键环节。其目的是使经过干燥处理的球团能够安全地承受预热阶段的应力,以便顺利进行后续的预热和焙烧过程。通常情况下,生球含水量较高,如果温度过高,容易导致生球的塑性变形,并且可能引发生球的爆裂。爆裂温度是指在生球干燥过程中,球团结构遭到破坏的温度,一般在400～450 ℃之间。结构破坏主要以表面裂纹和炸裂散开两种形式出现。因此,在干燥过程中,需要建立适当的干燥制度,以避免爆裂现象的发生。

1. 生球干燥的机理

生球干燥包括表面汽化和内部扩散两个过程,这两个过程同时进行但速率不同。在某些物料中,表面汽化速率大于内部扩散速率,因此内部扩散成为生球干燥的限制因素。而在另一些物料中,内部扩散速率大于表面汽化速率,因此表面汽化成为限制因素。

2. 干燥过程中生球的行为

(1) 干燥过程中生球的强度变化

生球主要依靠毛细力作用黏结在一起,随着干燥过程的进行,水分逐渐减少,毛细管收缩,分子黏结力加强,生球强度增加。

(2) 干燥过程中生球爆裂的原因

表面裂纹:随着干燥过程的进行,生球内外产生温差,导致内外收缩不均匀(内部收缩大,外部收缩小),从而引起表面裂纹。爆裂:生球干燥时由于水分在球内汽化,蒸汽通过毛细管扩散到表面,如果供热过多,球内产生的蒸汽量也会过多。当球内蒸汽压力超过球团表面的抗拉强度时,生球就会发生爆裂。

(3) 提高爆裂温度的途径

为了防止生球在干燥过程中爆裂,可采用较低干燥温度和介质流速、降低干燥速度,但干燥速度太低时,干燥时间延长,生产效率降低。因此,球团工艺设计上,常采用提高爆裂温度的措施来强化干燥过程。主要措施包括:添加膨润土等黏结剂,逐步提高干燥介质的温度和气流速度,采用抽风和鼓风相结合的干燥工艺。

3. 影响生球干燥的因素

影响生球干燥速度的因素包括干燥介质的温度和流速、生球的物料组成和初始湿度、生球的尺寸和球层的高度。当干燥介质的温度较高且流速较大时,生球的干燥速度会加快，但需要注意温度和流速的限度，以避免生球爆裂的风险。生球的初始湿度和水分含量越高，会导致生球的爆裂温度降低，并且干燥时间会延长。物料粒度越细，生球的致密度越高，导致生球的爆裂温度降低。球层越厚，水汽冷凝现象越严重，从而降低了下层生球的爆裂温度，因此适宜采用薄层干燥的方式。然而，如果料层过薄，可能会降低生产效率。

8.4　型煤技术的产生与发展

8.4.1　型煤的概念

从 2200 多年前开始，中国已经有利用型煤的记载，1975 年荥阳出土的西汉炼铁遗址中，发现了直径约 16 cm、高 8 cm 的圆柱形型煤。到 18 世纪，人们以黄土等作为黏结剂，用手工制成煤球、煤砖或煤饼作为民用燃料。19 世纪 40 年代的欧洲，人们已经开始了细粒煤的造粒。在法国和英格兰，人们用细颗粒的硬煤进行团矿造粒，其中加入易燃的起黏结作用的物质。在德国，诞生了一种新的块状燃料的生产方法，即无须加入黏结剂，用适当的高挥发分的泥炭和褐煤生产块状燃料。

型煤是以粉煤为主要原料，通过机械加工压制成型的煤制品，具有一定强度、尺寸和形状。常见的型煤产品有煤砖、蜂窝煤和煤球等。型煤能提高燃烧效率，减少环境污染，扩大瘦煤、气煤、长焰煤和褐煤等高挥发分弱黏结性煤的应用范围，提高这些煤的利用价值，合理利用煤炭资源。

8.4.2　型煤的分类

型煤按用途可分为民用型煤和工业型煤两大类。工业型煤又细分为气化型煤、燃料型煤以及炼焦型煤等。我国对型煤产品的分类如图 8-4 所示。

- 型煤
  - 工业型煤
    - 气化型煤
      - 化肥造气用型煤
      - 工业燃气用型煤
    - 燃料型煤
      - 工业锅炉用型煤
      - 工业窑炉用型煤
      - 蒸汽机车用型煤
    - 炼焦型煤
      - 冷压型焦用型煤
      - 热压型焦用型煤
      - 炼焦配煤用型煤
  - 民用型煤
    - 蜂窝煤
      - 普通蜂窝煤
      - 上点火蜂窝煤
      - 航空保湿型煤
    - 煤球

图 8-4　我国型煤产品分类

如果按型煤的形状、成型方式、黏结剂等又可有各种分类方法，详见图 8-5、图 8-6、图 8-7。

- 型煤
  - 工业型煤
    - 球形
    - 卵形
    - 水滴形
    - 印笼形
    - 棱柱形
    - 中凹形
    - 枕形
    - 马赛克形
    - 长条形
    - 圆柱、圆管形
  - 民用型煤
    - 圆蜂窝形
    - 方形
    - 球形
    - 六方形

图 8-5　型煤产品按形状分类

- 型煤
  - 工业型煤
    - 冲压成型
    - 挤压成型
    - 辊压成型
    - 圆盘造粒
  - 民用型煤
    - 冲压成型
    - 辊压成型

图 8-6　型煤产品按成型方式分类

- 型煤
  - 工业型煤
    - 有黏结剂成型
      - 有机类
        - 沥青类
          - 煤焦油沥青
          - 石油沥青
          - 烟煤沥青
          - （以上三种）液态喷入
        - 焦油类(包括焦油渣)
        - 黏结煤类
        - 有机合成物类
        - 有机合成黏结剂类
        - 腐殖酸盐类
        - 淀粉类
      - 无机类
        - 膨润土
        - 黏土类
        - 石灰类
        - 无机复合黏结剂类
        - 水泥类
        - 氯氧镁水泥
    - 无黏结剂成型
  - 民用型煤
    - 有黏结剂成型
      - 有机类
        - 有机复合黏结剂类
        - 淀粉、尿素类
      - 无机类
        - 黏土类
        - 石灰类
        - 无机复合黏结剂类
    - 无黏结剂成型

图 8-7　型煤产品按黏结剂分类

8.4.3　型煤的形状和尺寸

烟煤型煤的形状和尺寸主要取决于它们的应用场合。用 Couffinhal 压力机制成的型煤一般为方形或砖形，质量为 0.5～2.0 kg，只用于工业生产中。用辊式压力机制成的型煤，通常呈卵形或枕形，质量为 16～80 g。民用型煤，必须小到能方便地将其通过加煤口加入炉中，但是也不能太小，以免其通过炉条掉下去，或者在较深床层中对空气流动形成较大的阻力。

8.5　型煤技术的理论基础

8.5.1　煤的表面特性与成型机理

1. 煤的表面特性

煤是由不同的高分子化合物组成的复杂混合物，主要由缩合芳香环构成，另外含有非芳香碳部分（氢化芳环、环烷烃、含氧官能团及 N、S 杂原子）和矿物质。煤的结构单元之间由桥键和交联键形成空间大分子，使煤的大分子间存在着一定的孔隙。根据煤的组成和结构，煤有以下主要表面特性：① 以非极性表面为主，同时也有极性官能团和矿物质存在；② 煤表面有一定的粗糙度和孔隙；③ 润湿性差、疏水性较强；④ 煤的成型颗粒粒度小；⑤ 煤具有可塑性、弹性和脆性。

2. 煤的成型性

煤的成型性以及所获得的型煤质量与煤的硬度、脆性、弹性、可塑性、结构、变质程度、灰分及沥青质含量等性质有关；同时还与粒度、水分、烘干温度以及压力等成型工艺参数有关。

目前，尚没有利用某一单项指标对煤的成型性进行评价和分类的方法。因此，为了确定煤的成型性，要对煤的化学、物理、物理化学及岩相性质进行综合研究，然后再进行实验室的成型性试验，并检验所获得的型煤质量。

根据实验室成型性试验结果评价煤的成型性，确定型煤机械强度与加压条件的关系，以及型煤的耐湿性和燃烧时的热稳定性。以所获数据为基础，确定可以制成符合质量要求的型煤的最佳成型条件。在实验室试验的基础上，再进行半工业和工业性的成型性试验。实践证明，第三纪生成的年轻褐煤（牌号 HM1）可在不添加黏结剂的条件下顺利成型。

8.5.2　粉煤成型过程分析

粉煤成型过程一般分为如下几个步骤。

1. 装料

经过适当准备，如筛分、破碎、增湿、加黏结剂或添加剂、搅拌等，粉煤物料进入成型设备压模后，煤粒呈自然分布状态。此时作用在物料上的力只有重力和粒子间的摩擦力。由于这些力较小且粒子间的接触面积也较小，因此系统处于不稳定状态。在外力 P 的作用下，系统容易发生变形。系统状态如图 8-8(a)所示。

2. 加压

在外力 P 开始压缩不稳定系统时，粒子开始移动，物料所占的体积减小，此时所消耗的功用于克服粒子的移动、粒子间的摩擦以及粒子与压模内壁的摩擦力。这一阶段的特点是压力增加较慢，物料体积收缩较快，粒子相互之间最大限度地密集。然而，此时粒子并未发生变形，粉煤能形成具有一定形状的型块，但其强度很差，稍有碰撞即会碎裂。系统状态如图 8-8(b)所示。

3. 成型

在这一阶段，压力 P 快速增加，直至增加到足以使粒子开始变形，而物料体积减小的速度相对很慢。物料体积的减小主要是由于粒子的塑性或弹性变形，但粒子之间仍有相对移动。在高压下，粒子间的摩擦力对成型过程有很大影响，因此消耗的功用于克服粒子变形、物料与压模内壁摩擦以及排出系统内的空气。随着粒子相互之间的进一步聚集，粒子间的接触面积大大增加，系统的稳定性接近于天然块状物。系统状态如图 8-8(c)所示。

4. 压溃

继续增加外力 P，将导致不坚固粒子的破坏，且外力增加越大，粒子的破坏程度越重。此时物料体积只是略有减小，系统的稳定性也随之减小，型块的机械强度会下降。这一阶段消耗的功大于克服粒子破坏和排出系统内空气所需的功。实际生产型煤时，应在此阶段之前结束加压。系统状态如图 8-8(d)所示。

5. 反弹

当外力 P 解除后，由于反弹作用，正缩到最大限度的物料型块的体积会略有增大，此时粒子之间的接触面积有所减小，系统的稳定性也有所降低，因而成型压力不宜过大，成型过程不宜发展到上面的第四阶段，因为在上面的第三阶段时，反弹力小于型块的机械强度，外力解除后型块仍能保持较好的稳定性。而如果成型压力过大，粒子被压碎过多，型块的内聚力则大为减小，当反弹力增大到型块的机械强度时，型块脱模后会出现裂纹，甚至会膨胀碎裂。此时的系统状态如图 8-8(e)所示。

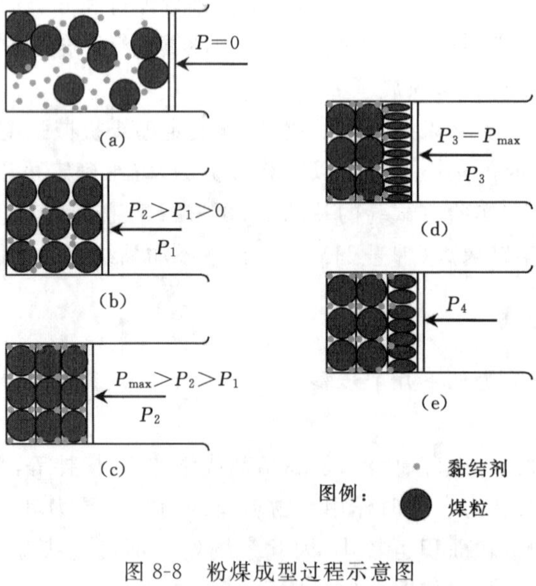

图 8-8　粉煤成型过程示意图

当然，在实际生产型煤的过程中，上述的五个阶段往往并不是截然分开的，甚至有时是几个阶段同时发生，关键是要控制成型压力 P 小于 P_{max}。

8.5.3　影响粉煤成型的主要因素

以下因素会对粉煤成型过程产生重要影响。

1. 煤料的成型特性

煤料的成型特性是影响粉煤成型过程最为关键的内在因素，尤其是煤料的弹性与塑性的影响更为突出。煤料的塑性越高，其粉煤的成型特性就越好。

泥炭、褐煤等年轻煤种均富含塑性高的沥青质和腐殖酸物质，因而其成型性好，成型效果理想，甚至可以采用无黏结剂成型。随着变质程度的提高，煤的塑性迅速下降，其成型特性逐渐变差。对变质程度较高的煤，一般需添加黏结剂以增加煤料的塑性方可成型。

2. 成型压力

当成型压力小于压溃力时，型煤的机械强度随成型压力的增大而提高。煤种不同，其压溃力也有所差别。最佳成型压力与煤料种类、物料水分、粒度组成以及黏结剂种类和数量等因素有密切的关系。

3. 物料水分

物料中的水分在成型过程中的作用主要有：

(1) 适量水分的存在可以起润滑剂作用，降低成型系统的内摩擦力，提高型煤的机械强度。若水分过多，粒子表面水层变厚，则会影响粒子相互之间的充分密集，从而降低型煤的机械强度；此外，水分过多还会在型煤干燥时产生裂纹，使型煤容易发生碎裂。

(2) 如果采用亲水性黏结剂成型，适量水分会预先润湿粒子表面，从而有利于粒子间相互黏结。如果水分过多，反而会使黏结剂的效果变差。比较适宜的成型水分一般为 10%～15%。

(3) 如果采用疏水性黏结剂成型，则水分会降低黏结剂的效果，故此时一般控制物料的水分在 4%以下。总之，物料水分应根据实际情况灵活掌握，将其控制在一个最佳范围内。

4. 物料粒度及粒度组成

确定物料粒度及粒度组成时，应遵循下列原则：

(1) 保证物料粒子在型块内的排列最为紧密，以提高型块的机械强度。实践证明，较小的物料粒度有利于粒子的紧密排列。

(2) 采用黏结剂成型工艺时，最佳粒度组成应使物料的总比表面最小和粒子间的总空隙也最小，以减少黏结剂用量，从而降低型煤的生产成本。

5. 黏结剂用量

由于大部分煤种的成型性能较差，因而采用黏结剂的成型工艺较为普遍。此时，黏结剂用量不仅是型煤强度的关键影响因素，而且对型煤的生产成本有非常重要的影响。从黏结剂固结后的情况看，增加黏结剂用量有利于提高型煤强度；而从成型过程看，增加黏结剂用量不利于成型压力和型煤强度；再从成型脱模的稳定性看，增加黏结剂用量也不利于提高型煤强度。因此，一般需要通过试验来确定一个最佳的黏结剂用量。

8.6 型煤生产工艺

8.6.1 型煤生产工艺分类

目前，普遍使用的粉煤成型方法主要有无黏结剂冷压成型、有黏结剂冷压成型及热压成型3种。

1. 无黏结剂冷压成型

无黏结剂冷压成型是指粉煤不加黏结剂，只靠外力的作用而成型的方法。许多国家已广泛采用这种方法来制造泥煤、褐煤型煤，作为家庭燃料或工业燃料。对于烟煤与无烟煤，由于它们的变质程度高，其粉煤的无黏结剂成型较为困难。目前，工业上已经开始尝试采用无黏结剂成型工艺，并且各国都在进行相关的研究工作，我国合成氨工业使用的清水湿煤棒（湿煤条）也属此例。粉煤无黏结剂成型不需要添加任何黏结剂，不仅节约了大量原材料，而且保持了型煤的碳含量，还简化了成型工艺。因此它是粉煤成型的一个重要发展方向。

2. 有黏结剂冷压成型

有黏结剂冷压成型是指在粉煤中加入黏结剂再经压制成型的方法。对于烟煤、无烟煤等采用无黏结剂成型较为困难的情况下，工业上普遍采用有黏结剂冷压成型方法。目前我国合成氨行业用型煤大部分也都采用这种成型方法，因为通过在粉煤中加入5%～20%的黏结剂，可以借助黏结剂的作用将成型压力降低至15～50 MPa，从而在工业上较容易实现。但必须指出，由于使用了黏结剂，将会出现下列问题：

（1）降低型煤的固定碳含量，尤其是使用像石灰、水泥、黏土之类无机物时更为明显。

（2）一般说来黏结剂的价格比粉煤贵，虽然使用的数量较少，但也要增加型煤成本。

（3）黏结剂本身需要处理，且还要与粉煤均匀混合，以及后期固结等，使成型工序增加，工艺复杂化。

（4）工业用型煤数量大，黏结剂用量也相应增加，黏结剂要有充足的来源。

基于以上情况，从长远来看，必须加强研究无黏结剂成型方法。当然，有黏结剂成型的应用也会不断向前发展。

3. 热压成型

非炼焦烟煤（如气煤、弱黏结性煤等）在快速加热条件下黏结性可大为提高。利用这一特性，当加热到煤的塑性温度范围内趁热压制，可以在中压下成型，这种成型方法被称为热压成型。采用热压成型方法，可以制得以单一煤种为原料的型焦，也可以生产以冶炼为主体的热压料球，还可以生产以无烟煤为主体的热压型煤。热压成型方法并不需要外加其他黏结剂，只靠煤本身的黏结性而成型。实践证明，采用热压成型方法可避免添加黏结剂带来的许多问题。这种成型方法制得的型焦或型煤的机械强度高，不仅可以满足合成氨行业的使用要求，还适用于中、小型高炉甚至大型高炉，可替代冶金焦炭作为燃料使用。目前，我国一些中小型钢铁厂、钙镁磷肥厂正在使用这种成型方法。从发展趋势看，该工艺具有广阔的应用前景。因此，热压成型方法也是粉煤成型中的一个重要方面。

上述3种成型方法是目前型煤的主要生产方法，其用途、特点各异，基本原理、生产工艺等也不相同。粉煤成型技术的构成见图8-9，下面将分别加以介绍。

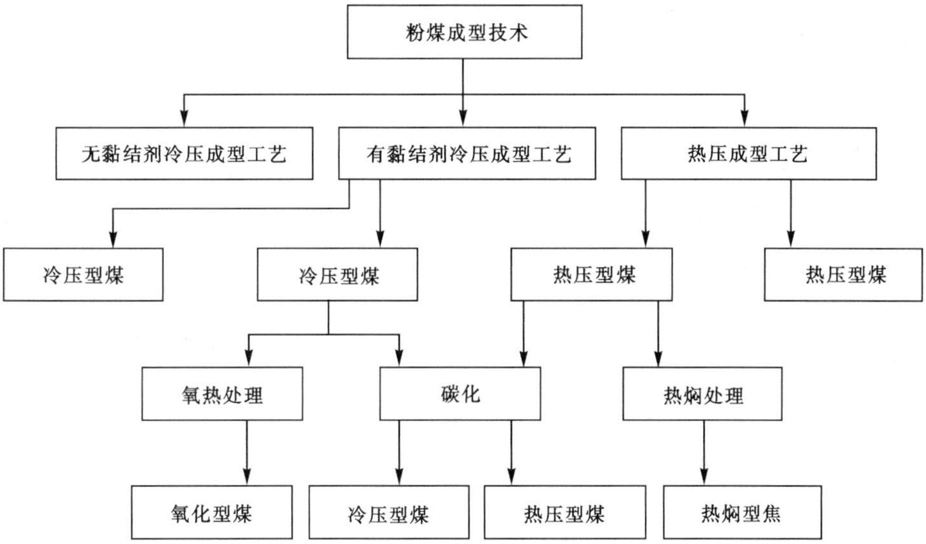

图 8-9　粉煤成型技术的构成

8.6.2　粉煤无黏结剂冷压成型

无黏结剂冷压成型主要用于泥煤、年轻的软质褐煤等低变质程度的煤。无黏结剂冷压成型需要有较高的压力，一般为 100～200 MPa。年轻褐煤因其结构疏松、可塑性强、弹性差，所需的成型压力便可低一些。

无黏结剂冷压成型不需要任何黏结剂，不但节省原材料、工艺简单，还可相应保持型煤或型焦的含碳量。但此工艺需要成型机提供很高的压力，因而成型机构造复杂、动力消耗大、材质要求高、成型部件磨损快，其推广使用受到很大限制。目前，国外多采用冲压机（成型压力为 100～140 MPa）成型，也有用环压机（成型压力为 160～200 MPa）成型。

1. 年轻褐煤无黏结剂成型

根据变质程度的高低，褐煤可分为土状褐煤、暗褐煤和光亮褐煤 3 种。其中土状褐煤最为年轻，结构疏松，容易粉化，刚开采出来时的水分含量可高达 45%以上，热值很低，因而工业价值也低。一些缺煤国家为充分利用褐煤资源，将其制成型煤，以改善煤质，提高使用价值。要想使年轻的褐煤无黏结剂成型取得满意的效果，必须很好地制备原料和有好的成型机械。较好地对褐煤进行破碎、筛分、干燥等处理，并严格控制它的粒度、水分、温度等指标，以保证型煤具有一定的强度。

年轻褐煤制取燃料型煤的主要工艺流程如图 8-10 所示。

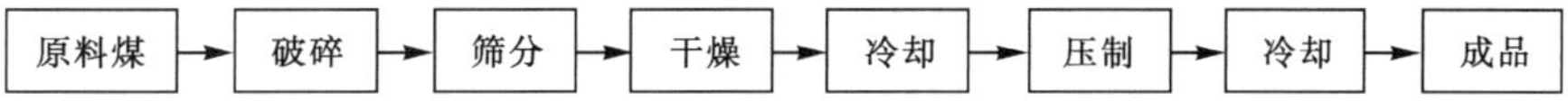

图 8-10　年轻褐煤制取燃料型煤的主要工艺流程

（1）破碎

破碎的作用除减小煤的粒度外，还可使煤料粒度较为均匀，这样在成型时可使煤粒紧密接触，成型后强度较高。在实际操作中，一般要求将原煤破碎到 4 mm 以下，其中 1 mm 以下的煤粒占 60%左右即可。

(2) 干燥

对无黏结剂成型，控制原煤的含水量特别重要。因为成型时若含水量少，煤粒就难以滑动，从而阻碍煤粉的相互接近，所需的成型压力也越高；若含水量过多，无疑会增加煤粒表面水层的厚度，也影响煤粒的相互接近，这就不易压制出坚固的型煤，即使压制成了型煤，也会因型煤中过多的残余水分大量蒸发而产生裂纹，甚至碎裂。

年轻褐煤中含水量约在 45%以上，显然不可能使用含有这样高水分的褐煤来制造型煤，成型前必须进行干燥，以除去过多的水分。至于水分究竟剩下多少合适，应根据试验研究来确定。一般认为，如果制作燃料型煤，煤中的剩余水分应在 12%～16%之间；如果制作低温干馏用型煤，应在 8%～10%之间。当对煤料进行干燥时，不仅可降低水分含量，还可使不同粒度煤中剩余水分分布均匀。

(3) 冷却

在什么温度下成型也很重要，适宜的成型温度在 60～70 ℃范围内，这个温度通常比干燥出来的粉煤温度低，因此就需要冷却。冷却的作用除降低粉煤温度外，也使多余的水分在粉煤中均匀分布。因为在干燥过程中小颗粒失去的水分要比大颗粒失去的多，整个物料的水分分布是不均匀的，要使水分分布均匀，就需要时间，在冷却过程中可达到剩余水分均匀分布的目的。

(4) 压制

冷却到适宜的成型温度后，在冲压式成型机或环式成型机上进行压制，在压制过程中，温度还会升高。为了防止型煤自燃，制得的型煤还需冷却，然后才能堆放或储存。

2. 烟煤、无烟煤无黏结剂成型

长期以来，烟煤和无烟煤的无黏结剂成型被认为是有一定困难的。从泥煤、褐煤到烟煤、无烟煤，随着变质程度的增高，在煤中的氢含量逐渐减少，碳含量逐渐增加的同时，煤的胶团结构越来越大，排列更加整齐，煤的硬度、弹性越来越高，塑性越来越低，成型性能越来越差。硬度高的煤种，就不易使之产生塑性形变。因此，对于弹性大的煤种，在外力作用下煤粒将产生很大的弹性形变，在外力消除后，型煤将产生很大的弹性膨胀，使结构松散，或脱模后重新破裂。所以，一般来说，烟煤、无烟煤的无黏结剂成型要比泥煤、褐煤困难得多。需要较高的成型压力，特别是无烟粉煤的无黏结剂成型更为困难。

但是，自然界所有的煤种都是由植物转化而来的，尽管煤种有所不同，但它们的有机质都是含碳高分子有机物，本质上没有太大差别。泥煤、年轻褐煤能在中压下直接成型，年老的烟煤乃至无烟煤也能无黏结剂成型，这在理论上是完全可能的。

各种粉煤是否能无黏结剂成型，说到底是粉煤粒子能否紧密结合在一起的问题，即粒子间能否建立起一种使之紧密结合力的问题，也就是人们通常所说的内聚力。在通常条件下，虽然烟煤、无烟煤并不像泥煤、年轻褐煤那样存在着许多自身黏结剂，但这些粉煤在外力作用下可能出现的内聚力形式也是多种多样的。例如，当粒子表面接触得相当紧密时，分子间的吸引力以及在较高压力下成型时粒子的受热和摩擦，使粒子在点或面上的熔接等。在成型时，只要提供一些必要的条件，使这些内聚力的建立成为可能，那么烟煤、无烟煤粉煤的无黏结剂成型也是可能的。

如上所述，烟煤、无烟煤粉煤无黏结剂成型困难，其根本原因是这些煤种的硬度大、弹性高。因此，如何克服这些困难就成为这些煤种无黏结剂成型的关键。

综观现代烟煤、无烟粉煤无黏结剂成型的试验研究方法，在克服煤的硬度大、弹性高所造成的困难方面无外乎有两种途径：一种是采用强制高压的方法，另一种是改善成型方式。

使用强制高压方法的实质是破坏煤粒的弹性，消除它对成型的不利影响。这种方法在国外研究的时间很长，解决办法也很多。目前，研究的注意力主要集中于高压成型机的研究，以及在高压成型后煤球脱模时，如何解决残余弹性变形所积蓄的能量均匀放出和尽可能消除空气的干扰问题(因为空气在高压下被压缩后，当外力消除时也会膨胀而影响型煤质量)。有的成型机的成型压力达 200 MPa 以上，这往往造成成型机的构造复杂，动力消耗大，成型部件磨损快，材质要求也高，而生产能力并不一定高，因而型煤的成本高，经济上难以过关。由此可见，强制高压的成型方法有很大局限性，工业上很难广泛采用，所以这种方法的发展受到一定限制。

在型煤压制的方式上做必要的改进，可以在一定程度上克服煤粒弹性的影响，增加塑性变形，达到成型的目的。据分析，一般的成型机不能使煤粒完全压紧，除原料粉煤的粒度、水分等因素不好控制外，还有下列两个原因：

① 煤粒内摩擦。粉煤受压时，受到煤粒内摩擦的对抗，阻碍煤粒的运动和接近。即粉煤在外力作用下，由于煤粒形状不规则、粒度大小不均匀，粒子接触面和点上有摩擦力存在，大颗粒之间要产生“架桥”而影响粒子的滑动，使粒子之间剩余空隙不能最后填充。

② 煤粒弹性。煤粒的弹性也是一个障碍。粉煤在受到较高压力时，煤粒彼此紧密接触后，再施加扭动力。由于煤粒已经紧密接触并发生扭动，煤粒的表面就会发生适当的剪切变形。这种剪切变形称为切变变形，如图 8-11 所示。

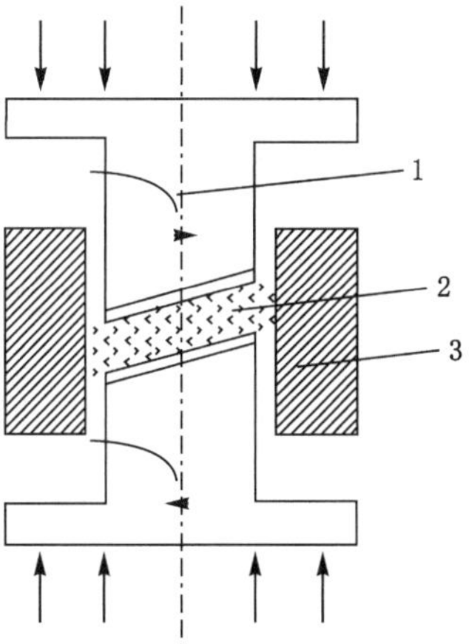

1—施压柱；2—粉煤；3—模套。

图 8-11　煤粒受压再扭动产生切变变形示意图

粉煤置于模套中，用两个斜面施压柱来压缩粉煤，开始时施压柱垂直向下移动，使之达到足够的斥力，煤粒达到相当紧密接触程度后，施压柱再彼此向相反力方向转动，粉煤粒子即可随之产生扭动。这样一来，粉煤内部的“架桥”就会被破坏，内摩擦减少，从而使煤粒进一步接近。同时，由于切变能增加煤粒的塑性变形，而且这种塑性变形产生于煤粒表面上，这样就有利于黏结。运用这个概念进行的实验室研究，已取得了显著效果。据报道，所制得的烟煤以及无烟煤型煤，冷抗压强度可达 700～1 000 N/cm^2。由此看来，烟煤、无烟粉煤无黏结剂成型的发展途径，除了研制具有较高成型压力的成型机外，还必须着重研究成型方式。在成型方式上越加完善，就有可能避免使用很高的成型压力，这样工业化生产就大大地简化和容易实现了。

应该注意的是，对于某些质软的烟煤、无烟煤的粉煤无黏结剂成型并不十分困难，也不需要特殊的成型方式即可直接成型，如，我国一些小型合成氨和磷肥生产使用的清水湿煤棒。

3. 清水湿煤棒

清水湿煤棒是我国无黏结剂无烟粉煤挤压成型的典型例子。所用设备主要是单螺杆挤压成型机。一般说来，螺杆挤压成型时物料都要具有一定的塑性，如塑料、黏土等最适宜于挤压成型。对粉煤而言，实践证明只要粉煤原料选择适当，并加入一定比例的水分，也可以获得较好的挤压成型效果。

清水湿煤棒的生产流程如图 8-12 所示。

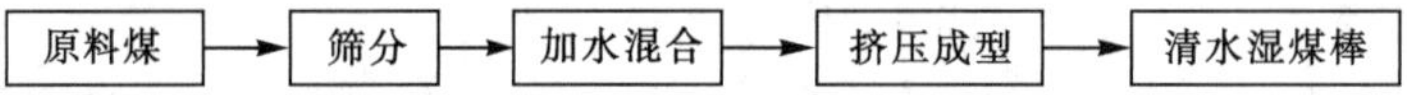

图 8-12　清水湿煤棒的生产流程

原料煤经筛分，得到 10 mm 以下的粉煤加水混合均匀。物料含水量人工控制在 15%～18%范围内，送入螺杆挤压机中挤压成型。

显然，清水湿煤棒的质量取决于原料粉煤的性质、含水量以及挤压机的结构和操作条件。

必须强调指出，并不是所有的无烟粉煤均能制成合乎质量要求的清水湿煤棒。在其他条件相同的情况下，不同的无烟粉煤制得的清水湿煤棒的质量有很大差别，见表 8-3。

表 8-3　几种无烟粉煤挤压出的清水湿煤棒质量比较

煤　种	粒度/mm	煤料水分/%	湿煤棒水分/%	截面抗压强度/(N/cm^2)	热稳定性/%	
					>13 mm	<1.5 mm
马田煤	0～4	18.1	17.1	340	60.00	5.79
焦作煤	0～4	16.4	14.4	240	64.79	16.20
金竹山煤	0～4	18.2	17.9	300	3.10	30.70

马田无烟粉煤制得的清水湿煤棒的热稳定性比金竹山无烟粉煤制得的清水湿煤棒要好得多，大于 13 mm 的部分相差近 20 倍。可见，煤种的影响是很大的，煤质较软(用手接触感觉发黏)的煤种或者风化后的煤种塑性强，成型后可得到质量较好的清水湿煤棒；反之，塑性差，难以保证清水湿煤棒的质量。

出机湿煤棒中含水量对湿煤棒质量的影响也是很大的，适宜的含水量可以增强塑性；反之，则减弱。不同含水量湿煤棒的测定结果如表 8-4 所示。

表 8-4　出机湿煤棒中水分对其质量的影响

无烟煤煤种	出机湿煤棒中水分/%	截面抗压强度/(N/cm²)	热稳定性/%	
			>13 mm	<1.5 mm
马田煤	15.4	88	50.36	7.73
	17.5	52	88.30	1.63
	18.0	38	100	0
焦作煤	13.5	48	85.20	6.10
	14.8	38	90.55	4.20
	16.3	36	95.70	2.70

表 8-4 中数据说明：出机湿煤棒的含水量对其质量的影响很大，并存在一定规律性。含水量增加，截面抗压强度减小，热稳定性变好。这表明水分对改变湿煤棒的塑性起着重要作用，因而控制清水湿煤棒中的水分相当重要，这也可以通过湿煤棒在出机后自然干燥来证明。

然而，清水湿煤棒的截面抗压强度毕竟较小，粉煤在挤压过程中虽经强烈的摩擦和剪切，但是粉煤颗粒之间并未达到很好的黏结，在使用时又主要利用它具有一定的塑性，所以清水湿煤棒是一种特殊的无黏结剂粉煤成型制品。

8.6.3　粉煤有黏结剂冷压成型

有黏结剂冷压成型是指将粉煤和黏结剂混合后，在常温或黏结剂热熔温度下，以较低压力(15～50 MPa)，借助黏结剂在煤粒表面作为颗粒之间的“桥梁”作用而使颗粒黏结成型。靠黏结剂的作用，使煤粒彼此黏结起来，并且具有一定机械强度，这样也就避免了所需的高压，因而这种成型方式中黏结剂起着十分重要的作用。尽管有黏结剂冷压成型工艺使用黏结剂的品种很多，型煤制造工艺流程也有所差异，但这种类型的型煤生产过程中都必须包括成型原料的制备、成型和生球固结 3 个共同的工序。其简要生产流程如图 8-13 所示。

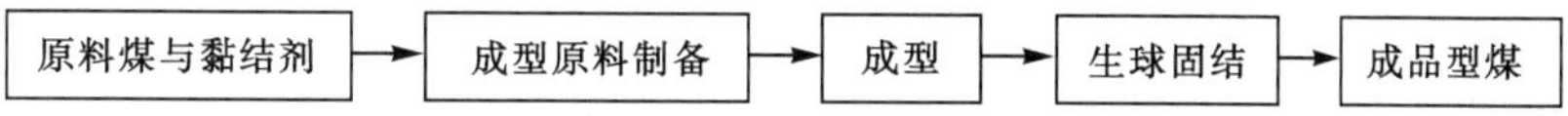

图 8-13　粉煤有黏结剂冷压成型的生产流程

下面分别介绍这 3 个工序。

1. 成型原料的制备

压球前成型原料的制备由原料煤的准备和黏结剂的准备两个部分组成。此处只介绍原料煤的准备。成型原料煤准备的目的：一方面使黏结剂有一个良好分布，另一方面为型煤压制创造一个使黏结剂能充分发挥其效力的有利条件，以便获得较大的成型压力。如果这两方面的目的都达到了，生球的质量就能得到保证。

成型原料煤的准备一般包括干燥、破碎、配料、混合 4 个主要环节。

(1) 原料煤干燥

原料煤干燥的作用在于控制原料煤的适宜湿度，使黏结剂能更好地湿润、覆盖粉煤粒子表面，从而实现良好的黏结效果。

不同类型的黏结剂对于原料煤的干燥程度有不同要求。对于疏水性有机黏结剂，如果原料煤的水分含量大于4%(质量比)，就无法正常黏结，因此需把原料煤的水分干燥至4%以下。对于亲水性有机黏结剂或水溶性无机黏结剂，原料煤的干燥程度往往与物料的成型水分有关。成型水分为原料粉煤水分与黏结剂水分之和。从成型角度看，适当水分有利于提高型煤强度，一般将成型水分控制在8%～10%为宜。若黏结剂本身浓度低，就需相应降低成型水分，因此对原料煤的干燥程度要求高一些；相反，如果黏结剂本身浓度高、水分低，对原料煤的干燥程度就可以要求低一些。从黏结剂能均匀润湿、覆盖煤粒角度考虑，一般要求原料煤干燥程度高些为好，所以原料煤水分一般控制在6%以下。

对于使用不溶性无机溶剂，如水泥、黏土、石灰等，原料煤通常不需要干燥。因为这类黏结剂一般以干粉状形式添加原料煤中。如果原料煤水分不足，可能需要补充一些水分，以确保黏结剂能够良好地与煤粉混合。若原料煤水分过高，可以通过晒干、风干等方法来减少一些水分，或者稍微增加一些黏结剂，以调节适宜的水分。

(2) 原料煤的破碎

原料煤破碎的目的在于减少煤粒之间的空隙，使煤粒在压球时能够更紧密排列，也使煤的粒度大小较为均匀，从而促使黏结剂形成的骨架较为均匀地分布于型煤中，提高型煤强度。但并不是粒度越小越好，因为如果粒度过小，势必加大筛分和破碎工作量，增加设备和动力消耗，并且需要覆盖更多的煤粒表面，势必增加黏结剂的用量。所以原料煤的破碎程度在适宜范围即可。一般来说，粒度范围为0～3 mm。目前多用鼠笼式破碎机进行破碎，它可以将原料煤与黏结剂一起送入破碎机进行破碎，在破碎的同时也进行初步混合。

(3) 配料

配料是按预先经过试验得到的方案，严格控制原料粉煤和黏结剂的用量比，以获得最佳的成型效果和型煤质量。根据具体情况，黏结剂可分几次加入，以达到较好的混合。

(4) 物料混合

混合的目的是确保黏结剂能够良好地分布在原料煤上，使煤粒表面被黏结剂润湿、覆盖，有利于黏结。它是型煤制造的一个关键环节。在实际生产过程中，除在破碎的同时进行初步的混合外，通常还会使用专门的搅拌设备进行混合，以保证型煤质量。常见的搅拌设备有双轴搅拌机和立式搅拌筒。

以上4个环节是成型原料制备的基本内容，是型煤制造的第一道工序，对它控制得好与坏将直接影响后面工序的正常进行，也直接影响型煤的质量。至于具体工艺流程如何安排，或需分几级破碎和混合，视具体情况而定。

2. 成型

成型原料制备完毕之后，用对辊成型机进行成型。根据对辊成型机的原理和特点，在实际操作时必须注意压辊之间间隙的调整，保持下料均匀，确保球模内物料充满以及物料水分适中。

3. 生球固结

一般说来，刚从成型机压制出来的型煤强度还很低，不能直接应用，这时型煤里的煤粒暂时被黏结在一起，水分含量较高。为了保证黏结剂能成为坚强的骨架，使煤粒间牢固地黏结，生球固结就成为必不可少的一个环节。

由于采用的黏结剂不同，因而有不同的固结方法。以石灰为黏结剂的石灰碳化型煤，生球固结采用碳化方式，即生球中的 $Ca(OH)_2$ 与碳化气体中的 CO_2 反应生成 $CaCO_3$。型煤依靠碳化过程中生成的 $CaCO_3$ 作为骨架固结，成为具有较高强度的人造块煤。碳化反应式如下：

$$Ca(OH)_2+CO_2 \longrightarrow CaCO_3+H_2O$$

以水泥为黏结剂的型煤，生球固结采取养护方式。养护的作用是让生球中的水泥浆凝聚固化变成水泥石作为煤球中的骨架以提高型煤的强度。养护有自然养护与人工养护两种。

(1) 自然养护。自然养护是指在常温下保持一定湿度，让水泥浆充分凝聚固化的过程。这种方式养护期较长，一般需 7～8 d 或者更长时间，才能达到较好的强度。

(2) 人工养护。人工养护采取了提高养护温度(80 ℃)及保持一定湿度等措施，这样可使养护期缩短 1～2 d，而型煤同样可达到较好的强度。

以亲水性有机物、水溶性无机物以及不溶性无机物为黏结剂的型煤，型煤固结一般都采用干燥的方式，排除型煤中的水分，提高黏结力，让其固化形成骨架，以提高型煤强度。一般干燥方法有自然干燥、烘房干燥、在立式炉内通过热气体进行干燥和在水平翻排炉内通过热气体进行干燥 4 种。

总之，只有通过生球固结这一工序，黏结剂的作用才能充分发挥出来，型煤的强度才能提高到适于使用的水平，也便于运输和储存。

8.6.4 粉煤热压成型

1. 基本原理

(1) 快速加热

煤中有机质是高分子聚合物。加热到一定温度后就会发生热解。一般而言，加热温度升到 340～500 ℃时，即有气体和液体产生，同时形成胶质体，煤逐渐软化熔融。但随着加热温度的提高，热分解进一步加剧，软化了的煤便逐渐固化，这是煤在加热过程中发生的一般现象。煤是否具有黏结性要视加热过程中所形成的胶质体的数量和质量，而加热过程中所形成胶质体的数量和质量首先取决于煤种，其次取决于加热速度。

按能否形成胶质体可将煤分为黏结性煤和非黏结性煤。根据形成的胶质体的多少，又可将黏结性煤分为强黏结性煤(胶质体最大厚度 Y 大于 25 mm)、中等黏结性煤(Y 为 9～25 mm)及弱黏结性煤(Y 小于 9 mm)。

实践证明，提高煤的加热速度，可以增加胶质体的数量，改善胶质体的质量，从而提高煤的黏结性。

在慢速加热条件下(如 1～3 ℃/min)，由于受热时间长，胶质体一旦形成，随即就进一步分解，产生较多的气体，所以在煤内不可能形成较多的胶质体。在这种情况下，煤的软化温度较高，固化温度较低，塑性温度区间也就较窄，可塑性变小，胶质体的流动性也较差，所以慢速加热不可能改善黏结性能。

在快速加热条件下，如在 0.5～1 min 内就达到煤的软化温度(400 ℃左右)，由于受热时间短，形成的胶质体还来不及进一步分解，就再次结合，形成分子较大的胶质体。这样，就相对减少了气体的数量，增加了胶质体的数量，同时也改善了胶质体的质量，使煤的软化温度降低，固化温度提高，塑性温度区间也相应扩大，可塑性增大，胶质体的流动性人为提高。

所以，快速加热可以改善煤的黏结性，而改善的程变取决于煤本身的性质、加热速度及最终温度。

粉煤热压成型正是利用快速加热的原理来提高煤的黏结性的。在煤的塑性湿度区间内，借助于成型机施加外部压力，使软化了的煤粒相互黏结熔融在一起，形成坚固的型煤。一般说来，在中压下(50 MPa)即可获得强度较好的型煤。

(2) 维温分解

加热到塑性温度的煤粒，进一步热分解和热缩聚，使煤粒"软化"，并由于气体产物的生成使煤粒膨胀。为了使热解的挥发产物进一步析出，以防止热压后型块膨胀或碳化处理时开裂，应在塑性温度下隔热维温 2～4 min。

型煤或型焦的结构与煤粒在成型时的软化程度、型煤的进一步膨胀有关。在成型过程中，软化煤粒会继续析出气体，而胶质体因通气性差而阻碍气体的析出，从而产生膨胀压力。若该压力小于成型压力时，型煤致密，强度好；否则型煤的密度会因其膨胀而降低。因此，型煤的密度不仅取决于所施加的外部压力，而且也取决于气体的析出速度和胶质体的透气性。这些因素随煤料的性质和温度条件而异。对于胶质体多、热稳定性好及透气性不高的煤，其塑性温度应高些，维温时间应长些。对于黏结性较差的煤，需要防止因过度热解使胶质体中的液态产物过多分解，从而降低其黏结性，塑性温度就低些，维温时间也应短些。总之，塑性温度和维温时间的选择，既要使煤料很好地黏结，又不使型煤发生膨胀，也就是要由煤的黏结性和膨胀性决定。

(3) 加压成型

经过维温分解以后，处于胶质体状态的煤料中，除可熔物质外，还存在不可熔物质或惰性粒子。为了使其均匀地分布于熔融物质中，煤料可以在挤压机中进一步粉碎、挤压和搅拌，以提高型煤结构的均匀性和强度。

挤压后的煤料再进一步压制成型，使粒子间隙减少，降低其透气性，利用活性化学键的阻力作用，从而使型煤密度增加。试验表明，型煤的强度同成型压力呈曲线变化关系，压力增加时，型煤的密度显著提高，但压力增至某一数值后，压力的提高对型煤密度的影响不大，压力超过一定数值后，型煤的密度随压力的增加而降低。其主要原因在于：一方面，压力过高，使煤粒子破碎，增加了新的界面，原有的胶质体便不足以浸润粒子表面或充填粒子间隙，对黏结不利；另一方面，由于压力提高，粒子间靠近，析出气体的自由空间过小，气体析出时阻力增加，从而引起型煤变形。当压力解除后，因型煤的透气性差，分解气体不能迅速析出而使型煤产生膨胀，从而破坏其致密性。因此，用黏结性好、胶质体透气性差的煤料进行热压成型时，成型压力应相对小些；黏结性非常好的煤，采取氧化破黏，配入适量无烟煤粉、焦粉或矿粉等惰性组分，提高胶质体的透气性，减少热压后型块的膨胀性，对提高型煤或型焦的质量是有利的。

(4) 后处理

热压所得的型煤，最好在热压温度下，隔热和隔绝空气进行定时间的热焖处理。其目的如下：

① 压型时有助于活性化学键的接触和反应，但压型作用的时间短，作用不完全，且焦油等挥发物也不能完全分解，因此这些挥发物分解时所产生的新活性键便不能充分发挥作用，如果此时型煤立即冷却，上述活性化学键便会因温度降低而失去相互作用的能力。

② 在热压型煤中，由于热分解和热缩聚的时间不足，尚有部分胶质体未转化为固相，热焖可延长液-固相转化的时间，同时，因完全处于固态且具有相当大的导热系数的型煤在碳化处理时不易产生过大的收缩应力，从而可以减少其裂纹，提高其抗碎强度。在热压型煤中，由于不同组分具有不同的热膨胀性，若此时急骤冷却，就会使结构致密的型煤的表里温差加大，型煤的尺小越大，表里温差就越大，从而产生不同的收缩力，因而降低型煤的强度。

热压型煤在经过热焖以后，属半焦结构，是良好的民用无烟燃料。如果要继续提高质量，则需进行碳化处理得到型焦。

概括说来，热压成型工艺就是快速加热、热压成型，即将具有一定黏结性的烟煤快速加热到塑性温度区间，并趁热施以压力使之成型。

目前工业上常用的快速加热方法包括使用气体热载体和高温固体热载体(热半焦、矿粉、无烟粉煤等)两种办法。先将这些粉料加热至较高的温度，再与预热过的烟煤粉直接混匀，使烟煤达到快速加热的目的。

热压成型工艺按加热的方式可分为气体热载体快速加热热压成型工艺和固体热载体快速加热热压成型工艺两大类。关于热压成型，目前工业上多采用螺旋挤压机与对辊成型机联合使用，即热料先通过挤压机形成煤带，然后再进入对辊成型机压制成强度较好的型煤。

2. 气体热载体快速加热热压成型工艺

该工艺主要由煤的干燥预热、快速加热后维持温度以及热压成型 3 个工序组成(图 8-14)。

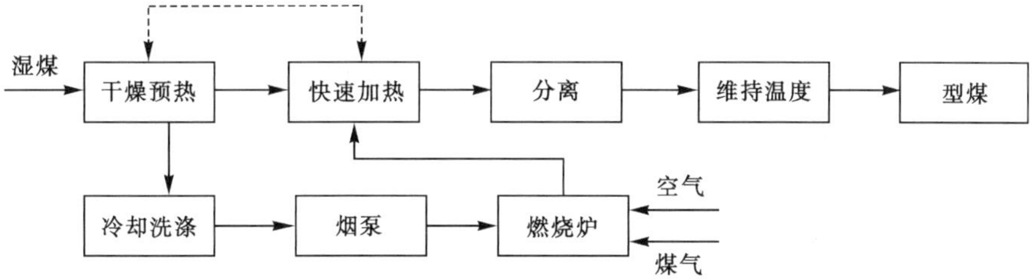

图 8-14　气体热载体快速加热热压成型工艺流程图

此工艺主要适用于单一煤种(如气煤、弱黏结性煤)的热压成型以及以无烟粉煤为主体的配煤的热压成型。其缺点是：

(1) 快速加热的热废气温度不能过高，当超过 600 ℃时，烟煤粉与筒壁接触产生过热或过早地软化而粘于壁上造成堵塞。

(2) 循环废气量大，由于受到废气温度不能过高的限制，烟泵的负荷变大，风料比(即加热 1 kg 煤所需要的标准状态下的废气量)也相应增大。

(3) 在加热过程中，烟煤的部分热分解产物不可避免地要混入废气中，这给加热系统的温度控制和防止焦油堵塞管道、烟泵带来一定困难。

(4) 对加热的最终温度亦有一定限制，如加热湿度过高，烟煤会过早在加热系统内软化，容易把系统的设备堵塞。

气体热载体粉煤热压成型需要消耗一定的热量。在实际生产中，还需要考虑热风炉的燃烧效率、气固相间的换热效率、风煤比以及设备与管道的散热等因素，实际热耗要比理论热耗大。另外，在热压成型过程中，煤中会有一部分可燃挥发气体逸出，这部分可燃气体热值较高，应尽可能考虑回收利用。

3. 固体热载体快速加热热压成型工艺

该工艺主要也由 3 个工序组成：① 固体热载体加热；② 烟煤的预热、混合及维持温度；③ 热压成型。其工艺流程如图 8-15 所示。

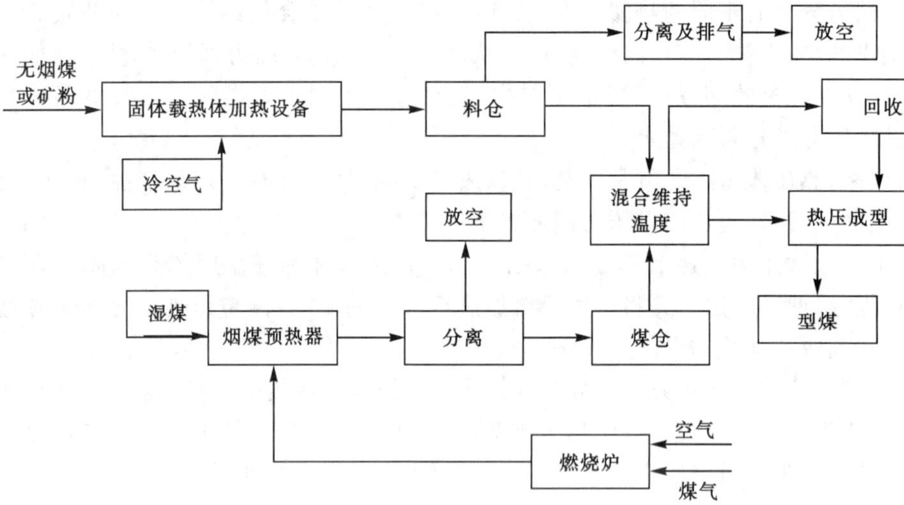

图 8-15 固体热载体快速加热热压成型工艺流程

该工艺的优点如下：

(1) 由于两种粉煤料在混料机内混合，并能达到快速加热的目的，因而在烟煤加热过程中，其热分解产品可单独予以回收。

(2) 采用沸腾炉、直立管等加热设备，热效率高。

(3) 加热温度调节较为方便，通过调节配合比，能在 1 min 内达到调温的目的。

这种工艺的缺点是不能用于单一煤种的热压成型。

8.7 型煤黏结剂及添加剂

型煤黏结剂在粉煤冷压、中低压成型工艺中是一个关键的技术，它不仅占据了型煤加工成本的主要份额，而且对于型煤质量也具有重要影响。因此，黏结剂的选择与研究特别重要。世界各国投入了大量的人力、物力来积极研究型煤的黏结剂，我国也在这方面进行了广泛研究，并取得了显著进展。

8.7.1 型煤黏结剂的分类及选择依据

1. 型煤黏结剂种类

型煤黏结剂种类繁多，但从广义上讲可分为有机类、无机类、复合类 3 类。

(1) 有机类

① 煤沥青、煤焦油和石油沥青及其残渣；② 高分子聚合物：PVA、FAA、PA、PF 等；③ 淀粉类：木瓜、地瓜、土豆、玉米等淀粉和糖蜜、糖渣等；④ 植物油渣类：葵花油渣、棉籽油渣、麻籽油渣等；⑤ 动物胶类：利用工业加工后的动物皮革废料熬制的动物胶；⑥ 工业废弃

物:纸浆废液、含油污水、废轮胎等;⑦ 腐殖酸盐、木质纤维素。

(2) 无机类

① 土:膨润土、高岭土、黏土、白泥、河泥等;② 水泥:指任何能与水化合生成石状物质的水泥,包括硅酸盐水泥、水硬石灰、火山灰水泥、天然水泥、高铝水泥、氧化镁水泥、矿渣水泥等;③ 水玻璃、生(熟)石灰、电石泥、磷酸盐、硫酸盐等;④ 有些煤矿的顶、底板泥。

(3) 复合类

① 有机物与有机物复合,如煤焦油与纸浆复合;② 有机物与无机物复合,如膨润土和聚丙烯酸钠和焦磷酸二氢钠复合;③ 无机物与无机物复合,如铝水泥和 $CaCO_3$、K_2CO_3 复合。

复合型黏结剂的掺料之间可起到互补作用,能发挥综合效果,提高黏结剂的多效性,是开发新型黏结剂的一个主要方向。

2. 对型煤黏结剂的总体要求

(1) 来源要充足;

(2) 制备黏结剂的原料质量要相对稳定;

(3) 黏结剂的价格要相对稳定,并且越低越好;

(4) 黏结剂的制备工艺要简单。

3. 对型煤黏结剂的质量要求

(1) 用黏结剂制成的型煤要有一定的机械强度,包括初始强度和最终强度,气化型煤还必须要有一定的热稳定性和热强度;

(2) 黏结剂要有一定的防潮、防水性能;

(3) 黏结剂的性能不影响型煤使用效果,如燃用型煤不影响燃烧性能,气化型煤不影响气化效果、煤气质量及炉况的可操作性等;

(4) 黏结剂的成灰物不宜过大;

(5) 有黏结剂成型的型煤要考虑后处理工艺,即黏结剂的性能须考虑型煤后处理工艺要简单易行;

(6) 型煤黏结剂不应产生二次污染。

4. 黏结剂的选择原则

(1) 因地制宜,就地取材或就近取材;

(2) 针对型煤品种、煤种及煤质选用黏结剂;

(3) 不同性质的黏结剂要有不同的生产工艺;

(4) 价格合理。

8.7.2 型煤黏结剂的理论基础

1. 表面化学理论和热力学原理

型煤黏结剂要对煤料产生黏合力作用,首先必须能对煤料进行很好的湿润,达到黏质分子和煤的真正接触,并为它们之间产生机械结合和物理化学结合创造条件,这就涉及热力学问题和表面化学问题。热力学和表面化学原理认为:表面张力小的物质能很好地湿润表面张力大的物质,根据上述原理,可以在型煤黏结剂中加入适量表面活性剂,以降低型煤黏结剂的表面张力,提高对煤料的湿润能力,以便为更好地形成机械结合和物理化学结合创造条件。对于那些疏水性黏结剂(表面张力较大),可把煤料干燥,使煤料的表面张力增大,这样两者也可以很好地接触。

2. 传质理论

煤料被黏结剂所湿润仅为产生黏合力创造了必要条件,据研究,要使煤料与黏结剂之间产生机械和物理化学结合,必须使它们之间的距离足够小,这就要靠黏结剂分子的质量传递——移动、扩散和渗透。

根据传质理论,温度及外界压力能促使黏结剂分子的移动、扩散和渗透,我们在研究具体某一型煤黏结剂时可以适当地考虑温度、压力等外部条件,对辊成型就是这一原理的具体运用。

3. 黏结剂与被黏物的黏合理论

黏结剂与被黏合物之间的结合力是机械结合和物理化学结合的综合结果,它们对总黏结强度的贡献与被黏结材料表面状态有关,对煤料这种非极性多孔材料来说,机械结合力常起决定性作用。煤与黏结剂的机械结合力,是黏结剂渗入煤料孔隙内部固化后,在孔隙中产生机械键合的结果。根据上述理论,认为在研究型煤黏结剂时,要更多地注意煤与黏结剂的机械结合力,而黏结剂的固化往往是产生机械结合力的必要条件,因而对型煤的固化必须足够重视。

4. 型煤的结渣性

型煤的结渣性直接影响型煤气化过程的正常进行以及锅炉的正常燃烧和清渣。型煤中矿物质含量及组成、型煤的煤灰熔融温度及黏度是型煤结渣性的主要影响因素。黏结剂的加入势必会改变上述 4 个因素,从而影响型煤的结渣性,因此对型煤的结渣性必须要足够重视。

5. 反应活性理论

型煤的反应活性是指在一定的高温条件下,型煤与 CO_2、水蒸气或 O_2 相互作用的反应能力,是一项很重要的燃烧和气化特征指标。型煤的反应活性直接关系到型煤在炉内的燃烧反应情况、耗煤量、耗氧量等。型煤的反应活性(α 值)强,表示型煤在燃烧或气化过程中反应速度快、效率高。

型煤的反应活性与原煤的变质程度、岩相组成,型煤的物理结构、矿物质含量及化学特性有关,而黏结剂必然会影响到型煤的矿物质含量、物理结构及化学特性,从而影响型煤的反应活性。因此,在型煤黏结剂的研究中必须十分重视黏结剂对型煤反应活性的影响。

思 考 题

1. 简述烧结球团的概念。
2. 简述烧结球团在钢铁工业中的作用与地位。
3. 论述烧结球团的发展现状、存在的问题及未来发展方向。
4. 论述球团与烧结的区别。
5. 叙述烧结过程涉及的基础理论。
6. 描述常见的烧结生产工艺流程。
7. 叙述实验室造球过程的三个阶段。

8. 你认为良好的造球效果应具备哪些因素？为什么？
9. 简述型煤的概念和分类。
10. 煤的表面特性对成型性有什么影响？
11. 粉煤成型包括哪几个步骤？影响粉煤成型的因素有哪些？
12. 论述主要的型煤生产工艺，并说明各工艺的优缺点。
13. 简述粉煤有黏结剂冷压成型工艺的工序。
14. 叙述型煤黏结剂的分类。
15. 论述型煤黏结剂的理论基础。

第9章 矿物的微生物处理

生命科学和生物技术是21世纪科学技术发展的前沿学科。微生物技术作为其中的主要分支，是生命科学和生物技术发展的重要基础和先导。特别是在解决21世纪人类面临的人口健康、资源紧缺、环境污染、粮食危机、生态破坏等严峻挑战方面，微生物技术具有无可替代的重要作用与巨大潜力。资源短缺、环境脆弱是中国的国情。早期工业化国家走的是一条先发展经济后治理环境的道路。党的十八大从新的历史起点出发，作出"大力推进生态文明建设"的战略决策。同时，中国明确提出2030年"碳达峰"与2060年"碳中和"目标。"双碳"目标倡导绿色、环保、低碳的生活方式。加快降低碳排放步伐，有利于引导绿色技术创新，提高产业和经济的全球竞争力。因此，新型工业化道路不能重蹈覆辙，而应该不断提高工业化的科技含量、提高资源利用率、降低环境污染。我们应该走适合中国国情的发展道路，实现资源节约和环境友好的工业化发展。从战略高度看，矿产资源的微生物处理技术符合新型工业化道路的要求。自20世纪80年代以来，随着生物技术的飞速发展，矿产资源的微生物处理技术也受到越来越多的重视。利用微生物处理贫、废矿石和难选冶矿石以及治理冶金行业环境污染的科学研究日益增加，新工艺的工业应用也不断涌现，这一技术必将会有更加广阔的发展前景。

9.1 微生物与湿法冶金

9.1.1 微生物概述

微生物并不是一个生物分类学上的专门名词，而是对所有个体微小的单细胞、结构极为简单的多细胞以及没有细胞结构的低等生物的统一称谓，是一群生物学上进化地位较低的简单生物。微生物的个体一般只有零点几微米到几微米，需要借助显微镜才能看见。依据微生物的细胞发育程度，可将其分为原核微生物和真核微生物两大类。

为了识别和研究微生物，人们把微生物按照客观存在的生物属性和它们的亲缘关系，有次序地分门别类排列成一个系统，从大到小，按界、门、纲、目、科、属、种分类。"种"是微生物分类的最小单位。每一属微生物或每一种微生物都有一个严格、科学的名称。微生物的命名法是采用生物学中的二名法，即用两个拉丁文命名一个微生物的种。每种微生物的名称都是由一个属名和一个种名组成，属名在前，采用拉丁文名词，第一个字母大写；种名在后，采用拉丁文形容词，第一个字母不大写。如氧化亚铁硫杆菌（*Thiobacillus ferrooxi-dans*）、共生生金菌（*Metallogenium symbioticum*）等。为了避免同物异名或同名异物的现象发生，在微生物的名称之后常加上命名人的姓，如大肠埃希氏杆菌（*Excherichia colicastellani* and Chalmers）等。如果一种细菌只鉴定到属，没有鉴定到种，则该细菌的名称只有属名，没有种名，此时应在属名的后面加上单词 species（种类）的缩写 sp.（单数）或 spp.（复数）以示标记。

在矿业工业中，常用的浸矿微生物主要是原核生物——细菌，有时也用藻类。

9.1.2 浸矿微生物的种类

自然界中部分微生物可以直接或间接地参与金属硫化矿物的氧化和溶浸过程，通常称为浸矿微生物或浸矿细菌。按营养类型可将自然界的微生物分为自养型微生物和异养型微生物，和矿物浸出有关的微生物大部分属于自养型微生物。自养型微生物在生长繁殖中不需要任何有机营养，完全靠各种矿物盐而生存；异养型微生物则与之相反，需要提供有机营养物质才能生存，某些异养型微生物也可以参与金属矿物的溶浸过程。

按照浸矿细菌生长的最佳温度可以将浸矿微生物分为三类，即中温菌、中等嗜热菌和高温菌。硫化矿浸出常使用的细菌如图 9-1 所示。

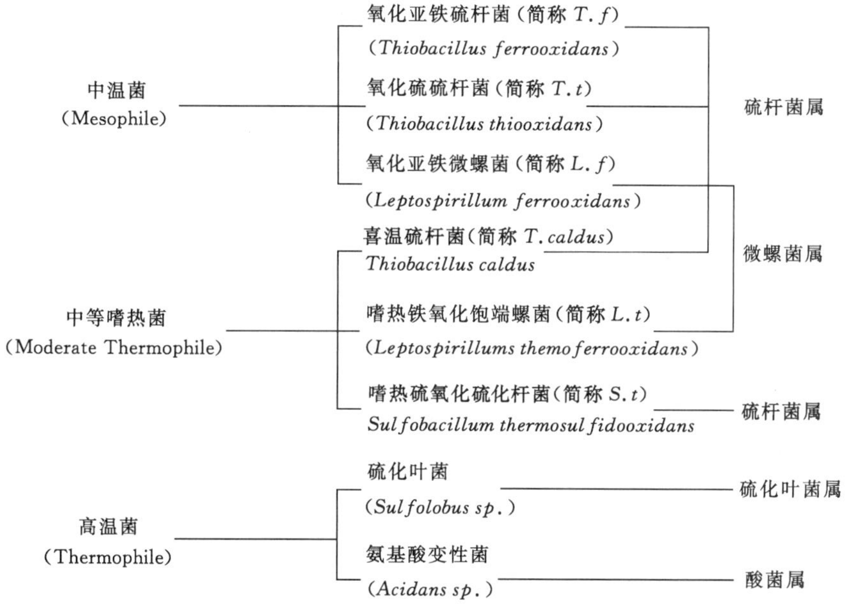

图 9-1　硫化矿浸出常使用的细菌

目前研究比较多、在生产中得到应用的主要是自养型微生物，即自养型微生物中的化学能自养菌。目前，在工艺中应用的代表性自养型浸矿细菌主要有以下几种。

1. 氧化亚铁硫杆菌(*Thiobacillus ferrooxidans*，简称为 *T. f*)

该菌是浸矿细菌中发现最早、最常使用的一种自养菌，它可以氧化金属硫化矿物、硫代硫酸盐、元素碱及亚铁离子。在含有 Fe^{2+} 的液体营养基中培养氧化亚铁硫杆菌的过程中，氧化亚铁硫杆菌会将 Fe^{2+} 氧化成 Fe^{3+}，使培养基变成红棕色，同时，Fe^{3+} 又会发生一系列的水解反应，生成氢氧化物或铁矾而产生沉淀。在固体培养基上培养氧化亚铁硫杆菌，菌落通常呈现棕色。而在不含铁的液体培养基中，由于硫代硫酸盐氧化生成硫酸，导致培养基的酸度升高。

2. 氧化硫硫杆菌(*Thiobacillus thiooridans*，简称为 *T. t*)

该菌发现也较早，通常以单个或成双成链状的形式存在。在菌体两端各有一油滴，这些油滴可以吸收培养基中的元素硫，然后将其再吸入菌体内部进行氧化。该菌不能在金属硫化物上生长，也不能直接氧化金属硫化物，但可以氧化金属硫化物氧化过程中产生的元素硫，也可以氧化硫代硫酸盐，且氧化元素硫的能力比氧化硫化合物的能力强，可以产生许多酸并有较强耐酸性能。

3. 氧化亚铁微螺菌(*Leptospirillum ferrooxidans*，简称为 *L. f*)

与上述两种菌相比，该菌发现晚一些。氧化亚铁微螺菌的性能与氧化亚铁硫杆菌相似，可以氧化金属硫化矿和亚铁离子，但不能氧化元素硫。该菌的培养基也与氟化亚铁硫杆菌相似，可以用培养氧化亚铁硫杆菌的培养基来培养氧化亚铁微螺菌。

4. 嗜热硫氧化硫化杆菌(*Sulfohacillwm thermosulfidooxidans*，简称为 *S. t*)

该菌首次在美国黄石公园的温泉中发现，其后在澳大利亚西部炎热干旱的沙漠地区找到与之相类似的细菌，定名为 *M.* 菌。据专家推测，*M.* 菌是一种混合营养菌，具有较强的耐热性能，属于中等耐热菌，可以氧化金属硫化矿、元素硫及亚铁离子，培养基也与氧化亚铁硫杆菌相似。

上述细菌的一般性质如表 9-1 所示。

表 9-1　浸矿细菌的种类与性质

菌　名	生存温度/℃	生存酸度(pH 值)	菌体形状	菌体尺寸/mm	革兰染色
氧化亚铁硫杆菌	5～40 最适 28～35	1.2～6.0 1.5～1.8	短杆状	0.3～0.5 1.0～1.7	阴性
氧化硫硫杆菌	5～40 最适 28～30	0.5～6.0 2.0～3.5	圆头短杆状	0.5～1.0 2.0	阴性
氧化亚铁微螺菌	5～40 最适 30	1.2～6.0 1.5～1.8	螺旋状	0.2～0.4 0.9～1.1	阴性
嗜热硫氧化硫化杆菌	20～60	1.1～5.0	杆状	1.0～2.0	阳性

上述几种细菌均属于化能自养型微生物，它们的性质比较相似，均不具有色素，不能进行光合作用，合成有机物所需要的能量是由它们氧化 S、H_2S、H_2、NH_3、Fe 等物质时，通过氧化磷酸化作用产生的三磷酸腺苷(ATP)来提供的。这些细菌广泛分布于金属硫化矿、煤矿等矿山的潮湿矿泥或酸性矿坑水中。

9.1.3　浸矿微生物的培养

1. 微生物的培养基

微生物的培养基是指培养微生物时，根据它们的营养需要，将水、碳源、氮源、无机盐和生长因素按一定比例配制而成的微生物营养物。

任何一种培养基均可配制成液体、半固体(凝胶)和固体三种。培养基按配方配好后不加凝固剂(如琼脂、明胶、硅胶等)，即为液体培养基；如果加入 1.5%～3.0%的凝固剂，即成为固体培养基；如果加入 0.2%～0.5%的凝固剂，即成为半固体培养基。

培养基按用途不同，又分为基础培养基、选择培养基、鉴别培养基和加富培养基 4 种。

(1) 基础培养基。基础培养基是由牛肉膏、蛋白胨、氯化钠按一定比例配制而成的。一般微生物均能在这种培养基中生长。

(2) 选择培养基。选择培养基是利用微生物对各种化学物质敏感程度的差异，在培养基中加入染料、胆汁酸盐、金属盐类、酸、碱或抗菌素等，抑制不需要的微生物，并使所要分离的微生物生长繁殖的培养基。

(3) 鉴别培养基。鉴别培养基是用于鉴别和区分不同种类微生物的培养基。它通过微生物对培养基中某一成分的分解能力差异，使不同菌落显示出不同的颜色或其他特征，从而实现微生物的鉴别和区分。

(4) 加富(富集)培养基。当样品中微生物的数量很少或对营养要求比较苛刻不容易被培养出来时，要用特殊物质或成分使微生物快速生长，这种用特殊物质或成分配制成的培养基，称为加富培养基或富集培养基。所用的特殊物质有植物(青草或干草)提取液、动物组织提取液、土壤浸出液、血和血清等。

浸矿细菌(自养菌)的液体培养基由水和溶解在其中的各种无机盐组成。每种细菌都有其独特的培养基配方，这些配方是经过研究者的试验研究后提出的。几种常用的浸矿细菌的培养基配方如表 9-2、表 9-3 所示。例如，氧化亚铁硫杆菌常使用 Leathen 和 9K 培养基进行培养，这些培养基也可用于培养氧化亚铁微螺菌和混合培养菌等。作为培养基的能源，可以使用 $FeSO_4$，也可以用金属硫化物来代替。

表 9-2　氧化亚铁硫杆菌用培养基　　单位：g/L

组分	Leathen	9K	组分	Leathen	9K
$(NH_4)_2SO_4$	0.15	3.0	$MgSO_4 \cdot 7H_2O$	0.05	0.5
KCl	0.05	0.1	$Ca(NO_3)_2$	0.01	0.01
K_2HPO_4	0.05	0.5	$FeSO_4 \cdot 7H_2O$	30～50	30～50

表 9-3　氧化硫硫杆菌用培养基　　单位：g/L

组分	Waksman	ONM	组分	Leathen	9K
$(NH_4)_2SO_4$	0.2	2.0	$FeSO_4 \cdot 7H_2O$	0.01	0.01
$MgSO_4 \cdot 7H_2O$	0.5	0.3	K_2HPO_4		4.0
$CaCl_2 \cdot 2H_2O$	0.25	0.25	硫黄粉	10	10

2. 浸矿微生物细菌的连续扩大培养

试验与生产实践证明，浸矿细菌的浓度和活性对矿石氧化浸出效果有很大影响。为了研究和生产需要，有时要在短时间内培养出大量符合要求的菌液。大量培养的方法有两种：一种是间断的，一种是连续化的。连续培养效率高于间断培养。以生产中常用的氧化亚铁硫杆菌为例介绍该菌的连续培养过程。通常用含有 Fe^{2+} 的培养基培养氧化亚铁硫杆菌，培养过程中细菌的繁殖数量或浓度的变化与培养液中 Fe^{2+} 被氧化的量成正比，为使细菌快速繁殖，须满足细菌生长的最优化条件：

(1) 提供细菌生长繁殖所需的营养物质，通过试验确定最佳化培养基配方；

(2) 提供细菌生长所需的足够量 O_2 和 CO_2；

(3) 控制好细菌生长所需的酸度和温度；

(4) 提供最优菌种和足够的菌种量，为加快培养速度，可适当加大接种量，一般接种量为 10%～20%。

在培养过程中，要尽量缩短细菌开始生长的缓慢期，尽快进入对数生长期。培养到一定程度的细菌，在使用前须知道所培养菌液中细菌的含量或浓度，要对培养槽生产的菌液进行计量。细菌计量一般有如下几种方法：比浊法、直接计数法、平皿计数法、稀释法。其中比浊法和直接计数法可计量出一定体积菌液内所含细菌的总数，此总数包括活菌和死菌，而平皿计数法和稀释法测定的是单位菌液体积内的活菌数。

3. 浸矿微生物细菌的驯化

浸矿微生物细菌在使用之前要进行驯化，使之适应于浸矿过程中可能对细菌不利的工艺条件或具有毒性物质成分的环境中。对于难浸出金精矿的细菌氧化工艺，不利于细菌生长的因素主要是矿浆的含固量和溶解的砷等物质。驯化的办法是逐渐变化不利因素强度，然后对细菌进行转移培养，在驯化过程中，那些对新环境不适应的细菌会受到抑制或死亡，而某些具有较强活力的细菌会通过变异等途径，演变成耐受性更强的细菌而活下来，形成对新环境具有耐性的菌株。比如培养细菌耐砷能力的方法是：首先在装有一定体积培养基的三角瓶中加入较低浓度的砷离子，然后将待驯化的细菌接种到培养基中进行培养，开始时细菌不适应，要较长时间才能生长繁殖，待细菌适应此浓度的环境开始正常生长后，再将它转移到含更高浓度砷的培养基中继续培养。依此类推，每转移一次都提高砷的浓度，经过多次逐渐加大砷浓度的转移培养，就可以获得对砷具有较强耐受力的菌株。据报道，有人成功获得了可耐受 25 g/L 砷的菌株。在一般含砷金精矿细菌氧化工艺中，砷的浓度为 5 g/L 左右。难处理金精矿细菌氧化过程中，矿浆电位都在 500 mV 以上，在此电位下，绝大部分砷被氧化为 5 价态，而 5 价砷的毒性比 3 价砷小得多，对细菌的影响不大。已投入运行的各金矿细菌氧化厂，都未遇到砷对细菌造成太大影响的情况。

细菌对矿浆含固量的驯化也采用类似的办法。试验与生产实践证明，矿浆的浓度对细菌的影响较大，金精矿细菌氧化作业是在充气搅拌槽中进行的，细菌对激烈搅动条件的高浓度矿浆很不适应，这可能是搅动中的固体颗粒对细菌细胞产生摩擦，不利于细菌生长繁殖的缘故。矿浆浓度越高，越不利于细菌的生长。据报道，在已投产的各细菌氧化工厂中，矿浆含固量都不超过 20%。

4. 浸矿微生物菌种的采集、分离与培养

浸矿细菌广泛存在，相对集中分布在金属硫化矿与煤矿等酸性矿坑水中。以氧化亚铁硫杆菌为例，根据美国矿山局的调查发现：在 300 个硫化矿山中，仅有 4 个矿山没有发现这种细菌。因此一般不用担心采集不到这种细菌。现将氧化亚铁硫杆菌采集与分离的方法简述如下。

取 50～250 mL 的细口瓶，消毒处理并配好胶塞，用牛皮纸包扎好瓶口，于 120 ℃烘箱中灭菌 20 min，待冷却后即可作为细菌取样瓶，根据将来的工作性质，选择适当的矿山采取水样(菌样)。例如，细菌将来的工作主要是氧化黄铜矿，可到含铜硫化矿的矿山采取；如主要是氧化毒砂或砷黄铁矿，则可以到含砷高的毒砂、砷黄铁矿矿山采取，依次类推。这样采取的菌样可以尽快、尽可能地满足工作需要。如果采集菌种的矿坑水 pH 值为酸性，且呈红棕色，则可能存在氧化亚铁硫杆菌。另外，还可以采取矿坑岩壁上已氧化变为棕褐色的潮湿矿块。取样时将牛皮纸取下，一只手拔去瓶塞，另一只手持瓶接取或留取水样，注意水样不能取满，须留一定空间存放空气。取完样后立即盖好瓶塞，贴上标签，标明取样时间和地点并用牛皮纸包好，带回实验室。

在实验室将配好的氧化亚铁硫杆菌培养基用蒸汽消毒 15 min，在无菌条件下将培养基分装于数个灭菌的 100 mL 三角瓶中，每瓶装 20 mL 培养基，然后用洗净干燥的吸液管取 1～5 mL 矿坑水样加到各三角瓶中，塞好棉塞，放在 20～35 ℃恒温条件下静置或振荡培养 7～10 d。由于细菌生长，三角瓶中培养基的颜色由浅绿色变为红棕色，并渐渐在瓶底出现氢氧化铁沉淀。其中变化最快、颜色最深的三角瓶中细菌的浓度较自然环境中的细菌浓度大大增加，可达 10^7～10^8 个/mL。实验后，可用肉眼观察法、重铬酸钾容量测定法或显微镜观察法对所培养的氧化亚铁硫杆菌进行初步检查和鉴定。

用上述方法得到的细菌可能是不纯的，必须进行分离与纯化，才能获得目的菌株的纯培养，可以使用的方法有稀释涂布平板法和终点稀释法。

(1) 稀释涂布平板法

取上述已繁殖好的细菌培养液 1 mL，用 pH＝2.5 的稀硫酸溶液每次稀释 10 倍，依次稀释成浓度为 10^{-1}、10^{-2}、10^{-3}、10^{-4}、10^{-5}、10^{-6} 的稀释液。吸取稀释度为 10^{-4}、10^{-5}、10^{-6} 的稀释液各 0.2 mL，然后分别接种到 3 个预先准备好的 9 K 琼脂固体培养皿中，涂布均匀。记下对应稀释度，于培养箱中倒置培养，直至固体培养基表面出现铁锈色圆点状小菌落。将单独小菌落挑起，每个小菌落分别接种在 4～6 mL 的 9 K 培养基小试管中，或接种到盛有以硫菌矿代替 $FeSO_4 \cdot 7H_2O$ 的 9 K 培养基小锥瓶中振动培养。上述过程的培养即为单一菌的纯培养。

(2) 终点稀释法

取繁殖好的菌样 1 mL，注入盛有 9 mL 的 9 K 培养基的试管中混合均匀，然后再从此试管中吸取 1 mL 注入另一个盛有 9 mL 的 9 K 培养基的试管中，依次类推制成 10^{-1}、10^{-2}、10^{-3}、…、10^{-10} 各种稀释度的培养液。将 10 支试管均放入生化培养箱中培养 7～8 d 后取出。由于各管中原始菌浓度不同，培养液颜色变化不一，颜色深浅与原始菌浓度成正比。若第 7 支试管变色而第 8 支试管不变色，则认为第 7 支试管中进行的极有可能是单一菌的纯培养。以此菌液为基础重复上述过程即可获得单一菌的纯培养。这种方法简便，但有可能分离出的纯培养并不是所希望的菌株，而稀释涂布平板法则可同时分离出多种菌的纯培养。

值得注意的是，*T. f* 菌可能会被兼性自养的嗜酸硫杆菌、化能自养的氧化硫硫杆菌污染。为检验所获菌株的纯度，可将上述获得的纯培养分别接种到适合于杂菌生长的培养基(如瓦克斯曼培养基、牛肉汤培养基等)中观察是否有菌生长。如无，表明所获菌株是纯的；如有，则表明所获菌株不纯，须再次分离。

5. 浸矿微生物的菌种保藏

要想长期保藏菌种，就必须使微生物的代谢处于最不活跃的状态。菌种保藏的方法很多，如斜面低温保藏法、液体石蜡油保藏法、沙土保藏法及冷冻干燥法等。但对于浸矿微生物菌种来说，后两种方法较为有效。

(1) 沙土保藏法。菌体培养物(或矿浆)→转移至无菌试管或安瓿管中(沙土与硫铁矿的比例为 1∶3，每管含 2～3 g)→用蜡封死试管口或用火将安瓿管熔封→室温保藏，可达 2.5～3 年。

(2) 冷冻干燥法。菌体培养物(或矿浆)→离心收集菌体(含部分矿物质)→用蒸馏水快速漂洗→pH 值达到 7.0 左右→转移到安瓿管中→加入细胞保护剂→－70 ℃冷冻 24 h→冷冻干燥 24 h→封口→低温保藏。

一般来说，沙土保藏法对于保藏菌体孢子最为有效，而冷冻干燥法的适用范围更广，尤其保藏营养细胞，不仅有效，且保藏时间更长。但冷冻干燥法手续较为复杂，需要昂贵的仪器；与之相比，沙土保藏法要容易得多。

9.1.4 浸矿微生物在湿法冶金中的地位与作用

用微生物提取金属（通称微生物湿法冶金）是利用微生物或其代谢产物对某些矿物（主要为硫化矿物）和元素所具有的氧化、还原、溶解、吸收（吸附）等作用，从矿石中溶浸金属或从水中回收（脱除）有价（有害）金属的方法。针对贫、细、杂矿石的开发利用问题，尤其是对于那些矿物共生关系特别密切或有用成分被有害元素或载体矿物所包裹的矿石，传统的分选和化学浸出方法往往无法有效处理。为此，研究学者相继研发出了焙烧浸出、热压浸出和微生物浸出等特殊处理方法，其中微生物浸出工艺是最为重要的一种。自从 1958 年美国用细菌浸出铜和 1966 年加拿大用细菌浸出铀的研究与工业应用成功之后，微生物湿法冶金引起了全球众多学者的关注和研究。微生物湿法冶金以其资源利用充分、成本低、投资小、基本无环境污染、回收率高、流程灵活、过程易控制、操作简单等优点，近年来已成为矿物工程学科中发展最快、研究最为活跃的领域之一，其应用也越来越普遍，已成为低品位硫化铜矿石、铀矿石和难处理金矿石的首选工艺。

当然，利用微生物技术处理矿产资源的工艺也并非尽善尽美，反应速度慢、生产流程长是这种工艺的突出缺点。它之所以能受到人们的重视，关键在于能用来处理那些用常规矿物加工方法无法处理或没有经济效益的矿产资源，尤其是对于那些特贫、特细或有用成分被包裹的矿石，采用微生物处理技术已显示出无与伦比的独特优势。

近 20 年来，矿产资源微生物技术逐渐成为湿法冶金领域的热门研究课题，研究人员对浸矿用微生物的分离和鉴定、微生物浸出工艺、浸出动力学及浸出机理等都进行了广泛深入的研究，提出了微生物浸出的直接作用、间接作用和电化学作用机理。与此同时，浸矿用微生物的种类也不断增多，除了人们通常熟知的自养菌外，还对有浸矿作用的异养菌、真菌等进行了系统研究。用微生物浸出的金属种类已拓展到铜、铀、镍、钴、锌、锰、金、银等十多种有色金属、贵金属和一些稀有金属。目前，微生物技术已逐渐成为一个新的科学分支，研究领域日益扩大，既包括用微生物从矿石中提取金属，也包括借助于微生物的作用从矿石中除去用其他工艺方法提取金属时的干扰成分，甚至还包括利用微生物对矿物加工过程产生的污水进行处理。就微生物浸出速度而言，通过多方面的研究，已使其得到了大幅度提高。与此同时，为了克服金属硫化物氧化过程中释放出的热量对微生物的浸矿过程产生不利影响，近年来，一些研究者在设法提高氧化亚铁硫杆菌耐热性的同时，又分离、培育出了一种嗜热硫杆菌和一种中等耐热菌，作用效果均优于氧化亚铁硫杆菌。此外，为了进一步加快微生物的浸出速度，最近又有人利用某些金属离子（如 Cu^{2+}、Co^{2+}、Ag^{+} 等）作催化剂来加快微生物氧化的反应速度，取得了很好的效果。在机理研究方面，人们根据氧化亚铁硫杆菌等能从硫化矿物中浸出金属这一现象，提出了细菌浸出的直接作用和间接作用机理。直接作用指附着在矿物颗粒表面的细菌直接催化矿物氧化分解，从中得到能源和其他营养元素。间接作用指依靠细菌的代谢产物——硫酸铁的氧化作用，细菌间接地从硫化矿物的氧化过程中获得生长所需的能源。细菌浸出硫化矿物的作用机理是研究者极其关心的问题，进行的研究工作非常多。

近年来，除了进一步研究铜矿石、铀矿石和砷包裹型难处理金矿石的氧化亚铁硫杆菌浸出工艺的作用机理和最佳应用条件之外，还就矿物资源微生物技术的广泛应用开展了多方面的研究工作。例如，开发更经济的、更有效的低品位铜矿石的微生物堆浸工艺；利用微生物技术脱除含锰银矿石中的锰，以提高银的回收率，其一是利用锰还原细菌，还原高价锰，使之从矿石中溶解出来，其二是利用真菌的代谢产物直接溶解低价锰矿物；在煤炭脱硫方面，不仅利用氧化亚铁硫杆菌等嗜酸细菌，通过搅拌浸出脱除细粒煤中的黄铁矿正在向工业生产过渡，一些研究者还利用氧化亚铁硫杆菌能快速附着在黄铁矿表面的特性，在煤泥浮选过程中（浮选柱），用这种微生物对入选原料进行预处理，借以增加黄铁矿颗粒表面的亲水性，从而大大地降低了浮选精煤的硫含量。

矿物资源微生物技术的未来发展方向大致可概括为以下几方面：

(1) 开发更经济有效的低品位铜矿石的微生物堆浸工艺，以提高技术指标和经济效益。

(2) 深入系统地研究金属硫化物矿石微生物浸出过程中的基础理论，特别是细菌与矿物颗粒间的作用机制。

(3) 燃煤微生物脱硫研究工作的进一步深化，无论是采用微生物堆浸、微生物搅拌浸出脱硫工艺，还是采用微生物预处理-浮选脱硫工艺，在实现工业化应用之前，都需要进行大量的、深入细致的试验研究工作。

(4) 采用生物吸附技术从工业废水中脱除重金属、镭、铀等有毒物质，集环境污染治理与资源综合利用于一体，将会受到广泛关注。

(5) 针对不同矿种，寻找、分离和驯化新的浸矿用工程菌，拓宽矿物资源微生物处理技术的应用范围，将进一步受到重视。

(6) 运用基因操纵与微生物工程技术修饰构建浸矿工程菌株将引起人们的更多关注，用蛋白质定量分析、特定酶基因分析、基因克隆及定点突变等一系列与“新工程菌”构建相关的研究工作将逐渐开展。

综上所述，可以看出矿物资源微生物技术的应用范围正在日益扩大，研究工作正在日益深入，所取得的经济效益和社会效益也正日益增加。尽管微生物方面的研究已取得长足的进步，但仍滞后于工程技术研究的进展。随着人们保护环境的意识和对环境质量要求的不断提高，可以预见，微生物技术在矿物加工工程中的应用前景将会越来越广阔。

9.2　微生物浸矿基本原理

9.2.1　冶金学原理

1. 间接作用

微生物浸出的间接作用原理是基于细菌生命活动中生成的代谢物的间接作用，利用硫酸或硫酸铁溶液作为溶剂来浸出矿石中的有用金属。细菌通过代谢产生硫酸和硫酸铁。硫酸和硫酸铁溶液是一般硫化矿物和其他矿物化学浸出法中普遍使用的有效溶剂，例如氧化硫硫杆菌和聚硫杆菌能把矿石中的硫氧化成硫酸，氧化亚铁硫杆菌能把硫酸亚铁氧化成硫酸铁。其反应式如下：

$$2S + 3O_2 + 2H_2O \longrightarrow 2H_2SO_4 \tag{9-1}$$

$$4FeSO_4 + 2H_2SO_4 + O_2 \longrightarrow 2Fe_2(SO_4)_3 + 2H_2O \tag{9-2}$$

通过上述反应，细菌得到了所需要的能量，而硫酸铁可将矿石中的铁或铜等转变为可溶性化合物而从矿石中溶解出来，其化学过程是：

$$FeS_2(\text{黄铁矿}) + 7Fe_2(SO_4)_3 + 8H_2O \longrightarrow 15FeSO_4 + 8H_2SO_4 \tag{9-3}$$

$$Cu_2S(\text{辉铜矿}) + 2Fe_2(SO_4)_3 \longrightarrow 4FeSO_4 + 2CuSO_4 + S \tag{9-4}$$

金属硫化矿经细菌溶浸后，收集含酸溶液，通过置换、萃取、电解或离子交换等方法将各种金属加以浓缩和沉淀。

2. 直接作用

微生物浸出的直接作用原理是基于细菌对矿石具有直接浸提作用。一些不含铁的铜矿如辉铜矿等不需要加铁，氧化亚铁硫杆菌同样也可以明显地将铜浸出。也就是说，细菌对矿石有直接氧化的能力，细菌与矿石之间通过物理化学接触把金属溶解出来。经研究发现，某些靠有机物生活的细菌，可以产生一种有机物，与矿石中金属成分嵌合从而使金属从矿石中溶解出来。电子显微镜照片也证实，氧化硫硫杆菌在硫结晶的表面集结后，对矿石浸蚀有痕迹。此外，微生物菌体在矿石表面能产生各种酶，也支持了细菌直接作用浸矿的学说。生物浸出的直接作用和间接作用示意图如图 9-2 所示。

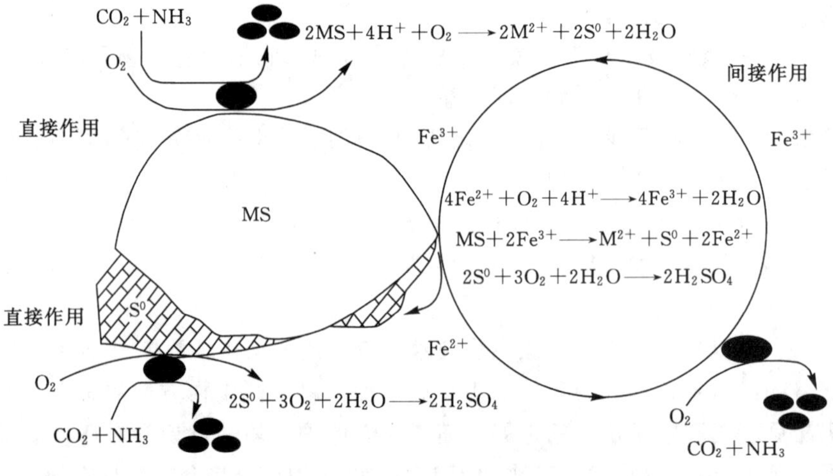

图 9-2　细菌浸矿的直接作用和间接作用示意图

9.2.2　细菌学原理

微生物研究者认为在细菌浸出矿物过程中细菌起能动作用，他们认为冶金工作者视微生物为一种“催化剂”，并根据其浸出结果提出的直接作用和间接作用机理不能区分各菌种在浸出过程中所起的作用与地位，因而指导不了菌种筛选、改良问题。研究细菌浸出的细菌学原理，了解浸矿菌种的生理、生化特性，明晰每种浸矿菌种作用、地位及相互关系，就能指导菌种选育工作，提高菌种氧化活性，优化菌种浸出工艺条件，最终实现硫化矿的高速浸出，因而意义重大。

1. 细菌浸出的分子生物学

(1) 能量与酶。根据热力学原理计算，硫化矿物氧化过程中有大量的能量放出，细菌具有快速利用硫化矿能量的酶。酶是一种高催化活性的蛋白质分子，可使矿物氧化分解，有酶参与的氧化作用比自然氧化要快得多，如可使亚铁氧化速度提高 5×10^{5} 倍，可使黄铜矿的分解速度提高 10^{3} 倍。大多数反应可能是酶系反应，即有多种功能相关的酶参与的连续的分解反应。

(2) 电子传递链与 ATP 合成酶。T. T. Mnheeb 认为，酶利用硫化物中的自由能是通过电子传递进行的。细菌膜上有电子传递链，电子在传递过程中与 ATP 合成酶耦联，把能量储于 ATP 中，ATP 是一切生命进行活动的直接能源物质。电子传递同时也促成了还原力 NAD 的合成，因此实现了浸矿自养菌同化作用对能量和还原力的需求。硫化矿细菌氧化时，硫化矿物是电子传递链的最初电子供体，氧是最终电子受体。矿物中的能量最终转移到细菌体内，细菌利用其实现了自身的生长和复制。因此，细菌利用矿物中电子的多少决定了细菌的生长量。反过来，繁殖了的细菌进一步加强了矿物的氧化分解速度，发生正反馈循环式的自催化，而催化剂在反应前后是不变的。因而，细菌浸矿的本质不是发生简单的催化作用，而是生命活动。

2. *浸矿细菌的生态关系*

(1) 种间协作与直接、间接作用。*T. f* 菌能利用硫化矿中的还原硫和亚铁两部分能源，具备了使矿物彻底氧化分解的生理、生化条件，因此，宏观上表现为直接作用。*T. t* 菌和 *T. o* 菌、*F. f* 菌和 *L. f* 菌不能直接利用矿物中的还原硫，因此，当它们单独存在时，皆不能使硫化矿物氧化分解，但当它们通过种间共栖关系共同存在时，可以通过 Fe^{3+} 对矿物的间接氧化作用来获得能源，发生反应，在宏观上表现为间接作用机理。游离的 *T. f* 菌也可能参与间接作用。嗜酸异养菌则只可能通过及时消除对自养菌有抑制作用的细菌代谢有机产物来起促进作用，它们只有当自养菌生长旺盛时才能生长起来。因此，种间协作是直接、间接作用的细菌生理和生态结果。

(2) 种内分工与初级反应和次级反应。在细菌学上，细菌生长存在着二次生长规律，也称 G 效应，即当有两种可利用的能源同时存在时，细菌总是优先利用其中的一种，当这种能源快耗尽时，才开始合成利用第二种能源的酶。因此，可以推论，当矿物中同时有 Fe^{2+} 和 S^{2-} 两部分能源时，附着的 *T. f* 菌总是优先利用 S^{2-}，脱附后再利用 Fe^{2+}；游离 *T. f* 菌因为溶液中只有 Fe^{2+} 可供利用，所以才开放 Fe^{2+} 氧化酶。此种规律解释了矿物分步氧化分解的原因。但附着 *T. f* 菌并不同时开放硫化物氧化酶和亚铁氧化酶，不能参与氧化溶液中的 Fe^{2+}。这种分工式的二次生长规律有利于菌体细胞内有限资源的集中有效调用，有利于在同样时间内氧化分解更多的硫化矿物，获得更多的能量，以供细菌产生更多的后代，增强了其在自然选择中的竞争力，因此是进化的表现。

9.3 微生物浸矿工艺及影响因素

9.3.1 微生物浸矿工艺

微生物浸矿工艺一般有微生物堆浸、微生物槽浸、微生物原位浸出和微生物搅拌浸出 4 种。

1. 微生物堆浸

微生物堆浸一般都是在地面以上进行的。首先依据计划每批处理的矿石吨位，设计、建设好不透水的地基；然后将待处理的矿石(未经破碎或经过一些破碎作业)堆置在地基上，形成矿石堆，并设置喷淋管路；向矿堆中连续或间断地喷洒微生物浸出剂进行浸出，同时在地势较低的一侧建集液池收集浸出液。另外，也有利用微生物浸出剂，直接在矿山附近形成的废矿堆上或从尾矿堆进行浸出。

微生物堆浸的工艺流程如图 9-3 所示。这种工艺的特点是工艺简单、每批处理的矿石量可依据实际情况随意调整、浸出时间长、浸出率往往偏低。

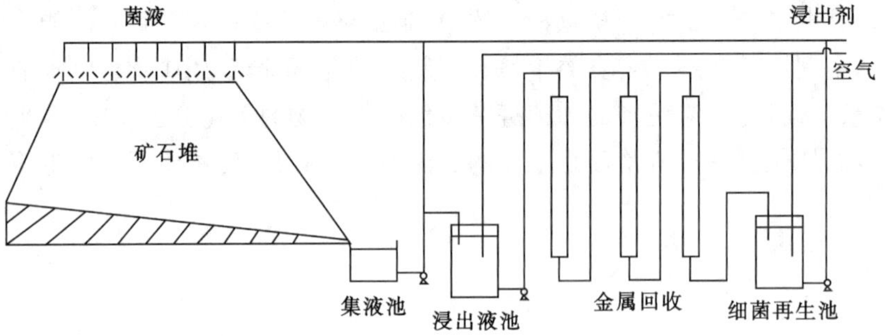

图 9-3　矿石微生物堆浸的工艺流程示意图

对于大吨位贫矿石和废矿石的堆浸，每堆矿石可达数万吨甚至数百万吨。如此大量的矿石，一般都不经过破碎，矿石最大粒度可以达数百毫米甚至上千毫米。由于矿石粒度大，浸出时间一般为几个月，有时甚至需要几年才能完成浸出作业。这种浸出工艺的生产成本比较低，广泛用于处理大吨位的贫矿、废矿和尾矿。

对于品位比较高的矿石，若要求有较高的浸出率并能在较短时间内完成金属回收时，通常是将矿石破碎到 5～50 mm 以下，再进行微生物堆浸处理。在这种情况下，浸出周期一般为数十天到数百天。

2. 微生物槽浸

槽浸是一种渗滤型浸出作业，通常在浸出池或浸出槽中进行，槽浸正是因此而得名。微生物槽浸工艺常用于处理品位较高的矿石或精矿，待处理矿石的粒度一般为－3 mm 或－5 mm。每一个浸出池(或槽)一次装矿石数十吨至数百吨，浸出周期为数十天到数百天。微生物槽浸的浸出率明显比微生物堆浸的浸出率高。

矿石的微生物槽浸工艺通常有两种操作方式：一种是在喷洒(连续或间断)浸出剂的同时，连续排放浸出液，在矿层中不存留多余的溶液，这种浸出方式和地面堆浸工艺非常相似；另一种是在喷洒浸出剂时，不进行排液，使浸出剂浸没矿石层，并在其中存留一段时间，然后再排放浸出液，按照这种方式操作，可以使浸出剂与矿石有更长的接触时间，但矿石层内的透气性不如前一种好。

矿石微生物槽浸的常用设备有实底渗滤池和假底渗滤池，其流程分别如图 9-4 和图 9-5 所示。

3. 微生物原位浸出

微生物原位浸出工艺也叫微生物溶浸采矿。这种工艺是由地面钻孔至金属矿体，然后

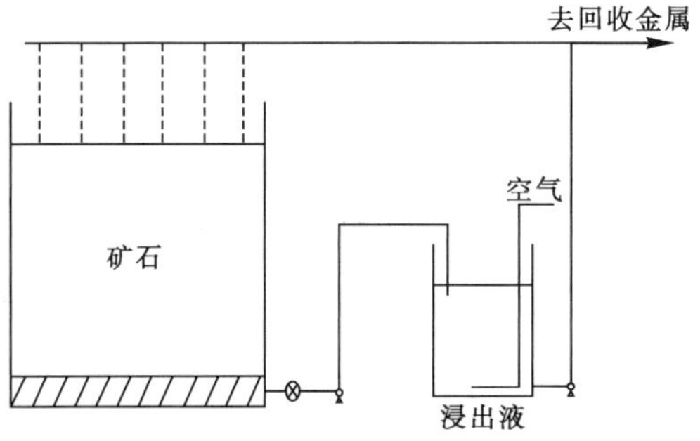

图 9-4　实底渗滤池及流程示意图

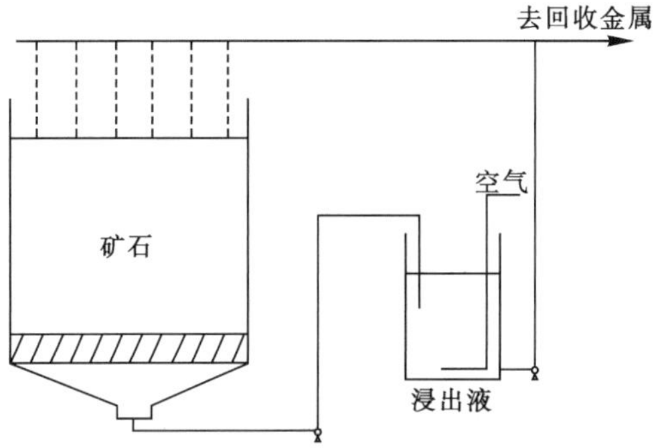

图 9-5　假底渗滤池及流程示意图

从地面将微生物浸出剂注入矿体中，原地溶浸有用成分，最后用泵将浸出液抽回地面，回收溶解出来的目的元素。采用好氧微生物浸出时，为了使微生物在地下能正常生长并完成浸矿作用，除了在浸出剂中加入足够的微生物营养物质以外，还必须通过专用钻孔向矿体内鼓入压缩空气，为微生物提供所需要的氧气。

在微生物原位浸出工艺操作过程中，要定期测定浸出液中微生物浓度和目的元素浓度，当微生物浓度正常而目的元素浓度已低于最小经济浓度时，浸出作业即告结束。除上面介绍的微生物原位浸出操作方法以外，利用微生物对残留矿柱进行的浸出也应归于此类。

4. 微生物搅拌浸出

微生物搅拌浸出一般用于处理富矿或精矿。在进行浸出前，先将待处理矿石磨到 −0.074 mm 占 90％以上。为了保证浸出矿浆中微生物具有较高的活性，矿浆中固体质量分数大都保持在 20％以下。搅拌的作用一是使矿物颗粒与浸出剂充分混合，增加矿粒与微生物的接触机会；二是增加矿浆中的空气含量，为微生物提供充足的氧气和二氧化碳。搅拌的方式有机械搅拌和空气搅拌两种，机械搅拌比空气搅拌更容易使矿浆均匀混合。尤其是对于密度较大的矿物原料，采用机械搅拌更为必要。

由于微生物浸出的反应时间较长，一般要用多个搅拌槽串联起来操作，延长矿粒在设备中的停留时间。原则上讲，搅拌速度越高，传质效果越好，矿浆中吸入的空气也越多。但由于微生物是通过吸附在矿粒表面来催化矿石的浸出速度，太激烈的搅拌有可能使微生物从矿粒上脱落，从而降低浸出速度，所以搅拌速度不能太高。一般来说，合适的搅拌速度由金属的溶解速度、氧的消耗速度和矿石的密度等因素决定。对于特定的矿石，通常需要通过试验来确定适宜的搅拌速度。

某些情况下，单纯借机械搅拌吸入空气，并不能满足微生物对氧气和二氧化碳的需求，这时就需要另外向浸出槽中通入空气或含有二氧化碳的混合气体。这种机械搅拌加通气的浸出槽是微生物搅拌浸出的主要设备形式。此外，仅靠压缩空气搅拌的微生物浸出设备，目前在生产中也有应用，帕丘卡浸出槽和管式反应器是这类设备的两种典型代表。另外，由于微生物都有着自身的适宜生长温度，所以，为了提高微生物浸矿速度，在微生物浸出设备上一般都配有加热或冷却装置。

9.3.2 微生物浸矿流程

一般说来，微生物浸出的工艺流程包括原料准备、浸出、固液分离、金属回收和浸出剂再生等5个主要工序。

1. 原料准备

原料准备工序是对待处理物料进行微生物浸出前的准备作业，其目的是制备出与后续的浸出作业相适应的矿物原料。对于堆浸和槽浸工艺，该工序包括配矿、破碎、堆置矿堆或装矿；对于搅拌浸出，则包括配矿、破碎和磨矿；而微生物原位浸出工艺，则根本没有这一工序。

2. 浸出

浸出工序是微生物浸矿工艺流程中的核心部分，该工序包括微生物浸出剂制备、块状矿石的堆浸和渗滤浸出作业，或者磨碎矿石的搅拌浸出作业。

3. 固液分离

当使用堆浸、渗滤浸出或原位浸出方法时，可以直接得到澄清的浸出液，并将其送至金属回收工序；然而对于搅拌浸出来说，则需要进行固液分离。实现固液分离常采用过滤方法，有时也可以通过逆流倾析和洗涤得到固体含量很低的浸出液，送金属回收工序。

4. 金属回收

金属回收工序是指从浸出液中回收金属的作业。常用的方法有置换沉淀法、电解沉积法、离子交换法和溶剂萃取法等。

5. 微生物浸出剂再生

这一工序是将回收金属以后的澄清含菌尾液送入专门的设备中，加入适量的营养物质，通入空气和二氧化碳进行一段时间的微生物培养，然后送回浸出工序，循环使用，以达到降低生产成本、减少尾水排放量的目的。

图9-6是利用氧化亚铁硫杆菌浸出金属硫化矿物的常用流程。在实践中，可根据具体的处理对象和对金属提取的质量要求，拟定出具体的实施流程，以满足生产需要。

9.3.3 微生物浸矿的影响因素

金属矿物的微生物浸出过程和矿物的化学浸出过程有所不同，微生物浸矿是一个更复杂的反应过程，在这个过程中既有细菌生长繁殖和生物化学反应，又有浸出剂和矿物的化学反应，由于细菌生长繁殖速度比矿物化学浸出反应慢得多，所以细菌的生长状况是整个细菌浸出过程的控制环节。微生物浸出是一个复杂的过程，影响其效果的因素很多。

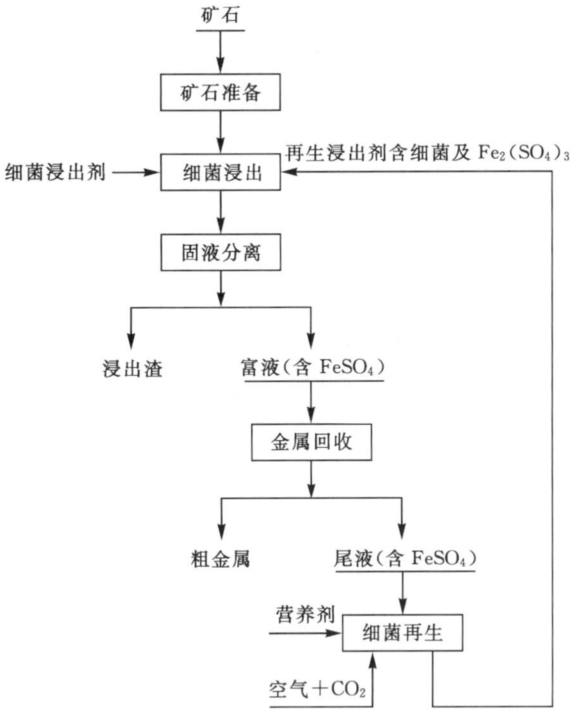

图9-6　利用氧化亚铁硫杆菌浸出金属硫化矿物的常用流程

1. 微生物的适应性

矿石的氧化作用受微生物对其适应性的影响。特别是当矿石中含有毒砂和辉锑矿等有害矿物和杂质时，微生物的适应性就显得十分重要，因此，需要花较长的时间来培养和增强微生物对这些矿石的适应性。具有较强适应能力的微生物能使微生物氧化过程大为缩短。随适应时间的延长，浸矿细菌浓度也会增加，所以细菌吸附到硫化矿表面的速度加快，因此，增加了反应速度。所有硫化矿物的氧化率随微生物适应时间的延长而增加。氰化浸出金和银，回收率分别从细菌未适应时的47.3%和75.5%增加到适应12个星期时的95.6%和98.02%。

2. 培养基成分

(1) 氮。氮由铵盐供给，是浸矿细菌最重要的养料之一，用于蛋白质和铁酸的合成。试验证明，在供给足够CO_2的情况下，培养基的各种营养中，只有氮对微生物浸矿效果影响明显。NH_4^+浓度为总浸出速率的限制因素。一般浸出液中都缺乏NH_4^+，应适当补充，但加入NH_4^+后不会立即看到效果，要过一定的时间(数天左右)才可观察到细菌生长状况的改善。可以用$(NH_4)_2SO_4$来补充NH_4^+，当NH_4^+浓度达到20～60 mg/L时，细菌生长很显著。

(2) 磷。磷(以磷酸盐形式存在)不仅在能量转移时需要，而且是Fe^{2+}在细胞壁氧化时所不可缺少的。在其他营养成分供应充足时，磷酸盐浓度是浸出速率的限制因素。另外，磷矿石中的磷灰石矿物可以作为磷酸盐的来源。此外，磷酸氢二钾和磷酸二氢钾常作为缓冲液，但在浸矿时，它们往往不能成为缓冲液，因为生化反应常产生大量的酸。由于大多数矿石中都含有磷酸盐，所以浸出时可以不加或者少加磷酸盐。

(3) 能源。除提供细菌所需的营养外，还要提供细菌进行代谢活动所需的能源。浸矿细菌的能源主要是 Fe^{2+} 和 S 或已被还原的硫化物，在培养细菌时可以适当加入这些物质。硫除供给合成蛋白质硫基氨基酸外，细菌氧化 Fe^{2+} 也需要 SO_4^{2-}，但是硫酸盐浓度不能太高，一般超过 12 g/L 会阻止铁的氧化。

3. 通气量

当利用好氧微生物(如氧化亚铁硫杆菌)对矿石进行氧化浸出时，需要供给充足的氧气和二氧化碳，以保证浸出过程正常进行。在绝大多数微生物浸矿工艺中，都采用直接向矿浆(或浸出剂)中充气或借助加快溶液的循环速度等手段，来改善浸出过程的供氧状况。研究表明，通气对于好氧微生物的氧化能力的影响是非常显著的。在实际浸矿作业中，通气速度一般为 1.06～0.1 $m^3/(m^3 \cdot min)$。通常情况下，空气中的 CO_2 量是可以满足微生物需要的，只是在个别情况下，为了加快微生物的繁殖速度，在供给的空气中补加 1%～5% 的 CO_2。

4. 金属及某些离子

微生物的生长需要许多种微量元素。例如，钾离子影响细胞的原生质胶态和渗透性；钙离子在控制细胞渗透性的同时，还起着调节细胞内酸碱度的作用；镁和铁是细胞色素和氧化酶辅基的组成部分。因此，在微生物体内必须含有适量金属离子。但如果金属或金属离子含量过高，将会对它们产生不同程度的毒害作用，从而影响微生物浸矿过程的正常进行。

根据统计数据，微生物对一些金属的极限耐受浓度大致为：Al 6.29 g/L，Ca 4.9 g/L，Mg 2.4 g/L，Mn 3.3 g/L，Mo 0.16 g/L，Co 12 g/L，U 1.0 g/L。微生物对一些离子的极限耐受浓度大致为：Cl^- 0.34 mol/L，Ca^{2+} 0.073 mol/L，Cu^{2+} 0.007 1 mol/L，Ag^+ 0.001 9 mol/L，AsO_4^{3+} 10.056 mol/L，NH_4^+ 0.118 mol/L，Cd^{2+} 0.078 mol/L，Na^+ 0.29 mol/L。

其他一些金属盐类对氧化亚铁硫杆菌的影响情况如表 9-4 所示。可以看出，F^- 对氧化亚铁硫杆菌氧化能力的抑制程度最大，因此在硫化矿的微生物浸出过程中，应特别注意控制浸出剂中 F^- 的浓度。

表 9-4 某些盐类对氧化亚铁硫杆菌的影响

盐类	浓度/(mol/L)	抑制氧化 Fe^{2+} 的能力/%
NaCl	0.2	0
	0.5	50
	1.0	90
KCl	0.2	0
	0.5	0
	1.0	90
Na_2SO_4	2.0	0
K_2SO_4	2.0	0
$Al_3(SO_4)_3$	1.0	0
$MnSO_4$	1.0	0
Na_2NO_3	0.35	0
	0.6	40
	0.8	100

表 9-4(续)

盐类	浓度/(mol/L)	抑制氧化 Fe^{2+} 的能力/%
NH_4NO_3	0.3	30
	0.8	100
NaF	3×10^{-4}	0
	1.7×10^{-3}	30
	6.7×10^{-3}	100

5. pH 值

pH 值是浸矿工艺的重要参数，不同的浸出过程要求不同的 pH 值，而每种细菌也有其最适宜的 pH 值，因此，必须了解 pH 值对细菌生长的影响，以便控制浸出过程。在微生物浸矿工艺中，目前应用最多的是氧化亚铁硫杆菌，它是一种产酸又嗜酸的细菌，环境 pH 值对它的影响尤其明显。研究发现，矿浆的 pH 值控制在 1.0～4.0 之间比较合适。

pH 值给微生物生长带来的不利影响，主要表现在以下 3 个方面：

(1) pH 值的改变会引起微生物表面电荷的改变，进而影响它们对营养物质的吸收。

(2) pH 值的改变会影响培养基中有机化合物的电离，改变它们深入微生物细胞的难易程度，因为大多数非离子状态化合物比离子状态化合物更容易渗入微生物的细胞。

(3) pH 值的改变会影响酶的活性，从而影响微生物细胞内的生物化学过程的正常进行。

6. 温度

矿浆温度对微生物浸矿过程有显著影响，主要是因为它对微生物的生长繁殖有限制作用。例如，微生物浸矿实践中应用最多的氧化亚铁硫杆菌的最佳生长温度为 25～30 ℃，当温度低于 10 ℃时，这种细菌活力变得很弱，生长和繁殖速度也变慢；当温度超过 45 ℃时，它们的生长将受到严重影响，甚至可能导致死亡。温度对氧化亚铁硫杆菌的生长及氧化性能的影响情况如表 9-5 所示，从表中可看出，最适宜微生物生长的温度，也是微生物氧化能力最强的温度。所以，在微生物浸矿过程中，为了获得最佳的浸出指标，必须保证浸出作业在所用微生物的最适宜生长温度下进行。

表 9-5　环境温度对氧化亚铁硫杆菌的影响

温度/℃	7	15	20	26	30	35	40	50
Fe^{2+} 氧化率/%	0	38	100	100	100	46	29	29
细菌浓度 $\times10^{-8}$/(个/mL)	2.4	5.4	3.8	3.1	2.4	0	0	

7. 氧化还原电位

氧化还原电位(Eh)对微生物生长有明显影响。氧化环境具有正电位，还原环境具有负电位。矿浆中 Eh 与氧分压有关，也受 pH 值的影响。pH 值低时，氧化还原电位高；pH 值高时，氧化还原电位低。各种微生物生长所要求的 Eh 不一样，一般好氧性微生物在 Eh 值高于 +0.1 V 时均可生长，而在 Eh 为 +0.3～+0.4 V 时生长最适宜；厌氧性微生物只能在 Eh 低于 +0.1 V 时生长；兼性厌氧微生物在 Eh 值高于 +0.1 V 时进行好氧呼吸，在低于

+0.1 V时进行发酵。金属硫化物在标准KCl溶液中的电位是不同的，如表9-6所示。

表9-6　硫化物的电位值

样　品	Eh/V	样　品	Eh/V
白铁矿	0.46～0.48	方铅矿	0.25
黄铁矿	0.38～0.49	辉铜矿	0.14
黄铜矿	0.33～0.42	闪锌矿	0.10
毒　砂	0.31		

高铁离子Fe^{3+}间接氧化硫化矿是一个取决于溶液氧化还原电位的电化学过程，从能斯特方程看，Eh取决于Fe^{3+}与Fe^{2+}之比。当溶液中铁主要以Fe^{3+}形式存在时，Eh值就高。Eh是培养活性的一种量度，它可以指示反应系统氧化能力的强弱。从电化学角度看，溶液中Eh与矿物表面的电位差值越大，浸出速度越大。因而，微生物对硫化物是有选择性氧化的。比如，在黄铜矿与毒砂、黄铁矿与毒砂的矿石中，毒砂优先氧化。所以，可根据这一特点，对金属硫化物进行选择性处理。

8. 表面活性剂

利用氧化亚铁硫杆菌处理黄铜矿，当固体浓度超过5%时，黄铜矿的氧化速率下降，停滞期延长。研究者认为，停滞期的延长是由细菌黏附受抑制而引起的，因为添加表面活性剂后可缩短停滞期。表9-7列出了表面活性剂浓度对黄铜矿浸出的影响。

表9-7　表面活性剂浓度对黄铜矿浸出的影响

活性剂浓度/%	黄铜矿浸出率/%			
	不加	吐温	聚氧乙烯山梨醇单棕榈酯	聚氧乙烯山梨醇单硬脂酸酯
0	8.3			
0.000 1		57.2	22.2	28.9
0.003		74.4	44.5	58.8
0.05		31.8	27.3	19.5
0.1		23.9	19.9	15.1
0.5		21.0	11.9	11.4
1.0		12.1	15.9	18.6

注：所用细菌为氧化亚铁硫杆菌。

表面活性剂本身并不参与微生物的金属溶浸过程。它的作用是保持矿石表面湿润，有利于微生物与矿石表面接触，增加溶浸液对矿石的渗透能力。另外，表面活性物质都能吸附在固-液界面上，影响细菌的铁和硫氧化酶系统。它们可能与细菌细胞发生反应，影响细菌对某些营养的吸收或干扰其生长过程。此外，表面活性剂的吸附性质还可以用于将微生物从液体培养基的固体基质中分离出来。

表面活性剂分为阴性、阳性和中性3种。在细菌溶浸铜的过程中以中性最为有效，阳性次之，而阴性无效。

9. 矿石性质

(1) 矿堆渗透性

一般来说，矿石堆积越高，矿堆中泥质成分越多，则矿石堆积越紧密，堆内孔隙率越小，细菌存活所需的氧气就越少，因而影响细菌的活性，对提高铜的浸出率不利；另外，矿堆中，如泥土成分过多，还会形成隔水层，阻碍含细菌的浸出剂向下渗透，影响细菌与矿物之间的接触，进而影响浸出率。因此，在筑堆时，矿堆的高度应在 10 m 以下，并尽可能将泥土成分分离出去。

(2) 矿石粒度

对微生物堆浸来讲，只要不影响空气流通和溶液的渗流速度，矿石粒度越小越好，小粒度矿石可获得较快浸出速度和较高浸出率，这是因为矿石粒度减少，可以增加矿石的比表面积，从而增加微生物与预浸矿物的接触机会。有研究者发现，堆浸中矿块的细菌浸矿深度为 15 mm 左右，这主要和矿石裂隙的毛细作用有关。对于搅拌浸出，每种矿石存在一个最佳粒度，一般通过试验确定。

(3) 矿浆浓度

通过试验研究发现，细菌搅拌浸出中矿浆的含固量(矿浆浓度)对细菌生长及矿石浸出效果影响很大。当矿浆浓度为 10%～20%时，细菌生长和浸出效果不受影响，当矿浆浓度大于 20%时，金属浸出率明显下降，而浓度达到 30%以上时，细菌很难生存。这表明矿浆中的固体物含量较高时，对细菌不利。

(4) 矿石的化学成分

矿石的化学成分影响浸出速度。如当黄铁矿与黄铜矿共生时，黄铁矿对黄铜矿的细菌浸出有促进作用，黄铜矿的细菌氧化速度将加快；而黄铜矿与方铅矿共存时，方铅矿的存在反而抑制黄铜矿的细菌浸出。矿石中的一些重金属元素(如汞、砷、铅等)的溶解都会影响细菌的生长、繁殖甚至存活，因此有目的地将矿石混合或除去某些组分，将会提高细菌浸出率。

(5) 矿物的电化学性质

大多数硫化矿具有导电性，在浸出介质中发生一系列的电化学反应，硫化矿物的细菌浸出反应实际上是电化学过程，例如，黄铜矿的细菌浸出体系中，在表面发生如下电化学反应：

阳极
$$CuFeS_2 \longrightarrow Cu^{2+} + Fe^{2+} + 2S + 4e \tag{9-5}$$

阴极
$$4H^+ + O_2 + 4e \longrightarrow 2H_2O \tag{9-6}$$

从式(9-5)可看出，$CuFeS_2$ 阳极溶解产生不导电的元素硫，覆盖在矿物表面，阻碍电子传递，致使黄铜矿的电化学溶解停止。向体系中加入少量 Ag^+，可大大提高铜的细菌浸出速率。邱冠周等人研究了银的催化机理，确定 Ag^+ 的催化作用是通过一系列电化学反应发生的。其他金属阳离子，如 Sn^{2+}、As^{3+}、Co^{2+}、Ni^{2+}、Ru^{3+} 等，对黄铜矿的细菌浸出均有一定的催化效果，其原因可能是这些阳离子进入矿物晶格，改变了矿物的电化学性质。研究表明，黄铁矿对黄铜矿的细菌浸出具有促进作用，方铅矿的存在反而抑制黄铜矿的细菌浸出。根据腐蚀电化学原理，当具有不同静电位的两种硫化矿物相互接触时，则构成腐蚀电偶，具有较低静电位值的硫化矿物，其阳极溶解反应得到加速，而具有较高静电位值的硫化矿物却被阴极保护。因此，有目的地进行混合矿物(或矿石)的细菌浸出，选择性浸出目的矿物，是提高生物浸矿速度一种可行的途径。

10. 光照

紫外线具有很强的杀菌作用，经检测发现，在暴露于阳光下的培养池中，距液体表面 0.6 m 以内的液层中几乎观察不到微生物的氧化作用；另外，在微生物堆浸工艺中，暴露于阳光之下的矿堆表面，微生物的浸矿作用也非常微弱。所以，微生物浸矿过程应尽量在避光条件下进行。

11. 萃取有机相

德兴铜矿堆浸厂采用生物浸矿-溶剂萃取-电积技术回收尾矿废矿中的铜，投产以来，浸出液中的含铜量越来越低，生物浸矿的效率逐渐变小。目前，浸出液中的细菌浓度低于 105 个/mL。在萃取循环回路中，随萃余液排放的夹带，有机相必然会对浸矿细菌造成危害，从而影响细菌浸矿过程。针对萃取有机相对浸矿细菌活性的抑制作用，可采取以下措施降低有机相的不利影响，提高细菌浸矿效率：

（1）充分回收流失于萃余液的有机相；

（2）对新鲜稀释剂预先进行磺化改性，消除其中对细菌有抑制作用的稠环芳烃和表面活性物质；

（3）选育出对有机毒害物质有较强耐受能力的浸矿菌种。

9.4 微生物浸矿的应用

微生物浸矿技术由于成本低、环境污染小、操作简单等优点，引起世界各国的广泛兴趣。随着矿产资源日趋贫、细、杂以及越加严重的环保问题，微生物浸矿技术将在处理利用低品位、难处理、复杂矿石方面发挥越来越巨大的作用。近 10 年来，微生物浸矿技术在矿产资源开发中扮演着越来越重要的角色。目前，世界上诸多矿山已大规模应用细菌浸出法来处理贫矿、废矿和难浸矿石，所应用的微生物主要是氧化亚铁硫杆菌。

9.4.1 铜矿石的微生物浸出

我国的铜矿资源比较缺乏，且多为贫矿和中小型矿床，加上大量的低品位氧化铜矿、硫化矿、表外矿、含铜废石和选尾矿都没有得到开发利用，铜自给率仅为 50%，因此每年要花费大量外汇进口金属铜。铜矿石的微生物浸出工艺已有 40 多年的工业应用历史。在资源微生物技术的工业应用领域中，微生物浸铜工艺可算是经济效益最佳的实例之一。

1. 微生物浸铜的基本反应

迄今为止，利用微生物技术处理的铜矿石都是一些含有硫化铜矿物的矿石。已知的用于铜的浸出的微生物有氧化亚铁硫杆菌、氧化硫硫杆菌、布赖尔利叶硫杆菌等，但是目前研究最多的是氧化亚铁硫杆菌。氧化亚铁硫杆菌是一种化能自养菌，专性好氧，嗜酸性，以氨、硫酸盐、磷酸盐、钾、钙、镁等无机物为养料，生长所需的碳和氧从空气中摄取。在微生物的作用下，矿石中的一些铜硫化矿物首先被氧化溶解，并生成一些氧化能力较强的物质，例如 H_2SO_4、$Fe_2(SO_4)_3$ 等，它们可以氧化其他铜硫化矿物、铜的氧化矿物和含氧盐矿物。微生物浸出不同类型的铜矿石时，可能发生的化学反应有：

黄铜矿（$CuFeS_2$）：

$$CuFeS_2 + 4O_2 \xlongequal{\text{微生物}} CuSO_4 + FeSO_4 \tag{9-7}$$

$$4FeSO_4+2H_2SO_4+O_2 \xlongequal{微生物} 2Fe_2(SO_4)_3+2H_2O \tag{9-8}$$

$$CuFeS_2+2Fe_2(SO_4)_3 \xlongequal{微生物} CuSO_4+5FeSO_4+2S \tag{9-9}$$

$$2S+3O_2+2H_2O \xlongequal{微生物} 2H_2SO_4 \tag{9-10}$$

斑铜矿(Cu_5FeS_4)：

$$2Cu_5FeS_4+17O_2 \xlongequal{微生物} 6CuSO_4+2FeSO_4+2Cu_2O \tag{9-11}$$

$$Cu_5FeS_4+9O_2+2H_2SO_4 \xlongequal{微生物} 5CuSO_4+FeSO_4+2H_2O \tag{9-12}$$

$$Cu_5FeS_4+6Fe_2(SO_4)_3 \xlongequal{微生物} 5CuSO_4+13FeSO_4+4S \tag{9-13}$$

铜蓝(CuS)：

$$CuS+2O_2 \xlongequal{微生物} CuSO_4 \tag{9-14}$$

$$CuS+Fe_2(SO_4)_3 = CuSO_4+2FeSO_4+S \tag{9-15}$$

硫砷铜矿(CuAsS)：

$$4CuAsS+6H_2O+13O_2 \xlongequal{微生物} 4H_3AsO_4+4CuSO_4 \tag{9-16}$$

$$4CuAsS+2Fe_2(SO_4)_3+6H_2O+9O_2 \longrightarrow 4H_3AsO_4+2S+4CuSO_4+4FeSO_4 \tag{9-17}$$

$$2H_3AsO_4+Fe_2(SO_4)_3 \longrightarrow 2FeAsO_4+3H_2SO_4 \tag{9-18}$$

辉铜矿(Cu_2S)：

$$2Cu_2S+2Fe_2(SO_4)_3+2H_2SO_4+O_2 = 4CuSO_4+4FeSO_4+2H_2O+2S \tag{9-19}$$

$$Cu_2S+2Fe_2(SO_4)_3 = 2CuSO_4+4FeSO_4+S \tag{9-20}$$

蓝铜矿($Cu_3(OH)_2(CO_3)_2$)：

$$Cu_3(OH)_2(CO_3)_2+3H_2SO_4 = 3CuSO_4+2CO_2+4H_2O \tag{9-21}$$

孔雀石($Cu_2(OH)_2CO_3$)：

$$Cu_2(OH)_2CO_3+2H_2SO_4 = 2CuSO_4+CO_2+3H_2O \tag{9-22}$$

硅孔雀石($CuSiO_3 \cdot 2H_2O$)：

$$CuSiO_3 \cdot 2H_2O+H_2SO_4 = CuSO_4+SiO_2+3H_2O \tag{9-23}$$

赤铜矿(Cu_2O)：

$$2Cu_2O+4H_2SO_4+O_2 = 4CuSO_4+4H_2O \tag{9-24}$$

$$Cu_2O+H_2SO_4+Fe_2(SO_4)_3 = 2CuSO_4+H_2O+2FeSO_4 \tag{9-25}$$

黑铜矿(CuO)：

$$CuO+H_2SO_4 = CuSO_4+H_2O \tag{9-26}$$

$$3CuO+Fe_2(SO_4)_3+3H_2O = 3CuSO_4+2Fe(OH)_3 \tag{9-27}$$

$$4CuO+4FeSO_4+6H_2O+O_2 = 4CuSO_4+4Fe(OH)_3 \tag{9-28}$$

自然铜(Cu)：

$$Cu+Fe_2(SO_4)_3 = CuSO_4+2FeSO_4 \tag{9-29}$$

上述反应式中，注明有微生物催化的反应，是微生物对铜矿石浸出过程的直接催化作用，而没有注明微生物催化的反应，是以直接催化作用的产物(H_2SO_4和 $Fe_2(SO_4)_3$)作为氧化剂的反应，是微生物对铜矿石浸出过程的间接催化作用。

2. 铜矿石微生物浸出工艺流程

铜矿石的微生物浸出工艺，一般用来处理大吨位的含铜贫矿石、尾矿、废矿和小而分散矿山的铜矿石，个别情况也用来浸出富铜矿和铜精矿。所采用的浸出方式有堆浸、槽浸、原位浸出和搅拌浸出。其中堆浸和槽浸的常用流程如图 9-7 所示。

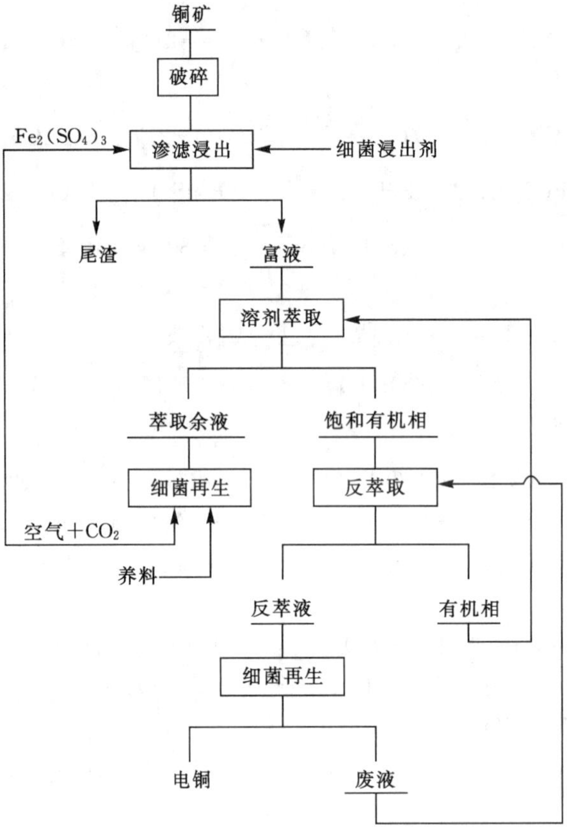

图 9-7　铜矿石的微生物渗滤浸出-萃取-电沉积流程图

当采用搅拌浸出工艺时，还须在流程中加入磨矿作业和固液分离工序。流程中的萃取-电积作业也可以用铁粉置换工艺来代替，直接得到海绵铜。沉淀后的尾液经微生物氧化再生后，返回浸出工序。海绵铜再用火法或湿法加工，得到各种精铜产品。当然，也可以采用其他方法从浸出液中回收铜。

此外，用微生物浸出工艺还可以选择性地浸出复杂矿石或混合精矿中的部分矿物，使未浸出的矿物得到富集和纯化。图 9-8 所示的流程就是利用微生物浸出混合铜矿石，使其中的硫化铜矿物得以富集和纯化的生产工艺。利用微生物浸出含铜钼精矿的生产流程如图 9-9 所示，微生物将其中的铜浸出后，得到高品位的钼精矿。

9.4.2　锰矿石的微生物浸出

锰的最重要资源为氧化锰矿，其次为碳酸锰矿和硅酸锰矿，硫化锰矿是极少的矿种。二氧化锰不溶于硫酸。为了使锰被浸出，必须使 Mn(Ⅳ)还原为 Mn(Ⅱ)或氧化为 Mn(Ⅵ)。许多微生物能氧化或还原锰，如表 9-8 所示。

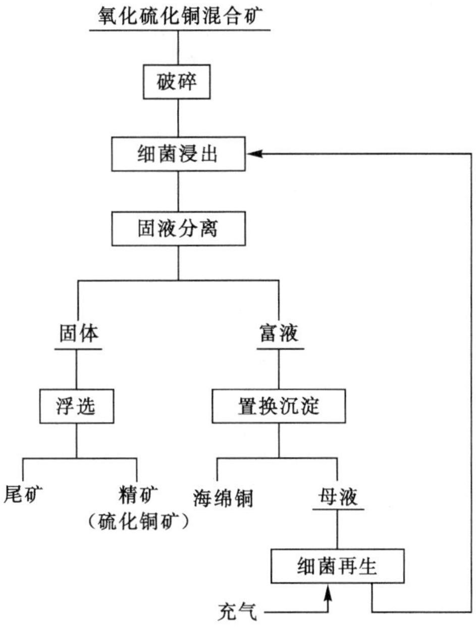

图 9-8　利用氧化亚铁硫杆菌浸出混合铜矿石

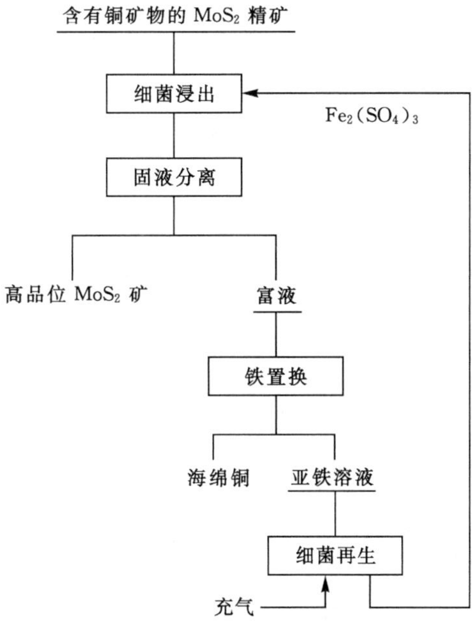

图 9-9　细菌浸出含铜硫化钼精矿

表 9-8 参与锰的氧化还原与浸出的主要微生物

氧化锰的微生物	还原二氧化锰的微生物	产生代谢产物作用于锰的微生物
节杆菌属	无色杆菌属	黑曲霉(真菌类)
泉发菌属	芽孢杆菌属	大肠杆菌
嘉利翁氏菌属	环状芽孢杆菌	硫杆菌属
生丝微菌属	蜡状芽孢杆菌	氧化硫杆菌
氧化锰生丝微菌	枯草芽孢杆菌	氧化亚铁硫杆菌
纤发菌属	浸麻芽孢杆菌	
升盘纤发菌	梭菌属	
假赭色纤发菌	肠杆菌属	
生金菌属	产金肠杆菌	
海岸螺菌属	埃希菌属	
土微菌属	大肠杆菌	
假单孢菌属		
氧化锰假单孢菌		
球发菌属		
弧菌属		

我国是贫锰国家,加强对含锰矿石(尤其是氧化锰矿石)的微生物浸出工艺的研究,对提高低品位锰矿的利用率具有深刻的意义。据报道,目前氧化锰矿直接浸出的主要方法有浓硫酸法、二氧化硫法、硫酸亚铁法和两矿加酸法等。其中两矿加酸法是近几年来研究较活跃、较有前途的新方法。

在常温常压下,氧化锰矿无法与还原剂黄铁矿发生化学反应,但在氧化亚铁硫杆菌的催化下,则可以发生如下反应:

有氧时

$$2FeS_2+2H_2O+7O_2 \xrightarrow{\text{微生物}} 2FeSO_4+2H_2SO_4 \tag{9-30}$$

$$Mn^{4+}+2Fe^{2+} \longrightarrow Mn^{2+}+2Fe^{3+} \tag{9-31}$$

无氧时

$$FeS_2+8H_2O \xrightarrow{\text{微生物}} Fe^{2+}+2SO_4^{2-}+16H^{+}+14e \tag{9-32}$$

$$Fe^{2+} \longrightarrow Fe^{3+}+e \tag{9-33}$$

$$MnO_2+4H^{+}+2e \longrightarrow Mn^{2+}+2H_2O \tag{9-34}$$

试验证明,在无氧条件下,以黄铁矿为还原剂浸出锰结核时,氧化亚铁硫杆菌的活性比在有氧条件下要强,而且浸出速度要快。

在大洋多金属结核中,锰元素主要以 3 种矿物形式存在,即晶质的钡锰矿、钠水锰矿和非晶质的 δ-MnO 矿。近年来,我国的研究者在微生物还原浸出大洋多金属锰结核、软锰矿、硬锰矿上也做了一些研究。他们发现在适当的还原剂存在下,微生物浸出大洋多金属结核中的氧化锰矿的效率远远地高于陆地氧化锰矿物,并认为一方面是由于大洋多金属结核天然的生物适应性给微生物提供了友好的生存环境,另一方面是多金属结核本身具有良好的吸附性能，能把大量的微生物吸附在其上，使微生物的直接作用发挥得更充分。

生物湿法冶金的迅速发展和海洋锰结核的综合开发利用以及对浸锰微生物生理特性及其作用机制的研究，为锰生物浸出的深入研究创造了有利条件。

中国的研究工作者，曾利用氧化亚铁硫杆菌对产于湖南的一种含硫锰矿石进行了浸出锰研究。所采用的浸出剂为利瑟恩培养基接种20%的菌液，通气培养至Fe^{2+}全部氧化为Fe^{3+}，该溶液含Fe^{3+} 25 g/L以上，pH=1.8。浸出过程首先是矿石中的Fe和S被细菌氧化成$Fe_2(SO_4)_3$，然后是$Fe_2(SO_4)_3$对锰矿物的溶解浸出，浸出的工艺流程图如图9-10所示。

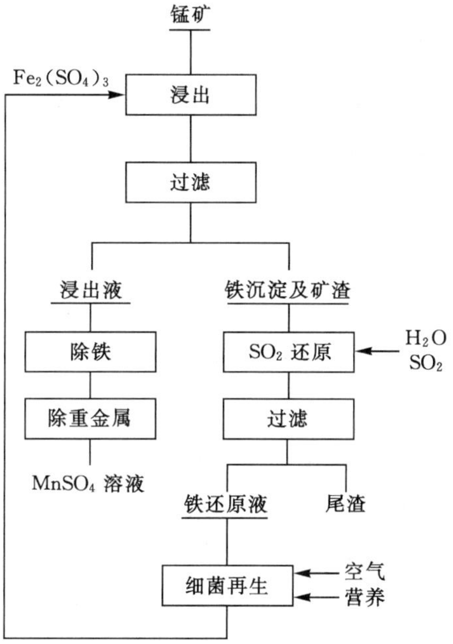

图9-10　微生物浸出锰矿石的工艺流程图

经过微生物氧化浸出，高硫锰矿石的锰浸出率为80.8%，夹层矿的锰浸出率为99.03%，两种矿样的综合浸出率为82.5%，SO_2的吸收率达90%。此外，利用其他种类的微生物对锰矿石进行的浸锰试验研究，也获得了较理想的效果。例如，在pH=6.6、温度为28 ℃的条件下，用2 m^3水和4 m^3含有节杆菌属的微生物的培养基，对100 kg锰矿粉浸出15 d，得到的浸出结果为：采用节杆菌属的微生物，锰的浸出率达78.4%；采用生丝微菌属的微生物，锰的浸出率达85.4%。印度普纳大学和中国东北大学对高磷锰矿石进行了微生物脱磷和微生物氧化富锰脱磷的试验研究。前者用节杆菌属的一些微生物，对高磷锰矿石进行的脱磷试验结果表明，这一属的细菌可有效地脱除锰矿石中的磷。后者用生丝微菌属、生金菌属和芽孢杆菌属中一些细菌，对高磷碳酸锰矿石进行的微生物氧化锰和分解磷的试验结果表明，微生物能有效地氧化碳酸锰矿石中的Mn^{2+}，其氧化能力甚至超过它们对纯碳酸锰中Mn^{2+}的氧化能力；此外，这些微生物在氧化锰的同时，还具有一定的脱磷能力，可以使锰矿石中的磷含量得到一定程度的降低。

9.4.3 铀矿石的微生物浸出

早在20世纪50年代，南非就已开始利用细菌浸出法进行金属铀生产。此后，美国、法国、西班牙、保加利亚等国家也相继采用此法来进行生产研究。据有关文献报道，美国采用生物方法已生产出价值达3.5亿美元的铜和2 000万美元的铀。

1. 铀矿石微生物浸出的反应原理

表9-9列出了使用微生物浸出工艺处理的一些含铀矿物的难易程度。微生物对于铀的浸出主要为间接作用。例如，氧化亚铁硫杆菌在对氧化铀矿共生的黄铁矿作用后，可以产生硫酸高铁，硫酸高铁可再将难溶的四价铀氧化为易溶的六价铀：

$$UO_2 + Fe_2(SO_4)_3 + 2H_2SO_4 \longrightarrow UO_2(SO_4)_3^{4-} + 2FeSO_4 + 4H^+ \quad (9\text{-}35)$$

表9-9 各种铀矿物微生物浸出的难易程度

铀矿物	微生物浸出难易程度	铀矿物	微生物浸出难易程度
沥青铀矿	容易	铀钛磁铁矿	容易
硅钙铀矿	不定	硅镁铀矿	不定
钙铀云母	容易	铜铀云母	容易
钾钒铀矿	不定	水铀钒	容易

2. 铀矿石微生物浸出工艺流程

铀矿石微生物浸出工艺的基本流程如图9-11所示。搅拌式的浸出方法比较适合那些含铀量较高的矿石，只要在浸出之后进行固液分离或直接采用矿浆吸附工艺，就能得到较高的铀回收率。至于提取铀以后的澄清尾液，可以全部用细菌氧化再生处理，然后再送回浸出工序当中；也可以部分再生，部分排放，以维持流程中的物料平衡，防止某些有害杂质的积累。对于含铀量较低的矿石，工业上常采用堆浸法或槽浸法，以省去磨细和固液分离工序。

迄今为止，国内外已经有不少关于微生物浸出铀矿石的报道。其中，加拿大、法国、葡萄牙都曾进行过地下浸出铀的工业试验，而且取得了较大的成功，并已应用于生产。我国早在20世纪60年代就曾对湖南省某贫铀矿进行过堆浸试验。除了利用微生物氧化铀矿来获取铀以外，国外还有一些报道是关于利用微生物来处理铀矿冶废水或从其中提取铀。利用从矿石中分离出来的枯草杆菌、短小杆菌和烟曲霉杆菌来沉淀铀60 d以后，前两种杆菌的铀沉淀率为29%，而烟曲霉杆菌则为98.6%。此外，纯的面包酵母也可以被用于吸附浸出液中的铀。据报道，纯酵母可以在1 h后吸附硫酸铀浸出液和离子交换洗脱液中90%的铀。用0.1 mol/L碳酸氢铵溶液可以从酵母细胞中解吸铀，而酵母则可以循环使用。

9.4.4 难选金矿石的微生物氧化预处理

生产上，将用常规氰化工艺不能将矿石中的金顺利提取出来的金矿石称为难处理金矿石。按矿石类型分，难处理金矿石有硫化物矿石、炭质矿石和碲化物矿石。多金属共生的含金硫化物矿石，在中国乃至世界的储量都比较丰富，分布也非常广泛。统计数字表明，难处理金矿石的金储量占世界黄金总储量的60%左右，这足以说明解决难处理金矿石的提金问题具有非常重要的意义。

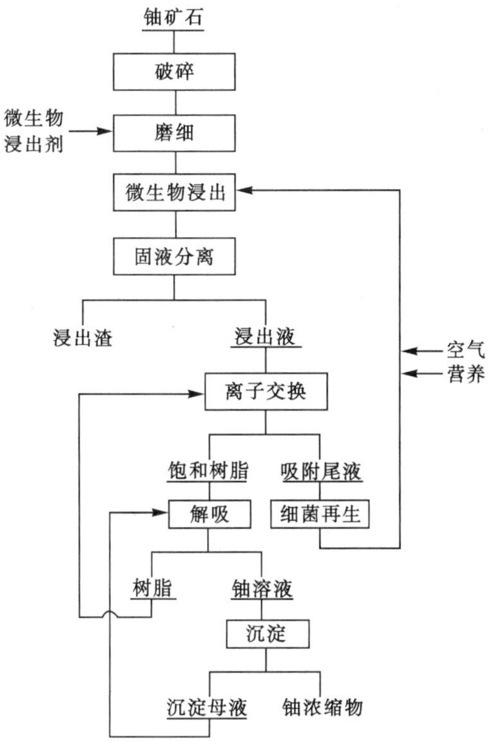

图 9-11　铀矿石微生物浸出工艺的基本流程

导致金矿石难处理的原因主要包括以下几个方面：

(1) 金被包裹。这种情况指的是在常规条件下本来可以被氰化物顺利溶解的自然金，被包围在氰化物不能溶解的其他矿物之中，形成了含金包裹体，由于金不能与氰化物接触而无法被溶解。包裹在金颗粒表面的矿物通常有黄铁矿(FeS_2)、砷黄铁矿($FeAsS$)、黄铜矿($CuFeS_2$)和石英(SiO_2)等。这种含金包裹体的尺寸一般都小于7 μm，称作微细包裹体或亚微细包裹体，通过细磨无法使金暴露出来。

(2) 炭质物的影响。炭质难处理金矿石中含有一定数量的有机碳和无机碳，这些炭质物具有一定的活性，可以吸附金，从而使氰化过程中溶解下来的金，一部分又被反吸附在炭质物上，形成所谓的"贵液浸吞"现象，降低金的氰化浸出率。此外，有些炭质物还可能与金形成一种比较稳定的难溶络合物，从而使金不能被氰化物溶解。

(3) 金属硫化物的影响。难处理金矿石中的金属硫化矿物除了有可能对金颗粒形成包裹之外，由于它们有一定的导电性，还会因它们与金颗粒接触而导致金阳极的溶解钝化。其次，这些金属硫化物还能同矿浆中的氰化物、氧或碱发生化学反应，消耗浸出剂，与此同时，反应生成的含氰产物进入溶液后，往往会降低金的溶解速度。

难处理金矿石的微生物氧化预处理工艺正是为了解决上述几个问题，尤其是金被包裹的情况而提出的。

1. 微生物氧化处理金矿石的作用机理

用微生物对难处理金矿石进行的氧化预处理，主要是在微生物的催化作用下，使那些包裹在金颗粒表面的金属硫化物溶解，以达到暴露金的目的。因此，微生物在难处理金矿石氧化预处理过程中的作用，就是它们对金属硫化矿物氧化浸出的作用。

包裹在金颗粒表面的金属硫化矿物主要是黄铁矿和砷黄铁矿，它们的氧化反应为：

(1) 黄铁矿(FeS_2)

$$4FeS_2+15O_2+2H_2O = 2Fe_2(SO_4)_3+2H_2SO_4 \quad (9\text{-}36)$$

$$FeS_2+Fe_2(SO_4)_3 = 3FeSO_4+2S \quad (9\text{-}37)$$

(2) 砷黄铁矿(FeAsS)

$$4FeAsS+13O_2+6H_2O = 4H_3AsO_4+4FeSO_4 \quad (9\text{-}38)$$

$$2FeAsS+Fe_2(SO_4)_3+6O_2+4H_2O = 2H_3AsO_4+4FeSO_4+H_2SO_4 \quad (9\text{-}39)$$

其中式(9-36)和式(9-38)是微生物对矿石氧化浸出的直接催化作用，而式(9-37)和式(9-39)则是微生物对矿石氧化浸出的间接催化作用。

上述反应生成的 $FeSO_4$ 和 S 同样也可以在微生物的作用下发生氧化反应：

$$4FeSO_4+2H_2SO_4+O_2 = 2Fe_2(SO_4)_3+2H_2O \quad (9\text{-}40)$$

$$2S+3O_2+2H_2O = 2H_2SO_4 \quad (9\text{-}41)$$

溶解下来的砷常与 Fe^{3+} 形成砷酸铁沉淀，而使砷留在浸渣中，即

$$2H_3AsO_4+Fe_2(SO_4)_3 = 2FeAsO_4+3H_2SO_4 \quad (9\text{-}42)$$

要使砷重新进入液相，则需要提高矿浆的 pH 值。其反应为：

$$FeAsO_4+3OH^- = Fe(OH)_3\downarrow+AsO_4^{3-} \quad (9\text{-}43)$$

砷黄铁矿在微生物作用下的氧化过程可表示为图 9-12 所示的模式。从图中可以看出，砷黄铁矿的氧化过程既需要氧，也需要酸，同时在它的氧化过程中也生成酸。矿石中的 Fe、S 和 As 经过微生物作用，分别被氧化成 Fe^{3+}、SO_4^{2-} 和 AsO_4^{3-}。

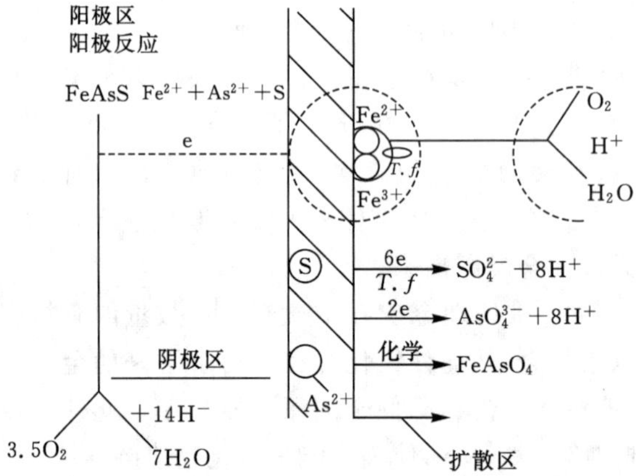

图 9-12　砷黄铁矿在微生物作用下的氧化过程

难处理金矿石经微生物氧化预处理以后，包裹在硫化矿物中的金已暴露出来。经固液分离后，液相送浸出剂氧化再生工序，固相用石灰中和后，送氰化浸金作业。其浸出反应为：

$$4Au+8NaCN+2H_2O+O_2 = 4NaAu(CN)_2+4NaOH \quad (9\text{-}44)$$

$$4Ag+8NaCN+2H_2O+O_2 = 4NaAg(CN)_2+4NaOH \quad (9\text{-}45)$$

2. 难处理金矿石微生物氧化浸出工艺流程

难处理金矿石的微生物氧化浸出工艺与常规的金矿石氰化浸出工艺相比，只是在氰化

浸出前增加了一个微生物氧化预处理作业。对于堆浸来说，就是在堆置好的矿石堆上，先用微生物浸出剂在酸性条件下进行氧化预处理，将矿石中的部分硫化矿物破坏掉。氧化作业完成后，将溶解的硫酸盐从矿石堆中清洗出去，然后用石灰将矿堆中和至流出的液体呈碱性。最后再喷洒氰化物溶液浸出金。其浸出工艺流程如图 9-13 所示。

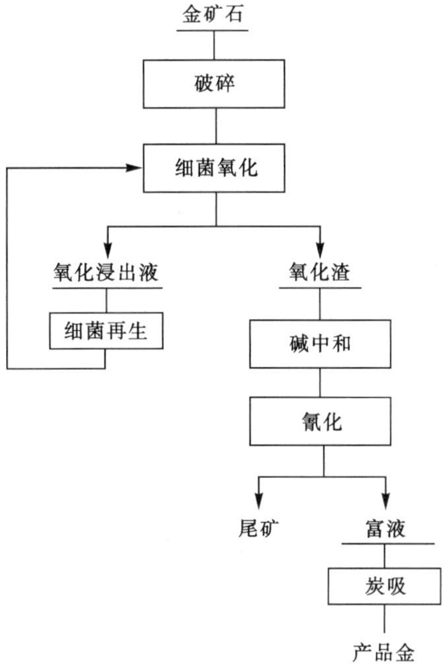

图 9-13　难处理金矿石微生物氧化脱砷-氰化浸金工艺流程

对于含砷金精矿，所采用的工艺流程如图 9-14 所示。流程中包含了两段微生物氧化脱砷，含砷的氧化浸出液在送回氧化脱砷作业之前，通过调节 pH 值，沉淀一部分砷，以避免砷浓度过高对微生物生长造成不利影响。

利用微生物氧化工艺从含金硫化矿尾渣中提取金的工艺流程如图 9-15 所示。这些尾渣可以是常规氰化浸金厂的尾渣，也可以是湿法提取其他金属的尾渣。

对于这些含有黄铁矿等金属硫化矿物的尾渣，先经浮选处理，得到含金的硫化物精矿。然后在酸性条件下，对此精矿进行微生物氧化处理，氧化浸出液经过一个膜过滤器，除去一部分铁后送回微生物氧化工序，氧化渣用石灰中和后，用氰化物浸出金和银。

除了上述 3 种工艺流程外，戴维・梅克公司还根据“分离器-发生器”的工艺设计构思，提出了图 9-16 和图 9-17 所示的两种难处理金矿石的微生物氧化提金工艺流程。其中图 9-16 所示的流程适合处理含黄铁矿的金精矿，而图 9-17 所示的流程则适合处理含砷黄铁矿的金精矿。

由于微生物氧化黄铁矿比氧化砷黄铁矿困难，所以需要先在调节槽中使微生物大量繁殖，然后再进入浸出槽氧化黄铁矿，同时还需要严格控制浸出槽的操作条件。氧化过程完成后进行固液分离，将一小半氧化浸出液送回调节槽，以便控制系统中的铁浓度。

处理含砷黄铁矿的金精矿时，先在发生器中制备含菌的高铁浸出剂，然后将此浸出剂加入调节槽，在此与砷黄铁矿混合后送入浸出槽进行氧化脱砷。为了控制含砷量，将砷黄铁矿

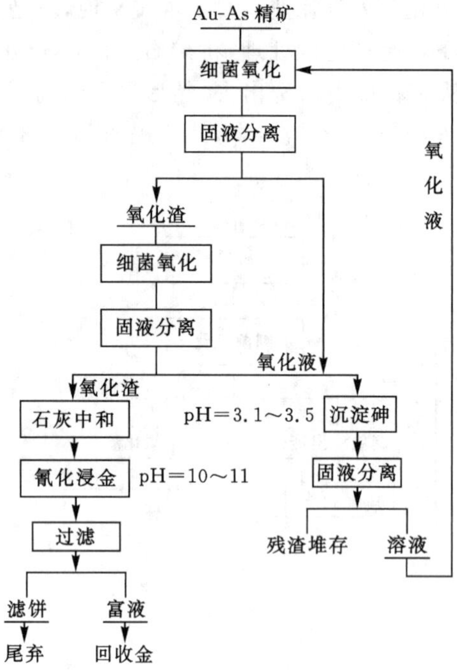

图 9-14　含砷金精矿微生物氧化堆浸工艺流程

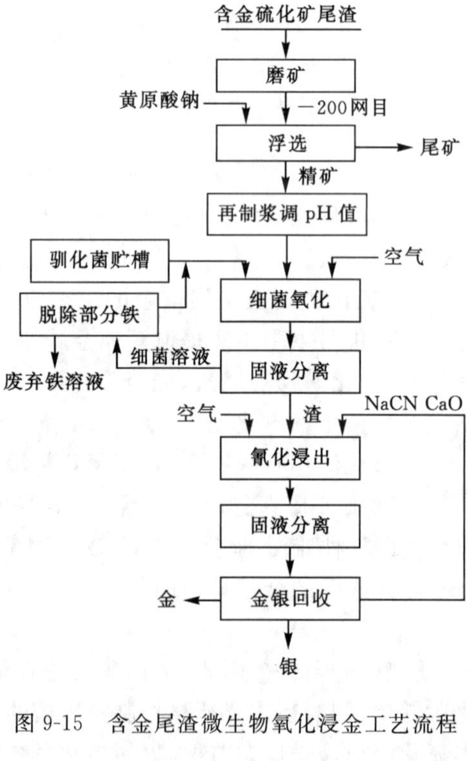

图 9-15　含金尾渣微生物氧化浸金工艺流程

分别加入调节槽和浸出槽。在浸出槽中，砷黄铁矿主要被 Fe^{3+} 氧化。含砷氧化浸出液不返回发生器，而是返回调节槽，由微生物氧化再生后进入浸出槽。为了控制循环液中的砷浓

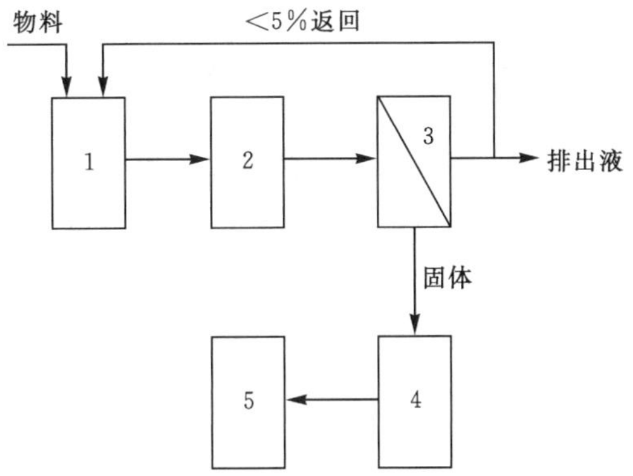

1—物料调节;2—浸出;3—固液分离;4—pH调节制浆;5—氰化浸出。

图 9-16　含黄铁矿金矿石微生物氧化浸金工艺流程

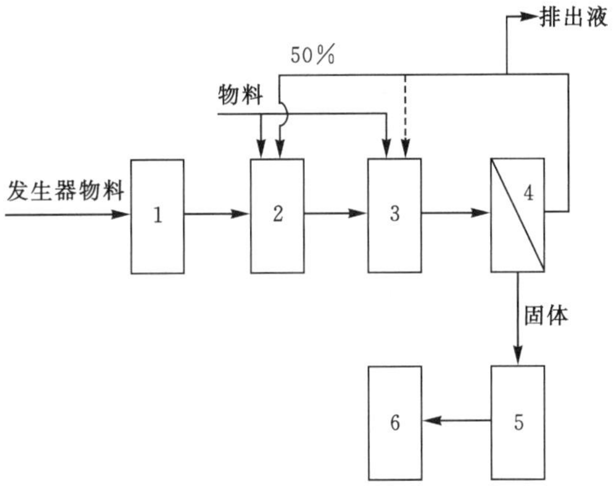

1—菌液制备;2—物料调节;3—浸出;4—固液分离;5—pH调节制浆;6—氰化浸出。

图 9-17　含砷黄铁矿金矿石微生物氧化浸金工艺流程

度,固液分离后大约排放掉50%的氧化浸出液。

9.4.5　煤炭的微生物脱硫与降解

矿物燃料是当今世界的主要能源,其中煤炭资源蕴藏量占总能源的75%以上,在煤炭的利用过程中,有害物质以各种方式排入周围环境,造成严重的环境污染,最突出的污染物SO_2是形成酸雨的主要物质。酸雨是指pH值低于5.6的降水,包括酸性雨、酸性雪、酸性雾和酸性露。

中国煤矿采出的原煤,含硫量一般在0.38%～5.32%之间,平均含硫量为1.72%,其中含硫量不小于3%的高硫煤约占煤炭储量的1/3、占生产原煤的16.67%。随着煤矿开采深度的增加,中国主要矿区生产原煤的含硫量都有增加的趋势。对煤炭进行脱硫,已成为国家洁净煤技术的主要研究内容之一。因此,开发经济有效的脱硫技术已成为一项紧迫任务,对大幅度减少SO_2等大气污染物的排放量、在环境允许的条件下扩大煤炭的利用率、减少煤炭的外部成本、促使能源生产和消费、实现由粗放型向集约型的转变等具有重要意义。

1. 煤炭中硫的形态及形成

从煤质分析的统计结果来看，煤中硫的分布形态具有一定的规律性。对于全硫含量在0.5%以下的煤来说，多数以有机硫为主，主要来自原始植物中的蛋白质。对于全硫含量大于2%的高硫煤来说，其中硫的赋存形态绝大多数以无机硫，尤其是以黄铁矿硫为主，仅有少数是以白铁矿硫的形态存在。只有极少数特殊情况，高硫煤中的硫是以有机硫为主。煤中硫酸盐硫的含量一般不超过0.1%～0.2%。煤炭中的有机硫是指与煤有机结构相结合的硫；而无机硫则是以无机硫形态存在的硫，通常以晶粒状态夹杂在煤中。另外，在有些煤中还有少量的单质硫。

(1) 煤炭中的有机硫

由于煤的有机质化学结构十分复杂，因此煤炭中有机硫的组成也极为复杂，至今对煤中有机硫的认识还不够充分，但大体上测定出煤中有机硫以硫醇(R—SH)、硫化物或醚类(R—S—R)、含噻吩环的芳香体系、硫醌类、二硫化合物(RSSR′)或硫蒽类等形式存在。含有上述结构的有机硫化合物从干馏煤所得到的焦油产品中都能检测到，但含量却有所不同。在这些含硫有机物中，噻吩类硫的结构是非常稳定的，即使在高温炭化时也能与有机质缩聚成高分子硫化物。另外，在噻吩类有机硫中，二苯并噻吩中的硫最难脱除，其次是噻吩、苯并噻吩、萘并苯噻吩等。

(2) 煤炭中的无机硫

煤炭中的无机硫主要以硫化矿物的形式存在，少量以硫酸盐的形式存在。硫化矿物以黄铁矿(FeS_2)为主，有时有少量的白铁矿(FeS_2)、砷黄铁矿(FeAsS)、黄铜矿($CuFeS_2$)、方铅矿(PbS)和闪锌矿(ZnS)；硫酸盐矿物主要是石膏($CaSO_4$)和绿矾($FeSO_4 \cdot 7H_2O$)。

煤炭中的黄铁矿和白铁矿的化学成分都是FeS_2，它们在煤块中或裂隙中以结核或晶粒的形式存在，区别在于它们的晶格结构不同。黄铁矿通常为等轴晶系，化学性质非常稳定，反应性较差。白铁矿通常为斜方晶系，化学稳定性明显比黄铁矿差，当加热到450 ℃时，白铁矿能缓慢地转变成黄铁矿，而且这种变化是不可逆转的。煤炭中的硫酸盐通常以钙、铁、镁、钡盐的形式存在，尤其以$CaSO_4$的形式居多，它们在煤炭中的比例与煤接触空气的时间有关。

(3) 煤炭中的全硫

煤炭中各种形态硫的总和叫作全硫，记为S_t。也就是说，全硫通常就是煤中的硫酸盐硫(记为S_s)、黄铁矿硫(记为S_p)、单质硫(记为S_{el})和有机硫(记为S_o)的总和。在煤炭燃烧过程中，黄铁矿硫、单质硫和有机硫都能发生氧化反应，释放出SO_2，所以又称为可燃硫；而硫酸盐硫不发生变化，燃烧后仍残留在煤灰中，故又被称为不可燃硫。

2. 煤炭脱硫微生物的种类及生理特征

已报道的可用来脱除煤炭中硫的微生物有：硫杆菌属(*Thiobacillus*)、细小螺旋菌属(*Leptospirillum*)、硫化叶菌属(*Sulfolobus*)、假单胞菌属(*Pseudomonas*)、贝氏硫细菌属(*Beggiatoa*)、埃希氏菌属(*Escherichia*)等。

(1) 用于脱除煤炭中无机硫的菌种

用于脱除煤炭中黄铁矿硫的微生物主要有氧化亚铁硫杆菌和氧化硫硫杆菌。匹兹堡能源研究中心利用氧化亚铁硫杆菌进行脱除煤炭中无机硫的试验结果表明，在实验室内，当

pH＝2.0 时，对－0.074 mm 的煤粉进行 14 d 的微生物脱硫处理，使其中的无机硫脱除了 80％；经过 30 d 的处理，无机硫的脱除率达到 95％。另外，还有一类喜热微生物，包括硫化裂片菌属中的酸热硫化裂片菌，能够以煤炭中的无机硫作为营养物质而大量繁殖，同时生产大量的菌体蛋白。这类微生物在 70 ℃高温下能够生存，所以其代谢速度较快，用 3～6 d 的时间，即可脱除煤炭中 75％的黄铁矿硫。

（2）用于脱除煤炭中有机硫的菌种

具有脱除煤炭中有机硫能力的微生物有假单孢菌属、不动杆菌、根瘤菌等。其中最著名的是 Lsbister 等人用 DBT（二苯稠环噻吩）分离到一株假单孢菌 CB1 菌株，可以使煤炭中有机硫的脱除率达到 18％～47％。后来 Lsbister 又用饰变法培育出一株代号 CB2 的改良菌，并用 CB1 和 CB2 的混合菌获得更好的脱硫效果。美国天燃气工艺研究所也培育出了一种混合菌，称为 IGT-S，用于脱除伊利诺煤田 IBC-101 煤中有机硫的试验结果表明，将煤磨细到－0.074 mm、经过 21 d 的生物处理，可使煤中的有机硫脱除 64％。

（3）煤炭脱硫微生物的生理特征

用于脱除煤炭中硫的微生物主要有 3 种基本类型：① 喜温微生物，它们大都是在室温或稍高些温度下生长的嗜酸微生物，例如某些硫杆菌类；② 喜热微生物，它们是在相当高的温度下生长的嗜酸微生物；③ 变种的土壤细菌，它们在室温和接近中性条件下生长，例如美国大西洋研究公司开发的突变体种 CB1 等。

用于煤炭脱硫的喜温微生物在 18～40 ℃下生存，耐酸性，适宜生长的 pH 值范围为 1.0～5.0。最常见的是氧化亚铁硫杆菌，它可使黄铁矿氧化形成可溶性硫酸盐，尚未证明这类细菌可以除去煤炭中的有机硫。另一种是氧化硫硫杆菌，它也可以催化黄铁矿的氧化溶解反应，但不如氧化亚铁硫杆菌的催化效果好。研究结果表明，这两种细菌的混合培养菌对黄铁矿氧化溶解的速度比任何单独一种都要快得多。1978 年美国学者 Dugan 等用氧化亚铁硫杆菌与氧化硫硫杆菌的混合菌处理煤，使其中的黄铁矿硫脱除率达到了 97％。

3. 煤炭微生物脱硫的方法

（1）燃煤脱硫的方法

目前燃煤脱硫的方法主要分为燃烧前脱硫、燃烧中固硫和燃烧后烟气脱硫三类。

① 燃烧前脱硫

燃烧前脱硫是在煤炭燃烧前就脱去煤中硫分，以避免燃烧过程中硫的形态改变，减少烟气中 SO_2 含量，减轻对尾部烟道的腐蚀，降低运行和维护费用。煤炭燃烧前脱硫可分为物理法、化学法和微生物法。物理法（如浮选法脱硫等）虽然成本低，但精煤产率也往往偏低，资源损失严重。化学法[如熔融碱法（TRM）、BHC 热碱液浸出法等]虽然在脱除煤中无机硫的同时，还能脱除部分有机硫，但该法大多数是在高温、高压和强氧化还原条件下进行的，设备投资和生产费用通常都比较高，而且在这样的条件下，煤的结构常常被破坏，热值损失大，难以在工业上大规模应用。与物理法和化学法比较，微生物法具有脱硫反应条件温和、成本低、能耗低等优点，因而受到广泛关注。

② 燃烧过程中固硫

燃烧过程中固硫就是在煤的燃烧过程中，添加粉末状固化剂，与煤炭燃烧过程生成的 SO_2 发生化学反应，生成 $CaSO_4$、$MgSO_4$ 等固态物质，从而将 SO_2 固化在炉渣中，达到减少 SO_2 排放量的目的。在实际生产中常常用石灰石（$CaCO_3$）作为固硫剂，将其粉碎到合适的粒度喷入炉内。石灰石在高温下分解成 CaO 和 CO_2，CaO 在氧化性气氛中与 SO_2 发生反应生成 $CaSO_4$。这一反应受温度的限制，其最佳反应温度是 800～850 ℃，温度低于或高于此范围时，固硫效率都会明显降低。尤其是当炉膛的温度超过 1 200 ℃时，已生成的 $CaSO_4$ 会发生分解反应，释放出 SO_2，使固硫的目的无法实现。

③ 燃烧后烟气脱硫

燃烧后烟气脱硫（FGD）依据脱硫产物是否回收，可分为抛弃法和回收法两种；按产物的干湿形态可分为湿法（石灰石抛弃法、石灰石膏法、双碱法、亚钠循环法、氨肥法、氧化镁法、海水烟气脱硫法）、半干法（喷雾干燥法）和干法（循环流化床干法烟气脱硫法、电子束烟气脱硫法）；按脱硫剂的使用情况可分为再生法和非再生法。其反应原理都是使煤炭燃烧生成的 SO_2 通过与脱硫剂反应生成相应的硫酸盐，从而将其脱除。FGD 经过小试和中试已投入工业运行。其主要问题是设备投资太高、技术复杂、副产品难以处置。

(2) 煤炭微生物脱硫方法

煤炭微生物脱硫方法主要有浸滤法和微生物预处理-浮选法两种。

① 浸滤法

采用浸滤法对煤炭进行脱硫，方法简单，操作方便，固定投资费用低，但存在生产周期长、脱硫效率低、产生大量酸性废液等问题。用于煤炭微生物浸滤脱硫过程的反应器可分为固定床堆沥式和浆态床流动式两大类。前者将煤炭堆放在开放的固定位置或移动床上，含有脱硫微生物的喷淋液从表面喷下，在液体通过煤层的渗透过程中，微生物与含硫物质接触并发生反应，使其转化为水溶性物质，随沥出液排出。后者的特征是煤炭经磨细后与含微生物的液体介质混合成浆，在封闭的反应槽内接触。为满足微生物生长所需的碳源和氧源，将 CO_2、空气或 O_2 通入反应系统；为保证微生物正常生长，并使之与煤炭颗粒均匀接触，各种混合装置或混合方式被应用在反应器内，如机械搅拌器、气提、气体搅拌等。显然，堆沥比浆态反应更简便易行，成本也更低，但其反应速率慢得多。一般认为，堆沥时煤炭的比表面积是黄铁矿氧化速率的主要影响因素，而在浆态反应中，微生物的活性是速控因素。

目前，各种微生物脱硫反应器均是在上述两种方式的基础上开发的，典型的反应器有环形堆沥池、Pachuca 反应器、溢排循环反应器、气提循环反应器和水平旋转管反应器等。

② 微生物预处理-浮选法

浮选法是常用的传统煤炭脱硫方法。微生物预处理-浮选法就是将微生物的作用与常规的浮选过程结合在一起，强化煤炭颗粒与含硫矿物颗粒之间的表面性质差异，改善浮选脱硫效果。这种脱硫法的优点是，在脱除煤中黄铁矿的同时，可以降灰，具有同时脱硫、降灰的特点，而且不产生酸性废液。

4. 煤炭微生物浸出脱硫原理

(1) 煤炭中无机硫的浸出脱除机理

当水和氧存在时，黄铁矿可被氧化为 SO_4^{2-} 和 Fe^{2+}，但反应很缓慢。当存在某些嗜酸的硫杆菌时，黄铁矿的氧化过程将大大加快，其中可能包括两种途径，一是黄铁矿直接被微生物氧化为 SO_4^{2-} 和 Fe^{3+}；二是对 Fe^{2+} 有氧化能力的硫杆菌将 Fe^{2+} 迅速氧化为 Fe^{3+}，Fe^{3+} 作为强氧化剂与金属硫化物反应，将黄铁矿氧化为 SO_4^{2-} 或元素硫。

与上述两种途径相对应的是微生物脱除煤炭中黄铁矿硫的两种作用形式，即通常所说的直接作用和间接作用。直接作用是指微生物参与了黄铁矿的氧化过程，使煤中的黄铁矿发生降解，生成高价铁离子和硫酸根。间接作用是指微生物催化氧化黄铁矿所生成的 SO_4^{2-} 和 Fe^{3+}，又可以作为氧化剂，加速黄铁矿的氧化溶解过程。这两种作用实际上同时发生，将煤中的黄铁矿氧化溶解，使煤炭中的黄铁矿硫从固相转入液相，从而达到脱硫的目的。

在借助微生物作用使黄铁矿发生溶解的过程中，间接氧化作用极为重要。当 Fe^{3+}/Fe^{2+} 大于 2 时，该过程可自发进行，而且在微生物存在下，黄铁矿的溶解和反应速率可加快 1×10^5 倍。但应该指出的是，只有当 pH 值小于 4 时，间接氧化作用才发生。因为在较高 pH 值下，Fe^{3+} 将形成氢氧化铁沉淀。

(2) 煤炭中有机硫的浸出脱除机理

煤炭中有机硫主要以噻吩基(C_4H_4S—)、巯基(—SH)、硫醚(—S—)和多硫链$(—S—)_x$ 等形式存在于煤的大分子结构中，为分子水平分布，通过物理方法很难脱除。以 DBT 为模型化合物的脱硫机理分为两种：一是以硫代谢为目的的 4-S 途径；二是以碳代谢为目的的 Ko-dama 途径。

煤炭中的有机硫通常处于煤的杂环结构中或桥键连接部位，采用微生物浸出脱硫工艺时，它们与微生物接触的机会较少，脱除困难。目前，在用微生物脱除煤炭中有机硫的试验研究中，主要以二苯并噻吩作为有机硫的标准化合物。用微生物分解二苯并噻吩有两条途径，其一是微生物不直接作用于二苯并噻吩的硫原子上，而是通过氧化分解煤的结构使二苯并噻吩溶于水；二是微生物只作用于二苯并噻吩的硫原子上而不破坏煤的结构，使硫变为水溶性的硫酸根，从而达到脱硫的目的。相比较而言，后者微生物不破坏煤的结构，热量无损失，所以可高效地脱除煤中的有机硫，但很难培养出具有脱除有机硫能力的微生物。

另外，由于煤中的有机硫多存在于煤的多环结构中，与碳、氢、氧等元素牢固地结合，因此，用微生物脱除有机硫的方法与脱除无机硫不同，微生物的种类和脱硫机理也不相同。

5. 煤炭脱硫效果的评定指标

常用的煤炭脱硫效果评定指标有脱硫率、降硫率、精煤中硫的分布率以及精煤回收率(有时称净煤回收率)和精煤可燃体回收率等。有关指标的计算公式如下：

$$脱硫率=(S_y-\gamma_j S_j)/S_y \tag{9-46}$$

$$降硫率=(S_y-S_j)/S_y \tag{9-47}$$

$$精煤中硫的分布率=\gamma_j S_j/S_y \tag{9-48}$$

式中　S_y——原煤硫分；

S_j——精煤硫分；

γ_j——精煤回收率，其计算式为：

$$\gamma_j=\gamma_1 R_c/R_0 \tag{9-49}$$

式中　γ_1——脱硫后回收的精煤样与脱硫前煤样的质量比；

R_c——脱硫后回收的煤样中纯煤的质量分数；

R_0——脱硫前煤样中纯煤的质量分数。

显然，脱硫率越高，脱硫效果应该越好。但式(9-46)在实际应用时，也有例外，即在原煤硫分一定的情况下，精煤回收率很低，从而得到高脱硫率，但技术经济指标并不好。式(9-47)则未考虑精煤回收率的影响，显然，太低的精煤产率，精煤硫分再低也没有意义。采用式(9-48)判断脱硫效果时，精煤中硫的分布率越低，脱硫效果越好。然而，该公式中的问题也很明显，两种不同条件下，当原煤和精煤硫分相同时，精煤回收率低，精煤中硫分布率也低。

为了准确评价煤炭的脱硫效果，通常采用脱硫率和精煤中硫的分布率这两个指标，其共同特点是计算简单、使用方便。

脱硫效率 η 是借鉴浮选完善度指标的概念提出的，其表达式为：

$$\eta=\gamma_j(S_y-S_j)/[S_y(1-A_y-S_y)] \tag{9-50}$$

式中 A_y——原煤灰分；

其他符号的意义与前面所述相同。

由式(9-50)可知，η 可在 0～100%之间波动。比如，当 $\eta=0$ 时，也就是 $S_y=S_j$，即未起到脱硫作用。η 值较为明确地体现了脱硫效果随精煤中硫分的降低以及精煤回收率的提高而提高，克服了其他脱硫效果评价指标的弊病。另外，该式还充分考虑了煤中灰分对脱硫效果的影响，避免了由于灰分的影响而导致不准确的脱硫效果。

9.4.6 重金属离子的生物吸附

随着科学技术的发展，金属，特别是重金属的消耗量不断上升，随之而来的是重金属对环境的污染情况日趋严重。重金属是对生态环境危害极大的一类污染物，它们进入环境后不能被生物降解，大多数参与食物链循环，并最终在生物体内积累，破坏生物体正常生理代谢活动，危害人体健康。重金属所引起的危害问题早已被人们所认识，已开发了化学沉淀法、电解法、离子交换法、膜分离技术及活性炭吸附法等多种处理方法。然而在工业应用中，这些物理和物理化学的处理方法都存在不同程度的缺陷，导致处理效果不能完全令人满意。为了开发环境友好型、高效、无二次污染的含重金属废水治理工艺，人们逐渐将研究重点转向了重金属的生物吸附技术。

生物吸附重金属的研究开始于 20 世纪 80 年代。Tsezos 和 Volesky 认为海藻细胞壁上的活性基团(如—NH、—OH、—COOH、—SH)能与水化金属离子形成螯合物，使重金属在其细胞表面富集，他们通过吸附试验发现死藻和活藻吸附重金属的能力相当。与此同时，Hassett 等用 20 种不同生长时间的藻类，在不同 pH 值和金属浓度条件下，对砷、铜、钙、汞、镍、铅、锌进行了吸收试验研究，结果表明，这些金属去除速度都很快(不大于 3 h)，但藻类的培养时间越长，金属的去除效果越差。此后，诸多研究表明，少根根酶(*Rhizopus arrhizus*)对钍和铀具有很高的吸附活性；普通小球藻(*Chlorella vulgaris*)对金有很高的亲和力；动胶菌对 Cu^{2+} 具有较高的选择性吸附能力；分离出来的 *Bacillussubtilis* 细胞壁可以从稀溶液中螯合大量的 Mg^{2+}、Fe^{3+}、Cu^{2+} 等；有些细菌在生长过程中释放出的蛋白物质、能使溶液中可溶性镉、汞、铜、锌离子形成沉淀；类产碱假单胞菌(*Pseudomonas pseudoalcaligenes*)和腾黄微球菌(*Micrococus luteus*)对铜、铅的吸附能力较强；*B. subtilts* 细胞壁上的肽聚糖层，可以从水溶液中结合大量金属离子，特别是大多数过渡金属离子。

20 世纪 90 年代以后，关于重金属离子生物吸附的研究进入了一个快速发展阶段。人们通过试验研究不断发现对重金属离子具有较强吸附能力的微生物种属，例如，褐藻可作为 Co^{2+} 的吸附剂；米曲霉可作为 Zn^{2+} 的吸附剂；啤酒酵母菌可作为 Cu^{2+}、Pb^{2+}、Zn^{2+}、Cd^{2+}、Hg^{2+} 的生物吸附剂。

1. 重金属离子的生物吸附作用机理

生物细胞吸附重金属离子的作用机理十分复杂。依据细胞与重金属离子发生作用的部位不同，可以分为生物吸附和生物积累两个不同的生物化学过程。

生物吸附发生在细胞表面，由于细胞表面多聚物是复杂多孔的网络结构，具有极大表面自由能，并含有大量提供孤电子对的有机官能团，因此生物体是重金属的良好吸附材料，不仅吸附过程进行迅速，而且无论生物细胞是否处于活性状态，其吸附效果都非常好。

生物积累仅发生在活细胞内，当活细胞生存在环境中时，它可以通过多种机理，包括运输以及细胞内外的吸附来"提高"本身的金属含量。已提出的金属运送机制有脂类过度氧化、复合物渗透、载体协助及离子泵等。生物积累是一个主动过程，它比生物吸附慢得多，是通过微生物的新陈代谢伴随着能量的消耗进行的。由于这一过程和细胞代谢直接相关，因此，许多影响生物活性的因素都能影响它们对金属的吸附效果。

依据重金属离子与生物体所发生的作用性质，还可以将重金属离子的生物吸附分为物理吸附、配位吸附、离子交换吸附和酶促作用吸附等。

(1) 物理吸附

这里所说的物理吸附是指生物吸附剂与重金属离子通过静电作用结合在一起。通常生物吸附剂表面呈负电性，而且随着环境 pH 值的变化而变化。当生物吸附剂表面所带的电荷与重金属离子的电荷异性时，两者便借助于静电引力发生吸附。

(2) 配位吸附

微生物细胞表面物质为糖类、脂类、磷脂类、蛋白质和多肽等，它们都是具有多个配位原子的配合物，因此在微生物吸附重金属离子的过程中，必然伴有螯合作用。螯合作用是指在一个配体上有两个或多个配位原子与中心的重金属原子结合。当螯合物生成时，伴随从配位层释放出非螯合配体，熵值增加，其结果使金属螯合物有异常的稳定性。

生物体中的重金属离子对配位体的结合倾向受软硬酸碱理论的制约。这里的"软"意味着体积大易被极化；而"硬"意味着体积小且不易被极化。重金属离子是 Lewis 酸，与重金属离子配位的细菌表面基团则是 Lewis 碱。按重金属离子的价层电子构型和离子半径大小，可将重金属离子分为硬酸（如 Cr^{3+}、Fe^{3+} 等）、交界酸（如 Ni^{2+}、Zn^{2+}、Cu^{2+}）、软酸（如 Pb^{2+}、Hg^{2+}、Cd^{2+}）。同样根据细胞表面基团极化难易程度，配体—OH、—OR、$ROPO_3^{2-}$、$(RO)_2PO_2^-$ 为硬碱，RNO_2、—NH_2 等为交界碱，—SH、RS—、R_3P、RNC、$(RS)_2PO_2^-$、RCO—等为软碱。在微生物细胞体中，提供这些基团配体的有蛋白质侧链、核酸的碱基、小细胞的细胞质成分以及有机辅助因子（黄素、蝶呤、咕啉、卟啉、烟酰胺腺嘌呤二核苷酸、米唑基组氨酸侧链等）。在酸碱结合时，一般规律是：硬酸亲硬碱、软酸亲软碱。因此，Ni^{2+}、Zn^{2+}、Cu^{2+} 等交界酸易与 RNO_2、—NH_2 等交界碱发生螯合反应；Pb^{2+}、Hg^{2+}、Cd^{2+} 等软酸易与—SH、RS—、R_3P、RNC、$(RS)_2PO_2^-$、RCO—等软碱发生螯合反应。这也是细菌对重金属离子有选择性吸附的原因之一。

(3) 离子交换吸附

在重金属离子溶液中加入微生物细胞后，重金属被微生物体吸附到菌体表面，而微生物体内的 K^+、Na^+、Mg^{2+}、Ca^{2+}、H^+ 有可能被置换下来，发生离子交换。细菌中释放出来的 K^+、Na^+、Mg^{2+}、Ca^{2+} 量的大小，反映了吸附过程中发生离子交换的程度。

(4) 酶促作用吸附

微生物的新陈代谢过程（如呼吸、发育、大量的代谢、神经传递、信号传导等）都需要金属离子，金属离子作为细菌的电子载体、结合和活化底物的中心、原子和基团的转移剂，在特定的生物环境中起关键作用。当金属离子处于痕量水平时,可促进微生物的生长,并且菌体会通过各种生理代谢机制维持所需金属离子在体内的动态平衡;因此细菌为了某一具体目的而需要一个特定金属离子时,在酶的作用下,通过细胞内的驱动能量过程来富集金属离子,这就是酶促反应。

2. 生物吸附重金属离子的主要影响因素

生物吸附剂吸附金属是一个非常复杂的过程,受 pH 值、温度、溶液中的竞争离子、有机物质(如络合物)、细胞代谢产物(会引起金属沉降)等环境因素的影响,也受到吸附剂本身性质的影响。

(1) pH 值的影响

由于 H^+ 与被吸附金属阳离子之间存在竞争吸附现象,水溶液的 pH 值成为影响微生物细胞饱和吸附量的主要因素。所谓竞争吸附作用是指当溶液的 pH 值很低时,H_3O^+ 会占据大量的吸附活性位点,从而阻止了金属阳离子与吸附活性位点的接触,导致吸附量的下降。但是 pH 值过高也不利于生物吸附,原因是当 pH 值过高时,很多金属离子会生成氢氧化物沉淀,从而使生物吸附过程无法顺利进行。一般认为,对大多数金属离子而言,生物吸附的最佳 pH 值范围为 5～9。对大多数吸附过程而言,体系 pH 值是影响吸附量的决定因素。众多研究表明,吸附量随 pH 值升高而增大,但金属吸附量与 pH 值之间并不呈简单的线性关系,而且 pH 值也不能无限制地增高。

(2) 温度的影响

对不同生物吸附剂,温度对金属吸附量的影响有所不同。温度过高或过低都会使饱和吸附量略有降低。但是,总的来说,温度对生物吸附的影响不如 pH 值那么明显。并且由于升温会增加运行成本,因此在生物吸附过程中通常不采用高温操作。

(3) 共存离子的影响

当体系中存在多种金属离子或阳离子时,微生物细胞对其中任何一种重金属离子的吸附都会受到其他阳离子的影响。这是因为共存离子会竞争吸附位点,从而降低微生物细胞对特定重金属离子的吸附能力。因此与单一重金属离子体系相比,微生物细胞对重金属离子的吸附能力往往会发生不同程度的变化。

思 考 题

1. 浸矿用微生物的种类有哪些?
2. 微生物浸矿的基本原理是什么?
3. 常见的微生物浸矿的工艺有哪些?
4. 微生物浸矿的影响因素有哪些?
5. 简述微生物浸矿应用的地位及发展趋势。
6. 微生物浸矿有哪些应用?
7. 煤炭中硫的存在形态有哪些? 煤炭微生物脱硫的方法有哪些?

第 10 章　矿物的粉体制备与表面改性

材料经过细化后尤其处于亚微米即纳米状态时，其尺度介于原子、分子与块（粒）状材料之间，有人称之为物质的第四状态。随着物质的超细化，其表面分子排列与电子分布结构及晶体结构均发生变化，产生了块（粒）状材料所不具备的奇特的表面效应、小尺寸效应、量子效应和宏观量子隧道效应，从而使得粉体与常规材料相比具有一系列优异的物理、化学及表面与界面性质，在使用时可取得超常的效果。

10.1　超细与纳米颗粒

10.1.1　基本概念

1. 颗粒的定义

在一定尺寸范围内具有特定形状的几何体，尺寸大小一般在毫米到纳米之间。颗粒不仅指固体颗粒，还有雾滴、油珠等液体颗粒。

2. 粉体的定义

大量颗粒的集合体，即颗粒群，又称粉末（狭义的粉末是指粒度较小的部分）。

3. 颗粒与粉体的关系

颗粒是粉体的组成单元，是粉体中的个体，是研究粉体的出发点；颗粒又总是以粉体这种集合体的形式出现的，集合体产生了个体所不具有的性质。

4. 粉体的分类

(1) 按照成因分类：天然粉体与人工粉体；

(2) 按制备方法分类：机械法粉体和化学法粉体；

(3) 按分散状态分类：原级颗粒（一次颗粒）、聚集体颗粒（二次颗粒）、凝聚体颗粒（三次颗粒）、絮凝体颗粒；

(4) 按颗粒大小（粒径）分类：粗粉体（>0.5 mm）、中细粉体（0.074～0.5 mm）、细粉体（10～74 μm）、微粉体（0.1～10 μm）、纳米粉体（<100 nm）。

10.1.2　颗粒的几何特征

1. 粒度

颗粒的粒度是粉体诸物性中最重要的特性值。粒度是指粉体颗粒所占空间的线性尺寸。颗粒尺寸常用的表征方法有三轴径和投影径。

(1) 三轴径

将一个颗粒放置于每边与其相切的长方体中，如图 10-1 所示，长方体的三条边表示该颗粒在笛卡儿坐标中的大小。长 l、宽 b 和高 h 称为颗粒的三轴径。三轴径可用于比较不规则颗粒的大小，对于必须强调长形颗粒存在的情况比较适用。

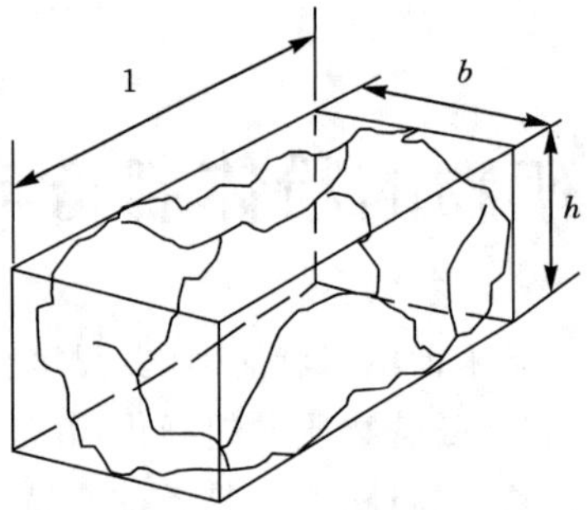

图 10-1　颗粒的外接长方体

(2) 投影径

利用显微镜测量颗粒的粒径时，可观察到颗粒的投影。此时颗粒以最大稳定度(重心最低)置于平面上，如图 10-2 所示。因此可按其投影的大小定义粒径。

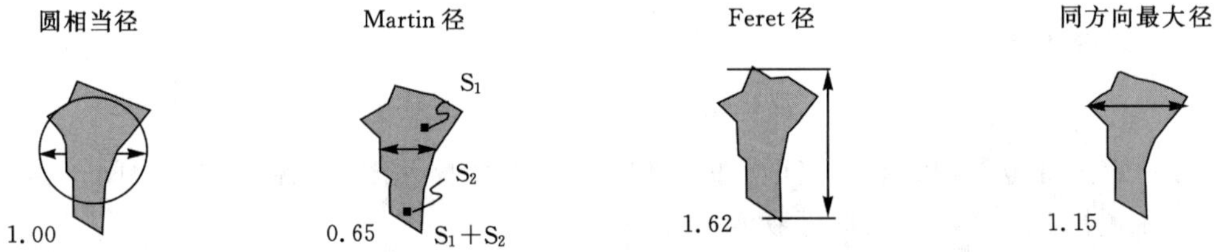

图 10-2　颗粒投影的几种粒径

① 圆相当径(圆当量径)

圆相当径是使用与颗粒投影轮廓性质相同的圆的直径来表示粒度。具体而言，它是与颗粒投影面积相等的圆的直径，也被称为投影圆当量径或 Heywood 径。

② Martin 径

Martin 径是将颗粒投影面积在某一特定方向上分为两个相等部分的直径。通过将颗粒的投影面积沿特定方向分割，可以得到 Martin 径。

③ Feret 径

Feret 径是指与颗粒投影相切的两条平行线之间的距离。在颗粒的投影图像中，选择两条平行线，使其恰好与颗粒的边界相切，并测量两条平行线之间的距离，这个距离即为 Feret 径。

④ 同方向最大径(定方向最大径)

同方向最大径是指在一定方向上颗粒投影的最大长度。它是测量颗粒在某一特定方向上的最大尺寸。

2. 粒度分布

颗粒系统中所有颗粒粒径相等时(如标准颗粒)，可用单一粒径表示其大小。这类颗粒系统称为单粒度体系。而实际颗粒系统往往都由粒度不等的颗粒群组成，这类颗粒系统称为多粒度体系。粒度分布是指用简单的表格、绘图和函数形式来描述颗粒群粒径的分布状态。

实际颗粒群的粒度分布严格来说是不连续的，但大多数颗粒群的粒度分布可认为是连续的。粒度分布的范围越窄，其分布的分散程度就越小，集中度也就越高。

对于粒度分布最准确的表述是采用数学函数，可用概率理论或近似函数的经验法来寻求数学函数。实际颗粒群的粒度分布取决于其生成条件。常见的粒度分布通常符合正态分布或对数正态分布。

以个数基准和质量基准为统计依据的粒度分布平均径公式如表 10-1 所示。

表 10-1　个数基准和质量基准的平均径公式

序号	平均径名称	符号	个数基准	质量基准
1	个数平均径	D_1	$\frac{\sum(n_i \cdot d_i)}{\sum n_i}$	$\frac{\sum(m_i \cdot d_i^2)}{\sum(m_i \cdot d_i^3)}$
2	长度平均径	D_2	$\frac{\sum(n_i \cdot d_i^2)}{\sum(n_i \cdot d_i)}$	$\frac{\sum(m_i \cdot d_i)}{\sum(m_i \cdot d_i^2)}$
3	面积平均径	D_3	$\frac{\sum(n_i \cdot d_i^3)}{\sum(n_i \cdot d_i^2)}$	$\frac{\sum m_i}{\sum(m_i \cdot d_i)}$
4	体积平均径	D_4	$\frac{\sum(n_i \cdot d_i^4)}{\sum(n_i \cdot d_i^3)}$	$\frac{\sum(m_i \cdot d_i)}{\sum m_i}$

3. 颗粒形状

颗粒的形状对颗粒群的许多性质(如比表面积、流动性、磁性、固着力、增强性、填充性、研磨特性和化学活性等)都有影响。为了使产品的某些性质优良，工业上对产品和添加剂的颗粒形状有不同的要求。一些应用实例见表 10-2。

表 10-2　一些工业产品对颗粒形状的要求

序号	产品种类	对性质的要求	对颗粒形状的要求
1	涂料、墨水、化妆品	固着力强、反光效果好	片状颗粒
2	橡胶填料	增强性和耐磨性好	非长形颗粒
3	塑料填料	高冲击强度	长形颗粒
4	炸药引爆物	稳定性好	光滑球形颗粒
5	洗涤剂和食品工业	流动性好	球形颗粒
6	磨料	研磨性好	多角状

颗粒形状可用数学语言进行描述。通常使用的数据包括三轴方向颗粒大小的代表值、二维图像投影的轮廓曲线以及表面积和体积等立体几何各有关数据。习惯上将颗粒大小的各种无因次组合称为形状指数，立体几何各变量的关系则称为形状系数。

表 10-3 给出了颗粒形状的分类名称、基准几何形状、指标名称和所使用的数据种类，此表概括了使用数学语言描述颗粒几何形状的方法。

表 10-3　形状指标的分类

名称	分类号	分类名称	基准几何形状	指标名称	数据种类
形状指数	Ⅰ		长方形	长短度、扁平度、Zi 指数、柱状比	三轴径
	Ⅱ	充满度	长方形、矩形	体积充满度、面积充满度、面积比	三轴径、投影面积、体积
	Ⅲ	平面、立体几何指标	球形、圆形	球形度、圆形度、表面指数	体积、表面积、投影面积、周长、各种相当径
				圆角度	曲率半径
	Ⅳ	基于轮廓曲线的各种指数	无	各种代表径和平均径比、统计量比、CAR 指数	投影轮廓曲线各参数及各种代表径
形状系数	Ⅴ		球形	体积、表面积、比表面积形状系数、球形度	立体几何各量
	Ⅵ	其他指标	椭圆		

10.1.3　粉体的特性

1. 粉体的基本性质

粉体是由大量固体颗粒组成的集合体，这些颗粒之间存在适当的相互作用力。尽管粉体由固体颗粒构成，但它具有一些与普通固体不同的特征，即在微小作用力的作用下，粉体具有流动性和变形性。因此，粉体可以被看作是固、液和气三相相互作用形成的复杂体系，有时也被认为是除了气、液、固相之外的第四相态。

粉体典型的物态特征包括：① 具有与液体相类似的流动性；② 具有与气体相类似的压缩性；③ 具有固体的抗变形能力。

2. 超细粉体的特性

关于超细粉体的粒度界限，目前还没有完全一致的定义。不同国家和行业根据超细粉体的用途、制备方法和技术水平的差异，对其粒度进行不同的划分。例如，日本将超细粉体的粒度界限定为 0.1 μm 以下，而有些学者将 100 μm 至 1 μm 的粒级划分为超细粉体，并根据所使用的设备的不同，将其分为一级至三级超细粉体。在矿物加工领域，我国学者通常将粒径小于 10 μm 的粉体物料称为“超细粉体”。

超细粉体具有以下几个特性：

(1) 比表面积大

由于超细粉体的粒度较小，其比表面积相应增大，表面能也增加。这使得超细粉体具有良好的分散性和吸附性能。

(2) 活性高

随着粒度的减小，超细粉体的表面原子数成倍增加，从而增强了其表面活性和催化性。这使得超细粉体在化学反应中表现出优异的反应性能。

(3) 熔点低

许多研究表明，物质的粒径越小，其熔点就越低。超细粉体由于粒径小，因此具有较低的熔点。

(4) 磁性强

超细粉体的体积比强磁性物质的磁畴还小，即使不经过磁化处理，超细粉体仍然表现出强磁性，具有较大的矫顽力，是制造高密度记录磁带的优良原料。

(5) 光吸收性和热导性好

超细粉体特别是超细金属粉体，当粒度小于 100 nm 时，大部分呈黑色，而且粒度越细，颜色越黑，这是因为超细粉体具有完全吸收光线的能力；此外超细粉体还具有良好的热导性。

3. 纳米粉体的特性

纳米粉体，也被称为超微粒子，是一类介于固体和分子之间的亚稳态中间物质，具有非常小的粒径。目前，纳米材料的尺寸范围被定义为 0.1～100 nm。当粒径小于 100 nm 时，粒子表面的原子数与其体内的原子数相当。例如，5 nm 的微粒，其表面原子比例占 40%，比表面积达到 180 m^2/g。这导致纳米材料出现了与传统固体材料不同的小尺寸效应、表面效应和宏观量子隧道效应，从而引发了结构和能态的变化。例如，纳米铁具有磁性，使得本来不导电的材料变得导电。此外，纳米材料还表现出特殊的远红外辐射、强紫外反射、强催化作用和强吸附性等特性。

纳米粉体通常有以下特性：

(1) 小尺寸效应

纳米粉体相比常规材料在更小的空间中展现出更好的性能。这使得纳米粉体适用于小型化、高效化和多功能化的电子产品。

(2) 宏观量子隧道效应

当纳米粉体的尺寸达到量子尺度时，它会表现出宏观物体无法越过的行为，这被称为宏观量子隧道效应。这种特性使得纳米粉体在磁学、热学、电学等领域具有特殊性质，例如在电学中表现出的超导特性。

(3) 表面效应

随着纳米粉体表面原子数量的增加，其表面积会显著增加。这种特性有助于纳米粉体的分散和表面改性，使其在涂料、化妆品、环保等领域具有广泛的应用前景。

(4) 聚集曲率效应

当纳米粉体颗粒之间存在一定间距时，由于颗粒间的范德瓦耳斯力作用，纳米粉体可能会发生团聚。为了确保纳米粉体的良好分散性和应用性能，适当的表面改性和分散技术可以克服这种效应。

(5) 优异的光、电、化学等物理化学性能

由于纳米粉体具有较大的比表面积，其表面原子占据了主导地位，因此纳米粉体的性能与其组成元素、粒径和粒径分布、形状、晶格结构等密切相关。纳米粉体具有高光敏性、高导电性、良好的催化性能、抗氧化性、抗菌性和抗紫外线辐射性等特点。

10.1.4 粉体的应用

粉体技术主要以固体物料的加工处理为对象。随着世界粉体工业的精细化发展，固体原料深加工技术在科学研究和工业生产中显示出了重要的作用。当前粉体技术不仅在纺织、建材、中药、食品、保健品、饲料、国防等领域有广泛应用，而且在清洁生产和循环经济中

也显示了独特的优势。

(1) 在医药和医疗领域，将药品制成超细粉体，经研究发现，可提高药品的溶出度，减轻毒副作用。特别是将传统中药超细化后可制成片剂、胶囊等，为中药的发展提供了新的思路和途径。

(2) 在建材工业中，水泥的细度决定了混凝土制品的强度，原料细度的提高有利于改善原料各组分的混合均匀度，降低游离氧化钙的含量。水泥熟料的硬度较大，而细粉含量的多少在一定程度上决定了混凝土早期强度的高低。水泥的细粒度分布对混凝土在不同龄期的强度有着决定性的影响。

(3) 在功能材料方面，超细粉体被广泛用于新型功能材料的研究和开发，如亚微米即纳米级的 TiO_2 和 ZnO_2 加入塑料中可制成高强度、防紫外线、环保灭菌新型塑料材料，广泛用于彩电行业和环保领域。用超细陶瓷即某些超细抗菌材料可制成新型灭菌陶瓷，广泛用于洁具、厨房及医院灭菌室等的装潢。

(4) 在塑料和橡胶行业，通常采用微米级或纳米级的超细填料，如 SiO_2、TiO_2 等来提高塑料或橡胶的性能。

(5) 传感器是超微粒最有前途的应用领域之一。气体传感器是化学传感器的一种，用作气体传感器的微粒粒径为 1～100 nm，粒度越小，比表面积越大，则表面与周围接触而发生相互作用越大，从而灵敏度越高。如采用纳米 SnO_2 膜制成的气体传感器。

(6) 其他领域，如在日用品、化妆品领域，纳米颗粒的应用已经非常广泛。例如，使用 TiO_2 纳米颗粒制成的防晒护肤品可以提供更好的紫外线防护效果；口红和粉饼中的粒度也是影响其使用效果的重要因素；在航空航天领域，炸药经过超细化后可大大提高其爆炸性能和起爆灵敏度，同时提高可靠性；此外，微米、纳米级材料涂层可用于飞机的隐形及防干扰等。

10.1.5 粉体的制备方法

粉体制备方法多种多样，按性质可分为物理法和化学法两类；按产品粒径大小也可分为微米粉体制备法、亚微米粉体制备法和纳米粉体制备法，由于这三种不同粒径的粉体颗粒往往可以通过同一种方法制备得到，只需控制工艺条件即可，因此按这种方法分类易引起混乱。粉体的制备方法如图 10-3 所示。

物理法主要包括粉碎法和构筑法。粉碎法是借用各种外力，如机械力、流能力、化学能、声能、热能等使现有的块状物料粉碎成超细粉体的方法。这类方法是将物料粒度由大变小的工艺过程。构筑法则是通过物质的物理状态变化来生成粉体的方法。这类方法是将物质由小变大的造粒过程。

化学法主要包括溶液反应法(沉淀法)、水解法、气相反应法(喷雾法)等，其中，溶液反应法(沉淀法)、气相反应法(喷雾法)目前在工业上已大规模使用，以制备微米、亚微米及纳米材料。

目前，工业上应用最多的粉体是通过粉碎法、化学法产生的微米级和亚微米级粉体，纳米粉体的生产和使用相对较少。

- 制备方法
  - 物理法
    - 粉碎法
      - 干式粉碎
      - 湿式粉碎
    - 构筑法
      - 气体蒸发法
      - 活化氢熔融金属反应法
      - 溅射法
      - 真空沉积法
      - 加热蒸发法
      - 混合等离子体法
  - 化学法
    - 气相化学制备法
      - 气相分解制备法
      - 气相合成制备法
    - 液相化学沉淀法
      - 单相沉淀法
      - 多相沉淀法
    - 水解法
      - 无机盐水解法
      - 金属醇盐水解法
    - 水热法
      - 水热氧化法
      - 水热沉淀法
      - 水热合成法
      - 水热还原法
    - 溶剂蒸发法
      - 喷雾干燥法
      - 超临界流体干燥法
      - 冷冻干燥法
    - 溶胶-凝胶法

图 10-3　粉体制备方法分类

10.2　粉体的物理制备方法

10.2.1　粉碎法

1. 粉碎法概述

粉碎法是通过机械粉碎、研磨或气流研磨方法将大块材料或粗大颗粒细化的方法，属于机械研磨方法。其实质是利用动能来破坏原料的内结合力，使原料颗粒分裂产生新的界面。原始物料的块度往往较大，为达到工艺要求，常需要进行多次粉碎。将固体物料粉碎的方法很多，通常采用的是机械粉碎方法。按物料粉碎的粗细程度，可将粉碎过程分为破碎和粉磨两个过程。为明确区别，可按图 10-4 所示方法加以划分。

- 粉碎
  - 破碎
    - 粗碎：将物料破碎到 100 mm 左右
    - 中碎：将物料破碎到 30 mm 左右
    - 细碎：将物料破碎到 3 mm 左右
  - 粉磨
    - 粗磨：将物料粉磨到 0.1 mm 左右
    - 细磨：将物料粉磨到 60 μm 左右
    - 超细磨：将物料粉磨到 5 μm 或更小亚微米

图 10-4　物料粉碎划分范围

2. 粉碎的意义

粉碎的目的在于减小固体物料的尺寸，使之变成颗粒体或粉体。粉碎的意义在于：

(1) 有利于不同组分的分离、选矿及除去原料中的杂质；

(2) 使固体物料颗粒化，使其具有某些流体性质，拥有良好的流动性，因而有利于物料的运输及给料控制等；

(3) 减小固体颗粒尺寸，提高分散度，因而使之容易和流体或气体作用，有利于均匀混合，促使制品的均质化；

(4) 把固体物料制成多粒级物料，采用粒度级配，可以获得紧密的堆积，有利于提高制品的密度，而且粉碎加工可破坏封闭气孔，也有利于提高制品的密度；

(5) 颗粒尺寸越小，其比表面积越高，表面能越大，因而可促进物理化学反应速度，促进陶瓷和耐火材料等的烧结，提高水泥等的水化活性，加速玻璃配合料的熔化温度。

3. 破碎的方式

目前对于矿物原料的破碎主要有以下 5 种方式(图 10-5)。

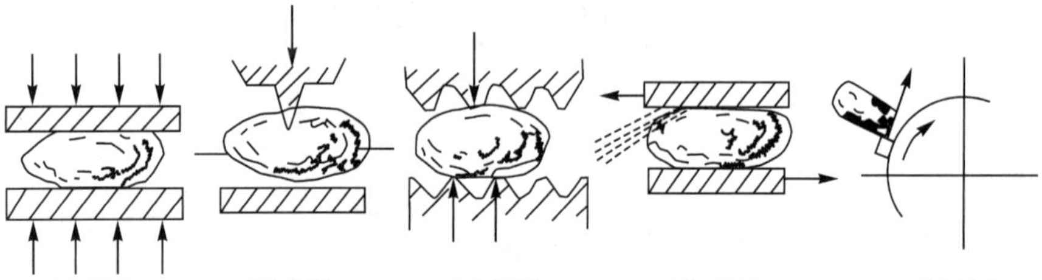

图 10-5　破碎的作用方式

压碎法：通过施加逐渐增大的压力，使物料破碎。这种方法的特点是作用力逐渐加大，力的作用范围较大。该方法适合处理硬质和大块物料，可用于粗碎和中碎。

劈碎法：利用尖齿楔入物料的劈力，使物料破碎。这种方法的特点是力的作用范围较为集中，发生局部破裂。

折断法：物料在破碎时，由于受到相对方向力量集中的弯曲力，使物料折断而破碎。这种方法的特点是除了在外力作用点处受劈力外，还受到弯曲力的作用。该方法适用于易于使矿石破碎的情况。

磨剥法：破碎工作面在物料上相对移动，产生对物料的剪切力，使物料破碎。这种力是作用在矿石表面的，适合于韧性物料和小块物料的细磨。

冲击法：通过瞬间施加的冲击力使物料破碎。该方法适合于脆性物料的中、细碎和磨碎。

4. 破碎设备

不同形式的破碎机械，破碎物料的方式不同，在一台破碎机中，也不是单纯使用一种方法，而是往往使用两种或两种以上的方法结合起来进行破碎的。根据物料的性质、粒度以及需要破碎的程度来选用适当的破碎设备。

常用的破碎设备有颚式破碎机、圆锥式破碎机、辊式破碎机、锤式破碎机、反击式破碎机和笼式破碎机。几种破碎机的原理和特点汇总见表 10-4。

表 10-4　几种常见破碎机的比较

设备名称	工作原理	破碎比	特　点	用　途
颚式破碎机	活动颚板做周期往复运动，当活动颚板靠近固定颚板时，物料受挤压和劈裂作用破碎，当活动颚板离开时，粉碎物料下移，同时上部未破碎物料下填	3～10	构造简单，使用、维护方便，安全可靠；间歇式工作，有空转而增加能耗；可塑性物料及黏性物料易堵塞出料口	各种块状硬质物料的粗碎和中碎
圆锥破碎机	活动圆锥沿着固定圆锥表面做偏旋运动。物料在固定圆锥和活动圆锥之间随着活动圆锥的运动被破碎。被破碎的物料受重力和离心力作用向下从锥底排料口排出	4～5	粉碎比高，效率较高，能耗较小，产品粒度均匀；构造复杂，投资费用高，检修维护比较困难	各种硬度的物料，如黏土、硅石等
辊式破碎机	设备是由一对相对转动的辊子或一个转动的辊子和一块颚板构成的。加到两个辊子上的物料，由于与辊子表面之间的摩擦作用而被代入两辊狭缝中，受到挤压而破碎	硬物料：3～6； 软物料：8～12	缩小两辊间距，能提高破碎比；设备结构简单，维修容易，调节方便；破碎比和生产能力小，笨重，辊子磨损不均匀	作为第二或第三段破碎设备
锤式破碎机	主要部件为带有锤子的转子。物料通过高速旋转的锤子的冲击作用而被破碎	10～15	排料粒度均匀、过粉碎物少，能耗低；锤头磨损较快，且不宜于破碎湿度大和含黏土的物料	作为脆性物料的二级破碎，煤、熟料等的破碎
反击式破碎机	利用板锤的高速冲击和反击板的回弹作用使物料受到反复冲击而破碎	10～15	破碎比大，能充分利用整个转子的高速冲击能量；板锤极易磨损	粗、中或细碎中硬以下物料，如石灰石、煤、石英等
笼式破碎机	是由多层钢杆组成的笼环。物料在粉碎机内受钢杆多次反复打击而粉碎	30～40	体积小，质量轻，结构简单，容易密闭，维修方便，生产能力较大，对湿度变化反应较小，清洗方便	用于破碎较软的物料，如煤、砂岩等

注：破碎比是指原料和破碎产品粒度的比值。

经破碎后的物料颗粒须经过粉磨后才可获得更细的粒度要求。粉磨与破碎可视为两个不同的作业阶段，破碎在前，粉磨在后。粉磨作业的原料粒度一般在 10～20 mm，其产品粒度视具体工艺要求而定，通常为数十微米，最细可达到 2～3 μm。

球磨机是工业上广泛使用的粉磨机械，能够粉磨各种硬度的物料。其工作原理是：当球磨机筒体以适宜的速度回转时，研磨体在惯性离心力和摩擦力的作用下，随筒壁上升到一定高度，然后抛落下来，使物料受到研磨和冲击而被磨碎。

研磨体的作用是把喂入球磨机内的块状物料击碎并磨成细粉。常见的研磨体有钢球、钢段、钢棒等，根据物料性状及要求，还有特殊研磨体，如陶瓷研磨体、玛瑙研磨体、锆球等。根据球磨机和磨矿要求，配置一定比例的研磨料，如球的大小和个数等。

根据球磨机的转速,研磨体的运动形式可分为以下三类。

(1) 泻落式(倾斜态):当球磨机的转速很低时,研磨体向下滚动泻落,球磨机主要以研磨形式工作,效率较低;

(2) 抛落式(抛落态):当球磨机的转速较高时,即以某一适宜的转速回转时,对物料产生冲击和研磨作用,效率较高;

(3) 离心式(周转态):当球磨机的转速很高时,对物料不产生任何粉碎作用,这时称为"离心状态",效率为零。

在粉磨作业中,为减小细粉的黏附及凝聚现象,可在物料中投加一定量的助磨剂。可起到助磨、分散等作用。常用的助磨剂有三聚磷酸钠、羧甲基纤维素、腐殖酸钠等。

球磨机的种类较多,可大致分类如下:

(1) 筒体形状(长径比):短形球磨机、中长磨机、长磨机;

(2) 装入的研磨体:球磨机、棒磨机、砾磨机;

(3) 操作方式:间歇、连续;

(4) 卸料方式:尾卸式、中卸式;

(5) 转动方式:中心转动、边缘传动;

(6) 生产方式:干法、湿法(湿法水分高 30%左右)。

当物料细度达到 60 μm 左右时,再使用低频球磨机等设备往往很难将物料细度再降低。因此需要使用振动粉磨或气流粉碎等设备在高频工作状态下的超细粉磨方法。这类设备包括振动磨机、悬辊式粉碎机(雷蒙磨)、搅拌磨机、行星磨、胶体磨及冲击磨等。

10.2.2 蒸发冷凝法

蒸发冷凝法又称物理气相沉积法(PVD),是指在高真空的条件下,通过金属试样的蒸发和冷凝来制备粉体的方法。通过电弧放电、高能电脉冲或高频感应等方法产生高温等离子体,使金属蒸发。蒸发后的金属粒子在周围气体分子的碰撞下,凝聚在冷凝管上,形成 5~100 nm 的微粉,其尺寸可以通过调节蒸发温度场、气体压力进行控制,最小可制备出粒径为 2 nm 的颗粒。蒸发冷凝法制备的超微颗粒具有如下特征:① 高纯度;② 粒径分布窄;③ 良好结晶和清洁表面;④ 粒度易于控制。该法适用于制备单一氧化物、复合氧化物或金属的微粉。

不同的反应系统和析出条件会导致从气相析出的固相形态发生变化。为了获得颗粒形态,需要在气相中生成许多核,因此需要达到高的过饱和度。而在固体表面生长薄膜或晶须时,不希望在气相中生成微粒,因此需要在较低过饱和度条件下进行析出。例如,制备片状铝粉的方法是先使用蒸发冷凝法制备纳米铝薄膜,然后收集纳米铝薄膜并经过粉碎得到纳米片状铝粉,可以制备出 30~50 nm 的铝粉。这种方法制备的纳米片状铝粉具有粒径均匀、光泽明亮、覆盖率高等特点。制备过程大致包括原料准备、形成有机释放膜、纳米铝膜形成、洗脱、粉碎和收集等步骤。

蒸发冷凝法可以采用多种加热方式,如电阻加热法、等离子体喷射法、高频感应法、电子束法、激光束法、等离子体溅射法等。长期以来,该方法主要用于制备金属超微颗粒,近年来也开始用于制备无机化合物、有机化合物和复合金属的超微颗粒。

10.2.3　其他方法

1. 激光聚集原子沉积法

该法利用激光控制原子束在纳米尺度下的移动，使原子平行沉积以实现纳米材料有目的的构造。激光作用于原子束主要通过两个途径，即瞬时力和偶合力。在接近共振的条件下，原子束在沉积过程中被激光驻波作用而聚集，并逐步沉积在硅衬底上，形成指定形状如线形。

2. 非晶晶化法

该法通过控制晶化过程，将非晶材料转变为纳米材料。例如，将 $Ni_{80}P_{20}$ 非晶合金条带在不同温度下进行等温热处理，使其产生纳米尺寸的合金晶粒。纳米晶粒的长大与其中的晶界类型有关。这种方法在制作纳米永磁体研究中发挥了积极作用。

3. 离子注入法

该法利用同位素分离器产生具有一定能量的离子，并将其硬嵌入与其固态不相溶的衬底中，然后对衬底进行加热退火，使离子偏析出来形成纳米微晶。通过调节注入离子的能量和剂量以及退火温度，可以控制纳米微晶在衬底中的深度分布和颗粒大小。

10.3　粉体的化学合成

10.3.1　固相法

固相法是以固态物质为原料来制备粉体的方法。该法至少含有一种固体物质。一般是将单质、盐或氧化物按一定比例充分混合，研磨后进行煅烧，通过固相反应直接制备超微粉或者再次粉碎制得超微粉。

固相法的特点是：① 一般包括物质在相界面上的反应和物质迁移两个过程；② 一般需要高温条件下进行；③ 整个固相反应速度由最慢的速度所控制；④ 固相反应的反应产物具有阶段性：原料→最初产物→中间产物→最终产物。

固相法的代表方法有热分解反应法、化合反应法和氧化还原反应法。

1. 热分解反应法

很多金属的硫酸盐、硝酸盐等，都可以通过热分解反应法而制取特种陶瓷用氧化物粉末。如将硫酸铝铵[$Al_2(NH4)_2(SO_4)_4 \cdot 24H_2O$]在空气中进行热分解，可制备出 Al_2O_3 粉体。

热分解反应的基本形式可表示为：

$$S_1 \longrightarrow S_2 + G_1$$

式中　S——固体相；

G——气体相。

利用有机酸盐制备粉体，其优点在于：有机酸盐易于金属提纯，容易制成含两种以上金属的复合盐，分解温度较低，产生的气体组成为 C、H、O。

2. 化合反应法

两种或两种以上的固体粉末，经混合后在一定的热力学条件和气氛下反应而形成复合物粉末，有时也伴随气体的逸出。化合反应的基本形式为：

$$A(S)+B(S)\longrightarrow C(S)+D(G)$$

如钛酸钡粉末、尖晶石粉末、莫来石粉末等的合成都是化合反应法。其反应式分别为：

$$BaCO_3+TiO_2\longrightarrow BaTiO_3+CO_2$$

$$Al_2O_3+MgO\longrightarrow MgAl_2O_4$$

$$3Al_2O_3+2SiO_2\longrightarrow 3Al_2O_3\cdot 2SiO_2$$

3. 氧化还原反应法

非氧化物特种陶瓷的原料粉体多采用氧化还原反应法制备，一般通过还原碳化或者还原氮化得到，如 SiC、Si_3N_4 等粉体的制备。SiC 的制备是将 SiO_2 与碳粉混合，在 1 460～1 600 ℃的加热条件下，逐步还原碳化。大致反应过程如下：

$$SiO_2+C\longrightarrow SiO+CO$$

$$SiO+2C\longrightarrow SiC+CO$$

$$SiO+C\longrightarrow Si+CO$$

$$Si+C\longrightarrow SiC$$

Si_3N_4 粉末的制备是在 N_2 气氛条件和 1 600 ℃左右的加热条件下，实现 SiO_2 与 C 的还原氮化。

$$3SiO_2+6C+2N_2\longrightarrow Si_3N_4+6CO$$

4. 水热法

水热法是在特制的密闭反应器，如高压反应釜中，采用水溶液作为反应体系，通过对反应体系加热加压(或自生蒸汽压)，创造一个相对高温、高压的反应环境，使通常难以溶解或不溶解的物质溶解并且重结晶而进行无机合成与材料处理的一种方法。

水热法的反应机理为：粉体晶粒的形成经历了“溶解—结晶”两个阶段，首先营养料在热介质中溶解，以离子、分子团的形式进入溶液，利用强烈对流，将这些离子、分子团等输送并放在籽晶的生长区(低温区)形成饱和溶液，然后进行成核，形成晶粒，继而结晶。

如采用水热氧化法制备氧化锆。其起始物质是锆金属片或粉，在 200 ℃以下，单质锆与水不会发生反应，300 ℃时开始生成水合物，温度大于 400 ℃时锆的水合物分解放出氢并生成氧化锆，反应过程如下：

$$2Zr+2H_2O\longrightarrow ZrH_2+ZrO_2+H_2\ (300\ ℃)$$

$$ZrH_2+2H_2O\longrightarrow ZrO_2+3H_2\ (400\ ℃)$$

10.3.2 液相法

液相法是目前实验室和工业上最广泛使用的合成超微粉体材料的方法。与固相法相比，液相法可以在反应过程中利用多种精制手段；另外，通过所得到的超微沉淀物，很容易制取各种反应活性好的超微粉体材料。

液相法可分为物理法和化学法。物理法是从水溶液中迅速析出金属盐来制备纳米材料的方法。通常是将溶解度高的盐的水溶液雾化成小液滴，使液滴中的盐类呈球状迅速析出，然后将这些微细的粉末盐类加热分解，即可得到氧化物超微粉体。化学法是通过溶液中的化学反应生成沉淀来制备纳米材料的方法。通常，溶液会通过加水分解或离子反应生成沉淀物，如氢氧化物、草酸盐、碳酸盐、氧化物、氮化物等。随后，沉淀物会被加热分解，制成超微粉体材料。

液相法的基本原理是：选择一种或多种合适的可溶性金属盐类，按所制备的粉料的成分计量配置成溶液，使各元素呈离子或分子态，再选择一种合适的沉淀剂或用蒸发、升华、水解等操作，将金属离子均匀沉淀或结晶出来，最后将沉淀物或结晶物脱水或加热分解制得超微粉体。

液相法又可分为沉淀法、溶剂蒸发法、溶胶-凝胶法、醇盐水解法、水热法、电解法。其具体分类如图 10-6 所示。

- 液相法
  - 沉淀法
    - 直接沉淀法
    - 共沉淀法
    - 均匀沉淀法
  - 溶剂蒸发法
    - 喷雾干燥法
    - 喷雾热分解法
    - 冷冻干燥法
  - 溶胶-凝胶法
  - 醇盐水解法
  - 水热法
  - 电解法

图 10-6 液相法的分类

1. 沉淀法

沉淀法是在原料溶液中添加适当的沉淀剂，使原料溶液中的阳离子形成各种形式的沉淀物（沉淀颗粒的大小和形状可由反应条件来控制），然后再经过滤、洗涤、干燥，有时还需要经过加热分解等工艺过程而得到超微粉的一种方法。沉淀法主要包括直接沉淀法、共沉淀法、均匀沉淀法。

（1）直接沉淀法

直接沉淀法是使溶液中的某一种金属阳离子发生化学反应而形成沉淀物的一种方法，其优点是容易制取高纯度的氧化物超微粉。例如采用直接沉淀法制备 Cr_2O_3 粉体的步骤如图 10-7 所示。

（2）共沉淀法

如果溶液中有多种阳离子，因它们以均相存在于溶液中，所以经沉淀反应后，就可得到各种成分均一的沉淀，这就是共沉淀法。它是制备含有两种以上金属元素的复合氧化物粉体的重要方法。例如，采用共沉淀法制备四方氧化锆或全稳定立方氧化锆。以 $ZrOCl_2 \cdot 8H_2O$ 和 Y_2O_3（化学纯）为原料来制备 ZrO_2-Y_2O_3 的纳米粉体过程为：Y_2O_3 用盐酸溶解得到 YCl_3，然后和 $ZrOCl_2 \cdot 8H_2O$ 配制成一定浓度的混合溶液，在其中加入 NH_4OH 后便有 $Zr(OH)_4$ 和 $Y(OH)_3$ 的沉淀粒子缓慢形成。其反应式如下：

$$ZrOCl_2 + 2NH_4OH + H_2O \longrightarrow Zr(OH)_4 \downarrow + 2NH_4Cl$$

$$YCl_3 + 3NH_4OH \longrightarrow Y(OH)_3 \downarrow + 3NH_4Cl$$

氢氧化物沉淀物经洗涤、脱水、煅烧可得到具有很好烧结活性的 ZrO_2-Y_2O_3 微粒。

（3）均匀沉淀法

均匀沉淀法是利用某一化学反应，使溶液中的构晶离子（构晶负离子或构晶正离子）由溶液中缓慢、均匀地产生出来的方法。

其代表性试剂是尿素，它的水溶液在 70 ℃左右发生分解反应：

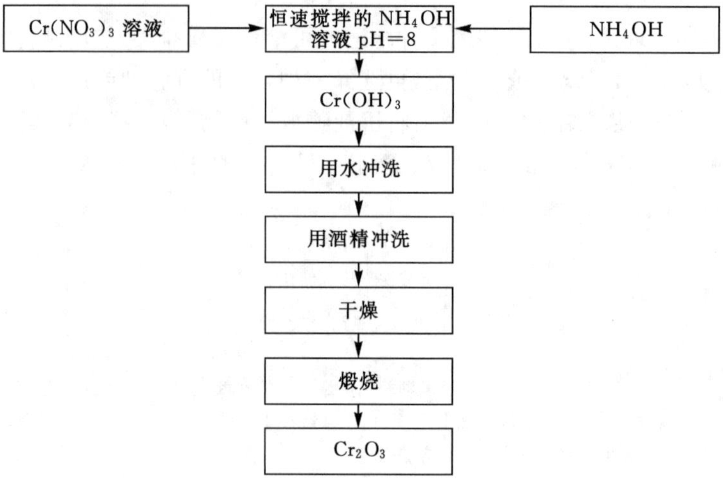

图 10-7　直接沉淀法制取 Cr_2O_3 粉体

$$(NH_2)_2CO + 3H_2O \longrightarrow 2NH_4OH + CO_2\uparrow$$

生成的 NH_4OH 起到沉淀剂的作用，可得到金属氢氧化物或碱式盐沉淀。

采用氨基磺酸可制得金属硫酸盐沉淀，再形成合成球状的含水碱式硫酸铝，进而制备 Al_2O_3 超微球。

(4) 其他沉淀法

① 多元醇沉淀法

许多无机化合物可溶于多元醇，由于多元醇具有较高的沸点，可大于 100 ℃，因此可用高温强制水解反应制备纳米颗粒。例如，$Zn(HAC)_2 \cdot 2H_2O$ 溶于一缩二乙醇(DEG)，于 100～220 ℃下强制水解可制得单分散球形 ZnO 纳米粒子；又如，使酸化的 $FeCl_3$-乙二醇-水体系强制水解可制得均匀的 Fe(Ⅲ)氧化物胶粒。

② 沉淀转化法

本法依据化合物之间溶解度的不同，通过改变沉淀转化剂的浓度、转化温度以及表面活性剂来控制颗粒生长和防止颗粒团聚。例如，以 $Cu(NO_3)_2 \cdot 3H_2ONi(NO_3)_2 \cdot 6H_2O$ 为原料，分别以 Na_2CO_3、NaC_2O_4 为沉淀剂，加入一定量表面活性剂，加热搅拌，分别以 NaC_2O_3、NaOH 为沉淀转化剂，可制得 CuO、$Ni(OH)_2$、NiO 超细粉末。该法工艺流程短，操作简便，但制备的化合物仅局限于少数金属氧化物和氢氧化物。

2. 溶剂蒸发法

(1) 冷冻干燥法

将配置好的阳离子盐溶液喷入低温有机溶液中(用干冰或丙酮冷却的乙烷浴内)，使液体进行瞬间冷冻并沉淀在玻璃器皿的底部，将冷冻球状液滴和乙烷筛选分离后放入冷冻干燥器，在维持低温降压的条件下，溶剂升华、脱水，再在煅烧炉内将盐分解，可制得超细粉体，这一方法称为冷冻干燥法。

例如，制取纳米 MgO 时，先配置一定浓度的 $MgCl_2$ 溶液，加入少量的表面活性剂，搅拌，在一定温度下，快速加入一定浓度的氨水，使其反应一段时间后，将 $Mg(OH)_2$ 沉淀过滤，洗涤（检验至无 Cl^-），冷冻干燥后于 550 ℃煅烧 5 h，即可得到纳米 MgO。

该方法的优点是：① 在溶液状态下可以实现均匀混合，适合于极微量组分的添加，有效合成复杂的陶瓷功能粉体材料并精准控制其最终组成；② 制备的超细粉体粒度分布范围窄，一般在 10～500 nm 之间，冷冻干燥物在煅烧时内含气体极易逸出，容易获得易烧结的陶瓷超微粉体，由此制得的大规模集成电路基片平整度好，用来制备催化剂，则其表面积和反应活性均较一般过程高；③ 操作简单，特别适合于高纯陶瓷材料的超微粉体制备。

(2) 喷雾干燥法

喷雾干燥法是溶液分散成小液滴喷入热风中，使之快速干燥的方法。在干燥室内，用喷雾器把混合盐的水溶液雾化成 10～20 μm 或更细的球状液滴，这些液滴在经过燃料燃烧产生的热气体时被快速干燥，得到类似中空球的圆粒粉料，并且成分保持不变。喷雾干燥系统如图 10-8 所示。

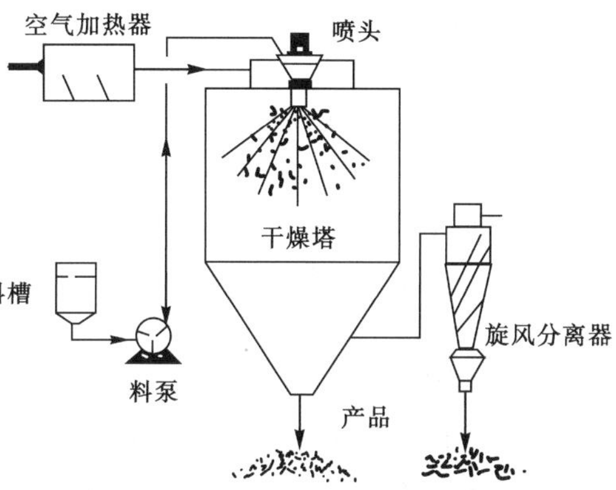

图 10-8　喷雾干燥系统示意图

(3) 喷雾热解法

喷雾热解法是将金属盐溶液喷雾至高温气氛中，溶剂蒸发和金属盐热解在瞬间同时发生，从而直接合成氧化物粉末的方法。该方法也称为喷雾焙烧法、火焰喷雾法、溶液蒸发分解法等。

3. 溶胶-凝胶法

溶胶-凝胶法是目前最常用的合成方法。该方法是指从金属的有机化合物或无机物的溶液出发，在低温下通过水解、聚合等反应，首先生成溶胶进而形成具有一定空间结构的凝胶，然后经适当热处理或减压干燥，制备出相应的粉体、薄膜和本体材料的方法。该法的基本过程如图 10-9 所示。

上述过程中主要发生了水解和缩聚反应。

水解反应：

$$M(OR)_n + xH_2O \longrightarrow M(OH)_x(OR)_{n-x} + xR-OH$$

缩聚反应：

$$(OR)_{n-1}M-OH + HO-M(OR)_{n-1} \longrightarrow (OR)_{n-1}M-O-M(OR)_{n-1} + H_2O$$

$$m(OR)_{n-2}M(OH)_2 \longrightarrow [-M(OR)_{n-2}O-]_m + mH_2O$$

$$m(OR)_{n-3}M(OH)_3 \longrightarrow [-O-M(OR)_{n-3}-]_m + mH_2O + mH^+$$

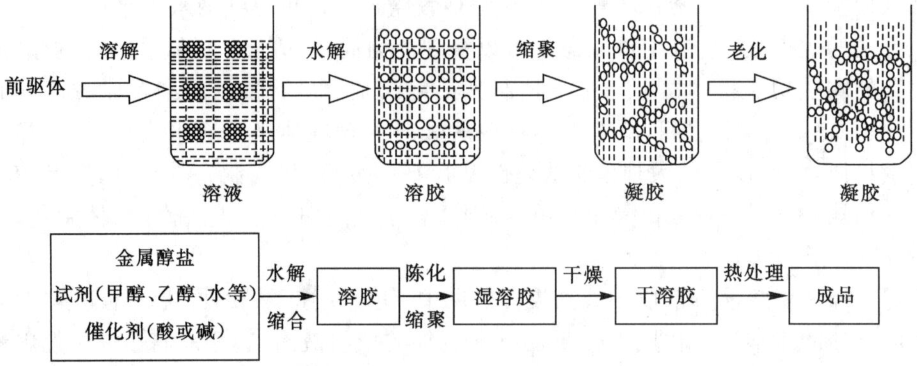

图 10-9　醇盐溶胶-凝胶法的基本过程示意图

羟基与烷氧基之间也存在缩合反应：

$$(OR)_{n-x}(OH)_{x-1}+ROM(OR)_{n-x-1}(OH)_{x}$$

$$\longrightarrow (OR)_{n-x}(OH)M—O—M(OR)_{n-x-1}(OH)_{x}(OH)_{x}+R—OH$$

溶胶-凝胶法在制备粉体材料时，将所需成分的前驱体配制成混合溶液，经凝胶化、热处理后，一般都能获得性能指标较好的粉末。且在凝胶中含有大量液相或气孔，在热处理过程中不易使粉末颗粒产生严重团聚，同时此法易在制备过程中控制粉末颗粒度。

4. 醇盐水解法

金属醇盐是用金属元素置换醇中羟基的氢的化合物总称，通式为 $M(OR)_n$，其中 M 代表金属元素，R 代表烷基(羟基)。金属醇盐由金属或金属卤化物与醇反应合成，它很容易和水反应生成氧化物、氢氧化物和水合物。氢氧化物和其他水化物经煅烧后可以转化为氧化物粉体。

例如，采用醇盐水解法制备纳米氧化铝粉末，通过金属铝或铝的卤化物与醇反应，在醇溶液中加入水，生成具有 M—O—C 键的金属有机化合物，即金属铝醇盐。该醇盐易于水解生成氢氧化铝沉淀，通过控制其水解产物的缩聚过程来控制聚合产物的颗粒大小，经过高温焙烧最终可制得纳米氧化铝粉末。

醇盐水解法的优点是：水解过程中不需要添加碱，因此不存在有害负离子和碱金属离子；反应条件温和、操作简单、产品纯度高；制备的超微粉体具有较大的活性；粉体粒子通常呈单分散状态，在成形体中表现出良好的填充性；具有良好的低温烧结性能。醇盐水解法的缺点是成本较高。

5. 水热法

水热法是在高压釜里的高温、高压反应环境中，采用水作为反应介质，使得通常难溶或不溶的物质溶解的方法。

水热法具有两个特点：一是相对低的温度，二是在封闭容器中进行，避免了组分挥发。水热条件下粉体的制备有水热结晶法、水热合成法、水热分解法、水热脱水法、水热氧化法、水热还原法等。近年来，还发展出电化学水热法以及微波水热合成法，前者将水热法与电场相结合，而后者用微波加热。与常规湿化学法相比，水热法可直接得到分散且结晶良好的粉体，不需要进行高温灼烧处理，避免了可能形成的粉体硬团聚。水热过程中通过试验条件的调节，可以控制纳米颗粒的晶体结构、结晶形态与晶粒纯度。例如，利用金属 Ti 粉能溶解于

H_2O_2的碱性溶液中生成 Ti 的过氧化物溶剂(TiO_4^{2-})的性质,在不同的介质中进行水热处理,可制备出不同晶型、不同形状的 TiO_2纳米粉。

6. 电解法

电解法包括水溶液电解和熔盐电解两种。用此法可制得很多用通常方法不能制备或难以制备的金属超微粉,尤其是负电性很大的金属粉末,还可制备氧化物超微粉。采用加有机溶剂于电解液中的滚筒阴极电解法,可制备出金属超微粉,其方法为:滚筒置于两液相交界处,跨于两液相之中。当滚筒在水溶液中时,金属在其上面析出,而转动到有机液中时,金属析出停止,而且已析出的金属被有机溶液涂覆,当再转动到水溶液中时,又有金属析出,但此次析出的金属与上次析出的金属间因有机膜阻隔而不能连接在一起,仅以超微粉体形式析出。因此,用这种方法得到的粉末纯度高,粒径细,而且成本低,适于扩大和工业生产。

10.3.3　气相法

让一种或几种气体在高温下发生热分解或者其他化学反应,从气相中析出超微颗粒的方法称为气相法。

气相化学反应可分为两类:一类是单一化合物的热分解;另一类是两种以上化学物质之间的反应。

气相法除适用于制备氧化物外,还适用于制备液相法难以直接合成的金属、氮化物、碳化物、硼化物等非氧化物。气相化学反应的原料常用于制备容易、蒸气压高、反应性较强的金属氯化物。

气相法主要指化学气相沉积法,可采用真空沉积法、溅射法、电弧法、等离子体法及激光加热法等实现。化学气相沉积法是以金属卤化物、氢化物、有机金属化合物的气相物质为原料,通过热分解反应及化学反应使之生成超微粉;或以固体物质为原料,熔融蒸发,气化的金属原子与气体反应生成化合物凝聚后生成超微粉的方法。

1. 溅射法

溅射法的原理如图 10-10 所示,用两块金属板分别作为阳极和阴极,阴极为蒸发用的材料,在两电极间充入 Ar 气,两电极间存在电压,由于两电极间的辉光放电使 Ar 离子形成,在电场作用下,Ar 离子冲击阴极靶材表面,使靶材原子从其表面蒸发出来形成超微粒子,并在表面上沉积下来。粒子的大小及尺寸分布主要取决于两电极电压、电流和气体压力,靶材表面积越大,原子的蒸发速度就越大,超微粒的获得量越多。

该方法可制备高熔点金属超微粉,也可制备化合物超微粉。若将蒸发材料靶材做成几种金属的组合(几种金属或化合物),还可制备复合材料的超微粉。

2. 爆炸丝法

该方法适用于工业上连续生产纳米金属、合金和金属氧化物的纳米物体。其原理如图 10-11 所示。先将金属丝固定在一个充满惰性气体的反应室内。丝两端的卡头为两个电极,它们与一个大电容相连接形成回路,加入电压,金属丝在电流作用下加热,熔断后在电流中断的瞬间,卡头上的高压在熔断处放电,使熔融的金属在放电过程中进一步加热变成蒸气,在惰性气体碰撞下形成纳米金属或合金粒子沉降在容器底部,金属丝可以通过一个供丝系统自动进入两卡头之间,从而连续重复上述操作。

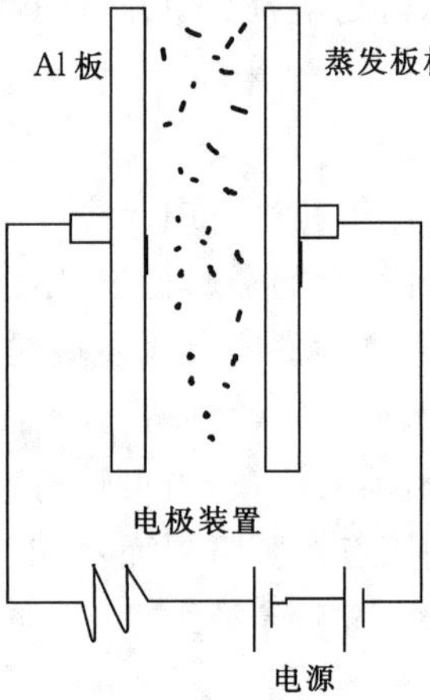

图 10-10　溅射法原理示意图

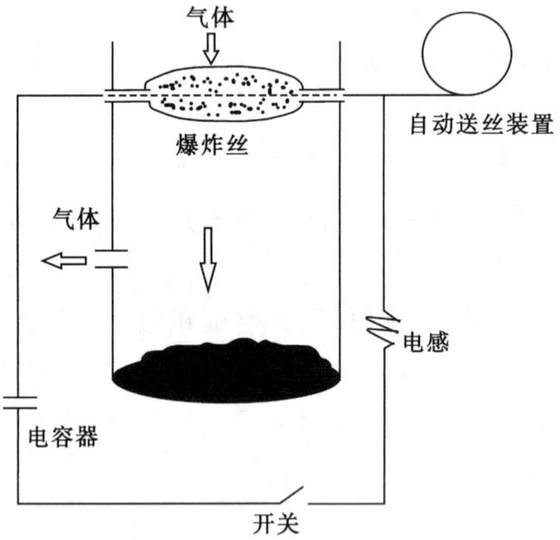

图 10-11　爆炸丝法原理示意图

10.4　粉体的表面改性

表面改性是指利用各类材料或助剂，采用物理、化学方法对粉体表面进行处理，有目的地改善、改变粉体表面的物理化学性质或物理技术性能，如表面晶体结构和官能团、表面能、表面润湿性、电性、表面吸附和反应特性，以满足现代新材料、新工艺和新技术发展的需要。

在塑料、橡胶、胶黏剂等高分子材料工业及复合材料领域中，无机矿物填料占有很重要的地位。矿物填料表面与聚合物之间的结合状态对高聚物基复合材料的综合性能有直接的影响。矿物填料表面由于各种官能团的存在及与空气中的氧或水分的作用，与填料内部的化学结构差别甚大。大多数非金属矿物填料具有一定的酸碱性，其表面有亲水性基团，并呈极性，容易吸附水分。而有机聚合物则具有憎水性，因此两者之间的相容性差，界面难以形成良好的黏结。正因为如此，为了改善填料和树脂的相容性，增强二者的界面结合，需要采用适当的方法对无机矿物填料表面进行改性处理。

矿物填料表面改性的目的包括：

(1) 改善或改变粉体粒子的分散性：通过表面改性处理，可以改善填料的分散性，使其更易于与聚合物等材料混合，并提高复合材料的均匀性和稳定性。

(2) 提高耐久性：通过表面改性处理，可以改善填料的耐药性、耐光性、耐热性、耐候性等性能，使其在特定环境条件下更加稳定和耐用。

(3) 提高颗粒表面活性：通过表面改性处理，可以引入新的官能团或改变表面化学结构，从而增加填料颗粒表面的活性，提高其与其他材料的相容性和黏结性。

(4) 赋予新的物理、化学和机械性能及新的功能：通过表面改性处理，可以在填料表面引入新的物质，使其具有新的物理、化学和机械性能，从而为材料提供新的功能和附加值。

(5) 改善涂料性能：表面改性可以提高涂料中颜料的分散性，改善涂料的光泽、着色力、遮盖力、耐候性、耐热性、保光性和保色性等性能。

(6) 提供光学效应和视觉效果：通过表面改性处理，可以赋予填料特殊的光学效应和视觉效果，使制品具有良好的光泽和装饰效果，提高产品的价值。

此外，矿物填料的表面改性还可以用于保护环境和人员健康，如对有害健康的非金属矿物进行化学物质覆盖，以消除其污染作用。同时，针对不同的矿物填料，表面改性可以针对其特定的应用需求进行处理，如提高黏结性能、保温性能、吸附性能等。

10.4.1　改性的方法

1. 物理改性

所谓表面物理改性是通过分子间作用力(如范德瓦耳斯力、氢键等)将无机或有机表面改性剂吸附到无机粉体粒子表面，在粉体粒子表面形成包覆层，以降低粉体的表面张力，改变粉体粒子的表面极性，减少粉体粒子之间的团聚作用，从而达到均匀稳定分散粉体粒子的目的。

(1) 物理涂覆

物理涂覆是一种对无机粉体表面进行简单改性的工艺方法。它主要是利用表面活性剂、水溶性或油溶性高分子化合物及脂肪酸等对粉体表面进行“覆膜”处理而达到表面改性的目的。经过物理涂覆以后，无机粉体的胶结能力、强度、耐高温能力等均有明显改善。如用荧光涂料涂覆的石英砂可作为示踪矿物，代替同位素示踪粒子，并且对生物体没有损害；利用非均匀成核法在纳米 SiC 微粒表面均匀涂覆一层 $Al(OH)_3$，涂覆后的 SiC 粒子表面性质被改变，在 1 000 ℃以下具有很强的抗氧化能力，其水悬浮液表现出类似 Al_2O_3 胶体的性质，分散状况得到了改善；在复合颗粒肥料外表面用液体石蜡包膜后再涂覆重质碳酸钙粉体可以提高肥料颗粒的分散性，有效地防止其在运输过程中结块。

(2) 表面活性剂改性

表面活性剂包含疏水基和亲水基，是极少数能显著改变物质表面或界面性质的物质，具有两个基本特点：第一，在物质表面或两相界面容易定向排列，使其表面性质或界面性质发生显著变化；第二，在溶液中的溶解度很低，在通常使用的浓度范围内大部分以胶团(缔合体)状态存在，使其表面张力显著下降。在进行无机粉体表面物理改性时，表面活性剂主要是依靠吸引作用、静电吸附沉积作用或直接包裹到粉体颗粒表面，从而达到表面改性目的的。如采用十二烷基苯磺酸钠(SDBS)对表面包覆 $Al(OH)_3$ 的纳米 SiO_2 改性后，纳米 SiO_2 粉体的团聚现象减少了，分散性提高了，并且改性后的纳米 SiO_2 粉体与有机基体聚氨酯弹性体(PUE)的相容性增强了，PUE 材料的力学性能也改善了，能同时达到增强增韧的效果。

(3) 高能表面改性

利用紫外线、红外线、电晕放电和等离子体照射等方法对无机粉体进行表面处理的方法称为高能表面改性。如先后用 Ar 和 N_2 等离子体改性处理 TiO_2 膜，在通入 N_2 之前首先进行 Ar 处理以除去吸附在 TiO_2 表面的水分子、清洁表面，最后得到的掺氮 TiO_2，在降解亚甲基蓝染料时显示出良好的可见光催化活性。如果将高能表面改性与其他表面改性方法并用，效果会更好，但是由于高能表面改性方法技术复杂、成本较高，目前在粉体表面处理方面的应用并不多。

(4) 胶囊化改性

胶囊化改性是现代医药领域最先采用的技术，该方法最初是为了满足药品药效的缓释性需求而出现的。胶囊化改性是在粉体颗粒表面上覆盖均质而且有一定厚度的薄膜，它的特点是能够将液滴固体(胶囊)化。胶囊化改性的实例很多，如采用原位聚合法可以制备聚甲基丙烯酸酯包覆的钛白粉胶囊改性粉体，利用高速气流冲击法可以实现聚甲基丙烯酸甲酯(PMMA)在尼龙-12 上、SiO_2 在聚乙烯上、二氧化钛和含氟石墨在尼龙-12 上的包覆等。经过微小颗粒胶囊化改性不仅可以制备出无机/有机复合胶粒，改变颗粒的性质，还可以实现胶囊的缓释作用，拓宽无机粉体的应用范围。

2. 化学改性

所谓粉体表面化学改性是指通过无机粉体粒子表面和表面改性剂之间的化学吸附作用或化学反应，改变粒子的表面结构和状态，从而达到表面改性的目的。表面化学改性法是目前最常用的表面改性方法，在无机粉体粒子表面改性技术中占有极其重要的地位。超细无机粉体颗粒比表面积大，表面键态、电子态与粒子内部不同，配位不全等都为用化学方法对无机粉体粒子进行表面改性提供了有利条件。通常，表面改性剂一端为极性基团，能与粉体表面发生化学反应而连接在一起，另一端的非极性基团能与基体形成物理缠绕或是发生化学反应，从而改变无机粉体的分散性，改善制品的性能。

(1) 表面沉积法

表面沉积法是利用无机化合物在颗粒表面进行沉淀反应，从而在颗粒表面形成一层或多层“包覆”或“包膜”，以达到改善粉体表面性质的目的。这种方法一般采用湿法工艺，具有如下优点：第一，所使用的工艺和设备较简单，便于工业化生产；第二，可以实现不同组分之间在分子/原子水平上的均匀混合，精确控制各组分的含量；第三，所需粉体的纯度、相组成、颗粒大小、晶粒大小和分散性均可以通过控制沉淀条件及沉淀物的煅烧程度来实现。

因此，近年来采用表面沉积法对无机粉体进行表面改性已经引起了材料科学界的广泛关注，并且得到迅速的发展。如，用 $Fe(OH)_3$ 胶体包覆纳米 TiO_2，由于外层膜阻止了电子空穴对与水和氧气的结合，从而降低了纳米 TiO_2 的光化学性能，进而提高了产品的耐候性；用 $Y(NO_3)_3 \cdot 6H_2O$ 和 $La(NO_3)_3 \cdot 6H_2O$ 作为共沉淀剂对 Si_3N_4 进行表面改性，改性后的 Si_3N_4 悬浮液的电动力学行为同包覆剂的种类、溶解性有很大关系，同时该粉末的表面性质不同，得到的涂层组成也会不同。

(2) 化学包覆

化学包覆是利用表面化学方法对颗粒表面进行局部包覆，使颗粒表面有机化，从而对无机粉体颗粒表面进行改性的方法。这种方法主要是利用官能团反应、游离基反应、整合反应、溶胶吸附等对无机粉体进行表面包覆改性。对无机粉体进行化学包覆改性之后，可以改善其在高分子聚合基体中的分散性、相容性等，大大拓宽其应用范围。

化学包覆一般使用表面改性剂（如偶联剂、表面活性剂等）对颗粒进行包覆处理。与物理改性中表面活性剂改性的作用原理不同，化学包覆是利用表面活性剂分子中的某个基团与无机粉体表面的各种官能团发生反应，形成稳定的化学键，从而改变粉体的表面性质。其中，偶联剂改性适用于各种不同的有机高聚物和无机填料的复合材料体系，偶联剂具有两性结构，其分子中的一部分基团可以与粉体表面的各种官能团反应，形成强有力的化学键，另一部分基团可以与有机高聚物基料发生化学反应或物理缠绕，从而将两种性质差异很大的材料牢固结合起来，使无机粉体和有机高聚物分子之间建立起特殊的“分子桥”，从而改善无机粉体的分散性。常用的偶联剂有硅烷偶联剂、钛酸酯偶联剂、铝酸酯偶联剂、锆铝酸盐偶联剂等。常用的表面活性剂有高级脂肪酸及其盐、聚乙二醇（PEG）、磷酸酯、不饱和有机酸等。虽然表面改性剂的选择范围较大，但具体选用时要综合考虑无机粉体的表面性质、改性产品的用途、质量要求、处理工艺以及表面改性剂的成本等诸多因素。

（3）机械力化学

机械力化学是在 20 世纪初由德国学者 Wilhem Ostward 提出的。由于机械力的作用，颗粒出现无定形化、晶格畸变、晶型转变、结晶构造整体结构变形等现象，同时由于体系内能增大，温度升高，可能伴随游离基的形成，表面自由能增大，出现外激电子放射以及等离子区等现象，使颗粒处于亚稳的高能态。此时如果利用特定的设备和方法，使处于这种高能状态的粒子与基体高聚物相结合，那么无机粉体颗粒就可以不经表面改性剂改性而直接“嵌入”到基体中。机械力化学改性有两层含义：第一，利用矿物超细粉碎过程中机械应力的作用激活矿物表面，使表面晶体结构与物理化学性质发生变化，从而实现应用需要；第二，利用机械应力对表面激活作用和由此产生的离子或游离基引发单体烯烃类有机物聚合，或使偶联剂等表面改性剂高效附着从而实现改性。

目前，能对粉体物料进行机械力化学作用的粉碎设备主要有球磨机、气流磨、高速机械冲击式球磨机等。但是，仅仅依靠机械激活作用进行表面改性处理很难满足应用领域对粉体表面物理化学性质的要求。如果在粉碎过程中添加表面改性剂及其他有机化合物，那么机械激活作用可以促进这些有机化合物分子在无机粉体表面发生化学吸附或化学反应，达到粒度减小和表面有机化双重目的。此外，还可以在无机粉体物料的粉碎过程中添加另一种无机物或金属粉，使无机核心材料表面包覆另一种无机物粉体或金属粉体或者发生机械化学反应生成新相，如将石英和方解石一起研磨时可生成 CO_2 和少量 CaO、SiO_2 等。

（4）单体吸附包裹后聚合

所谓单体吸附包裹后聚合是先把单体吸附在微粒表面，再进行引发聚合，形成聚合物包覆层，从而改变无机粉体的表面性质。有学者进行了 SiO_2 颗粒表面包覆聚二乙烯基苯（PDVB）的研究，先将 SiO_2 用偶联剂（如 4-乙烯吡啶或 1-乙烯-2-吡咯烷酮）处理，再和 PDVB 单体及自由基引发剂混合引发聚合，然后测定改性后 SiO_2 的电泳移动性，证实 SiO_2 颗粒表面发生了变化。若“核层”颗粒具有催化活性可以引发吡咯单体的聚合反应，则可不必使用引发剂。如将 SiO_2 修饰的 α-Fe_2O_3 及 CeO_2 放置在乙醇/水介质中，加热到 100 ℃，可使粉体表面形成聚吡咯包覆层，经过改性的 α-Fe_2O_3 颗粒具有导电性。

10.4.2 表面改性剂

粉体的表面改性主要依靠表面改性剂（或处理剂、包覆剂）在粉体颗粒表面的吸附、反应、包覆来实现。因此，表面改性剂对于粉体的表面改性具有决定性作用。

目前应用的表面改性剂主要有偶联剂、表面活性剂、水溶性高分子类物质、有机硅类物质、有机低聚物、不饱和有机酸以及无机表面改性剂等。

1. 偶联剂

偶联剂是一种对无机粉体表面进行有机改性时广泛应用的表面处理剂，主要有钛酸酯、硅烷、铝酸酯、锆铝酸盐等。

2. 表面活性剂

表面活性剂包括阴离子表面活性剂[硬脂酸（盐）、磺酸盐及其酯、高级磷酸酯盐等]、阳离子表面活性剂[高级胺盐（伯胺、仲胺、叔胺及季铵盐）]和非离子表面活性剂（如聚乙二醇、多元醇）等，广泛应用于沉淀碳酸钙（PCC）、重质碳酸钙（GCC）、硅灰石、膨润土、高岭土、氢氧化镁、氢氧化铝等无机粉体的有机表面改性。

3. 水溶性高分子类物质

水溶性高分子类物质主要有聚丙烯酸（盐）及其共聚物、聚乙烯醇、聚马来酸等，主要用于水相体系应用的无机粉体的表面有机改性。

4. 有机硅类物质

有机硅类物质主要有二甲基硅油、甲基硅油、羟基硅油、含氢硅油等，主要用于二氧化硅、高岭土、颜料等的表面改性。

5. 有机低聚物

有机低聚物主要有无规聚丙烯、聚乙烯蜡、环氧树脂等，主要用于二氧化硅、云母、碳酸钙等无机粉体的表面改性。

6. 不饱和有机酸

不饱和有机酸主要有丙烯酸、甲基丙烯酸、丁烯酸、马来酸、氯丙烯酸等，多用于长石、陶土、红泥、氢氧化铝等表面呈酸性矿物的表面改性。

7. 无极表面改性剂

无机表面改性剂主要是金属（如钛、铬、铁、铝等）盐、硅酸盐、碳酸盐、硫酸盐等，主要用于颜料、催化剂、填料等功能粉体材料的表面包覆或复合。

2000 年以来，随着表面改性无机粉体用量的不断增加，针对 GCC、PCC、纳米碳酸钙、高岭土、滑石、云母、硅微粉及白炭黑、无机阻燃填料、硅灰石、叶蜡石、硅藻土、氧化锌、钛白粉、硫酸钡、陶土、氧化铁（红）、陶瓷颜料等无机粉体的专有表面改性配方技术也在不断发展和成熟。这些表面改性配方包括：用于 PVC 基塑料制品的碳酸钙（GCC 和 PCC）；用于工程塑料、塑料薄膜、橡胶、涂料、电缆等的超细高岭土、硅灰石、云母、硅微粉等；用于 PVC 和乙烯-醋酸乙烯酯（EVA）、高聚物聚丙烯（PP）等材料阻燃填料的超细氢氧化镁、氢氧化铝和复合阻燃填料；用于 PP、聚乙烯（PE）基工程塑料的超细滑石粉、云母粉等；用于橡胶的超细绢云母、粉煤灰微珠、陶土等；用于油漆涂料的无机颜料和复合陶瓷的无机颜料等。但是，目前无机粉体表面改性配方还不能完全适应相关应用领域快速发展的需要。

10.4.3　表面改性设备

粉体表面改性设备的功能主要是混合、分散和表面改性剂在设备中熔化和均匀分散到物料表面，并产生良好的结合。我国粉体表面改性设备大多数是从化工机械中借用过来的，因而，并不能很好地完成改性任务。而专用粉体表面改性设备的开发始于 20 世纪 90 年代后期。目前表面改性机主要有以下几种。

1. PSC 系列粉体表面改性机

PSC 系列粉体表面改性机是表面化学改性的专用设备，它具有设计先进、科学、能连续生产、产量高、能耗低、自动化程度高、工人劳动强度低、无粉尘污染且表面改性剂用量少、包覆率高等特点。

2. 复合式粉体连续改性系统

复合式粉体连续改性系统是引进日本技术经消化、吸收生产的新型表面改性设备，适用于年产 3 000～5 000 t 改性粉体的企业。其主要特点是：连续运行，改性均匀，节约了药剂，采用导热油加热，可避免自摩擦升温慢和电能的浪费，密封性好，无粉尘污染。

3. SLG 型三筒连续粉体表面改性机

该改性机是引进瑞典 AGMW 公司三筒高速强烈混合表面改性机(HSTP-3/1000)而研制的。SLG 型三筒连续粉体表面改性机集冲击、剪切和摩擦力、变向气旋涡流等作用对粉体和改性剂进行高强度分散，并强化粉体与表面改性剂的碰撞作用；利用变向气旋涡流的紊流作用增加颗粒与表面改性剂的作用机会和作用时间；依靠摩擦产生改性剂与粉体颗粒表面作用所需的温度。该改性机具有连续生产、自动加料、操作简单、处理能力大等特点，特别适合用硬脂酸类、各种偶联剂等对碳酸钙、滑石、云母、高岭土、石英、硅灰石等非金属矿物填料进行连续表面改性处理。

4. 半自动强烈混合改性机组

半自动强烈混合改性机组的最大特点是利用电子秤全自动计量，使高速混合机的加料实现了远距离自动操作，大大降低了人工劳动强度和人工计量不准的偏差，同时设备间采用密封的管道连接，可防止粉尘污染。

10.4.4　表面改性工艺

表面改性工艺依表面改性的方法、设备和粉体制备方法而确定。目前工业上应用的表面改性工艺主要有干法工艺、湿法工艺、复合工艺。干法工艺根据作业方式的不同又可以分为间歇式和连续式；湿法工艺可分为有机改性工艺和无机改性工艺。

1. 干法工艺

干法工艺是一种应用最为广泛的粉体表面改性工艺，具有工艺简单、投资较省以及改性剂可选择范围宽等特点。目前对于无机填料和颜料，如 GCC 和 PCC、高岭土、滑石、硅灰石、硅微粉、氢氧化铝和氢氧化镁、陶土、陶瓷颜料等，大多采用干法表面改性工艺。

间歇式干法工艺可以在较大范围内灵活调节表面改性的时间(即停留时间)，但颗粒表面改性剂难以包覆均匀，生产效率较低，劳动强度大，有粉尘污染，难以适应大规模工业化生产。

连续式干法工艺的特点是粉体与表面改性剂的分散较好、颗粒表面包覆较均匀、劳动强度小、生产效率高，适用于大规模工业化生产。连续式干法表面改性工艺通常在干法粉体制备工艺之后进行，用于大批量连续生产各种无机活性粉体，特别是用于塑料、橡胶、胶黏剂等高聚物基复合材料以及涂料、油墨的无机填料和颜料生产。

2. 湿法工艺

湿法工艺与干法工艺相比具有表面改性剂分散好、表面包覆均匀等特点，但需要后续脱水（过滤和干燥）作业，一般适用于可水溶或可水解的有机表面改性剂以及需要干燥的湿法制粉（包括湿法机械超细粉碎和化学制粉）场合，如沉淀碳酸钙（特别是纳米碳酸钙）、湿法细磨重质碳酸钙、超细氢氧化镁、超细二氧化硅等的表面改性。这是因为化学反应后生成的浆料在过滤和干燥之前进行表面改性，不会使物料在干燥后形成硬团聚，改善其分散性。无机沉淀包覆也是一种湿法改性工艺，它包括制浆、水解、沉淀反应和后续洗涤、脱水、煅烧或焙烧等工序。

3. 复合工艺

复合工艺的类型较多。其中两种常见的类型是机械力化学/化学包覆复合改性工艺和无机沉淀/有机包覆复合工艺。机械力化学/化学包覆复合改性工艺是在机械力作用或细磨、超细磨过程中添加表面改性剂，在粉体粒度减小的同时对颗粒进行表面化学包覆改性的工艺。该工艺的优点是工艺可以简化，某些表面改性剂还可在一定程度上提高超细粉碎效率。不足之处是温度不易控制；由于改性过程中颗粒不断被粉碎，由此产生新的表面，颗粒难以均匀包覆，要设计好表面改性剂的添加方式才能确保均匀包覆和较高的包覆率；此外，如果粉碎设备的散热不好，强烈机械力作用过程中局部升温过高过快可能使部分表面改性剂分解或分子结构被破坏。无机沉淀/有机包覆复合工艺是在沉淀包覆改性之后再进行表面有机化学包覆改性的工艺，其实质是一种无机/有机复合改性工艺。该工艺已广泛用于复合钛白粉表面改性，即在沉淀包覆 SiO_2 或 Al_2O_3 薄膜的基础上，再用有机表面改性剂对 TiO_2/SiO_2 或 Al_2O_3 复合颗粒进行表面有机包覆。

思考题

1. 粉体常见的分类有哪几种？
2. 简述纳米材料的特性和粉体的应用。
3. 简述粉体制备的方法，并分析这些方法各自的优缺点。
4. 粉碎的意义是什么？常用矿物原料的破碎方式和破碎设备有哪些？
5. 对粉体进行表面改性的目的是什么？简述粉体表面改性的方法，并列举常见的表面改性剂和设备。

第11章　煤岩组分分选

11.1　煤岩组分概述

煤炭是多种有机组分和无机组分组成的复杂有机岩石。因此,人们借鉴岩石矿物的研究方法,研究煤的物质组成、结构、性质、成因及合理利用途径的学科,称为煤岩学。基于煤岩学观点,由煤的光学特征不同所能区分出的基本组成单元,称为煤岩组分。在煤中,用肉眼就可以区分的基本组成单元称为宏观煤岩成分,包括镜煤、亮煤、暗煤和丝炭。在光学显微镜下才能够识别出来的基本成分称为显微组分。其中,由植物有机质转变而成的煤岩组分称为有机显微组分。根据煤中有机成分的颜色、反射率、突起、形态、结构特征,有机显微组分可进一步划分为镜质组、惰质组和壳质组。由矿物质转变而成的组成部分称为无机显微组分。

不同煤岩组分的组成和性质不同,因此它们在应用领域上也有所区别。如镜质组适用于轻质固体燃料、低灰锅炉燃料、液化原料、气化原料;惰质组适用于活性炭、石墨等碳材料的生产或作为化工原料等。因此,通过煤岩组分的分选,可以获得高富集度的煤岩单组分后再加以利用,可以大大提高煤的利用和转化效率。

通常,煤炭分选加工的主要目的是分离富集煤的有机质(有机组分),剔除煤中夹杂的矿物质(无机组分)。煤岩分选是指分离有机组分和矿物质的同时,进一步分离富集各煤岩单组分。由于大多数烟煤中壳质组含量很低,而且其工艺性质和镜质组相近,因此,一般煤岩分选研究主要集中在煤中镜质组与惰质组的有效分离富集上。

在我国已探明的煤炭储量中,侏罗纪煤储量占39.6%。在尚未探明的煤炭预测储量中,侏罗纪煤也占三分之一左右。侏罗纪煤主要集中在内蒙古、陕西、甘肃、宁夏四省区交界地带和新疆北部。在各成煤期中,侏罗纪煤的平均含硫量最低,平均含灰量最低,这是侏罗纪煤的最大优势。侏罗纪的煤种范围从褐煤到无烟煤,在已探明的侏罗纪煤储量中,低变质烟煤占96%,气煤占3%,其他煤种占1%。也就是说,侏罗纪低变质烟煤占我国已探明煤炭储量的38%。

侏罗纪煤的煤岩学特征相似,已发现侏罗纪低变质煤都有一个共同特征,即惰质组组分含量普遍较高,大多在30%以上,如表11-1所示。

表11-1　侏罗纪低变质烟煤惰质组分含量统计表

省(自治区)	陕西			内蒙古	宁夏	甘肃		青海	新疆
煤田(矿区)	神府	彬长	黄陇	东胜	灵武	华亭	靖远	大通	吐哈
惰质组组分含量/%	26～54	44～69	29～63	30～70	30～69	30～50	30～47	40～57	40%左右

神府-东胜矿区主要生产矿井煤的有机显微组分含量见表 11-2。惰质组平均含量为 38.90%，远高于全国动力煤中惰质组组分含量的平均值(29.50%)，其中榆家梁矿井煤中惰质组含量高达 53.60%。

表 11-2　神府-东胜矿区主要生产矿井煤的有机显微组分含量

矿井名称	镜质组/%	惰质组/%	壳质组/%
马家塔	55.20	43.83	1.07
武家塔	72.60	26.79	0.70
上　湾	49.18	49.35	1.47
补连塔	72.40	26.81	0.80
乌兰木伦	65.10	33.71	1.30
大柳塔	66.65	31.82	1.55
石屹台	55.90	42.71	1.40
活鸡兔	64.80	34.30	0.90
郭家湾	56.07	42.60	1.40
哈拉沟	56.50	42.44	1.10
榆家梁	45.41	53.60	1.00
平均值	59.98	38.90	1.15

研究发现，惰质组分含量较高导致这些煤的黏结性较差，难以用于配煤炼焦；惰质组分含量较高还造成了煤的成浆性能较差，难以制得高浓度水煤浆；同时，惰质组分含量较高也是引起该类煤液化性能总体上变差、油产率降低的基本原因。煤炭科学研究总院北京煤化工研究分院进行的神府煤直接液化试验表明，原煤有效脱除丝炭后，煤的液化率可大幅提高。我国西北地区的大型煤直接液化企业和煤间接液化制甲醇、二甲醚的企业，原料用煤均为惰质组分含量较高的侏罗纪低变质烟煤，液化残渣主要是惰质组分。研究还表明，惰质组分含量较高时，煤的气化性能也会受到影响。然而，惰质组分也有其高的应用价值，如富惰质组分煤可作为制备碳素材料或燃料的优质原料。煤岩组分在工业中的具体应用途径可总结如图 11-1 所示。

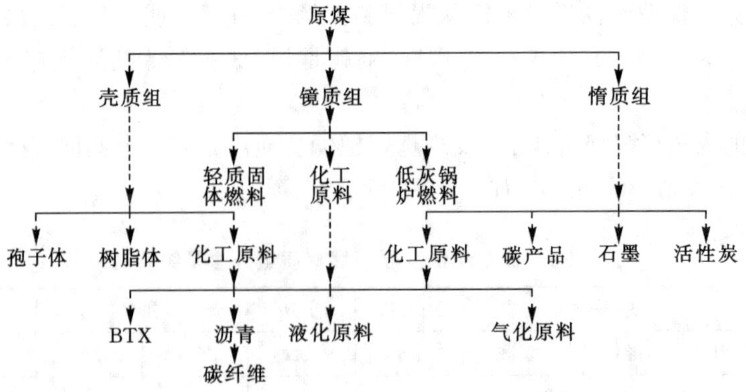

图 11-1　煤岩组分在工业中的应用

由于煤岩组分在工业应用中的差异性，其对煤炼焦工业、煤液化工业、煤燃烧、水煤浆工业、煤的氧化和气化以及原生沉积矿床和生物成矿等领域均有影响。因此，有效进行显微组分分选是促进煤炭综合、高效利用的途径。

煤炭分质利用的概念可定义为基于煤炭组成、结构和性质上差异，进行高效加工和利用的一种工艺集成技术或方法。煤是由各种有机显微组分（有机质）与少量不同种类的矿物质（无机质）组成的、性质不均一的复杂混合物。其中有机显微组分由许多相似的结构单元所组成。单元的主体是缩合程度不同的芳香环、少量脂肪环和杂环，环间由含氧桥键或次甲基桥键连接，从而形成一个所谓的有机大分子。环的侧链主要有烷基、羟基、羧基、甲氧基等基团。煤炭组成的不均一性为分质转化利用创造了物质条件。

煤炭分质转化利用是将煤的初级加工和煤的多联产相结合，根据煤炭种类、质量和成分的特点，选择不同的、适宜的产品和加工路线，最大化利用煤炭。因此，煤炭的分质利用总是与煤的多联产相关联。煤炭分质多联产利用可归纳为两类技术途径：基于煤大分子结构和反应性差异的分质转化多联产和基于煤岩组分结构和性质差异的分质转化多联产。

11.2　煤岩的基本概念

11.2.1　宏观煤岩成分和类型

宏观煤岩成分是通过肉眼观察，主要根据煤的光泽、颜色、强度、脆度、断口、形态等主要特征进行识别的基本组成单元，可分为镜煤、亮煤、暗煤和丝炭四种组分。其中镜煤和丝炭是组成简单的宏观煤岩成分，亮煤和暗煤是组成较复杂的宏观煤岩成分。

1. 镜煤

颜色呈黑色到深黑色，光泽强，明亮如镜，是煤中颜色最深、光泽最强的部分。其质地纯净而均匀，以贝壳状或眼球状断口和垂直的内生裂隙发育为特征，性脆，易破碎成棱角形小块。在煤层中镜煤呈透镜状或条带状，有时呈线理状夹杂在亮煤或暗煤中，但有明显的分界线。在煤层中，镜煤的裂隙常垂直于层理。

2. 亮煤

煤中最常见的煤岩类型。其光泽仅次于镜煤，性较脆，内生裂隙较发育，密度较小，有时呈贝壳状断口。在煤中呈较厚的分层或透镜状出现。在煤层中亮煤常组成较厚的分层，甚至整个煤层。

3. 暗煤

颜色为灰色、暗黑，光泽暗淡，致密坚硬，韧性较大，密度大，内生裂隙不发育，层理不清晰，断面粗糙，断口呈不规则状或平坦状。在煤中形成较厚的分层，甚至单独成层。在镜下观察，一般暗煤组成相当复杂，镜质组含量较少，壳质组和惰质组含量较多，矿物质含量较高。

4. 丝炭

外观像木炭，颜色灰黑或暗黑，具有明显的纤维状结构和丝绢光泽，疏松多孔，性脆易碎，手捏可以染指。其致密坚硬，密度大。丝炭在煤层中，一般含量不多，往往呈透镜状沿煤的层面分布。

煤岩组分宏观特征的差异，为组分间的手选分离提供了依据。不同宏观煤岩成分的组合，会表现出不同的光泽强度。按照光泽强度的大小，依次将煤分为光亮煤、半亮煤、半暗煤和暗淡煤。

11.2.2 显微组分的概念

根据煤岩学方法可对煤进行显微组分分类。国际煤岩学委员会(ICCP)将烟煤的显微组分分为镜质组、惰质组、壳质组和矿物质。其中镜质组、惰质组和壳质组是煤中主要组分，也是有用组分；矿物质被认为是煤中伴生组分，主要由黏土及无机矿物组成，一般认为是煤中无用组分。

1. 镜质组(V)

镜质组是由植物的茎、叶等木质纤维组织经凝胶化作用后形成的。对于低变质烟煤，镜质组在显微镜下透光色为橙色—橙红色，在油浸反射光下呈深灰色，表面平整，无突起。根据结构和形状的不同，镜质组又分为无结构镜质体、结构镜质体、碎屑镜质体。

2. 惰质组(I)

惰质组是植物的木质纤维组织经过丝炭化作用形成的。它包括微粒体、粗粒体、半丝质体、丝质体、真菌体和碎屑惰质体等显微组分。惰质组在显微镜下透光色为棕褐色—黑色，不透明或微透明；在油浸反色光下呈灰白色—亮白色或亮黄白色，中高突起。

3. 壳质组(E)

壳质组来源于植物的片壳组织和分泌物。它主要包括孢粉体、角质体、树脂体、木栓质体、树皮体、藻类体、碎屑壳质体。对于低变质烟煤，壳质组在显微镜透射光下呈柠檬黄色—黄色—橘黄色—红色，大多轮廓清楚，外形特征明显；在油浸反射光下呈灰黑色—深灰色，反射率低，中高突起到微突起。

4. 矿物质(M)

矿物质是煤中伴生的无机组分，主要由黏土及无机矿物组成。

11.2.3 宏观煤岩成分、显微组分和显微煤岩类型之间的关系

煤的不同显微组分或显微组分组的各种组合，称为显微煤岩类型。它是评价煤的工艺性质的依据。显微煤岩类型在煤中以单组分、双组分和三组分等形式存在，如微镜煤、微惰煤、微壳煤、微亮煤、微镜惰煤、微暗煤和微三合煤等。宏观煤岩成分、显微组分和显微煤岩类型之间的关系可以形象用图 11-2 来表示。

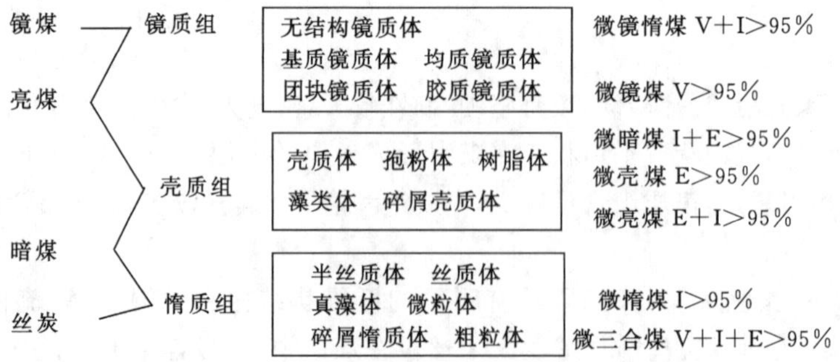

图 11-2 宏观煤岩成分、显微组分和显微煤岩类型之间的关系

11.3 显微组分的组成结构

11.3.1 元素组成

煤的组成主要以有机质为主，煤中的有机质主要由 C、H、O、N、S 等元素组成，其中 C、H 和 O 元素占煤中有机质的 95%以上。组成各显微组分的元素类型基本相同，但含量有所差别。

图 11-3 和图 11-4 描述了各显微组分的 O、H 含量与变质程度的关系。可以看出，当变质程度相同时，惰质组的碳含量最高，壳质组次之，镜质组稍低于壳质组；氧含量以镜质组最高，惰质组次之，壳质组最低；而氢含量则以壳质组最高，镜质组次之，惰质组最低。但它们之间的差异随着变化程度的增加而减小，最后趋于一致。

此外，显微组分中有机硫也有所不同，壳质组的有机硫含量最高，镜质组次之，惰质组相对较低。

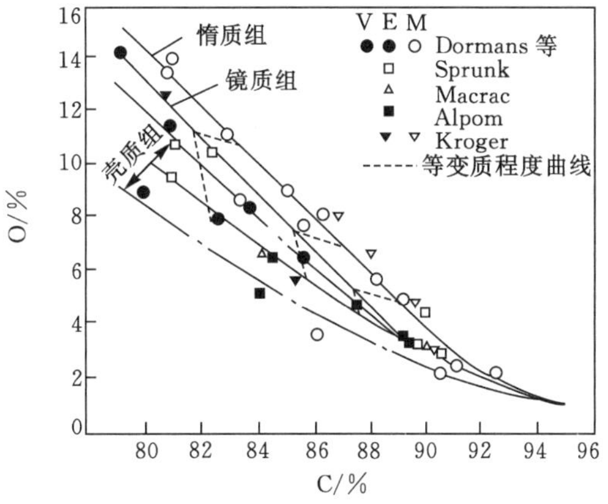

图 11-3 各显微组分的 O 含量与变质程度的关系

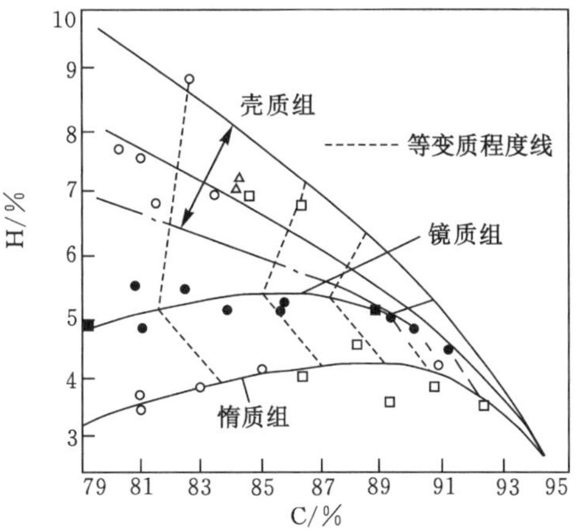

图 11-4 各显微组分的 H 含量与变质程度的关系

11.3.2 官能团组成

煤结构的外围部分除了烷基侧链，还有其他官能团，如羟基、羧基等。这些官能团是决定有机化合物化学性质的原子或原子团。煤中的官能团主要是含氧官能团和少量含氮、含硫官能团。煤中氧含量及其存在形式对煤的性质影响很大，尤其对低变质煤而言尤为重要。不同组分中含氧官能团的存在形式和差异决定了煤岩组分的应用途径及价值。

一般地，壳质组中的烯烃和烷烃最多，挥发分含量最高，且 H 含量高，而惰质组相应的含量最低，镜质组介于两者之间。三种组分的芳香度及芳碳率从小到大的顺序为惰质组＞镜质组＞壳质组。镜质组的含氧量较高，脂肪侧链和支链更多，但其含氧官能团数量及缩合环数低于惰质组。镜质组和惰质组的芳碳/总碳随着碳含量的升高而增大，而壳质组的芳碳/总碳不随碳含量而变化。

此外，惰质组中游离—OH 或苯环 π—OH 缔合羟基的吸收较强，而镜质组的羟基—OH 主要来自缔合的 OH—O—H；镜质组中的羰基主要是酮基或醌基，惰质组中的氧主要是芳香族酸酐和羟基。惰质组表面的 C—C、C—H 的质量分数比镜质组低得多，而 C—O 的质量分数比镜质组高得多。

11.4 显微组分的物理性质

煤的物理性质是煤的一定化学组成和分子结构的外部表现。它是由成煤的原始物质及其聚集条件、转化过程、变质程度和风、氧化程度等因素所决定的，包括颜色、光泽、密度、硬度及导电性等。研究显微组分的物理性质对物理法分离煤岩组分具有指导意义，同时也为煤岩学的发展提供理论依据。

11.4.1 反射率

研究煤的光学性质可以获得煤结构内部微粒的大小、形状和聚集特性。反射率是磨光样品表面反射出来的垂直入射光的百分数。不同显微组分的反射率是不同的，同一组分在不同的变质阶段中的反射率也是不同的。煤中的镜质组反射率能较好地反映煤的变质程度；在不同的变质阶段中，各显微组分的反射率都有一定的范围，并随变质程度的增高而增加，这反映了煤的内部由芳香稠环化合物组成的芳香核缩聚程度在增加，芳碳率 f_a 在逐渐增大。由图 11-5 可以看出，在同一变质阶段中，各显微组分的反射率，由镜质组到惰质组是逐渐增加的；各显微组分的反射率随变质程度变化的速度有差别，镜质组的变化快而且规律性较强。镜质组反射率与 f_a 有一定的线性关系，其回归方程为：

$$f_a = 0.59 + 0.13R_0 \tag{11-1}$$

式中 R_0——显微组分反射率；

f_a——芳碳率。

11.4.2 密度

了解显微组分的密度是重液分离的根本依据。不同显微组分的密度各不相同，一般地，丝炭的密度最大，镜煤密度次之，角质化物质密度最小。而煤中矿物质的密度一般比有机物

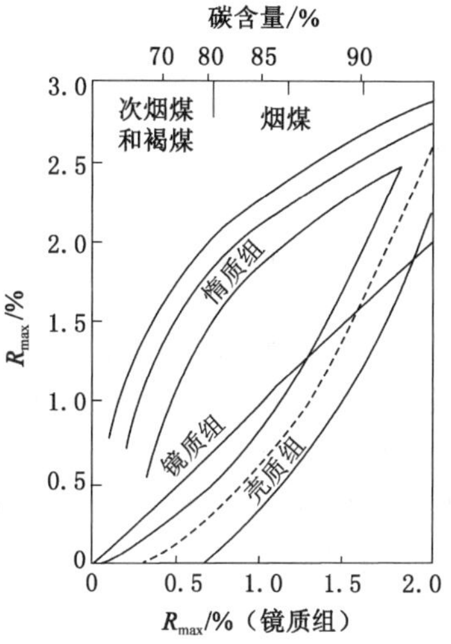

图 11-5　不同显微组分的反射率与变质程度的关系

大得多。图 11-6 所示为煤中各显微组分密度随变质程度的变化曲线，随着变质程度的增加，各组分间的密度差异逐渐缩小，最后趋于一致。

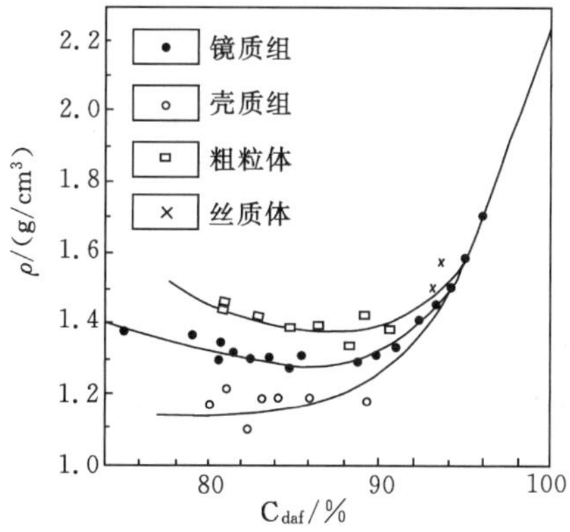

图 11-6　煤中显微组分的密度

11.4.3　润湿性

润湿性是表征矿物表面重要的物理化学特征之一，是矿物可浮性好坏的直观标志。润湿性大小取决于矿物表面不饱和键力与偶极水分子相互作用力的强弱。当固体分子与液体分子间的作用力大于液体分子之间的作用力时，固体可被液体润湿。润湿性常用接触角表示。根据 Young 方程，接触角越大表明润湿性越差，反之亦然。图 11-7 所示是液体在固体表面的接触角，接触角 θ 与固-气、固-液、液-气表面张力 γ_{SG}、γ_{SL}、γ_{LG} 之间的关系式可表示为：$\gamma_{SG}-\gamma_{SL}=\gamma_{LG}\cos\theta$，此式称为杨氏方程，也称润湿方程。

通过接触角的测量，各显微组分憎水性强弱关系为：壳质组＞镜质组＞惰质组。含氧官能团的数量是影响各显微组分润湿性的关键因素，村田逞诠研究了接触角与含氧官能团之间的关系，认为羧基、羟基含量是影响煤表面润湿性最主要的因素；由羰基、醚基的化学结构

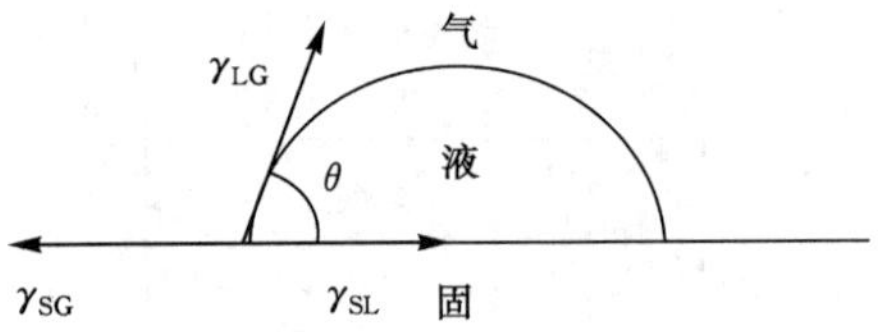

图 11-7 液体在固体表面的接触角

可以看出，它们对润湿性的影响甚微，与接触角之间不存在相关性。镜煤尽管含氧量较高，但是其含氧官能团的数量较低，总体表现为疏水性，丝炭尽管总氧含量较低，但是其含氧官能团的数量较高，总体表现为亲水性。在烟煤阶段，对于芳香环少的烟煤，随芳香环的增多，煤的疏水性增强；而对于芳香环多的烟煤，随连接芳香环的脂肪族碳氢链的减少，煤的疏水性反而减弱。随着碳氧比增加，煤的临界界面张力增加，界面更容易被一些低极性的有机液体润湿。煤表面的含氧官能团(包括醇、醚、酚、酯等)一般存在于煤表面上，它们易形成氢键而亲水。因此，煤的含氧量及含氧官能团不同，它们的表面润湿性也不同。

各显微组分表面性质的差异可以表现为润湿性的不同，而润湿性的差异又可为浮选分离提供依据。但由于煤表面性质的复杂性、各显微组分表面性质的差异较小，浮选法分离各显微组分难度增大。

11.4.4 表面电性

研究矿物表面电性，对浮选有重要意义，它可为浮选药剂的作用机理提供依据，也可用以判断矿物的可浮性。

1. 双电层结构

当矿物被粉碎后，其暴露出来的表面与内部结构的性质和组成可能会有所差异。矿物表面层分子受到水偶极(水分子具有强极性)、溶解于水中的气体(如 O_2、CO_2)以及离子的作用，从而发生溶解、水解、吸附等现象，导致矿物表面发生变化。如水偶极对矿物表面各种离子的作用，使矿物表面离子转入到溶液，或者使溶液中的离子转入到矿物表面。结果就在矿物表面形成一层多余的正离子(负离子)，这些离子称为定位离子。在表面定位离子的吸引作用下，溶液中一部分异号离子会靠近固体(矿物)表面，使表面电性平衡。因此，就在矿物表面形成一层离子密集的区域，这就是双电层(图 11-8)。

矿物与水界面的内层称为定位离子层。对于不同的矿物，定位离子的种类是不同的，这些离子可以是正电荷离子，也可以是负电荷离子。改变溶液的 pH 值可以改变定位离子的正、负电荷以及大小。

2. 表面电位

表面电位是指矿物表面与溶液之间形成的电位差。矿物在溶液中的表面电位可以通过 Zeta 电位进行反映。Zeta 电位是颗粒在外力作用下，颗粒与溶液沿滑动界面做相对运动产生的电位差。研究矿物表面 Zeta 电位对浮选分离各显微组分有重要的意义，即可通过各显微组分表面电位的差异，添加合适的药剂，从而达到分选的目的。

随着矿浆 pH 值的增大，溶液中[OH^-]增加，煤的表面 Zeta 电位下降。变质程度与颗粒大小对煤表面 Zeta 电位有影响：随着变质程度的增加，煤中带有负电的官能团数量相应减少，其表面 Zeta 电位有规律地升高；对同种煤样，颗粒越小，表面可溶性离子越易溶出，其

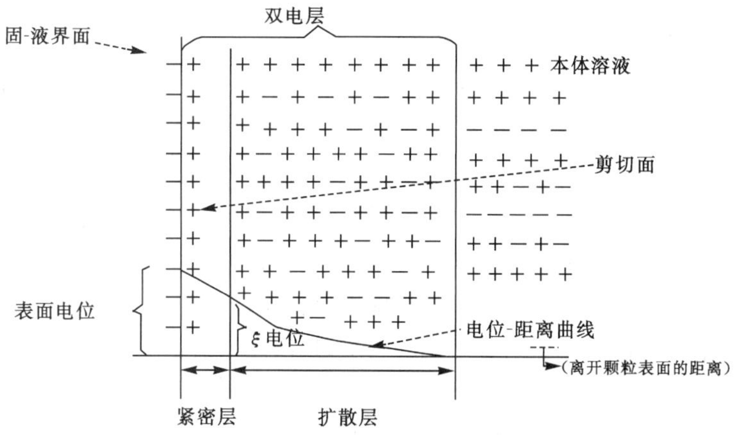

图 11-8　双电层模型(据 Stern 模型)

等电点相应越小。一般地,在相同 pH 值条件下,镜质组 Zeta 电位的绝对值始终大于惰质组,且镜质组的 PZC(表面零电点)值为 3.40,惰质组的 PZC 值为 2.80,并指出虽然镜质组和惰质组表面 Zeta 电位存在差异,但这种差异很小。与煤表面 Zeta 电位密切相关的负电性官能团主要是—OH 基团。

11.5　煤岩组分粉碎解离特性

11.5.1　煤和煤岩粉碎性质的研究

对于煤岩组分分选来说,煤及煤岩组分粉碎的主要目的在于达到煤岩组分之间的有效解离,争取形成煤岩单组分,最后通过分选予以富集。

Kalligeris-Skentzos 等人在实验室采用球磨机研究了煤粉碎的动力学参数,指出 20 μm 以下颗粒较多时,将减缓磨煤速度。进一步研究表明,颗粒磨得过细,将导致能耗增高以及扬尘急剧增大。曾凡桂等利用分形几何理论,基于粒度建立了煤球磨粉碎动力学方程。周安宁、卢建军、谢克昌等采用气流粉碎法进行了煤的超细粉碎。杨志远等利用行星磨进行了煤的超细粉碎。

Hower 等检验了 656 种肯塔基(Kentucky)煤的煤岩分析和哈氏可磨性指数(HGI)。结果表明,东肯塔基 473 种煤的 HGI 值与其壳质组含量、镜质组最大反射率和硫分之间有一定关系,指出壳质组是煤中的韧性组分,富壳质组微亮煤的抗碎性能较高。舒新前的研究结果表明丝炭的 HGI 最高、暗煤次之、亮煤较低、镜煤最低。Lowry 研究表明,采用球磨机把不同煤岩组分磨成特定粒度时,暗煤比最软的丝炭需要 8 倍的时间,而亮煤和镜煤则大约需要 2.6 倍和 3 倍时间。

Sengupta 研究了印度不同煤田、不同煤质三百多种煤样的 HGI 值,采用回归统计方法发现,统计可磨性指数(SHGI)与煤的水分、灰分、挥发分和固定碳之间有一定关系。Ward 认为,煤中水溶性矿物对低变质程度煤的可磨性有较大影响。高灰且水溶和酸溶性组分含量较高的煤,其 HGI 值较高,而高灰且水溶性和酸溶性组分含量较低的煤,其 HGI 较低。

11.5.2 煤岩组分解离及解离程度的研究

对矿物进行预处理，如热力辅助粉碎、电力辅助粉碎、超声辅助粉碎等，可以部分改变矿物物理、化学和力学性质，提高矿物的解离程度。Tavares 等研究认为，微波辐照尤其可以诱导矿物的裂隙。Kingman 等对挪威的钛铁矿进行微波辐照试验表明，短时间、高能辐照尤其可提高后续处理的回收率。付胜等采用热力辅助粉碎与高压水射流粉碎相结合的方法对煤进行细粉碎，同样取得了较好效果。Kingman 等研究发现：随着微波能量的增加，矿物的解离越充分。Lester 等研究表明：微波辐射可以使煤产生裂纹、微裂纹等变化。赵伟等的研究表明，微波辅助磨矿对煤岩组分解离具有促进作用。

Austin 等基于煤的浮沉试验结果，研究了煤中有机质和无机矿物质间的赋存关系，提出了煤中矿物质连生指数的计算模型，并指出连生指数越小，解离度越大，解离程度也就越好。Holland-Batt 基于浮沉试验结果，利用煤炭颗粒破碎解离前后矿物质总量不变的原则，计算了煤中矿物质的解离指数。曾凡桂利用分形几何理论，研究了颗粒形态学的分形特征，由此得出颗粒的粉碎模型，并进而推导出煤中矿物质的解离模型，即

$$L = K d_i^{D_1 - D_2} \tag{11-2}$$

式中 L——煤中矿物质的解离度；

K——常数；

d_i——颗粒的粒度；

D_1——煤中矿物质粒度分布的分形维数；

D_2——单体矿物颗粒分布的分形维数。

前人进行了煤岩组分粉碎解离及辅助粉碎解离研究，得出了煤岩组分可磨性指数的差异。但是，还没有人对煤颗粒的粉碎方式与煤岩解离度间的关系进行研究，而粉碎方式的改变往往对矿物的粉碎解离影响更大。

煤岩分选研究中煤岩组分解离的关键是促使裂纹、微裂纹沿着煤岩组分界面产生，并导致粉碎，而不是沿煤岩组分自身内部产生裂纹、微裂纹而导致粉碎。这除了与粉碎方式有关外，还直接与不同煤岩组分之间界面的化学组成、结构及相互作用密切相关。而迄今为止，还没有这方面的研究报道。

11.6 煤岩组分的常规分选技术与方法

基于煤岩组分物理、化学性质的差异，从 19 世纪开始，就有一大批研究者对煤岩组分进行选择性富集。煤岩组分分离方法大体可以分为化学法和物理法两大类。其中化学法主要指氧化法，即用浓硝酸、过氧化氢等氧化剂使镜质组氧化，而其他组分对它们有抗氧化性，从而保留下来，得到富集的煤岩组分。Ladam（1954）、Alpern（1958）、Given（1980）、King(1984)等人先后通过不同溶剂选择性氧化方法富集了煤中壳质组。氧化法的条件苛刻，且对煤的结构和性质影响较大，因此只能用于特定的煤种和目标，有较大的局限性。

物理法是通过煤岩组分物理性质(如密度、润湿性、颜色、硬度、表面电性等)的差异进行分离的方法，主要包括手选、筛选、静电选、重选法、浮选法等。手选是根据煤岩组分颜色、光泽、硬度、脆度等的差异通过肉眼识别对其进行分离的方法，该方法效率低，分离的纯度也因

操作者不同而不同。筛选是根据磨矿过程中各煤岩组分的破碎性差异而进行的一种分离方法，该法分离得到的产品纯度较低。手选和筛选也常常作为初选，与重选法联合使用。静电选是利用静电差异对煤岩组分进行分选的方法，该法分选效果较明显，但回收率较低，且效果不稳定。重选法是目前应用最为广泛的一种方法，而浮选法是最有工业前景的方法，因此，以下着重探讨这两种方法。

11.6.1　重选法

不同煤岩组分的真相对密度不同：壳质组一般为－1.25 g/cm³，镜质组为 1.25～1.35 g/cm³，惰质组为 1.35～1.45 g/cm³，矿物质为＋1.52 g/cm³。煤岩组分重选法的一般流程如图 11-9 所示。

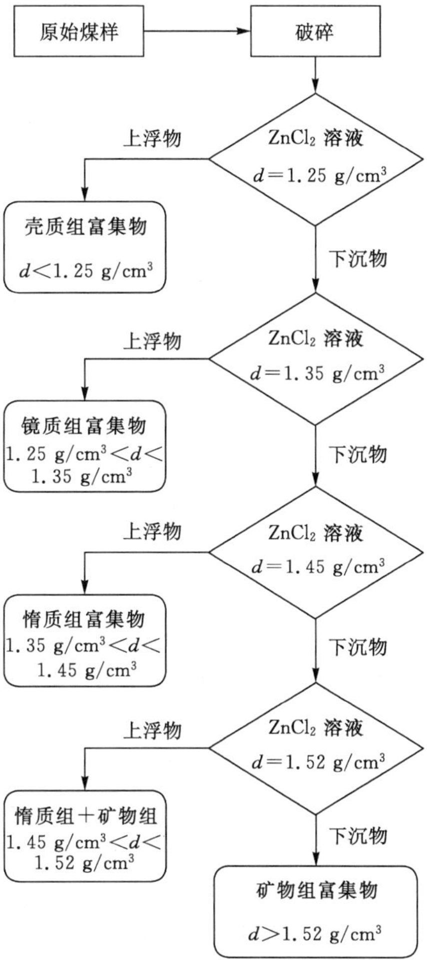

图 11-9　重选法的流程图

Kröger 于 1956 研究发现了煤岩组分的密度差异：壳质组＜镜质组＜惰质组。此后，他又通过浮沉试验分离出了煤岩单组分。在此基础上，Dormans(1957)也采用浮沉试验方法进行了煤岩组分的分离和富集，由此奠定了煤岩组分重液分离基础。此后几十年，很多学者相继采用重液分离的方法进行了煤岩组分的分离和富集，为重液分离的发展做出了贡献。

Dyrkacz、Horwitz 等改进了重液分离方法，开发了煤岩等密度梯度离心分离技术(DGC)。等密度梯度离心分离技术是将原煤充分粉碎，使得煤岩组分充分解离，再采用 HCl/HF 或 HCl/NaOH 等强酸、强碱方法脱灰，然后采用 CsCl 和 Brij-35 配制的重液作为介质，在高速离心机上进行离心分离。Dyrkacz 等于 1992 年建成了离心分离装置(CFC)。该装置以 CsCl 等物质和水配制的溶液作为重力分选介质，成功实现了煤岩组分的较大规模分离与富集。结果表明，在煤岩组分充分解离的前提下，可以获得纯度较高的煤岩单组分。

蔡昌凤等采用重介质旋流器对柠条塔煤进行了煤岩组分分选研究。当精煤产率为 67.75%时，镜质组含量可达 79.83%，惰质组脱除率为 51.40%。舒新前等采用选择性磨矿对神府煤进行煤岩组分富集。结果表明，在 $-1.35\ g/cm^3$ 浮物中，镜质组富集率为 35%；而在 $1.35\sim1.45\ g/cm^3$ 分离物中，惰质组富集率达 30%。

迄今为止，重液离心分离方法还只限于实验室试验，难以进行大规模应用。其主要原因，一是在煤粒粉碎过细的情况下，细小颗粒之间会产生较强的“粒间效应”，使得煤粒的密度差异相对变小，从而影响了分离精度及煤岩组分的富集程度。二是不管是在重力场中，还是在离心力场中分选煤岩组分，其分选原理都离不开密度差异。尽管煤岩组分之间密度有差异，但差异很小。这就使得要实现煤岩组分精确分选，配置重液的密度要非常精确，以便分选时按照密度差异实现准确切割。然而在工业化生产中，重液配制还难以达到如此精确度。三是配制的重液价格昂贵，回收和重复利用困难。四是为了有效克服粒度效应，需要提高离心分离因数，这对设备的可靠性提出了很高要求，同时也会增加磨损和能耗。

目前看来，对于低变质程度的煤，通常采用重液密度法，通过适当的破碎研磨、合适的密度级范围和离心分离条件，就能从一种煤中分离富集出几种煤岩单组分。然而，如何有效结合煤粒的破碎解离和重力分选，实现煤岩组分的连续化分选，并在保证煤岩组分有效富集的前提下，提高分选规模和效率，仍然是需要解决的问题。

11.6.2 浮选法

浮选法目前也被广泛应用于煤岩组分分离与富集的研究。Smith、Sun、Bujnowoska 等人相继对煤岩组分可浮性进行了研究，并通过浮选法分离煤岩组分。舒新前等对神府煤进行了浮选法分离富集煤岩组分的研究。结果表明，当浮物产率小于 69%时，浮物中的镜质组含量达 80%以上。林治穆等利用浮选法对我国几种煤的镜质组进行了富集，结果表明镜质组可由 42.31%富集到 67.54%。段旭琴等采用浮选法对马家塔煤岩组分进行了富集，当回收率为 65.83%时，镜质组由 51.90%提高到 68.10%，惰质组脱除率为 70.63%。Honaker 等利用浮选柱组配合分选的方法，对 Illinois 6 号煤中煤岩组分进行了富集，惰质组富集率从 7.5%提高到 50%，壳质组富集率从 3.8%提高到 8.7%，镜质组富集率从 79.5%提高到 87.8%。在柱内气泡体积小、运动较慢、浮选槽呈近静态的环境下，同时控制溶液 pH 值及其他参数，惰质组的回收率达到 50%以上。

煤岩组分在表面性质上存在一定差异，通过浮选法可以进行有效的分离。Apland 等人借助测量煤岩组分接触角的方法，指出壳质组、镜质组到惰质组的憎水性依次降低。舒新前研究了神府煤的煤岩组分表面电动电位，发现镜煤的 ζ 电位更偏向于正电性，丝炭的 ζ 电位更偏向于负电性。王宝俊等研究指出，煤的表面等电点随变质程度提高而升高；通过红外光谱分析指出，—OH官能团与煤表面ζ电位密切相关。赵伟等在氢气和甲烷气氛下，采用微波法对神府煤粒进行改性，然后浮选分离煤岩组分。研究结果表明，氢气气氛下微波处理煤粒1 min时镜质组富集率为92.71%，惰质组富集率为54.35%；甲烷气氛下微波处理煤粒5 min时镜质组富集率为89.98%，惰质组富集率为52.99%。同时发现，随着微波处理时间的延长，镜煤和丝炭表面接触角和表面电位出现明显变化。其中氢气气氛下微波处理1 min、甲烷气氛下微波处理2 min后镜煤和丝炭的表面ζ电位值差异达到最大。

目前看来，浮选分离法是比较容易工业化放大的方法，目前浮选分离煤岩组分主要集中于新分选设备的开发和浮选药剂的选择，其中浮选药剂的选择一直是困扰目前煤岩组分分离的问题。

11.7　显微组分的干法分选技术与方法

11.7.1　适配于西部煤炭资源分选的技术体系特征

西部煤炭资源的高效分选，其关键在于有机显微组分和矿物质的有效解离。如前所述，目前较为常用的分选方法多局限于实验室，难以大规模应用，且密度离心和重液浮沉法不适应西部缺水环境。西部高惰质煤炭各显微组分及矿物质嵌布粒度较细、嵌布形式复杂，难以实现按其解离粒度进行分选。因此，寻找一种适配于西部高惰质煤炭资源，集“解离—分级—分选—分质(提质)”为一体的加工技术体系显得尤为重要。

针对西部煤炭资源的分选需求，高效粉碎—解离—分选的技术轮廓可以描述为：以多元强化解离、精细分级为设计理念指导西部高惰质煤炭的“选择性粉碎”“高效解离”“多级分选”技术及工艺的研发，旨在实现西部煤炭资源的提质和分选。具体特征如下：

(1) 在现有干法分选的基础上，突出对嵌布粒度较细煤的显微组分的粉碎、分级、分选作用效果，设计选择性粉碎作用过程，从而实现各显微组分的充分解离。

(2) 通过精细分级过程设计以及多级分级单元实现显微组分低能耗、高效率的分离(分质)过程。

(3) 引入外场(例如微波)协同粉碎技术，采用过程强化的方法及理念，在界面解离的基础之上实现显微组分按粒度解离，实现能量利用的最大化。

11.7.2　显微组分的干法解离-富集方法案例

1. 典型西部高惰质组煤样分析

研究所用的原煤为−1 mm神东上湾煤(简写为SW)。表11-3为上湾煤工业分析和元素分析，图11-10为上湾煤的显微组分分布图。综合分析可知：原煤灰分、硫分相对较低，碳及固定碳含量相对较高；惰质组含量为46.9%，其中以丝质体占主导；因壳质组含量极低(<1%)，在接下来显微组分的统计中暂忽略不计。图11-11为经MLA测得的原煤中主要矿物的含量分布，W和A分别代表质量含量百分比和面积含量百分比，图11-12为原煤煤岩光片图。综合分析可知：原煤中矿物含量较少，主要矿物为方解石、伊利石、高岭石、石英、黄铁矿；黄铁矿以星点状嵌布、黏土矿物充填于显微组分的胞腔内，分别对应图11-12(a)、(b)、(c)；镜质组和惰

质组相间嵌布分布，嵌布粒度为 20～250 μm，对应图 11-12(d)、(e)、(f)。综上，SW 为惰质组含量较高的优质煤种。

表 11-3　原煤的工业分析与元素分析

工业分析				元素分析				
A_{ad}/%	M_{ad}/%	V_{ad}/%	FC_{ad}/%	C_{ad}/%	H_{ad}/%	O_{ad}/%	N_{ad}/%	$S_{t,ad}$/%
10.38	7.50	32.84	49.28	68.94	3.36	8.99	0.54	0.29

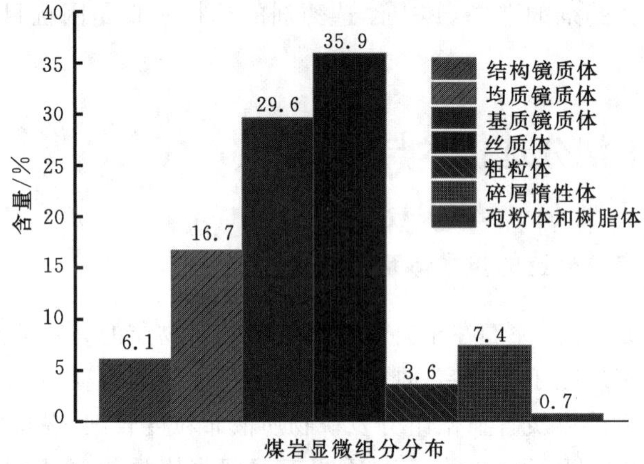

图 11-10　原煤的显微组分分布图(扫描右侧二维码可查看相应彩图)

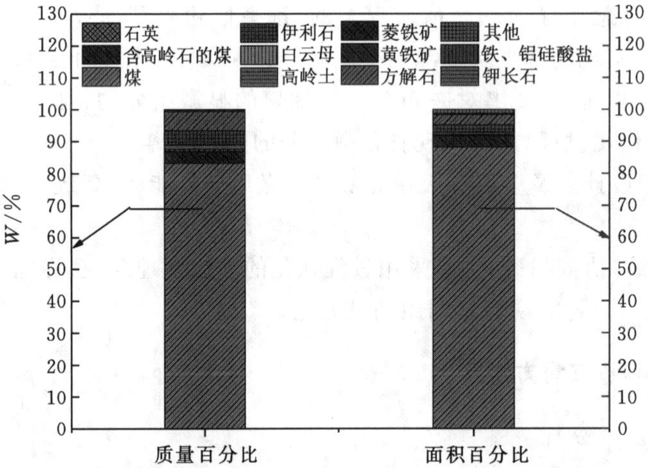

图 11-11　原煤中主要矿物的含量分布(扫描右侧二维码可查看相应彩图)

2. 试验方法与表征手段

分别采用预分级和微波预处理对显微组分的解离特性进行初步探索，在此基础上再采用多元强化解离工艺富集目标组分。多元强化解离工艺主要分为三个部分：预分级、微波强化裂纹生成、超细粉碎-精细分级，其工艺流程图如图 11-13 所示。

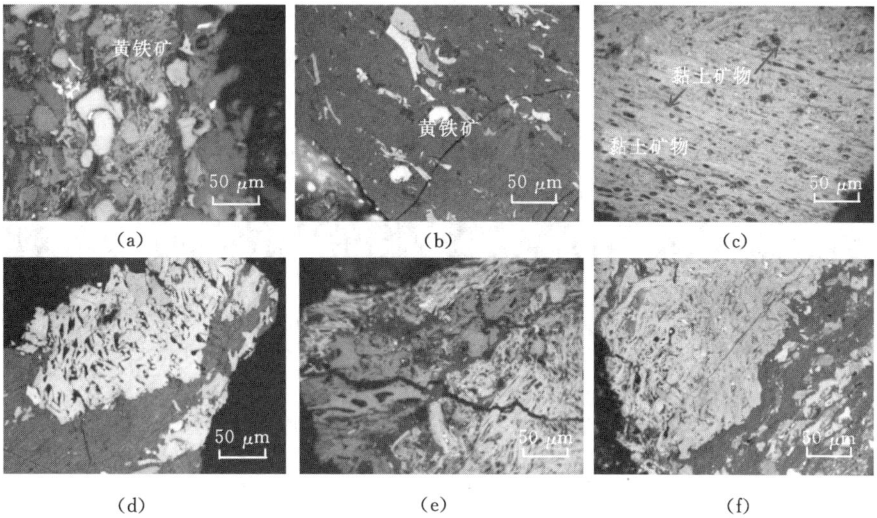

图 11-12　原煤煤岩光片

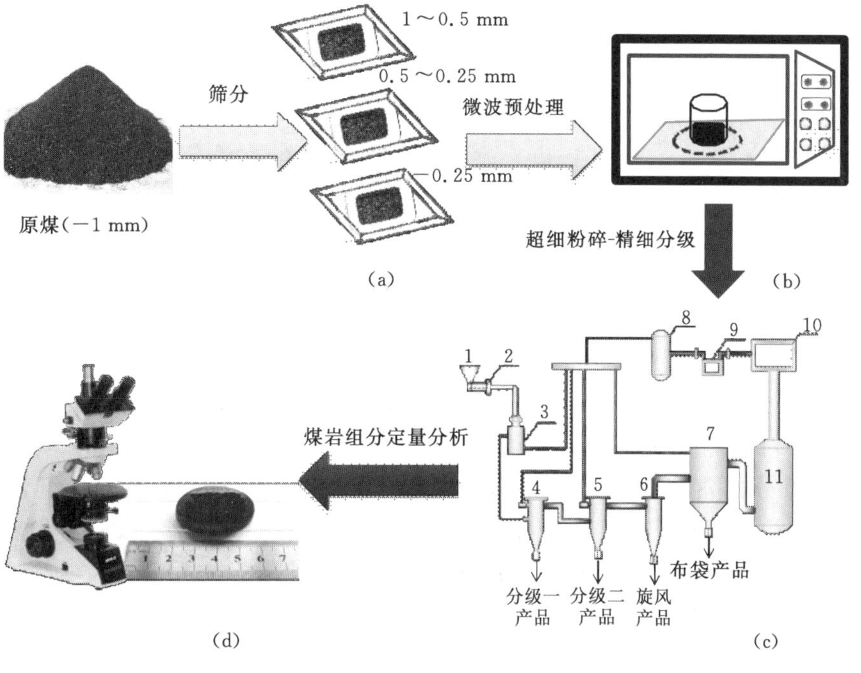

1—加料口；2—螺旋给料机；3—气流粉碎腔；4—分级机一；5—分级机二；6—旋风分离器；
7—布袋除尘器；8—储气罐；9—冷冻空气干燥机；10—空气压缩机；11—平衡罐。

图 11-13　多元强化解离工艺流程图

超细粉碎-精细分级过程采用由西安科技大学自主研发设计的气流粉碎-分级系统，设备联系图如图 11-13(c)所示。物料在超细粉碎-精细分级的过程中因其微观硬度、粒度、密度不同而被分为 4 种分级产品，即分级一产品、分级二产品、旋风产品、布袋产品。基于已有试验研究基础可知，布袋产品的产率极低(<2%)，由此将布袋产品和旋风产品合并，命名为分级三产品。根据《煤的显微组分组和矿物测定方法》(GB/T 8899—2013)将分级一产品和

分级二产品制成煤岩光片，进行显微组分定量测定。由于分级三产品粒度过细，显微组分辨认困难（图 11-14），因此分级三产品的显微组分含量由差减法得到，计算公式如式（11-3）、式（11-4）所示。

(a) (b) (c)

图 11-14 分级三产品煤岩光片

$$V_{m3}=V_r\times P_r-V_{m1}\times P_{m1}-V_{m2}\times P_{m2} \tag{11-3}$$

$$I_{m3}=I_r\times P_r-I_{m1}\times P_{m1}-I_{m2}\times P_{m2} \tag{11-4}$$

式中，V 代表对应产品镜质组含量；I 代表对应产品惰质组含量；P 代表对应产品的产率。

采用自定义参量异类比（D 值、D'值）、富集比（$|Z|$值、$|Z'|$值）作为评价指标，探索各分级产品不同显微组分的富集情况，计算公式如下：

$$D=\frac{V_m}{I_m} \tag{11-5}$$

$$D'=\frac{I_m}{V_m} \tag{11-6}$$

$$|Z|=\left|\frac{V_m}{I_m}-\frac{V_r}{I_r}\right| \tag{11-7}$$

$$|Z'|=\left|\frac{I_m}{V_m}-\frac{I_r}{V_r}\right| \tag{11-8}$$

式中，V_m 和 I_m 分别代表分级产品中镜质组和惰质组含量；V_r 和 I_r 分别代表原煤中镜质组和惰质组含量。对于富镜质组产品（镜质组含量大于惰质组含量），采用式（11-5）和式（11-7）来评价显微组分的富集效果，对于富惰质组产品（惰质组含量大于镜质组含量），采用式（11-6）和式（11-8）来评价显微组分的富集效果。$|Z|$ 或 $|Z'|$ 越大，代表显微组分（镜质组或惰质组）在分级产品中的富集程度越高。

采用加拿大阿尔伯塔大学 Oil Sands and Coal Interfacial Engineering Facility（OSCIEF）的 MLA250（FEI，USA）来研究煤中组分的解离特性与裂纹分布。

3. 预分级对显微组分迁移的影响

Djordjevic 通过减少热能消耗来提高粉碎过程的效率，提出窄的入料级别可以提高破碎过程的净粉碎能，因此，设计了预分级试验。将原煤用标准筛筛分成＋0.5 mm、0.5～0.25 mm、－0.25 mm 三个粒级，对应煤岩光片图如图 11-15 所示，其中图（a）、图（d）为＋0.5mm 的颗粒，图（b）、图（e）为 0.5～0.25 mm 的颗粒，图（c）、图（f）为－0.25 mm 的颗粒。从图中可以看出：部分颗粒出现了完全解离的镜质组和惰质组［图 11-15(d)(e)(f)］，但是大颗粒中仍然有较多未能解离的显微组分［图 11-15(a)(b)(c)］，其中镜质组和惰质组相间嵌布。

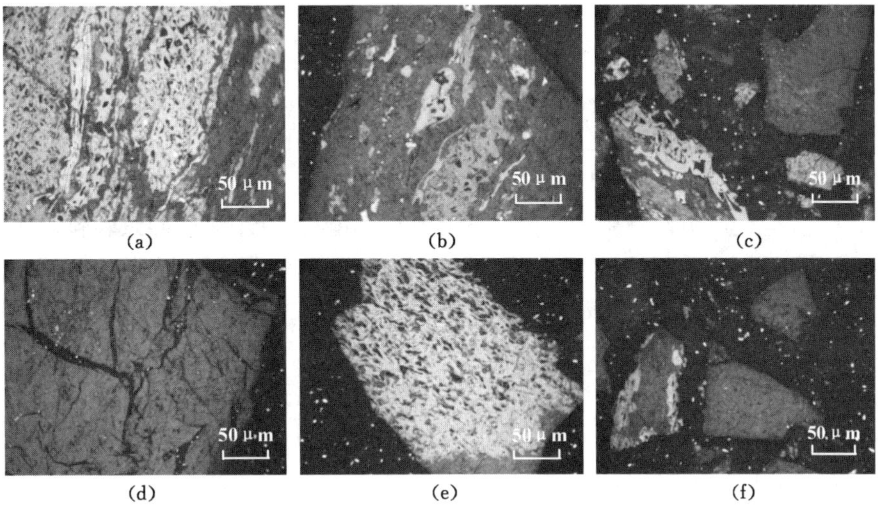

图 11-15　原煤预分级产品煤岩光片

图 11-16 为不同粒级原煤中显微组分含量、灰分产率分布图。由图分析可知：经过初步分级，显微组分在不同粒级的产品中出现了一定程度的富集，镜质组主要集中分布于−0.25 mm 的细颗粒中，含量最高达到 53.88%，且产率最高达到 48.83%。惰质组主要集中分布于+0.5 mm 和 0.5～0.25 mm 的颗粒中，含量分别达到 50.01%、50.29%。分析原因为：镜质组的脆性较大，易存在于细粒；惰质组的显微硬度较大，不易被粉碎成细颗粒，因此容易在粗粒中富集，这与前人的研究结论一致。由此说明，显微组分本身的物理性质对由粒度主导的富集效果影响较大。

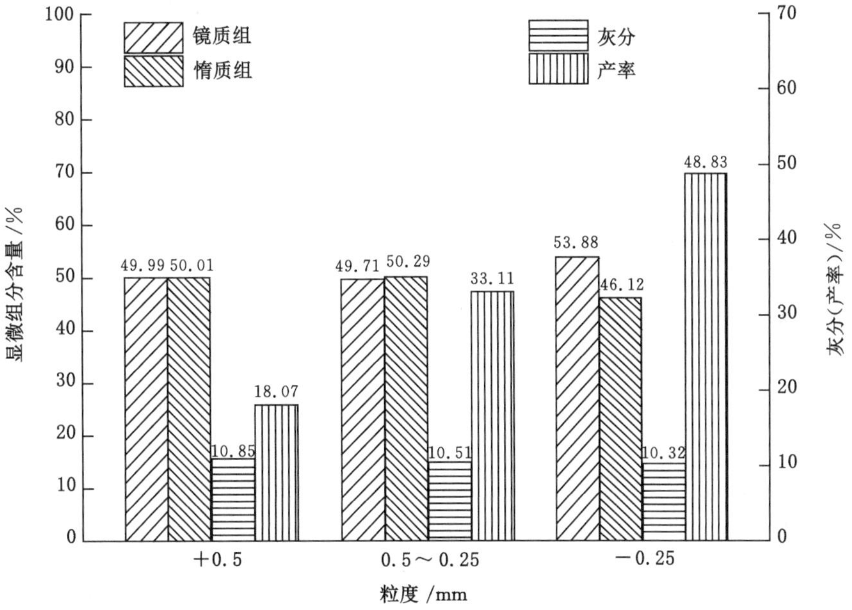

图 11-16　不同粒级原煤中显微组分含量、灰分产率分布图

4. 微波诱导颗粒裂纹生成分析

据已有的研究基础，设定微波条件为：微波功率 300 W（功率密度 $1.2\times10^4\ W/m^3$），微波时间 2 min。对原煤进行微波处理，然后进行 MLA 和 SEM 检测，通过分析颗粒表面形貌特征，初步探索微波诱导颗粒裂纹生成以及对矿物解离特性的影响。

图 11-17 为微波预处理作用下 SW 的 MLA 分析图。分析可知：SW 对微波作用表现出一定的选择性，但是煤中矿物质和不同组分对微波的响应程度不同，导致颗粒表面裂纹的数量、长度、形貌特征也不同。因微波具有选择性加热作用，容易在热活性矿物（如黄铁矿）和热惰性矿物（如碳酸盐矿物、硫酸盐矿物）之间产生一定的热失配，从而诱导裂纹的产生和裂纹形式的多样性。黄铁矿为典型热活性矿物，其极性强于煤，在微波加热条件下升温速率较快，加之矿物受热膨胀，导致裂纹沿着热活性矿物周围进行扩展[图 11-17(b)、(c)]；部分煤中夹杂有嵌布粒度较细的方解石，而方解石为典型的热惰性矿物，对微波的响应程度较弱，在微波处理表面几乎不产生裂纹[图 11-17(e)、(f)]。

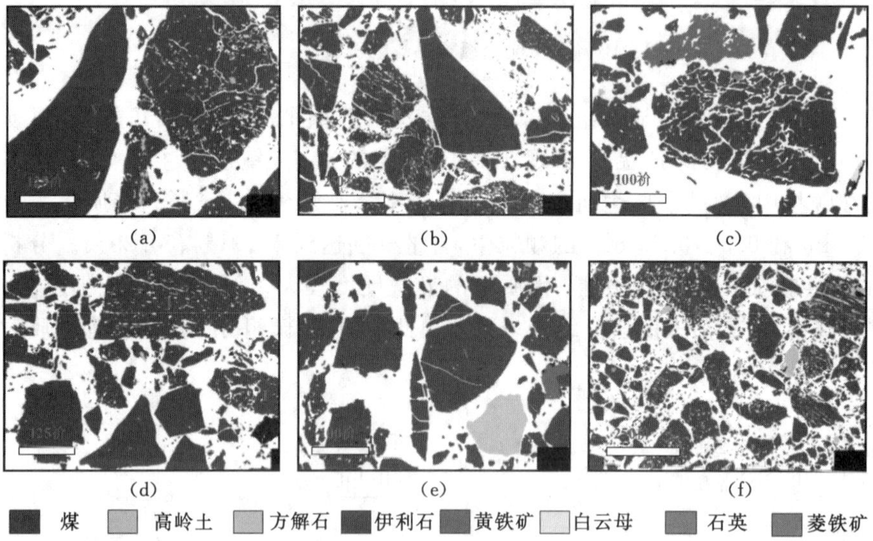

图 11-17　微波预处理作用下 SW 的 MLA 分析图（扫描右侧二维码可查看相应彩图）

图 11-18 为微波预处理作用下 SW 的 SEM 图。综合图 11-17 分析可知：镜质组表面裂纹呈直线形且裂纹宽度较大[图 11-17(a)、(b)、(e)，图 11-18(a)、(b)、(c)]；惰质组表面裂纹呈碎散状，裂纹数量多而密集[图 11-17(c)、(d)、(f)，图 11-18(d)、(e)、(f)]，且裂纹主要集中在大颗粒表面，小颗粒表面基本不存在裂纹，这与之前的研究结果基本一致。不同显微组分对微波的响应形式不同，裂纹更容易沿着组间扩展以平衡不同组分间的热应力梯度。

综上所述，在微波辐射作用下，不同组分颗粒产生裂纹的位置、数量、长度、形貌均有差异，在研究范围内，大颗粒对微波的响应程度大于小颗粒，推测在进一步的粉碎过程中，这种裂纹的差异会进一步强化矿物和显微组分之间嵌布形式和嵌布粒度的差异。

通过大量微波预处理过后煤样的 MLA 图分析发现，颗粒表面裂纹的分布具有一定的自相似特征，为进一步验证这一特征，引入分形理论对其定量表征，分形维数的大小一定程度上代表了所描述物体的表面粗糙程度。图 11-19 为采用 Sandbox 法进行分形维数的求解。因为

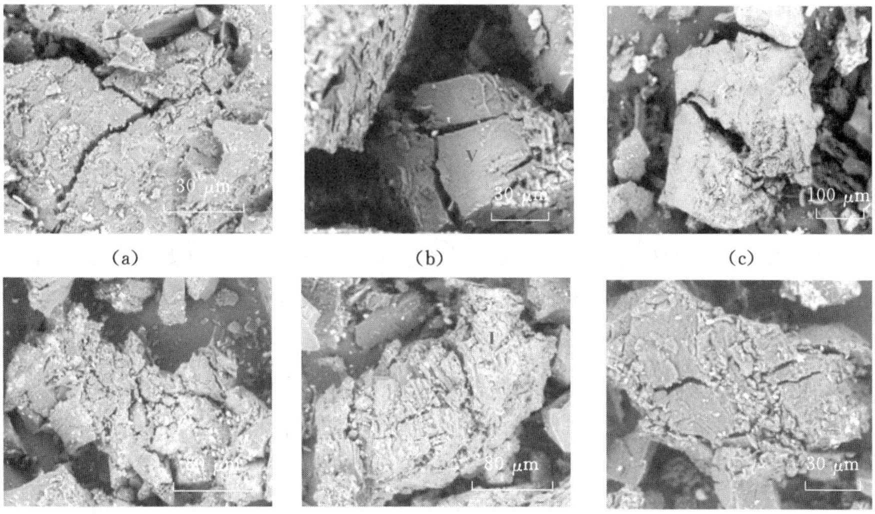

图 11-18　微波预处理作用下 SW 的 SEM 图

试验选取的是表面基本没有其他矿物嵌布的煤粒，由此选取颗粒的中心作为方框的中心。方框的尺寸为 r_i 不断增大，然后截得对应 r_i 尺寸大小的图形，进而再采用专门的统计软件得出煤粒表面裂纹的像素 N。从图 11-19 中可以看出，SW 对应的 $\ln N$ 和 $\ln R$ 表现出明显的线性关系，相关系数为 0.991 0，直线的斜率为 1.011 7，其公式为 $\ln N = 1.011\ 7 \ln R - 1.622\ 39$，由此即可得到 SW 表面裂纹的分形维数为 1.01，证明了煤样表面裂纹具有自相似性。

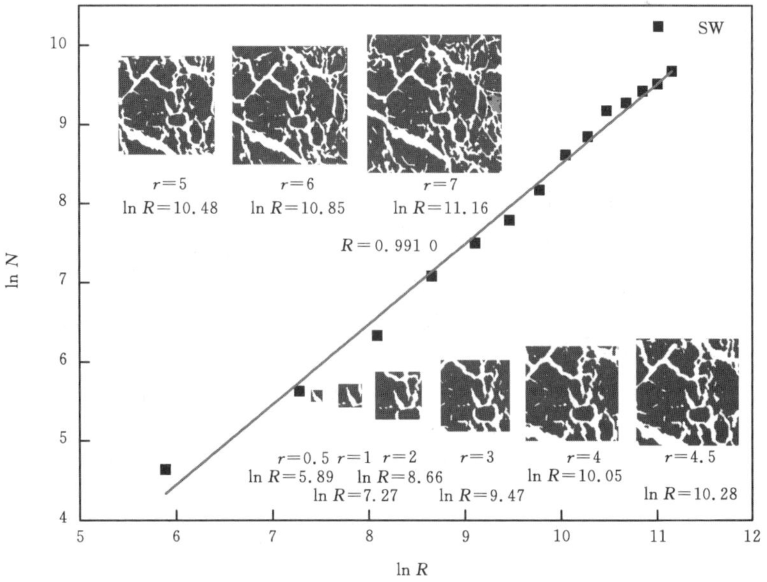

图 11-19　采用 Sandbox 法进行分形维数的求解

5. 多元强化解离对显微组分富集效果的影响

将经过预分级后得到的+0.5 mm、0.5～0.25 mm、−0.25 mm 三个粒级煤样分别进行微波预处理(功率密度 1.2×10^4 W/m^3,时间 2 min),然后再作为气流粉碎-分级系统的入料进行试验,试验编号分别记为 G1、G2、G3。图 11-20、图 11-21、图 11-22 分别为 G1、G2、G3 分级产品显微组分含量及灰分、产率分布图。整体分析可知:当微波预处理颗粒粒度为+0.5 mm 和 0.5～0.25 mm 时,从分级一产品到分级三产品镜质组含量先增大后减小,惰质组呈现先减小后增大的变化趋势,惰质组含量最高为 75.23%;当微波预处理颗粒粒度为−0.25 mm 时,从分级一产品到分级三产品镜质组含量逐渐减小,惰质组含量逐渐增大;其中镜质组含量最高为 66.30%,惰质组含量最高为 71.26%。结合之前的试验结果分析可知:不同粒度大小的颗粒对微波的响应程度不同,大颗粒表面的裂纹数量多于小颗粒,且镜质组脆性较大,惰质组硬度较大,因此表现为微波预处理不同粒度大小的颗粒,得到的分级产品中显微组分富集程度不同;相比原煤预分级所得结果,该多元强化解离工艺所得产品镜质组含量最高可增加 12.42%,惰质组含量最高可增加 24.94%。推测分级产品中惰质组富集含量明显增加的原因是:对于镜质组和惰质组相间嵌布的连生体颗粒,丝质体因具有特殊的条带纤维状结构,对较强的外力作用有所阻挡,解离困难,而微波作用强化了其表面的裂纹分布,促使其沿着组分界面进行解离,由此富集含量明显增加。

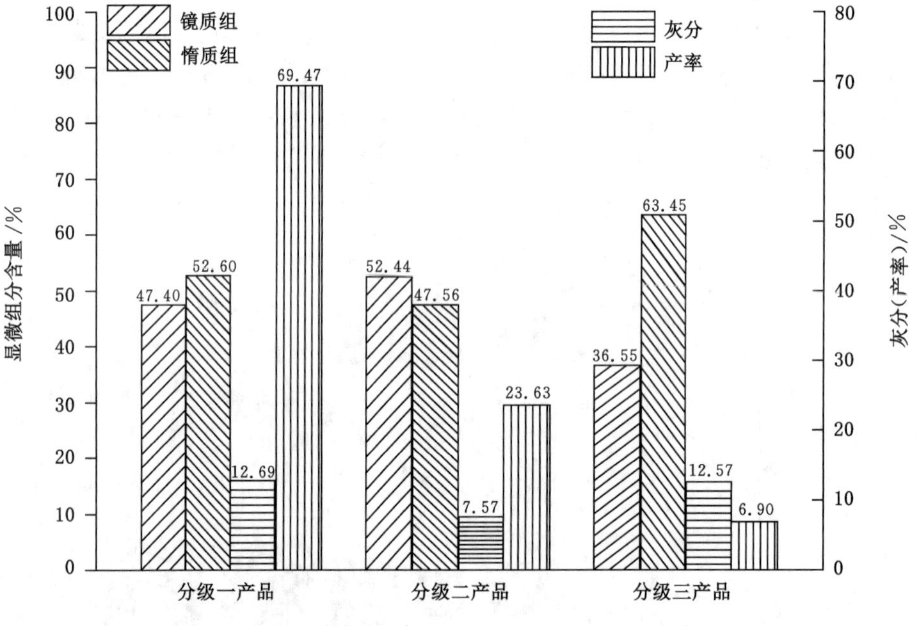

图 11-20 G1 分级产品显微组分含量及灰分、产率分布图

此外,多元强化解离工艺条件下,从分级一产品到分级三产品灰分出现先减小后增大的变化趋势。分级二产品灰分最低为 6.77%,各分级产品灰分梯度最大达到 7.95%;相比原煤灰分降低 3.61%,进一步说明不同矿物对微波的吸收程度不同,在粉碎分级过程中促进了煤与矿物的解离,在进一步分级过程中增强了煤与矿物之间的解离性质(粒度、密度)差异,提高了分质效果。

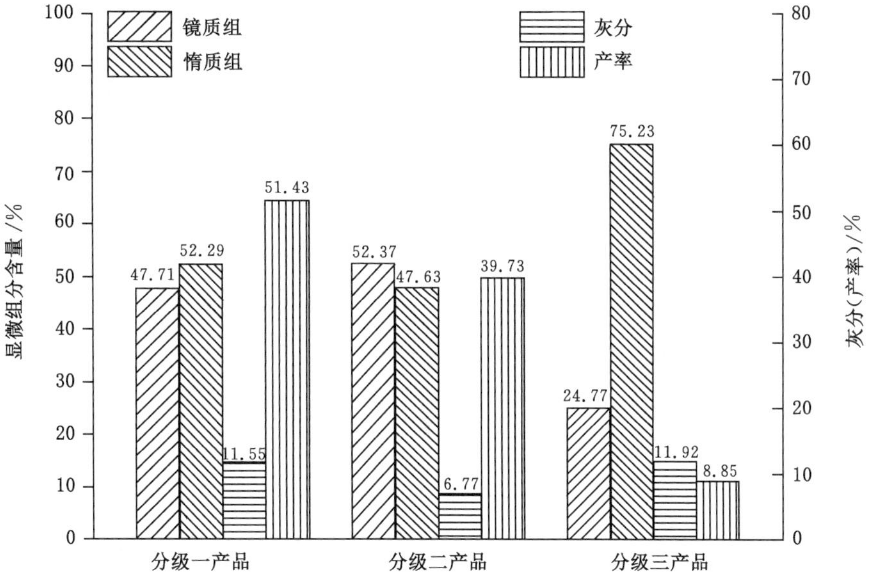

图 11-21　G2 分级产品显微组分含量及灰分、产率分布图

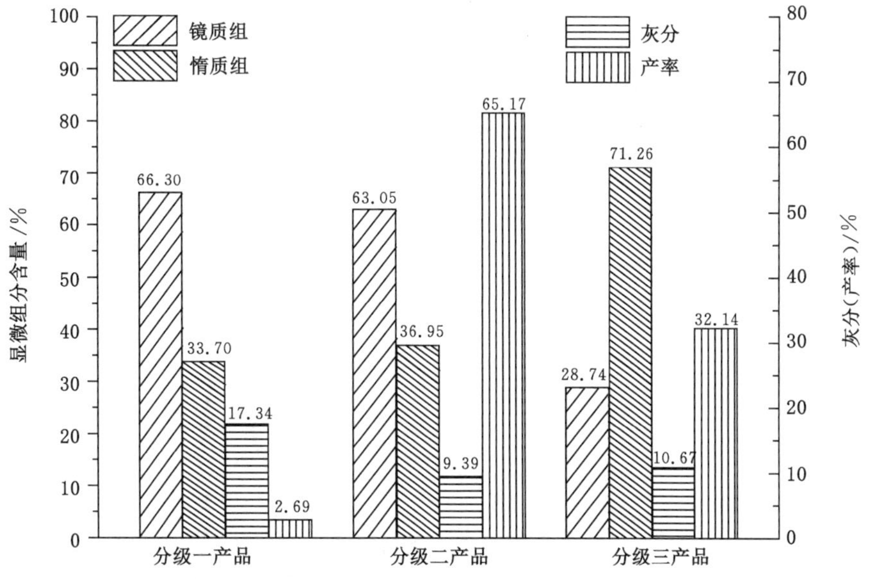

图 11-22　G3 分级产品显微组分含量及灰分、产率分布图

表 11-4 为 G1、G2、G3 煤中显微组分表征结果。在三组工艺条件下，D 和 D' 变化不同，其中 G3 分级一产品的镜惰比最大，为 1.97，说明该分级产品中镜质组含量明显大于惰质组含量；G2 分级三产品的惰镜比最大，为 3.04，说明该分级产品中惰质组的含量明显大于镜质组；$|Z|$ 值和 $|Z'|$ 代表了分级产品中显微组分的富集程度，各组分级三产品的富集效果最好，对应富集比分别为 0.85、2.15、1.59。

表 11-4　分级产品中各显微组分含量

试验序号	分级产品	镜质组含量/%	惰质组含量/%	D 值	D′	|Z|/|Z′|
G1	分级一产品	47.40	52.60	—	1.11	0.22
	分级二产品	52.44	47.56	1.10	—	0.02
	分级三产品	36.55	63.45	—	1.74	0.85
G2	分级一产品	47.71	52.29	—	1.10	0.21
	分级二产品	52.37	47.63	1.10	—	0.02
	分级三产品	24.77	75.23	—	3.04	2.15
G3	分级一产品	66.30	33.70	1.97	—	0.85
	分级二产品	63.05	36.95	1.71	—	0.59
	分级三产品	28.74	71.26	—	2.48	1.59

图 11-23 为 G1、G2、G3 分级产品的激光粒度分布图。分析可知：三组工艺条件下，从分级一产品到分级三产品，颗粒的粒度整体依次降低，其中分级一产品粒度分布曲线均呈现单峰分布，这是由于微波作用强化了各父代颗粒之间的裂纹分布，在进一步粉碎过程中，颗粒更容易沿着裂纹方向发生选择性破碎，从而强化了分级效果；随着入料粒度减小，分级二产品的粒度分布从多峰分布逐渐转向双峰或单峰分布，这表明分级二产品的分级效果越来越好。那些经历了优先破碎或多次破碎的颗粒，会产生更多的子代颗粒进入分级三产品，因此分级三产品的粒度最细，粒度分布范围较宽，呈现多峰分布。

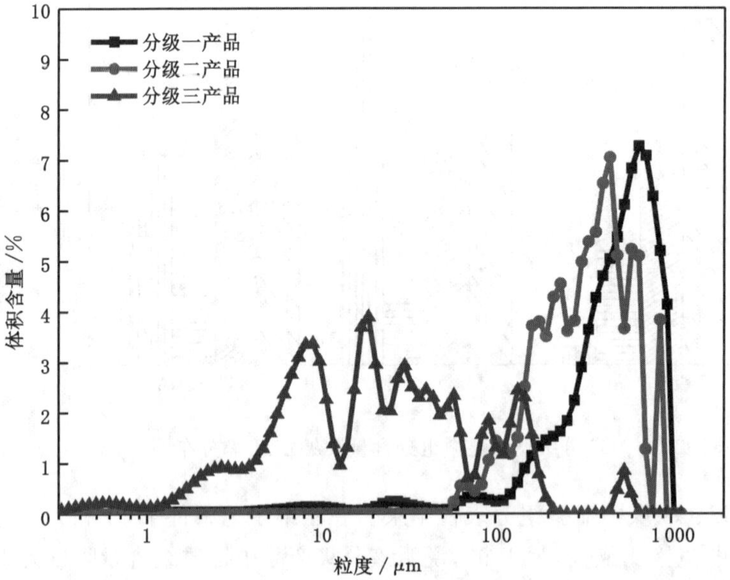

(a) G1

图 11-23　G1、G2、G3 分级产品的激光粒度分布图(扫描右侧二维码可查看相应彩图)

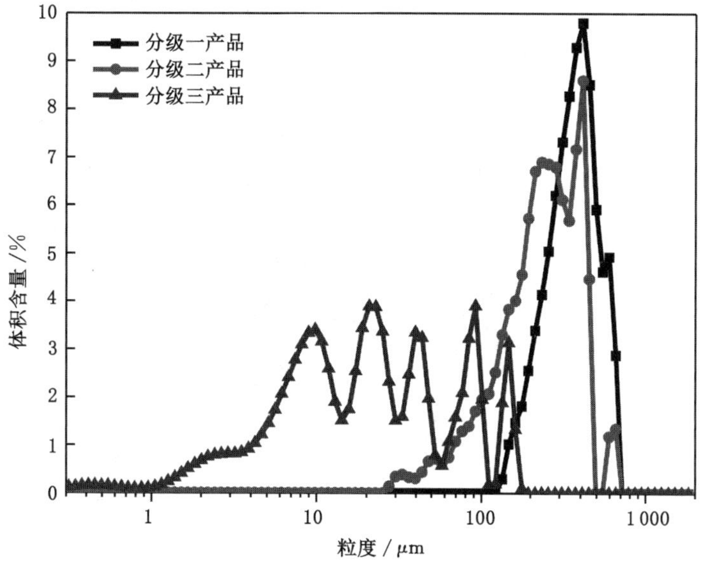

(b) G2

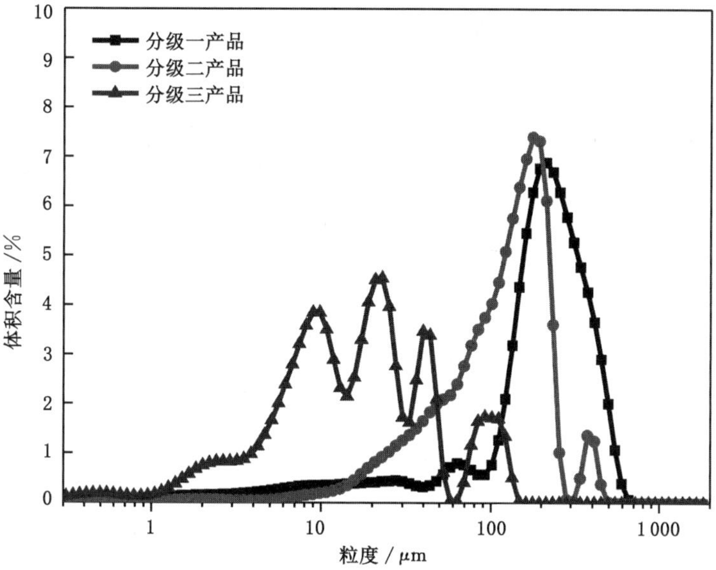

(c) G3

图 11-23　(续)

6. 多元强化解离模型预测

基于以上分析，提出了多元强化显微组分解离模型，如图 11-24 所示。原煤颗粒本身存在的裂隙以及各组分的物理性质差异对初步分级过程中显微组分的富集起主要影响作用。在初步分级过程中显微组分按粒度大小首先发生一定程度的富集[图 11-24(a)]，但初步分级对于没有解离的矿物和显微组分没有影响。在进一步的微波诱导裂纹生成过程中，不同显微组分之间、显微组分内部以及热活性矿物和热惰性矿物中的裂纹生成、扩展以及截止是关键。裂纹的形式包括组内裂纹和组间裂纹[图 11-24(b)]。最后，在超细粉碎-精细分级的过程中，粉碎沿着裂纹的方向进行，强化了各组分和矿物之间的解离，发生选择性破碎和随机破碎。在分级的过程中，不同矿物和组分在不同产品中得到富集，从而实现较好的分质效果[图 11-24(c)]。

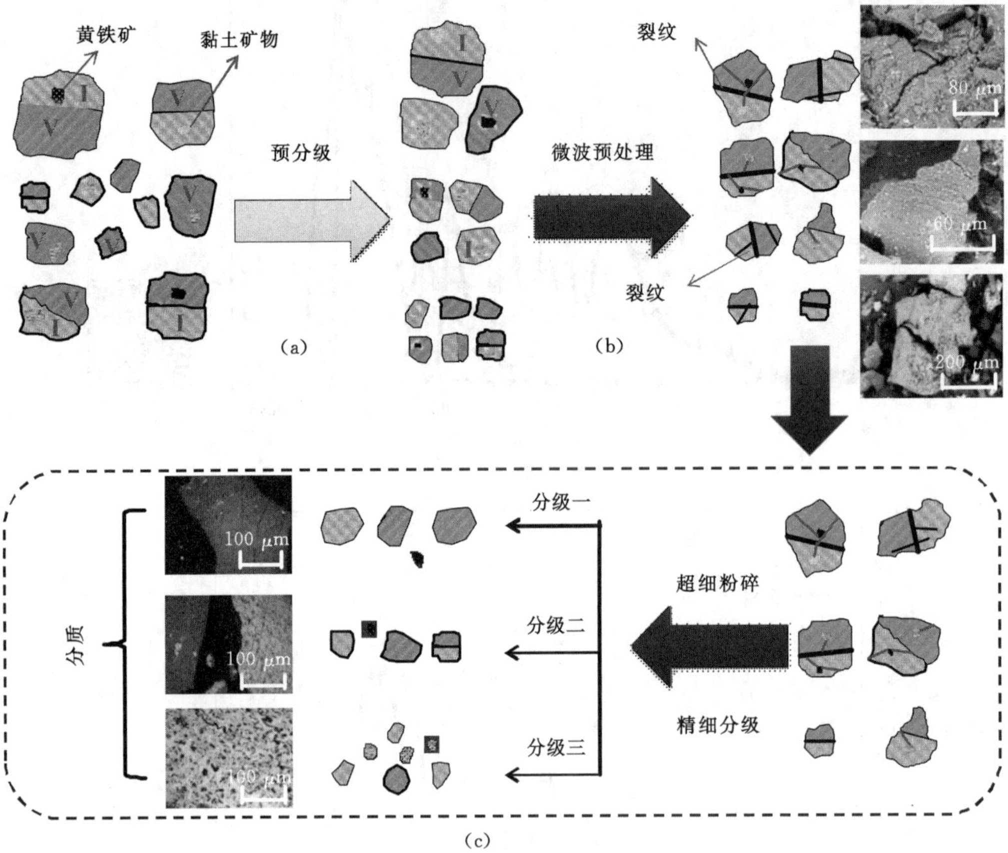

图 11-24　多元强化显微组分解离模型

第 12 章　矿物加工测试技术及新进展

12.1　概述

测量是为确定被测对象的量值而进行的试验过程，更具体地说，测量是用专门的技术工具把未知待测量和一个已知标准量进行比较的试验和计算过程。现代测量技术的内涵则更加丰富，包括测量变换，记录及显示方式、方法，与微机的配合，数学模型，提供的信息量等。由于原有的概念已不能充分容纳这些新的内容，所以在许多情况下用“测试”这一内涵更多的新概念。测试的目的主要是监视生产，保持生产正常进行；检验和控制产品质量；为设计新设备或新选矿厂提供原始数据；理论研究；等等。

矿物加工学科工艺性强，过程较复杂，涉及的理论及技术面很广。因此，其测试内容也非常广泛，有物料性质的测试如粒度测试、产品成分测试、水分测试等；也有浓度测试如矿浆浓度测试、离子浓度测试；此外，还有关于物质表面性质的测试如红外光谱、核磁共振波谱、X 射线光电子能谱、俄歇电子能谱、扫描电子显微镜、电子探针等。

12.2　物料粒度测试

粒度作为矿物的重要结构特征，是指颗粒在空间范围内所占大小的线性尺寸。矿物分选过程中所处理的物料都是由粒度不同的各种矿粒混合而成的。将矿物颗粒按粒度分成若干级别，这些级别叫作粒级。物料中各粒级的相对含量叫作粒度组成。粒度组成的测定工作叫作粒度测试。选矿生产和试验研究中常用的粒度测试方法与适用范围见表 12-1。

表 12-1　粒度测试方法与适用范围

测定方法	颗粒半径/μm	测定方法	颗粒半径/μm
显微镜法（光学）	0.5～100	电阻法	0.5～600
显微镜法（电子）	0.001～100	透气法	1～100
筛分法	20～10 000	气体吸附法	0.03～1
沉降法（重力）	0.05～100	激光法	0.02～3 500
沉降法（离心）	0.05～5	超声波法	0.1～300

12.2.1　显微镜法

显微镜法是对单个颗粒同时进行观察和测量的方法。它观察和测量的是颗粒在平面内的投影图像。该方法的优点是简单，直观，可进行形貌分析，可以准确得到球形度、长径比等特殊数据。但其缺点是代表性差，速度慢，无法测超细颗粒，不宜分析粒度范围宽的样品，只检查相对较少的颗粒。这种方法只能作为质量或生产控制的简单判断方法。

现阶段使用的显微图像粒度分析仪由显微镜、CCD摄像头（或数码相机）、图像采集卡、计算机等部分组成。它的基本工作原理是将显微镜放大后的颗粒图像通过CCD摄像头和图像采集卡传输到计算机中，由计算机对这些图像进行边缘识别等处理，计算出每个颗粒的投影面积，根据等效投影面积原理得出每个颗粒的粒径，再统计出所设定粒径区间的颗粒数量，最终得到粒度分布。

12.2.2 筛分法

筛分法是试验研究和生产实践中应用最多的粒度测试方法，又分为手动筛分法和机械筛分法。机械筛分法利用机械或电磁方法，产生垂直振动、水平圆周运动、拍打与水平圆周运动相结合等振动方式；手动筛分法则是将已知质量的物料连续通过筛孔逐层减小的成套筛网（一般每叠由3～6个筛孔大小递增的筛子组成，见图12-1），从而把物料分成不同的粒度级别。进行粒度分析时，需要根据物料的实际情况，选择干筛和湿筛，也可以采用二者联合的方式进行。当物料含水、含泥较少，对分析结果的要求又不很严格时，可以直接进行干筛。但当物料黏结严重，对分析结果的要求又比较严格时，则须采用干筛和湿筛联合的方式进行筛分。

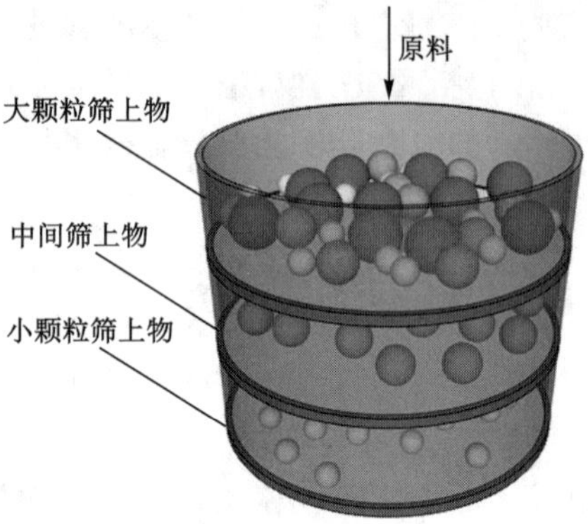

图12-1　套筛

筛分法具有操作简单、设备造价低等优点，但干筛时对于38 μm以下样品准确性相对较低，不能测定喷雾或乳液等液体样品，并且因为粒径段的划分受限于筛层数，所以对粒径分布的测量略显粗糙，在一定程度上影响了结果的精度。另外，筛分过程中因为振动强烈，一些颗粒可能极易破损，从而破坏粒径分布，影响测量结果。某些颗粒可能会相互吸附形成团块，这也会影响筛分结果的准确性。对于易产生静电的样品，可加入0.5%的胶质二氧化硅和（或）氧化铝等抗静电剂，以减小静电作用产生的影响。对于粒径小于38 μm的物料，相对准确的方法有沉降法、电阻法、激光法。

12.2.3 沉降法

沉降法是通过测量颗粒在液体中的沉降速度来反映粉体粒度分布的一种方法。测量的基本过程是将待测矿物样品放置在指定液体中，并制成一定浓度的悬浊液，悬浊液中的颗粒在重力作用下将发生沉降。不同粒径颗粒的沉降速度有所不同，大颗粒沉降速度快，小颗粒沉降速度慢。沉降速度（v）与等效粒径（d）的数量关系如下：

$$v=\frac{(\rho_s-\rho_g)g}{18\eta}d^2 \tag{12-1}$$

式中　ρ_s——样品密度；

ρ_g——沉降介质密度；

η——沉降介质黏度；

g——重力加速度。

从式(12-1)中我们可以看到，颗粒的沉降速度与等效粒径的平方成正比，可见在重力沉降中颗粒越细沉降速度越慢。沉降法的操作简单，仪器可以连续运行，准确性和重复性较好，测试范围较大，但测试时间较长，不能处理不同密度的样品，结果受环境因素和人为因素的影响较大。

12.2.4　电阻法

电阻法又称库尔特法，其测量原理基于小孔电阻原理。如图 12-2 所示，小孔管浸泡在电解液中，小孔管内外各有一个电极，电流可以通过孔管壁上的小圆孔从阳极流到阴极，小孔管内部处于负压状态，因此管外的液体将流到管内。当颗粒通过微孔时，瞬间排开微孔中的导电液体，小孔的横截面积变小，使得微孔两端的电阻增大，电压升高，产生一个电压脉冲。当电源是恒流源时，可以证明在一定范围内脉冲的峰值正比于颗粒体积，当不同大小的粒径颗粒连续通过小微孔时，小微孔的两端将连续产生不同大小的脉冲信号，仪器只要测出每一个脉冲的峰值，即可得到各颗粒的大小，进而可得出粒度的分布。该方法的优点是操作简便，可测颗粒总数，统计出粒度分布，等效概念明确，速度快，准确性好。但其缺点是测试范围较小，小孔容易被颗粒堵塞，介质应具备严格的导电特性。

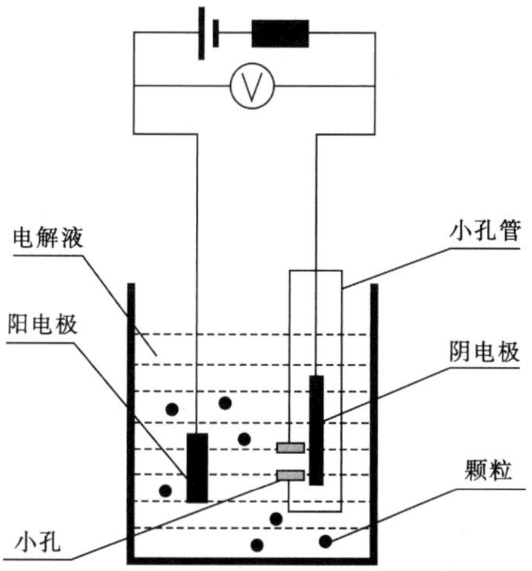

图 12-2　电阻法测量粉体颗粒粒径

12.2.5　激光法

激光法是基于激光照射到颗粒表面后产生的散射现象来推断颗粒粒径的方法。激光照射到矿物颗粒表面后会产生不同程度的散射现象，一部分光将与光轴呈一定角度向外传播。不同粒径颗粒引发的散射光的角度不同，颗粒越大(图 12-3)，产生的散射光的角度越小；颗粒越小，产生的散射光的角度越大。不同角度的散射光在通过透镜后会在测量样品背后形成环形的亮度分布，粒子大小就基于这些环形的间距计算出来，大粒子产生紧密的环形，小粒子产生宽松的环形。激光法的测试过程不受温度、介质黏度、试样密度及表面状态等诸多因素的影响，只要将待测样品均匀地展现于激光束中，即可获得准确的测试结果。但在测量样品之前要知道待测粉体样品的折射率、吸收率等物性参数。对于粉体样品来说，获得准确的折射率等参数并不容易，尤其对于混合物样品。这个问题可能会影响测量结果的可靠性。另外，不规则颗粒的截面积平均起来要大于相同体积的球体。因此，激光法测定的不规则颗粒的直径常比相同体积的球形颗粒的直径要大。

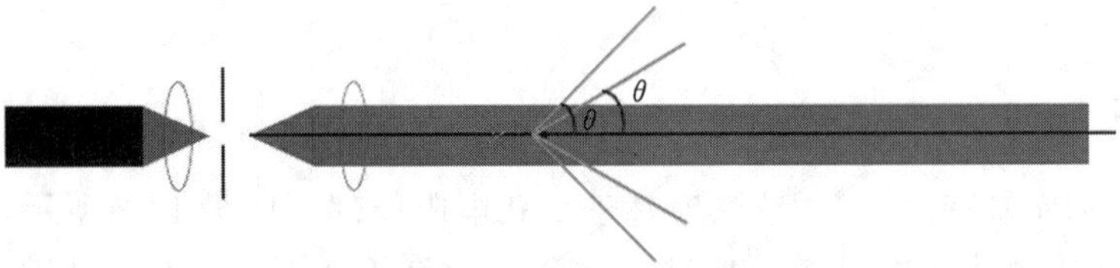

图 12-3　不同粒径的颗粒产生不同角度的散射光

12.2.6　超声波法

超声波法测量颗粒粒径的原理是基于超声波在物质中传播速度与颗粒粒径成反比的关系。当超声波通过颗粒时，会发生反射和散射，这些反射和散射的超声波会被接收器接收到。通过测量超声波的传播时间和已知物质的声速，可以计算出超声波在物质中传播的距离。然后，结合颗粒的密度和超声波在物质中传播的速度，可以计算出颗粒的粒径大小。

超声波法测粒径具有测量范围广、精度高、非破坏性等优点，被广泛应用于颗粒物理、材料科学、化学工程等领域，并且可以直接测量高浓度浆料，这是其他方法无法做到的。然而，超声波法测粒径也存在一些局限性。例如，它对颗粒形状和密度分布的敏感度较低，可能无法准确地测量不规则形状的颗粒或具有复杂密度分布的样品。此外，超声波法测量的分辨率相对较低，可能无法区分非常接近的颗粒尺寸。为了克服这些局限性，通常需要结合其他测量方法进行综合分析，以获得更准确和全面的粒径信息。

12.3　选矿产品成分测试

选矿指标的好坏通常以产品中有用组分的含量来衡量，这一指标在选矿中也被称为品位。最终选矿产品需要测定其品位来确定产品质量等级；中间产品需要测定其品位来确定中间产品的处理方式；原矿也需要测定品位确定其是否有分选利用的可能性以及应采用的选矿方法。但是无论是选矿产品还是分选过程中的固体物料都是颗粒状的，是多种矿物的集合体，要实现快速在线检测其中的元素含量不可能将其进行细磨，因此必须选用具有穿透性的 γ 射线、X 射线、中子、电子束等。目前而言，常用的检测方法有以下几种。

12.3.1　X 射线荧光分析

X 射线荧光分析（XRF）是确定物质中微量元素种类和含量的一种方法，是利用初级 X 射线光子或其他微观粒子激发待测样品中的原子，使之产生次级 X 射线（荧光）而进行物质成分分析和化学形态研究的方法，见图 12-4。根据莫斯莱定律，X 射线荧光波长与元素原子序数有如下关系：

$$\lambda = K(Z-S)^{-2} \tag{12-2}$$

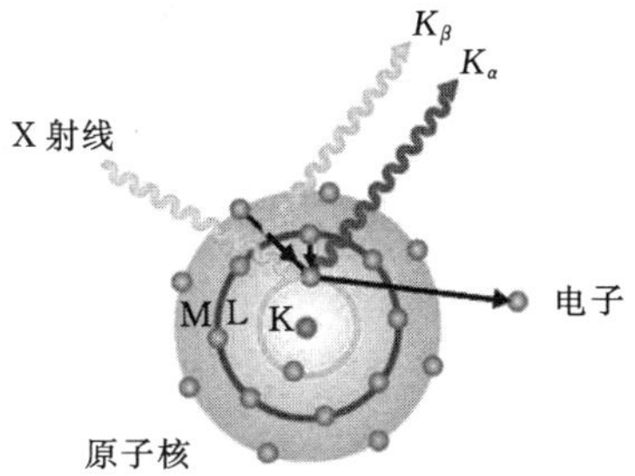

图 12-4　X 射线荧光分析工作原理

不同的元素的荧光 X 射线有不同的波长，因此可以根据射线的波长确定物料中的元素种类，用来对物质进行定性分析。

此外，谱线强度与元素含量成正比，待测谱线强度与该元素含量 100%时的谱线强度之比即为元素的含量，可用来对物料中元素进行定量分析。根据分光方式的不同，X 射线荧光分析有能量色散谱仪和波长色散谱仪两种，即通常所说的能谱仪和波谱仪。

12.3.2　中子活化分析

中子活化分析是以一定能量和流强的中子轰击试样中元素的同位素发生核反应，通过测定产生的瞬发伽马或放射性核素衰变产生的射线能量和强度（主要是伽马射线），进行物质中元素的定性和定量分析的一种方法。中子活化分析原理图如图 12-5 所示。

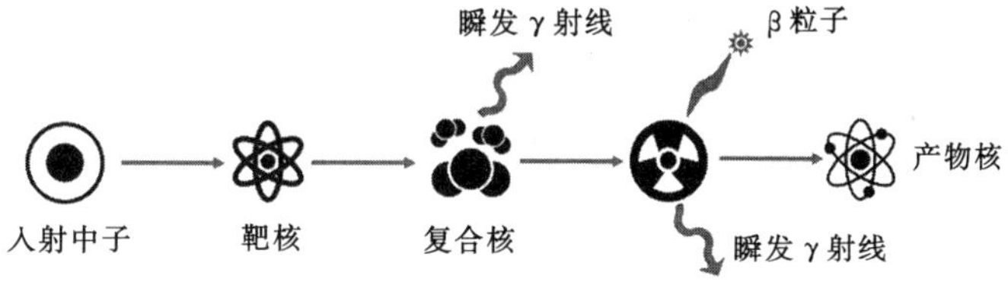

图 12-5　中子活化分析原理图

中子活化分析具有以下特点：

（1）灵敏度高，分析速度快，精度高；

（2）特征 γ 射线具有很高的能量，穿透力强，故而可用于检测矿浆、矿块及松散块状料层，并可实时提供分析结果；

（3）中子活化分析为非接触性、非破坏性分析。

然而，需要注意的是，中子活化分析一般只能给出元素的含量，不能测定元素的化学形态及结构。此外，中子活化分析的灵敏度受元素种类影响较大，对铅灵敏度很差而对锰、金等元素灵敏度很高，相差可达 10 个数量级。

12.3.3　电子探针分析

电子探针分析是指将电子束聚焦在矿物上，激发组成矿物元素的特征 X 射线，根据其波长和强度来对微区中化学组成进行定性或定量分析的一种方法。电子探针分析原理图如图 12-6 所示。电子探针分析经常与扫描电子显微镜配合使用，可以进行点、线扫描（得到层成分分布信息),也可以进行面扫描分析(得到成分面分布图像)。电子探针分析设备通常由电子光学系统(电子枪和聚焦透镜)、样品室、电子图像系统(扫描图像)、检测系统(X射线能量分析)、数据记录和分析系统等部分组成。其主要特点如下:

(1) 微区分析能力可达一微米量级;

(2) 分析准确度高,优于2%;

(3) 样品无损性;

(4) 多元素同时检测性;

(5) 可以进行选区分析;

(6) 分析灵敏度高,达到10^{-15} g;

(7) 电子探针分析对轻元素很不利;

(8) 样品仅限于固体材料。

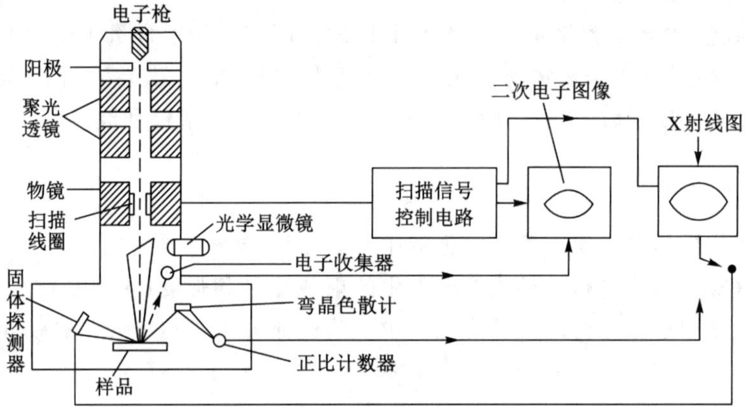

图 12-6 电子探针分析原理图

12.3.4 原子吸收光谱法

原子吸收光谱法,又称原子分光光度法,是基于待测元素的基态原子蒸气对其特征谱线的吸收,由特征谱线的特征性和谱线被减弱的程度对待测元素进行定性定量分析的一种仪器分析方法。原子吸收光谱法工作原理如图12-7所示。该法具有以下特点:

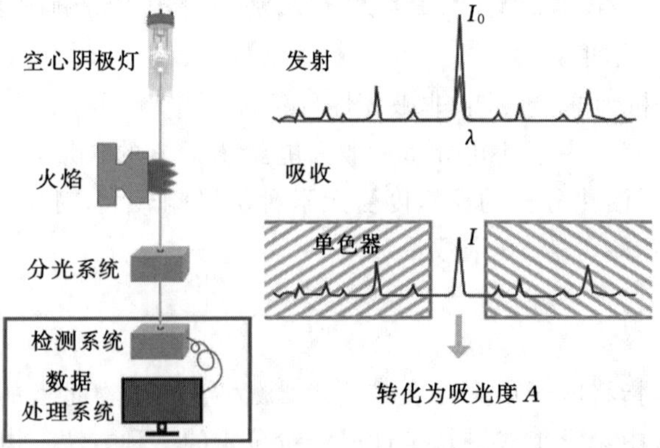

图 12-7 原子吸收光谱法工作原理

(1) 选择性好:谱线比原子发射少,谱线重叠概率低;

(2) 灵敏度高:适用于微量和痕量的金属与类金属元素的定量分析;

(3) 精密度高:一般能控制在 5%左右;

(4) 操作方便快速:无须显色反应;

(5) 局限性:不适用于多元素混合物的定性分析;对于高熔点、形成氧化物、形成复合物或者形成碳化物后难以原子化元素的分析灵敏度较低。

12.3.5　X 射线光电子能谱

X 射线光电子能谱(XPS)是一种基于光电效应的电子能谱。X 射线光电子能谱仪(图 12-8)的工作原理是用 X 射线去辐射样品,使原子或分子的内层电子受到激发发射出来,通过测量电子的能量,以光电子的动能或结合能为横坐标,相对强度为纵坐标,从而确定物料表面元素组成及含量。

X 射线光电子能谱仪应用广泛,根据谱峰的横坐标位置可进行定性分析,确定表面的元素组成及元素的化学状态;根据谱线的强度可进行定量分析,确定原子含量或相对浓度;此外,由于原子所处化学环境不同会引起内层电子结合能的变化,因而 XPS 还可用来确定原子的化合态。

进行 XPS 分析的样品必须无毒、无磁性、无放射性且不吸水。在制样过程中,样品分析面要确保不受污染,可用异丙醇、丙酮等进行清洗,同时使用玻璃制品或铝箔盛放样品。

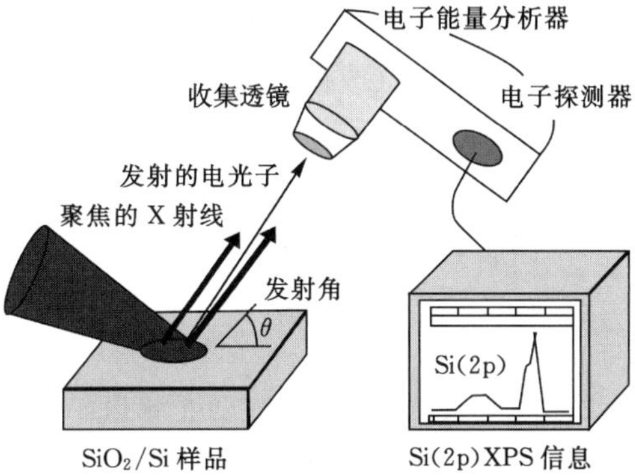

图 12-8　X 射线光电子能谱仪

12.3.6　X 射线衍射

由于矿物大多为晶体,当 X 射线照射矿物时,这些规则排列的原子间距离与入射 X 射线波长有相同数量级,不同原子散射的 X 射线彼此干涉,在某些特殊方向产生衍射,衍射线在空间分布的方位和强度与晶体结构密切相关。将对材料测得的点阵平面间距及衍射强度与标准物相的衍射数据相比较,可以确定物料中存在的物相,对物料进行定性分析;根据衍射花样的强度,可以确定物料中各相的含量,对物料进行定性分析。X 射线衍射分析原理图如图 12-9 所示。

X 射线衍射仪的基本构成包括高稳定度 X 射线源、样品及样品位置取向的调整机构系统、射线检测器、衍射图的处理分析系统。X 射线源用来产生 X 射线,当用高能电子束轰击

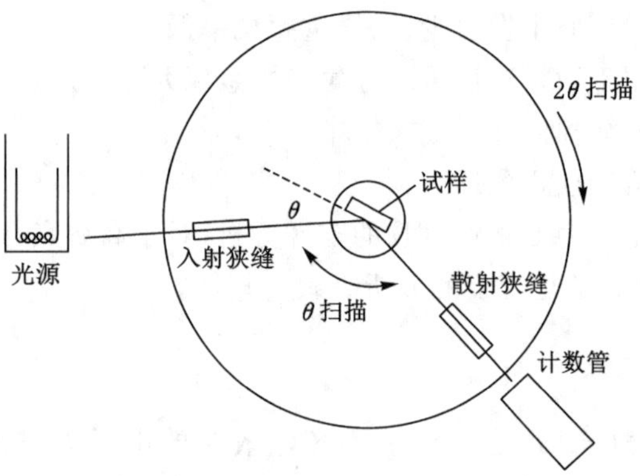

图 12-9　X射线衍射分析原理图

金属"靶"时就会产生 X 射线，通过改变"靶"材可以改变 X 射线的波长；调节阳极电压可控制 X 射线源的强度。

12.4　矿浆浓度测试

矿浆浓度是指矿浆中固体矿粒的含量。矿浆浓度通常有三种表达方式：

(1) 固体含量百分数(%)：矿浆中固体质量(或体积)所占的百分数。矿浆浓度用体积比用质量表示更准确些，但为了计算方便，通常采用质量表示法。

(2) 液固比：矿浆中液体与固体质量(或体积)之比，又称稀释度。

(3) 固液比：矿浆中固体与液体质量(或体积)之比，又称矿浆稠度。

矿浆浓度直接影响选矿工艺的各项技术经济指标，因此在整个选矿工艺中有着极为重要的作用。矿浆浓度的检测方法主要有以下几种。

12.4.1　人工法

人工测定矿浆浓度一般采用间接法，先利用浓度壶测量矿浆密度，再间接算出矿浆的浓度。具体测量过程为：

(1) 提前测量矿石的密度；

(2) 校准天平的零点；

(3) 检查空浓度壶的质量与体积，确保与所查浓度壶表上的数值相符；

(4) 用取样勺采集矿浆试样，然后将其放置于浓度壶中。在转移矿浆试样过程中，要摇动取样勺，以确保矿浆不发生沉淀；

(5) 称量浓度壶的质量；

(6) 利用以下公式计算矿浆的浓度：

$$P=\frac{\delta(\Delta-1)}{\Delta(\delta-1)}\times 100\% \tag{12-3}$$

式中　P——矿浆浓度；

δ——矿石密度，g/cm^3；

Δ——矿浆密度，g/cm^3。

12.4.2　射线、超声波、光电法

三种检测方法的工作原理相似，矿浆会对射线、超声波、光线等产生阻碍作用，它们的衰减程度取决于测量通道内以及待测物的浓度，通过测量射线、超声波、光线等被矿浆衰减的程度，可以得到待测物的浓度。三种浓度计优缺点如表 12-2 所示。

表 12-2　不同浓度计对比

设备名称	优点	缺点
射线浓度计	精度高，量程大，维护量小	存在环境和安全隐患
超声波浓度计	无辐射	超声波会受到气泡影响
光电式浓度计	精度高，无污染	测量量程小，受色度影响大

12.4.3　差压法

差压法是根据矿浆在一定垂直距离上的压力差，得到矿浆密度，并结合已知的矿物密度来计算出矿浆浓度的方法。该法的特点是只有在矿浆和矿物密度差较大时才适用，同时矿浆和水的密度必须有差值，在浓度较小时测不准，并且在测量时容易受流动等冲击的影响。

12.5　矿量和流量测试

离线检测仪表或人工检测结果滞后，工人劳动强度大，检测结果不能及时地指导调整生产工艺等。矿物加工领域也越来越朝着自动化的趋势发展，这就意味着选矿厂自动化程度越来越高，其中重要的一部分就是料量和流量的在线监测。实现破碎过程中给矿量的实时监测可以大大地减少人为因素对指标的不稳定性的影响。此外，在浮选过程中，除了固体物料，矿浆流量、各种药剂溶液的流量以及浮选机的充气量也都是观测对象。

12.5.1　电子秤

电子秤由于结构简单、使用安装方便、反应快、灵敏度高等特点在选矿厂中应用较广泛。电子秤主要由荷重传感器、二次仪表和控制器组成，其基本原理是通过荷重传感器把待称物料的质量转变为电信号，然后送至显示或控制仪表。电子秤种类较多，主要有电阻应变片式荷重传感器、压磁式荷重传感器、皮带电子秤和定值电子秤 4 种。

当试件受力变形时，附着在其表面的应变片也会随之变形，电阻发生相应变化，电阻应变片式荷重传感器即是根据此原理设计的。由于其具有灵敏度高、动态响应快、体积小、能适应各种环境等优点，在固体物料称量中应用广泛。皮带电子秤可以通过模/数变换与微机相连，实现自校准、自动调零、自选量程、自动逻辑判断、计算误差、进行修正等，且精度一般为 1%，较高的可达 0.5%甚至 0.2%。

12.5.2　核子皮带秤

核子皮带秤是基于一定能量的 γ 射线穿过物料时的衰减程度来计算被测物料质量的。

整个装置包括测量头、显示控制及测速计三大部分。其特点是结构简单，维护方便，但是不宜安装在物料层形状变化较大的场合，同时还由于有射线的使用，使用过程中要注意射线的防护。

12.5.3 超声波流量计

超声波在流动的流体中传播时，就载上流体流速的信息，通过接收到的超声波就可以检测出流体的流速或流量。超声波流量计由两个换能器交替发射或接收超声脉冲信号，通过超声信号传递的时间差测量管道中的介质流速，以积分法在微计算机中自动算出管道中的介质流量。因此探头可直接安装于管道外壁，随时检测管路各点流量。

12.5.4 电磁流量计

电磁流量计的工作原理基于法拉第电磁感应定律。如图 12-10 所示，当导电流体以平均流速 v(m/s)在装有一对测量电极的内径为 D(m)的绝缘导管内流动时，该管道处于一个均匀的磁感应强度为 B(T)的磁场中，那么在一对电极上就会产生感应电动势 E(V)，其方向垂直于磁场和流体的方向。

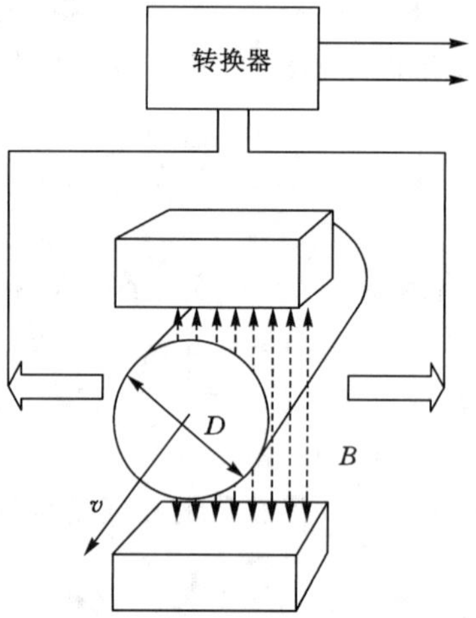

图 12-10 电磁流量计工作原理

法拉第电磁感应定律为：

$$E=B\cdot D\cdot v \tag{12-4}$$

流体的体积流量为：

$$Q_V=\frac{\pi D^2}{4}v \quad (\mathrm{m^3/s}) \tag{12-5}$$

由式(12-4)、式(12-5)可得到：

$$Q_V=\frac{\pi D}{4}\frac{E}{B} \quad (\mathrm{m^3/s}) \tag{12-6}$$

因此电动势可表示为：

$$E=\frac{4B}{\pi D}Q_V \quad (\mathrm{V}) \tag{12-7}$$

当 B 是一个常数时，对某一个固定的口径 D 也是一个已知数，式(12-6)中 $\frac{\pi D}{4}\frac{1}{B}=K$（一个常数），那么式(12-6)可改写为：

$$Q_V = K \cdot E \quad (m^3/s) \tag{12-8}$$

从式(12-8)中可以看出，流量 Q_V 与电动势 E 成正比。

电磁流量计适用范围广，可用于矿浆、污水、酸、碱溶液流量的测定。

12.6　矿浆和溶液离子浓度测试

选矿矿浆中存在着包括 H^+、S^{2-}、CN^-、SO_3^{2-}、K^+、Ca^{2+}、Fe^{2+}、Cu^{2+} 等多种离子。这些离子一部分来自矿浆本身，一部分来自加入的各种药剂。药剂在矿浆中除以不同形式与矿粒表面相互作用外，还以离子形态游离在矿浆中，通过检测矿浆中有关药剂的离子浓度，可以考察药剂对选矿过程的影响从而进行调节。

目前矿浆中离子浓度的检测方法主要有电位法、电导法和光学法等。近年来随着色谱仪的发展，使用离子色谱仪分析矿浆中的硫离子（包括 SO_4^{2-}、SO_3^{2-}、$S_2O_3^{2-}$ 等），灵敏度较高。

12.6.1　电位法

电位式离子浓度计的工作原理是通过测量溶液中离子浓度所引起的原电池电势变化来确定离子浓度的。在测量中，通过在原电池上加入一个与其电势相等的外加电势，使得电池中没有电流通过。如果所选择的指示电极对溶液中待测离子的电位敏感，测量线路上的电势将反映该离子的浓度。为了实现这一测量，需要一个简单构造且具有良好电位再现性的参比电极。常用的参比电极有甘汞电极和银-氯化银电极。甘汞电极与温度有关，当温度一定时，甘汞电极电位取决于氯离子浓度，银-氯化银的电位与氯离子浓度有关。指示电极是一种具有离子选择性的电极，其主要部件是对离子有选择性的渗透膜。由于矿浆中离子种类很多，并且在测量中可能产生干扰，因此电极选择很重要。通常情况下，甘汞电极被用作参比电极，而硫化金属电极常被用作指示电极。如硫化铜电极用于测 Cu^{2+}、Zn^{2+}，银、金电极用于测 CN^-、HS^- 及黄药的 S^{2-}，镍电极用于测 Zn^{2+} 等。

12.6.2　电导法

溶液中的带电离子使溶液具有导电作用，据此设计了电导式离子浓度计。根据测量电导方法的不同，电导式离子浓度计分为电极-电导式和电磁-电导式两大类。

电极-电导式离子浓度计是通过测量溶液的电导率而间接获得溶液浓度的。通常溶液浓度与其电导率之间存在一定关系，在低浓度区域或高浓度区域的某一小段内，电导率与浓度之间可近似看作线性关系。然而，在电解过程中，电极表面形成双电层或电极附近电解液的浓度变化会引起化学极化效应和浓差极化效应，可能对测量结果产生影响。

电磁-电导式浓度计则是基于法拉第电磁感应原理制成的导电式浓度计。它通过液体与两个电磁线圈的磁场耦合，当在第一个线圈中通入电流时，液体的电导率会影响第二个线圈中感应出的电压。感应的电压与液体的电导率成正比，从而可以推测出液体的浓度。电磁-电导式浓度计是一种非接触式仪表，它消除了电极-电导式离子浓度计中存在的极化效应，并且不受液体中沉积物的影响。因此，它具有更高的精度、更好的性能、更长的寿命，并且使用和维护更为方便，特别适用于测量强酸、强碱和盐等强腐蚀性介质的浓度。

12.6.3 光学法

许多物质都具有颜色，例如 $KMnO_4$ 水溶液呈紫红色，Cu^{2+} 的水溶液呈蓝色等。有些物质本身虽然无色，但与特定试剂反应后会生成有色物质，例如 Fe^{3+} 与 SCN^- 反应生成血红色络合物，Cu^{2+} 与 NH_3 反应生成深蓝色络合物等。这些物质溶液的颜色深浅与溶液中离子浓度有关，因此可以通过比较溶液颜色的深浅来测定溶液中某些有色物质的含量。

光电比色计是一种用于测量溶液颜色深浅的仪器，其应用广泛。只要带色溶液的颜色深浅与待测组分的含量有关，都可以采用这种方法进行测量。

目前普遍使用的仪器是分光光度计，其主要原理是物质对光的选择性吸收。不同溶液的吸收曲线形状和最大吸收波长各不相同，但对于某一物质来说，它的吸收曲线是独特的，最大吸收波长是固定的。同一物质不同浓度的溶液在特定波长处的吸光度随浓度增加而增大，因此可以根据吸光度测定浓度的大小。

12.7 物料水分测试

原料水分和精矿水分是计算矿量、金属平衡以及技术经济指标的原始数据。在选矿厂中，对原料和产品的水分含量进行分析是基本的检测项目之一。原料的水分含量会直接影响破碎和筛分设备的效率。精矿的水分含量对固液分离效果、产品品质以及后续烧结球团指标都有影响。因此，在选矿过程中，准确测量和控制原料和产品的水分含量非常重要。这可以帮助优化工艺流程、提高设备的效率、确保产品的品质、对技术经济指标的计算和评估提供可靠的数据基础。

目前，物料水分的检测方法主要有失重法、电导法、电容法、微波法、中子法、红外线法、卡尔费休法。

12.7.1 失重法

失重法是检测物料水分最原始的方法。它以恒温干燥法为主，将样品置于常压恒温烘箱或者真空干燥烘箱中，在规定温度下将样品干燥至恒重。“恒重”指的是样品连续两次干燥后的质量差在 0.3 mg 以下。样品干燥至恒重的第二次以及以后各次称重均应在规定条件下继续干燥 1 h 后进行。干燥温度一般为 105 ℃，当物料含有结合水时，干燥温度可适当提高。通过在样品烘干前后进行称重，可计算物料水分。这种方法的特点是简单可行，且精度较高，性能较稳定，适用于 0.01%～100%的水分检测，并可作为其他水分检测方法的校核标准。然而，该方法不适合测试含有易挥发物质的产品，检测速度慢，无法实现在线同步检测。

12.7.2 电导法

按导电载流子的不同，导体可分为电子导体和离子导体两大类。电子导体是依靠电子的定向流动进行导电的，矿物金属属于这一类；离子导体则是借助离子在电极作用下的定向移动进行导电的,这类导体包括水或非水溶剂的电解质溶液和固体电解质。电子导体的导电能力要远远大于离子导体。

电导法就是利用物料不同水分的导电差异来测定水分含量的方法。电导式水分计为主要测量设备,由探头和测量电路等组成。探头内的传感元件是与被测物料接触的电极,电路内的电流强度取决于电极内的电阻。电导法测水分受物料温度、堆密度、探头接触压力、探头结垢等因素的影响较大,有时会导致较大的测量误差。

12.7.3　电容法

水分的介电常数远远大于样品中其他成分的介电常数,因此水分含量的变化会引起电容量的变化。电容式水分仪利用这一原理来测量样品的水分含量,通过测量与样品中水分变化相对应的电容变化来确定样品的水分含量。这种方法可以实现在线检测。

电容式水分计的结构与电导式水分仪相似,也是由探头(电容电极)和测量电路组成。测量电路通常使用射频(1～15 MHz)电源,其中包括振荡器、频率计等。

12.7.4　微波法

微波法是一种非接触式测量方法,利用物料对微波的透射(衰减)系数来确定水分含量。在测量过程中,待测物料被放置于微波发射端和接收天线之间,由于微波的穿透能力很强,它所检测的不仅仅是物质表层的水分,还可检测物质内部的水分含量。微波法又分为透射、相移、反射和谐振失调等方法,最常用的是透射法。微波法具有检测速度快、精度高、测量范围宽、效率高等显著优点,但仪器构造较复杂。

12.7.5　中子法

中子法是利用中子源产生的快速中子被水中氢原子慢化的次级反应来测定水分含量的方法。在一定条件下,快速中子被慢化的计数率与物料水分成正比。中子水分计有表面型、插入型和透射型。中子水分计测量迅速、灵敏,可实现在线检测,但不能区分自由水和结合水,当要检测的物料中既含有水又含有其他氢元素时,误差较大。

12.7.6　红外线法

红外线法是利用水分可吸收特定波长的红外线这一特性来检测物料水分含量的。物料含水率越高,对特定波长的红外辐射吸收得越多,只要测出从物料表面反射的红外光的能量,通过光电转换和比率运算,便可准确地测出物料的水分含量。

12.7.7　卡尔费休法

卡尔费休法是 1935 年由卡尔·费休(Karl Fischer)提出的测定水分含量的容量分析方法,是测定物质中水分含量一种重要而灵敏的化学分析方法。该法包括滴定法与库仑电量法两种常见的测定方法,适用于许多无机化合物和有机化合物中水分含量的测定。

滴定法采用 I_2、SO_2、吡啶、无水乙醇配制而成的卡氏测量试剂进行测定。其测试原理基于卡式试剂中的碘与样品中的水进行定量反应。即

$$I_2 + SO_2 + H_2O + 3C_5H_5N \longrightarrow 2C_5H_5NHI + C_5H_5NSO_3 \tag{12-9}$$

后来，滴定法又发展为点量法，随着科技的发展，又推出库仑电量法。库仑电量法测定水分是一种电化学方法。其原理是仪器的电解池中的卡氏试剂达到平衡时注入含水的样品，水参与碘、二氧化硫的氧化还原反应，在吡啶和甲醇存在的情况下，生成氢碘酸吡啶和甲基硫酸吡啶，消耗的碘在阳极电解再生，从而使氧化还原反应不断进行，直至水分全部耗尽。依据法拉第电解定律，电解产生碘与电解时耗用的电量呈正比例关系，即电解碘的电量相当于电解水的电量。

12.8 黏性测试

黏性是矿浆的主要物理性质之一。在分选过程中，矿浆黏性大小直接影响分级、分选和浓缩过滤等流程的工作效率。当矿浆流动时，内部产生的摩擦力抵抗流层之间的相对运动和变形，这种摩擦力被称为黏力。常用的黏度计按工作方式分为毛细管式、旋转式、振动式和落球式。

12.8.1 毛细管式黏度计

毛细管黏度计通常包括赛式黏度计和压力毛细管黏度计。

赛式黏度计：在恒定温度下，流体在直立的毛细管中以完全润湿管壁的状态流动时，其运动黏度与流动时间成正比。测定时，用已知运动黏度的液体作标准，测量其从毛细管黏度计流出的时间，再测量测试样品自同一黏度计流出的时间，则可计算出样品的黏度[图 12-11(a)]。

压力毛细管黏度计：流体流过立管时，毛细管两端的压力差与样品的黏度成正比，测量毛细管两端的压力变化，便可计算出样品的黏度[图 12-11(b)]。

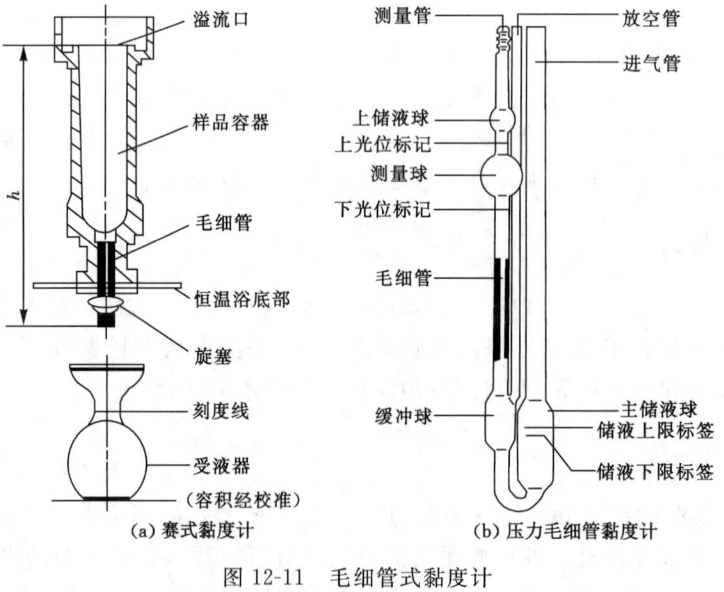

图 12-11 毛细管式黏度计

12.8.2 旋转式黏度计

常见的旋转式黏度计是椎板式黏度计，它主要由一块圆锥和一块圆板组成，圆锥和圆板都是可转动的。电动机经变速齿轮带动圆板恒速旋转，待测样品因为毛细管作用保持在圆锥和圆板之间，由于液体的黏滞性，样品会带动圆锥转动。在扭矩检测器内的弹簧作用下，椎板旋转一定角度后不再转动。此时，扭簧所施加的扭矩与被测矿浆的黏度有关，矿浆黏度越大，扭矩越大。扭矩检测器通过电容器反映出弹簧扭矩，通过测量扭矩的大小可计算出样品的黏度。

12.8.3　振动式黏度计

振动式黏度计是利用物体在流体中振动时受到的流体阻力与流体黏度有关的原理进行测量的(图 12-12)。常用的振动式黏度计有超声波黏度计，其探测器内有一个弹片。当受到脉冲电流激励时，弹片会产生超声波范围的机械振动。当弹片浸没在被测矿浆中时，弹片的振幅与样品的黏度和密度有关。在已知矿浆密度的情况下，可根据振幅数据求得黏度数值。

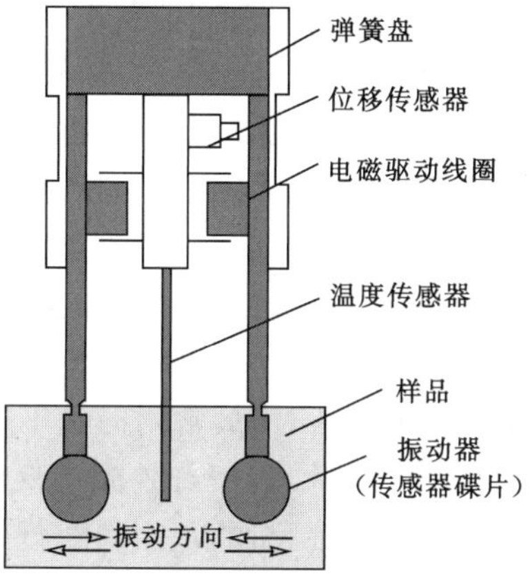

图 12-12　振动式黏度计

12.8.4　落球式黏度计

这种黏度计是借助固体球在流体中运动时受到黏性阻力的作用来测定流体黏度的。通过测量球在流体中下落一定距离所需的时间，可以计算出流体的黏度。这种黏度计适宜测量黏性较高透明的牛顿体(图 12-13)。

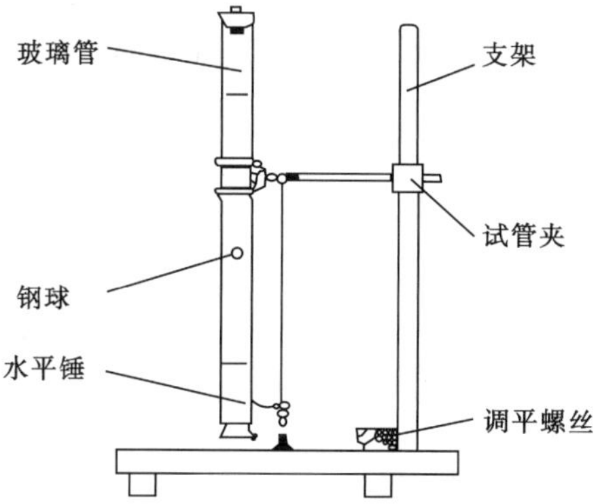

图 12-13　落球式黏度计

12.9 物质表面性质测试

矿物及矿物集合体颗粒的表面性质包括表面物质组成、表面天然状态及被溶解、氧化、还原、氯化、硫化等作用后的状态以及和矿浆中各种离子及浮选药剂作用后的表面性质等。了解矿物表面的这些性质对于优化矿石处理工艺、改善浮选效果、提高选矿产品的质量和产量非常重要。因此,在矿物处理和选矿过程中,研究矿物表面性质并采取相应的措施来调控表面性质是一个关键的研究方向。物质表面性质的测试方法有红外吸收光谱法、核磁共振波谱法、俄歇电子能谱法、扫描电子显微镜法。

12.9.1 红外吸收光谱法

红外吸收光谱法是鉴定有机物、高聚物以及其他复杂结构的天然及人工合成产物的重要方法之一。用于选矿领域除可以鉴定选矿药剂结构外,还可以分析和鉴定矿物以及矿物表面与药剂作用的结果。红外吸收光谱法的原理是基于物质分子的振动和转动引起的能级跃迁。当一束具有连续波长的红外光通过物质,物质分子中某个基团的振动频率和红外光的频率一样时,分子会吸收能量,从基态振动能级跃迁到能量较高的振动能级,该处波长的光就被物质吸收。以波长为横坐标表示吸收峰的位置,以吸光度为纵坐标表示吸收强度,就可得到红外光谱图。

在用红外分光光度计检测粉末状样品时,最常用的是 KBr 薄片法。将少量矿物-药剂样品混入溴化钾粉末或石蜡中,压制成薄片,置于红外光谱仪的样品架上,灯源发射的红外光透过样品被样品选择性吸收,形成红外光谱图,从而判断药剂与矿物的作用方式。

12.9.2 核磁共振波谱法

核磁共振谱也是一种吸收波谱。在强磁场的作用下,原子核的能级会分裂,由低能级向高能级跃迁,当用射频辐射样品时,辐射能量被选择性吸收,形成核磁共振波谱。由于原子核的带电来自其中的质子,所以核磁共振谱上的吸收峰的面积与相应的各种质子数目成正比,比较各吸收峰的面积便能确定各种质子的相对数目。

核磁共振波谱仪由磁场、探头及谱仪三大部分组成,可用于有机化合物的结构分析与鉴定,还可对分子结构进行定量分析,但在矿物表面性质和浮选药剂方面的应用相对较少。这是因为核磁共振谱对样品的灵敏度较低,并且要求样品的比表面积达到较高水平(通常要求达到 1 000 m^2/g 以上)。

12.9.3 俄歇电子能谱法

俄歇电子能谱法是用具有一定能量的电子束激发样品,产生俄歇效应,通过检测俄歇电子的能量和强度从而获得有关材料表面化学成分和结构信息的方法。作为固体表面分析法,俄歇电子能谱法可分析除 H、He 以外的各种元素,对于轻元素 C、N、O、P、S 等有较高的灵敏度。根据俄歇峰的强度可以进行元素的定性分析;从样品表面射出的俄歇电子的强度与样品中该原子的浓度呈线性关系,据此可以进行元素半定量分析;由于在形成新化学键时,原子外层电子会重新排列,俄歇峰的形状也会发生变化,所以可以用于分析元素的化学态。然而，俄歇电子能谱对样品的要求高，表面必须清洁，而且尽可能光滑。因此，在实际应用中，需要对样品进行准备和处理，以确保获得准确可靠的分析结果。

12.9.4　扫描电子显微镜

扫描电子显微镜(SEM)是一种常用的表面分析工具，它利用入射电子与样品相互作用并探测从样品表面散射出来的电子和光子来获得样品的表面形貌和成分分析。

扫描电子显微镜的工作原理如下：首先，入射电子源产生高能电子束，这些电子束被聚焦到非常小的尺寸，然后通过扫描线圈在样品表面进行扫描。同时，探测器会检测从样品表面散射出来的二次电子、反射电子和散射的光子。这些信号被收集并转换成图像，通过图像处理和显示，可以观察到样品的表面形貌和成分分析。

与传统的光学显微镜相比，扫描电子显微镜具有许多优势。第一，它不受样品大小和厚度的限制，可以观察到微小的细节，并具有较好的立体感。第二，扫描电子显微镜的分辨率比传统的光学显微镜高 200 倍，因此可以直接观察到矿物的表面显微结构特征，并获得清晰的图像。第三，扫描电子显微镜在制样方面比较方便，不需要特殊的样品处理，样品大小几乎没有限制。第四，扫描电子显微镜对样品不会造成破坏。

因此，扫描电子显微镜在矿物表面形貌分析中得到广泛应用，可以提供详细的表面形貌信息和成分分析，对于矿物学研究和矿石处理过程中的表面分析非常有价值。

参考文献

[1] 白丽梅,马玉新,张锦瑞,等.整合传统学科优势 构建新型学科特色:以矿物加工学科为例[J].华北理工大学学报(社会科学版),2017(1):110-113.
[2] 白荣林.我国矿物加工工程技术发展和研究新领域[J].云南冶金,2012,41(5):17-20.
[3] 波斯别洛夫 E M.理论矿物学概论[M].齐进英,等译.北京:地质出版社,1988.
[4] 蔡昌凤.煤岩组分的解离特性与分离技术[J].洁净煤技术,1998,4(3):24-27.
[5] 曹亚文.矿物的定义[J].岩石矿物学杂志,1995,14(4):376-378.
[6] 车如心.界面与胶体化学[M].北京:中国铁道出版社,2012.
[7] 陈宸.细粒煤分选设备的现状与发展趋势[J].能源技术与管理,2010,35(4):112-113.
[8] 陈丰.二十一世纪的矿物学[J].矿物学报,2001,21(1):1-13.
[9] 陈海焱.流化床气流粉碎分级技术的研究与应用[D].成都:四川大学,2007.
[10] 陈海焱,张明星,颜翠平.涡轮分级机分级轮流场的数值模拟与分析[J].中国粉体技术,2008,14(5):1-4.
[11] 陈鹏.中国煤炭性质、分类和利用[M].2 版.北京:化学工业出版社,2007.
[12] 陈清如,骆振福.干法选煤评述[J].选煤技术,2003(6):34-40.
[13] 陈守建,王永,伍跃中,等.西北地区煤炭资源及开发潜力[J].西北地质,2006,39(4):40-56.
[14] 陈武,季寿元.矿物学导论[M].北京:地质出版社,1985.
[15] 谌伦建,赵跃民.工业型煤燃烧与固硫[M].徐州:中国矿业大学出版社,2001.
[16] 程鹏,高抒,李徐生.激光粒度仪测试结果及其与沉降法、筛析法的比较[J].沉积学报,2001,19(3):449-455.
[17] 崔洪江,刘文波,徐显贺.应用不黏结煤炼焦[J].燃料与化工,2002,33(1):4-6.
[18] 崔商哲.浅谈磁流体静力分选技术[J].有色矿冶,2009,25(1):22-25.
[19] 邸进申,赵新巧,耿冰.氧化亚铁硫杆菌分离复壮及固定化的研究[J].微生物学报,2003,43(4):487-491.
[20] 丁淑芳,韦鲁滨,张鸿波.空气重介质流化床分选特性的研究[J].煤炭技术,2015,34(12):261-262.
[21] 董运庚.反流筛用于石棉选矿[J].中国建材,1995,44(3):38-40.
[22] 段希祥.碎矿与磨矿[M].3 版.北京:冶金工业出版社,2012.
[23] 段旭琴,胡永平.选矿概论[M].北京:化学工业出版社,2011.
[24] 冯博,卢毅屏,翁存建.碳酸根对蛇纹石/黄铁矿浮选体系的分散作用机理[J].中南大学学报(自然科学版),2016,47(4):1085-1091.
[25] 冯钟燕.矿床学原理[M].北京:地质出版社,1984.
[26] 付国雷,蔡艺华.复合式干法选煤技术的开发和应用[J].黑龙江科技信息,2009

(3):33.

[27] 付胜,段雄,张新民.利用热力辅助高压水射流进行超细粉碎的探讨[J].化工矿物与加工,2001,30(10):29-32.

[28] 付晓恒,李萍,刘虎,等.煤的超细粉碎与超净煤的分选[J].煤炭学报,2005,30(2):219-223.

[29] 傅菊英,姜涛,朱德庆.烧结球团学[M].长沙:中南工业大学出版社,1996.

[30] 高培基,许平.资源环境微生物技术[M].北京:化学工业出版社,2004.

[31] 高强健.MgO基球团添加剂制备及对球团矿质量影响的机理研究[D].沈阳:东北大学,2017.

[32] 高志勇.三种含钙矿物晶体各向异性与浮选行为关系的基础研究[D].长沙:中南大学,2013.

[33] 顾帼华,龚文琪.矿物加工研究方法[M].长沙:中南大学出版社,2019.

[34] 顾红,王先逵,祝琳华,等.磁流体技术及发展方向综述[J].昆明理工大学学报(理工版),2002(1):55-57.

[35] 顾惕人.表面化学[M].北京:科学出版社,1994.

[36] 郭沁林.X射线光电子能谱[J].物理,2007,36(5):405-410.

[37] 郭素枝.电子显微镜技术与应用[M].厦门:厦门大学出版社,2008.

[38] 国家质量技术监督局.烟煤显微组分分类:GB/T 15588—2001[S].北京:中国标准出版社,2001.

[39] 韩德馨.中国煤岩学[M].徐州:中国矿业大学出版社,1996.

[40] 郝树华,蒋文利.铁精矿提铁降硅的捷径:磁团聚重选新工艺的应用和效果分析[J].金属矿山,2003(5):18-21.

[41] 何建勇,吴云霞,孙伟,等.晶面断裂能及晶体断裂机理:以锆石为例[J].中国有色金属学报,2022,32(5):1444-1457.

[42] 何为军.用溶气式浮选柱制备超净煤的研究[D].徐州:中国矿业大学,2001.

[43] 贺同兴,卢良兆,李树勋.变质岩岩石学[M].北京:地质出版社,1988.

[44] 胡永刚,聂长明,吴红枚,等.21世纪无机非金属材料专业面临的挑战与机遇[J].广东化工,2014,41(14):245.

[45] 胡岳华,冯其明.矿物资源加工技术与设备[M].北京:科学出版社,2006.

[46] 胡岳华.矿物浮选[M].长沙:中南大学出版社,2014.

[47] 胡岳华,王淀佐.矿物加工学科的发展:历史、现状与未来[J].矿冶工程,1999,19(1):3-6.

[48] 胡岳华,王毓华,王淀佐.铝硅矿物浮选化学与铝土矿脱硅[M].北京:科学出版社,2004.

[49] 胡岳华,张在海,邱冠周,等.Ag^+在细菌浸出中的催化作用研究[J].矿冶工程,2001,21(1):24-28.

[50] 黄惠忠.表面化学分析[M].上海:华东理工大学出版社,2007.

[51] 黄万抚.磁流体分选技术及其进展[J].江西冶金,1990,10(2):55-56.

[52] 江津河.多级多尺度散式流态化精密分级塔的研究[D].青岛:青岛科技大学,2008.

[53] 焦红光，谌伦建，铁占续. 细粒煤重选设备的技术现状与分析[J]. 煤炭工程，2006，38(1)：14-17.
[54] 解其云，吴小山. X射线衍射进展简介[J]. 物理，2012，41(11)：727-735.
[55] 金华丽，卞科. 近红外光谱法检测小麦粉中的水分含量[J]. 中国粮油学报，2010，25(8)：109-112.
[56] 金象春，肖才锦，姚永刚，等. 中子活化分析测定大气颗粒物的质量保证[J]. 计量科学与技术，2022(2)：9-14.
[57] 晋萍. 工业型煤型焦技术[M]. 北京：煤炭工业出版社，1997.
[58] 孔庆娟. 超细粉体材料的拟散式流化分级研究[D]. 青岛：青岛科技大学，2008.
[59]《矿产资源综合利用手册》编辑委员会. 矿产资源综合利用手册[M]. 北京：科学出版社，2000.
[60] 雷灵琰，邢善华，苏丁. 空气重介流化床干法选煤的发展及现状[J]. 选煤技术，2000(6)：53-54.
[61] 黎国华，韩方亮，聂文平. 一种新型叶片涡轮分级机流场的数值模拟[J]. 武汉理工大学学报(信息与管理工程版)，2006，28(2)：32-35.
[62] 李凤鸣，王水利，阎兰英，等. 倾斜式浮选柱用于超细粒煤脱灰的工艺研究[J]. 太原科技，2009(2)：88-89.
[63] 李凤生. 超细粉体技术[M]. 北京：国防工业出版社，2000.
[64] 李国辉，胡杰南. 煤的微生物法脱硫研究进展[J]. 化学进展，1997，9(1)：79-89.
[65] 李海华，徐志强. 我国型煤技术现状分析[J]. 煤炭加工与综合利用，2008(3)：30-32.
[66] 李昊堃. 太钢高碱度碱性球团矿制备及应用技术基础研究[D]. 北京：北京科技大学，2020.
[67] 李宏煦. 硫化铜矿的生物冶金[M]. 北京：冶金工业出版社，2007.
[68] 李建明. 磁流体水力旋流器的颗粒分选[J]. 国外金属矿选矿，1989，26(10)：9-14.
[69] 李侃社，周安宁. 煤基材料研究进展[J]. 高分子材料科学与工程，2001，17(4)：19-22.
[70] 李龙江，黄宋魏，成奖国. 矿物加工测试技术[M]. 北京：化学工业出版社，2018.
[71] 李世丰，张永光. 表面化学[M]. 长沙：中南工业大学出版社，1991.
[72] 李仕亮. 阳离子捕收剂浮选分离白钨矿与含钙脉石矿物的试验研究[D]. 长沙：中南大学，2010.
[73] 李彤. 磁流体离心分选非磁性颗粒的动力学模型及仿真研究[D]. 昆明：昆明理工大学，2014.
[74] 李文华，陈亚飞，陈文敏，等. 中国主要矿区煤的显微组分分布特征[J]. 煤炭科学技术，2000，28(9)：31-34.
[75] 李小犁. 电子探针分析锆石 Hf 和 Ti 含量的结果意义与技术优势[J]. 岩矿测试，2023，42(1)：89-101.
[76] 李珣，陈文梅，褚良银，等. 超细气流粉碎设备的现状及发展趋势[J]. 化工装备技术，2005，26(1)：27-31.
[77] 林潮，孙传尧. 磁铁矿物的磁性及磁团聚对选矿过程的影响[J]. 矿冶，1997，6(3)：25-31.

[78] 林治穆.煤显微组分的浮选法分离及其富集物燃烧性能[J].山东矿业学院学报,1990(1):74-79.
[79] 刘秉裕.矿石矿物磁选[M].北京:冶金工业出版社,2020.
[80] 刘承帅,王晓明,刘方明.涡流分选原理及皮带式分选机的研制[J].有色设备,2009(1):4-7.
[81] 刘炯天.旋流-静态微泡浮选柱及洁净煤制备研究[D].徐州:中国矿业大学,1999.
[82] 刘生玉,赵玉兰,王建,等.煤炭微生物脱硫的研究现状和前景[J].煤炭转化,1997(2):20-24.
[83] 刘思聪,刘文华,左占林.电阻应变式称重传感器[J].经济技术协作信息,2007(21):129.
[84] 刘新星.矿物加工实验技术[M].长沙:中南大学出版社,2017.
[85] 刘瑜年.浅谈分光光度法和分光光度计的原理及其应用[J].化工管理,2017(9):66.
[86] 刘远利,黄文锋.细粒煤分选技术现状及发展趋势[J].选煤技术,2008(6):68-70.
[87] 刘粤惠,刘平安.X射线衍射分析原理与应用[M].北京:化学工业出版社,2003.
[88] 龙佳,库建刚.磁性颗粒团聚机理与磁团聚设备研究进展[J].化工矿物与加工,2019,48(9):44-49.
[89] 龙筱晔,翟丽娜,杨岳,等.矿物光电分选领域专利技术综述[J].矿业装备,2015(6):98-101.
[90] 卢建军,谢克昌.煤的超细气流粉碎和分级对组成和结构的影响[J].中国粉体技术,2003,9(6):8-11.
[91] 陆品桢.国内外水分测量技术及水分计发展概况[J].分析仪器,1990(1):12-18.
[92] 吕宪俊.工艺矿物学[M].长沙:中南大学出版社,2011.
[93] 吕一波,王敏欣.微生物脱硫剂的研究[J].煤炭学报,2001,26(6):676-679.
[94] 罗佑初.几种选矿厂计量仪表[J].化工矿物与加工,1982,11(1):25-27.
[95] 马洪滨,王义辉,唐伟,等.ICE3500原子吸收光谱仪维修案例[J].中国医学装备,2014,11(1):100-101.
[96] 孟蓉,尚汝田.卡尔费休法测定水分的发展及其在某些领域中的应用[J].化学试剂,2001,23(1):39-41.
[97] 孟哲.现代分析测试技术及实验[M].北京:化学工业出版社,2019.
[98] 米哈拉克.一种有效的细粒动力煤洗选系统[J].中国煤炭,2004(7):58.
[99] 欧盛南,卢尧,金龙哲.矿尘粒度测试技术分析及应用[J].科学技术创新,2018(6):1-3.
[100] 欧阳健强,吴富姬,吴鸿辉,等.智能射线矿石分选机在钨矿预处理中的研究与应用[J].中国钨业,2022,37(1):67-72.
[101] 潘祥明.测量矿浆流量的电磁流量计[J].自动化仪表,1989,10(6):22-24.
[102] 潘兆橹.结晶学及矿物学:上册[M].3版.北京:地质出版社,1993.
[103] 祁威,舒新前,王祖讷,等.神府煤制水煤浆的研究[J].煤炭科学技术,2003,31(7):34-35.
[104] 钱艺铭.废旧破碎冰箱铜、铝混合颗粒涡流分选研究[D].扬州:扬州大学,2016.

[105] 邱家骧.岩浆岩岩石学[M].北京:地质出版社,1985.
[106] 邱柱国.矿相学[M].北京:地质出版社,1982.
[107] 任宝箭,高福祥,郑龙熙.选矿用磁流体回收技术的研究现状及展望[J].有色矿冶,1994,10(2):22-24.
[108] 任瑞晨,徐志强.煤炭资源综合开发与利用[M].徐州:中国矿业大学出版社,2008.
[109] 任允芙.冶金工艺矿物学[M].北京:冶金工业出版社,1996.
[110] 戎咏华.分析电子显微学导论[M].2版.北京:高等教育出版社,2015.
[111] 阮久行,马少健,覃祥敏.干法分级理论与分级设备研究现状[J].有色矿冶,2006,22(S1):132-135.
[112] 阮菊俊.破碎废弃硒鼓、废旧冰箱箱体的涡流分选及工程应用[D].上海:上海交通大学,2012.
[113] 沙菲.几种常用的粉体粒度测试方法[J].理化检验(物理分册),2012,48(6):374-377.
[114] 石燕峰,卢连永,薛守军,等.干法选煤技术的发展应用[J].选煤技术,2006(5):39-42.
[115] 史士东.中日合作开发煤炭液化技术情况简述[J].煤炭综合利用译丛,1991,14(2):20-24.
[116] 宋晓岚,金胜明,刘琨,等.多学科交叉视角下的创新人才培养新模式探索与实践:以中南大学无机非金属材料工程专业为例[J].创新与创业教育,2017,8(2):52-56.
[117] 孙伟,唐鸿鹄,陈臣.萤石-白钨矿浮选分离体系中硅酸钠的溶液化学行为[J].中国有色金属学报,2013,23(8):2274-2283.
[118] 汤玉和,刘敏娉,尤罗夫 Π Π.新型磁力水力旋流器及其复合力场的研究[J].广东有色金属学报,1998(2):79-85.
[119] 陶有俊,陶东平,刘炯天,等.Falcon 离心分选机对细粒煤的脱硫试验研究[J].金属矿山,2004(2):41-43.
[120] 滕新荣.表面物理化学[M].北京:化学工业出版社,2009.
[121] 天津大学物理化学教研室.物理化学:上册[M].6版.北京:高等教育出版社,2017.
[122] 童刚,陈丽君,冷健.旋转式黏度计综述[J].自动化博览,2007(1):68-70.
[123] 童雄.微生物浸矿的理论与实践[M].北京:冶金工业出版社,1997.
[124] 汪应宏,郭达志,张海荣,等.我国煤炭资源势的空间分布及其应用[J].自然资源学报,2006,21(2):225-230.
[125] 王宝俊,李敏,赵清艳,等.煤的表面电位与表面官能团间的关系[J].化工学报,2004,8:1329-1334.
[126] 王淀佐.浮选剂作用原理及应用[M].北京:冶金工业出版社,1982.
[127] 王淀佐,胡岳华.浮选溶液化学[M].长沙:湖南科学技术出版社,1988.
[128] 王淀佐,卢寿慈,陈清如,等.矿物加工学[M].徐州:中国矿业大学出版社,2003.
[129] 王淀佐,邱冠周,胡岳华.资源加工学[M].北京:科学出版社,2005.
[130] 王海锋.摩擦电选过程动力学及微粉煤强化分选研究[D].徐州:中国矿业大学,2010.
[131] 王金莲.海洋沉积物粒度分析方法和测试结果的对比研究[D].北京:中国地质大学

(北京),2011.
[132] 王力,刘泽常.煤的燃前脱硫工艺[M].北京:煤炭工业出版社,1996.
[133] 王铁富,陈国山.矿石学基础[M].2版.北京:冶金工业出版社,2018.
[134] 王卫东,张晨,马中良,等.煤矸光电分选系统设计[J].工矿自动化,2013,39(12):5-8.
[135] 韦鲁滨,李凌月,万光显,等.新型空气重介质流化床分选机半工业性试验研究[J].煤炭科学技术,2014,42(5):107-109.
[136] 尉迟唯,李保庆,李文,等.煤的岩相显微组分对水煤浆性质的影响[J].燃料化学学报,2003,31(5):415-419.
[137] 魏德洲.固体物料分选学[M].2版.北京:冶金工业出版社,2009.
[138] 魏德洲,朱一民,李晓安.生物技术在矿物加工中的应用[M].北京:冶金工业出版社,2008.
[139] 魏德洲.资源微生物技术[M].北京:冶金工业出版社,1996.
[140] 魏以和,高福祥,王常任.磁铁矿磁絮凝沉降行为及应用于分选的研究[J].金属矿山,1990(8):46-50.
[141] 魏以和.涡流分选方法及其应用[J].化工矿山技术,1994(4):53-55.
[142] 温变英.塑料测试技术[M].北京:化学工业出版社,2019.
[143] 文美兰.X射线光电子能谱的应用介绍[J].化工时刊,2006,20(8):54-56.
[144] 吴宽鸿,张学军,高金敏,等.神府煤焦化特性的研究[J].煤质技术与科学管理,1997(3):21-24.
[145] 肖骁,张国旺.微细粒矿物的选择性解离强化分选技术[J].中国矿业,2010,19(12):62-64.
[146] 肖渊甫,郑荣才,邓江红.岩石学简明教程[M].4版.北京:地质出版社,2017.
[147] 谢广元.选矿学[M].3版.徐州:中国矿业大学出版社,2016.
[148] 谢国龙,俞和胜,杨颋.粗煤泥分选设备及其应用分析[J].煤矿机械,2008,29(3):117-119.
[149] 谢克昌.煤的结构与反应性[M].北京:科学出版社,2002.
[150] 徐建文,吴松,彭鲲,等.浅谈我国细粒煤分选技术的现状及发展趋势[J].山西焦煤科技,2010,34(1):54-56.
[151] 徐守坤,管玉平,陈清如.空气重介质流化床气泡行为及其对分选的影响[J].中国矿业大学学报,2001,30(3):268-271.
[152] 徐喜庆,刘军,秦春光,等.应用激光粒度分析仪测定油田碎屑岩粒度分布[J].中国粉体技术,2007,13(6):15-17.
[153] 徐迎节.超低灰无烟煤石墨化产品的生产及应用[J].煤炭加工与综合利用,2013(3):60-62.
[154] 徐振刚,刘随芹.型煤技术[M].北京:煤炭工业出版社,1997.
[155] 许满兴,张玉兰.新世纪我国球团矿生产技术现状及发展趋势[J].烧结球团,2017,42(2):25-30.
[156] 许时.矿石可选性研究[M].2版.北京:冶金工业出版社,1989.

[157] 薛明华，苏明旭，蔡小舒. 超声法测量高浓度矿浆两相流粒径分布和浓度[J]. 工程热物理学报，2010，31(9)：1520-1523.

[158] 羊衍贵，袁惠新. 浮选过程的拓展及超重力油浮过程的分析[J]. 江南大学学报(自然科学版)，2004(5)：494-497.

[159] 杨国华，赵跃民，陈清如. 空气分级与空气重介流化床分选联合工艺研究[J]. 中国矿业大学学报，2002，31(6)：52-55.

[160] 杨洪英，杨立. 细菌冶金学[M]. 北京：化学工业出版社，2006.

[161] 杨建国. 两段圆筒型重介旋流器的研究[D]. 徐州：中国矿业大学，1992.

[162] 杨显万，邱定蕃. 湿法冶金[M]. 北京：冶金工业出版社，1998.

[163] 杨显万，沈庆峰，郭玉霞. 微生物湿法冶金[M]. 北京：冶金工业出版社，2003.

[164] 杨玉立，朱书全，王兴国，等. 中国生物质型煤技术的研究现状[J]. 洁净煤技术，2007，13(6)：74-76.

[165] 杨志远，曲建林，周安宁. 超细煤粉颗粒形状分形维数与球磨工艺的研究[J]. 煤炭学报，2004，29(3)：342-345.

[166] 于光辉. 机械冲击式超细粉碎机转子系统的动力学研究[D]. 西安：西安理工大学，2008.

[167] 于洋，张宏勋. 电导法测定烧结混合料水分的研究[J]. 烧结球团，1998，23(4)：1-4.

[168] 袁存光，祝优珍，田晶. 现代仪器分析[M]. 北京：化学工业出版社，2012.

[169] 曾凡桂. 煤粉碎的分形机理[M]. 北京：煤炭工业出版社，2001.

[170] 曾凡桂. 用粒度表征的煤粉碎动力学方程[J]. 煤炭学报，2000，25(3)：303-306.

[171] 曾广植. 自制落球式黏度仪[J]. 纸和造纸，2005(5)：87-88.

[172] 曾见华. 新疆区域低品位铁矿制备氧化球团的研究[D]. 重庆：重庆大学，2017.

[173] 翟裕生，姚书振，蔡克勤. 矿床学[M]. 3 版. 北京：地质出版社，2011.

[174] 张汉泉. 烧结球团理论与工艺[M]. 北京：化学工业出版社，2015.

[175] 张亮，杨卉芃，冯安生，等. 全球磷矿资源开发利用现状及市场分析[J]. 矿产保护与利用，2017(5)：105-112.

[176] 张彦平，高福祥，郑龙熙. 离心式磁流体分选机的研制[J]. 金属矿山，1991(7)：34-39.

[177] 张一敏. 固体物料分选理论与工艺[M]. 北京：冶金工业出版社，2007.

[178] 张宇，刘家祥，杨儒. 涡流空气分级机回顾与展望[J]. 中国粉体技术，2003，9(5)：37-42.

[179] 张在海，胡岳华，邱冠周，等. 从细菌学角度探讨硫化矿物的细菌浸出[J]. 矿冶工程，2000，20(2)：15-18.

[180] 张在海，邱冠周，胡岳华，等. 不同富集菌种的浸矿比较研究[J]. 有色矿冶，2000，16(4)：11-14.

[181] 张志雄. 矿石学[M]. 北京：冶金工业出版社，1981.

[182] 章新喜，段超红，梁春成. 低灰洁净煤的电选制备[J]. 中国矿业大学学报，2001，30(6)：570-572.

[183] 赵彬侠，陈五岭，张小里，等. 嗜热脱硫杆菌脱除煤炭无机硫的初步研究[J]. 西北大学学报(自然科学版)，1998，28(3)：225-227.

[184] 赵海利,赵建军,赵宇.一种差压式浓度计在江西铜业某选矿厂的应用[J].中国矿业,2015,24(S2):246-249.

[185] 赵经武,刘圣康,张治平.中子测水技术在中国的发展[J].同位素,2011,24(2):5.

[186] 赵伟,周安宁,李远刚.微波辅助磨矿对煤岩组分解离的影响[J].煤炭学报,2011,36(1):140-144.

[187] 赵伟,周安宁,曲建林.光催化作用下丙酮改性对神府煤煤岩组分表面性质影响的研究[J].燃料化学学报,2011,39(8):561-566.

[188] 赵郁超,周中平,郝吉明.氧化亚铁硫杆菌脱煤中硫的实验研究[J].重庆环境科学,2000(1):42-44.

[189] 赵跃民,沈丽娟,何亚群.中国矿业大学矿物加工工程专业及其人才培养[J].煤炭加工与综合利用,2006(5):19-21.

[190] 郑水林.超细粉碎技术与设备的新进展及发展趋势[J].中国粉体技术,2000,6(S1):1-7.

[191] 周安宁,郭树才,葛岭梅.神木煤的气流超细粉碎研究[J].西安矿业学院学报,1996(2):139-141.

[192] 周桂英,张强,曲景奎.煤炭微生物预处理浮选脱硫降灰的试验研究[J].矿产综合利用,2004(5):11-14.

[193] 周师庸.应用煤岩学[M].北京:冶金工业出版社,1985.

[194] 周永兴.激光法测量矿粉粒径分布试验[J].湖南有色金属,2019,35(6):76-80.

[195] 周正.单矿物分选学[M].广州:广东科技出版社,1997.

[196] 朱道瑶,杨义红,冉红想,等.SmaRay智能矿石分选机研制与应用研究[J].有色金属(选矿部分),2022(3):130-134.

[197] 朱冉,赵跃民,赵鹏飞,等.空气重介质流化床中细粒煤的流化与分选特性[J].煤炭学报,2016,41(3):727-734.

[198] 朱阳戈,张国范,冯其明,等.微细粒钛铁矿的自载体浮选[J].中国有色金属学报,2009,19(3):554-560.

[199] 左伟,骆振福,吴万昌,等.高硫煤的干法分选技术[J].煤炭加工与综合利用,2009(6):17-21.

[200] AUSTIN L G,KALLIGERIS-SKENTZOS A,WOODBURN E T. Ash liberation in fine grinding of a British coal[J]. Powder Technology,1994,80(2):147-158.

[201] AUSTIN L G,LUCKIE P T. The problems of quantifying mineral liberation:a review[J]. Particle & Particle Systems Characterization,1988,5(3):122-129.

[202] AUSTIN L G. Patterns of liberation of ash from coal[J]. Mining,Metallurgy & Exploration,1994,11(3):148-159.

[203] BATCHELOR G K. Brownian diffusion of particles with hydrodynamic interaction[J]. Journal of Fluid Mechanics,1976,74(1):1-29.

[204] CHEN P,MA J. Petrographic characteristics of Chinese coals and their application in coal utilization processes[J]. Fuel,2002,81(11/12):1389-1395.

[205] CHEN Q,WEI L. Development of coal dry beneficiation with air-dense medium

fluidized bed in China[J]. China Particuology,2005,3(1/2):42.

[206] CHI M P,NGUYEN A V,MILLER J D,et al. Investigations of bubble-particle interactions [J]. International Journal of Mineral Processing,2003,72(1):239-254.

[207] CHOI C Y,DYRKACZ G R. Base-catalyzed separation of coal macerals[J]. Energy & Fuels,1989,3(5):579-585.

[208] CLIFT R,GRACE J R,WEBER M E. Bubbles,drops,and particles[M]. New York: Academic Press,1978.

[209] CUI J, FORSSBERG E. Mechanical recycling of waste electric and electronic equipment:a review[J]. Journal of Hazardous Materials,2003,99(3):243-263.

[210] DAI Z F,FORNASIERO D,RALSTON J. Particle-bubble collision models:a review [J]. Advances in Colloid and Interface Science,2000,85(2/3):231-256.

[211] DAS T K. Thermogravimetric characterisation of maceral concentrates of Russian coking coals[J]. Fuel,2001,80(1):97-106.

[212] DEHLER M. Optical sorting of ceramic raw material[J]. Tile & Brick International, 2003,19:248-251.

[213] DJORDJEVIC N. Improvement of energy efficiency of rock comminution through reduction of thermal losses[J]. Minerals Engineering,2010,23(15):1237-1244.

[214] DOWELL F E,BORATYNSKI T N,YKEMA R E,et al. Use of optical sorting to detect wheat kernels infected with Tilletia indica[J]. Plant Disease,2002,86(9): 1011-1013.

[215] DWARI R K,RAO K H. Dry beneficiation of coal:a review[J]. Mineral Processing and Extractive Metallurgy Review,2007,28(3):177-234.

[216] DYRKACZ G,AZNAVOORIAN P,YOUNG J,et al. Separation of coal macerals by magnetohydrostatic separation methods[J]. Coal Science and Technology,1987,11: 907-910.

[217] DYRKACZ G R, BLOOMQUIST C A A, RUSCIC L. High-resolution density variations of coal macerals[J]. Fuel,1984,63(10):1367-1373.

[218] DYRKACZ G R,HORWITZ E P. Separation of coal macerals[J]. Fuel,1982,61(1): 3-12.

[219] FU Z J,ZHU J,BARGHI S,et al . Dry coal beneficiation by the semi-industrial air dense medium fluidized bed with binary mixtures of magnetite and fine coal particles [J]. Fuel,2019,243:509-518.

[220] FU Z J,ZHU J,BARGHI S,et al . Mixing and segregation behavior in an air dense medium fluidized bed with binary mixtures for dry coal beneficiation[J]. Powder Technology,2020,371:161-169.

[221] GAO Z Y,SUN W,HU Y H,et al. Anisotropic surface broken bond properties and wettability of calcite and fluorite crystals[J]. Transactions of Nonferrous Metals Society of China,2012,22(5):1203-1208.

[222] GÜLCAN E,GÜLSOY Ö Y. Evaluation of complex copper ore sorting: effect of

optical filtering on particle recognition [J]. Minerals Engineering, 2018, 127: 208-223.

[223] GÜLCAN E, GÜLSOY Ö Y. Performance evaluation of optical sorting in mineral processing: a case study with quartz, magnesite, hematite, lignite, copper and gold ores[J]. International Journal of Mineral Processing, 2017, 169: 129-141.

[224] GRACE J. Shapes and velocities of bubbles rising in infinite liquid[J]. Transactions of the Institution of Chemical Engineers, 1973, 51: 116-120.

[225] HASSANZADEH A, FIROUZI M, ALBIJANIC B, et al. A review on determination of particle-bubble encounter using analytical, experimental and numerical methods [J]. Minerals Engineering, 2018, 122: 296-311.

[226] HE J F, YAO Y K, HUANG G, et al. Intensification of the density stability in the air dense medium gas-solid fluidized bed based on a binary dense media[J]. Chemical Engineering and Processing: Process Intensification, 2017, 122: 58-67.

[227] HE J, ZHAO Y, LUO Z, et al. Numerical simulation and experimental verification of bubble size distribution in an air dense medium fluidized bed [J]. International Journal of Mining Science and Technology, 2013, 23(3): 387-393.

[228] HELLE S, GORDON A, ALFARO G, et al. Coal blend combustion: link between unburnt carbon in fly ashes and maceral composition [J]. Fuel Processing Technology, 2003, 80(3): 209-223.

[229] HOLLAND-BATT A B. Estimating liberation in coals[J]. Coal Preparation, 1994, 15(1/2): 1-24.

[230] HONAKER R Q, MOHANTY M K, CRELLING J C. Coal maceral separation using column flotation[J]. Minerals Engineering, 1996, 9(4): 449-464.

[231] HOWER J C, GRAESE A M, KLAPHEKE J G. Influence of microlithotype composition on hardgrove grindability for selected eastern Kentucky coals [J]. International Journal of Coal Geology, 1987, 7(3): 227-244.

[232] HOWER J C, LINEBERRY G T. The interface of coal lithology and coal cutting: study of breakage characteristics of selected Kentucky coals [J]. Journal of Coal Quality, 1988, 7: 88-95.

[233] HOWER J C, WILD G D. Relationship between HGI and petrographic composition for high volatile bituminous coals from Kentucky[J]. Journal of Coal Quality, 1988, 7: 122-126.

[234] HU Y, HE J, ZHANG Y, et al. Evaluation of air-dense medium fluidized beds with pulsatile inlet air[J]. Chemical Engineering Science, 2017, 158: 164-171.

[235] HWANG Y, KIM B G, BAE K H, et al. Mechanism and performance of a dry particle separator using an elastic drum [J]. International Journal of Mineral Processing, 2013, 125: 34-38.

[236] JAKABSKY S, LOVÁS M, MOCKOVCIAKOVA A, et al. Optimisation of parameters and ferrohydrostatic separation of materials[J]. Magnetohydrodynamics,

2007,43(4):473-480.

[237] JIA Y,ZHANG Y,XU J,et al. Coarse-grained CFD-DEM simulation to determine the multiscale characteristics of the air dense medium fluidized bed[J]. Powder Technology,2021,389:270-277.

[238] KINGMANN S W, VORSTER W, ROWSON N A. The effect of microwave radiation on the processing of Palabora copper ore[J]. Journal of the Southern African Institute of Mining and Metallurgy,2000,100(3):197-204.

[239] KINGMAN S W,CORFIELD G M,ROWSON N A. Effects of microwave radiation upon the mineralogy and magnetic processing of a massive Norwegian ilmenite ore[J]. Magnetic and Electrical Separation,1999,9(3):131-148.

[240] KOPČANSKÝ P,TOMAŠOVIČOVÁ N,KONERACKA M,et al. Magnetic nanoparticles in magnetic fluids[J]. Acta Electrotechnica et Informatica,2010,10(3):10-13.

[241] KUMAR P, SAHOO B K, DE S, et al. Iron ore grindability improvement by microwave pre-treatment[J]. Journal of Industrial and Engineering Chemistry,2010,16(5):805-812.

[242] LAMB H. Hydrodynamics[M]. 5th ed. London:Cambridge University Press,1924.

[243] LI G,LIU X,DUAN C,et al. Study on the spatial and temporal distribution of the bed density in an air dense medium fluidized bed (ADMFB) based on the electrical capacitance tomography (ECT) measurement system[J]. Powder Technology,2021,393:659-669.

[244] LI Z, FU Y,ZHOU A, et al. Microwave-induced crack characteristics of higher inertinite content coal[J]. Journal of China Coal Society,2017,42:247-252.

[245] LUO L, NGUYEN A V . A review of principles and applications of magnetic flocculation to separate ultrafine magnetic particles[J]. Separation and Purification Technology,2017,172:85-99.

[246] MAN C K,JACOBS J,GIBBINS J R . Selective maceral enrichment during grinding and effect of particle size on coal devolatilisation yields[J]. Fuel Processing Technology,1998,56(3):215-227.

[247] MANDEL K,HUTTER F,GELLERMANN C,et al. Reusable superparamagnetic nanocomposite particles for magnetic separation of iron hydroxide precipitates to remove and recover heavy metal ions from aqueous solutions[J]. Separation and Purification Technology,2013,109:144-147.

[248] MASLIYAH J H. Hindered settling in a multi-species particle system[J]. Chemical Engineering Science,1979,34(9):1166-1168.

[249] MASTALERZ M,BUSTIN R M. Application of reflectance micro-fourier transform infrared analysis to the study of coal macerals:an example from the Late Jurassic to Early Cretaceous coals of the Mist Mountain Formation,British Columbia,Canada[J]. International Journal of Coal Geology,1996,32(1/2/3/4):55-67.

[250] MIETTINEN T, RALSTON J, FORNASIERO D. The limits of fine particle

flotation[J]. Minerals Engineering,2010,23(5):420-437.
[251] MOORE D W. The rise of a gas bubble in a viscous liquid[J]. Journal of Fluid Mechanics,1959,6(1):113-130.
[252] NGUYEN A,SCHULZE H J. Colloidal science of flotation[M]. Boca Raton:CRC Press,2003.
[253] ODENBACH S. Recent progress in magnetic fluid research[J]. Journal of Physics: Condensed Matter,2004,16(32):1135-1150.
[254] PETTYJOHN E S. Effect of particle shape on free settling rates of isometric particles[J]. Chemical Engineering Progress,1948,44:157-172.
[255] RAHMAN M A,BAKKER M C M . Sensor-based control in eddy current separation of incinerator bottom ash[J]. Waste Management,2013,33(6):1418-1424.
[256] RAJESWARI M S R,AZIZLI K A M,HASHIM S F S,et al . CFD simulation and experimental analysis of flow dynamics and grinding performance of opposed fluidized bed air jet mill[J]. International Journal of Mineral Processing,2011,98(1/2):94-105.
[257] RICHARDSON J F,ZAKI W N. The sedimentation of a suspension of uniform spheres under conditions of viscous flow[J]. Chemical Engineering Science,1954,3(2):65-73.
[258] RUAN J,DONG L,ZHENG J,et al . Key factors of eddy current separation for recovering aluminum from crushed e-waste[J]. Waste Management,2017,60:84-90.
[259] RUAN J J . Environment-friendly technology for recovering nonferrous metals from e-waste:eddy current separation[J]. Resources Conservation and Recycling,2014,87:109-116.
[260] SCHLOEMANN E. Eddy-current techniques for segregating nonferrous metals from waste[J]. Conservation & Recycling,1982,5(2/3):149-162.
[261] SETTIMO F,BEVILACQUA P,REM P. Eddy current separation of fine non-ferrous particles from bulk streams [J]. Physical Separation in Science and Engineering,2004,13(1):15-23.
[262] SHU X,WANG Z,XU J. Separation and preparation of macerals in Shenfu coals by flotation[J]. Fuel,2002,81(4):495-501.
[263] SIKONG L,KOOPTANOND K,MORASUT N,et al. Fine grinding of brittle minerals and materials by jet mill [J]. Songklanakarin Journal of Science and Technology,2008,30(3):377.
[264] SIVAMOHAN R. The problem of recovering very fine particles in mineral processing:a review[J]. International Journal of Mineral Processing,1990,28(3/4):247-288.
[265] STOLARSKI M,EICHHOLZ C,FUCHS B,et al. Sedimentation acceleration of remanent iron oxide by magnetic flocculation[J]. China Particuology,2007,5(1/2):145-150.

[266] SVOBODA J, FUJITA T. Recent developments in magnetic methods of material separation[J]. Minerals Engineering, 2003, 16(9): 785-792.

[267] TADAKI T, MAEDA S. On the shape and velocity of single air bubbles rising in various liquids[J]. Chemical Engineering, 1961, 25(4): 254-264.

[268] TAKEUCHI H, NAKAMURA H, IWASAKI T, et al. Numerical modeling of fluid and particle behaviors in impact pulverizer[J]. Powder Technology, 2012, 217: 148-156.

[269] WALKER R, MASTALERZ M. Functional group and individual maceral chemistry of high volatile bituminous coals from southern Indiana: controls on coking[J]. International Journal of Coal Geology, 2004, 58(3): 181-191.

[270] WANG G, NGUYEN A V, MITRA S, et al. A review of the mechanisms and models of bubble-particle detachment in froth flotation[J]. Separation and Purification Technology, 2016, 170: 155-172.

[271] WANG Y M, FORSSBERG E, PUGH R J, et al. Magnetic aggregation in dispersions of mineral ultrafines[J]. Journal of Dispersion Science and Technology, 1995, 16(2): 137-154.

[272] WARD C R. Mineral matter in low-rank coals and associated strata of the Mae Moh Basin, northern Thailand[J]. International Journal of Coal Geology, 1991, 17(1): 69-93.

[273] WEISTEIN R, SNOBY R. Advances in dry jigging improves coal quality[J]. Mining Engineering, 2007, 59(1): 29-34.

[274] WILLIAMS D B, CARTER C B. Transmission electron microscopy: a textbook for materials science[M]. New York: Plenum Press, 1996.

[275] WU G, ZHANG M, WANG Y, et al. Production of silver carp bone powder using superfine grinding technology: suitable production parameters and its properties[J]. Journal of Food Engineering, 2012, 109(4): 730-735.

[276] YAVUZ C T, PRAKASH A, MAYO J T, et al. Magnetic separations: from steel plants to biotechnology[J]. Chemical Engineering Science, 2009, 64(10): 2510-2521.

[277] ZHANG S, FORSSBERG E, ARVIDSON B, et al. Aluminum recovery from electronic scrap by high-force © eddy-current separators [J]. Resources, Conservation and Recycling, 1998, 23(4): 225-241.

[278] ZHANG X, WANG X M, MILLER J D. Wetting of selected fluorite surfaces by water[J]. Surface Innovations, 2015, 3(1): 39-48.

[279] ZHAO Y M, TANG L, LUO Z, et al. Fluidization characteristics of a fine magnetite powder fluidized bed for density-based dry separation of coal[J]. Separation Science and Technology, 2012, 47: 2256-2261.

[280] ZHOU N, LUO Z, HUANG W, et al. Effect of scraper movement on the separation performance of air dense medium fluidized bed[J]. International Journal of Mineral Processing, 2017, 165: 15-19.